微分几何与共轭曲面原理

魏冰阳　蒋　闯　著

科学出版社

北　京

内 容 简 介

本书重点论述微分几何与共轭曲面原理在齿轮啮合传动与运动分析方面的应用。首先以矢量函数、曲线论与曲面论为基础，拓展了密切曲面、等距曲面、曲率并矢等内容，丰富了典型曲线与曲面的应用实例；然后概括了共轭曲面运动的两类特征函数与特征矢量，围绕共轭曲面的整体几何与微分几何论述了空间曲面运动的形成原理、模型构建与分析方法；最后以弧齿锥齿轮、摆线针轮啮合特性分析与建模为例，讲述了齿面拓扑修形与轮齿接触分析的基础理论与计算方法。为了更加贴合工程实践，书中未涉及的一些重要的齿轮传动类型以习题的形式呈现，方便读者进行深入的了解和学习。

本书可供机械设计与运动分析，齿轮传动设计、制造、检测等相关专业研究与技术人员参考，也可作为高等院校相关学科教师与研究生的教学用书。

图书在版编目(CIP)数据

微分几何与共轭曲面原理 / 魏冰阳，蒋闯著. —北京：科学出版社，2024.3

ISBN 978-7-03-078071-3

Ⅰ. ①微… Ⅱ. ①魏… ②蒋… Ⅲ. ①微分几何 ②共轭-曲面 Ⅳ. ①O186.1 ②TB113-53

中国国家版本馆CIP数据核字(2024)第042998号

责任编辑：裴 育 朱英彪 赵微微 / 责任校对：任苗苗
责任印制：肖 兴 / 封面设计：陈 敬

科学出版社 出版
北京东黄城根北街 16 号
邮政编码: 100717
http://www.sciencep.com
北京中科印刷有限公司印刷
科学出版社发行 各地新华书店经销
*
2024 年 3 月第 一 版 开本：720 × 1000 1/16
2024 年 3 月第一次印刷 印张：17 1/2
字数：353 000

定价：138.00 元

前　言

微分几何学是曲线曲面分析的基本手段，曲面共轭是实现曲面啮合运动的基本方式。齿轮传动、凸轮机构、叶轮叶片中各种空间曲面的设计与加工均离不开微分几何与共轭曲面原理，其中以齿轮啮合传动最为典型。本书重点讲述微分几何与共轭曲面原理在齿轮啮合方面的应用。近年来，齿轮传动等先进制造技术发展迅猛，相关的专业研究论文不少，但能够服务于行业领域基础研究、技术推广、人才培养的著作较少。作为应用性很强的学科方向，著作的理论、分析方法应该更贴近工程实际应用。面对形式繁多的齿轮传动类型、工业应用与加工方法，现代数字化仿真、智能制造技术的发展与实践，有必要也更有可能去探索齿轮啮合的新的理论方法与技术。

近些年,机械产品的智能化与制造技术的发展,对齿轮传动提出了新的要求，例如，传递位移要求精密、准确，结构上要求轻量化、功率密度高，高速运动要求静音化等。这些都需要在齿轮啮合基本原理的基础上，进一步发展齿面拓扑、接触仿真与数字化加工技术。本书除了系统介绍微分几何、齿轮啮合的基本原理外，还重点论述点接触运动、齿面拓扑、啮合仿真的理论方法。结合作者的科研与教学心得，将共轭曲面原理的基本理论概括为两类特征函数与特征矢量，共轭曲面的众多性质以此为基础来表达。在章节结构上不再采用从平面啮合到空间啮合的论述方式，而是以几何分析的形式将共轭曲面分作整体几何与微分几何的形式进行解析。前四章讲述微分几何的基础知识，并扩充了一些典型曲线实例、密切曲面、等距曲面、曲率并矢的内容，常见的曲线曲面的包络也安排在这一部分。第 5 章介绍共轭曲面运动的基础知识，第 6 章介绍共轭曲面的整体几何，第 7 章介绍共轭曲面的微分几何，这三章是齿轮啮合原理的基本内容，理论上集中体现曲面运动与微分几何的表达方法。第 8 章介绍齿面拓扑及啮合性能仿真，是本书基础理论与分析方法的综合应用。由于齿轮传动类型多，一些重要的齿轮传动形式通过实例或习题训练的形式呈现，这种安排有利于专业研究与爱好者钻研学习。

本书基于作者开设的研究生课程的讲义，总结收录了作者团队近年来的研究成果、学术论文，汲取了部分国内外相关文献精华。

本书的出版得到国家自然科学基金面上项目“高减比准双曲面齿轮啮合场形成机理与形性调控方法研究”(51875174)、河南省研究生教育改革与质量提升工程项目(YJS2022JD12)的资助。在本书完成之际，特别感谢业界的各位朋友、同仁、同事的帮助。

由于作者水平有限，书中难免存在疏漏之处，敬请广大读者批评指正。

作　者

2023 年 10 月于河南洛阳

目　录

第1章 矢量函数

矢量是一种非常重要的工程数学工具，利用矢量函数可以简洁、明晰地表达许多科学与工程技术问题，在力学、物理、曲面拓扑等工程技术领域有着广泛的应用。矢量代数是微分几何学及研究共轭曲面啮合的重要基础，本章从矢量函数的概念与性质讲起。

1.1 矢量函数及其性质

在实数域定义了变量间的映射，是谓函数。同理，如果在矢量空间也定义这种映射关系，即为矢量函数，简称矢函数。

1.1.1 矢量函数的概念

给出一个实数域的点集 G，如果对于 G 中每一点 t，有一个确定的矢量 $\boldsymbol{r}$ 与之相对应，这种映射就给定了一个矢量函数，记作

$$\boldsymbol{r}=\boldsymbol{r}(t),\quad t\in G$$

例如，设 G 是实数轴上一区间 $t_0 \leqslant t \leqslant t_1$，则得一元矢量函数 $\boldsymbol{r}=\boldsymbol{r}(t)$。

若把 $\boldsymbol{r}(t)$ 看成空间坐标系下点 M 的向径 $\boldsymbol{OM}$，则 t 在$[t_0, t_1]$内变动时，向径的端点 M 的轨迹一般代表一条曲线，如图 1.1 所示。$\boldsymbol{r}=\boldsymbol{r}(t)$ 就是这条曲线的方程，称为曲线的矢量方程。

例 1.1 圆柱螺线如图 1.2 所示，给出转角变量 t，写出圆柱螺线的矢量方程。

解 圆柱半径为 R，螺旋线升程为 b，则螺线的矢量方程为

$$\boldsymbol{r}(t)=(R\cos t, R\sin t, bt) \tag{1.1}$$

这是一个一元矢量函数。

根据一元矢量函数的定义同样可以定义矢量的二元函数、三元函数，甚至更多元的函数。

设 G 是平面域，$(u, v)\in G$，则得二元矢量函数 $\boldsymbol{r}=\boldsymbol{r}(u, v)$。矢量的二元函数在空间几何上通常表示一曲面。

设 G 是空间中一区域，$(u, v, w)\in G$，则得三元矢量函数 $\boldsymbol{r}=\boldsymbol{r}(u, v, w)$。

在微分几何上，最常用的是一元和二元矢量函数。高等数学上有关数量函数的性质，都可以推广到矢量函数的情况，从而得到类似的性质和命题，如函数的

极限、连续性、导数、积分等。

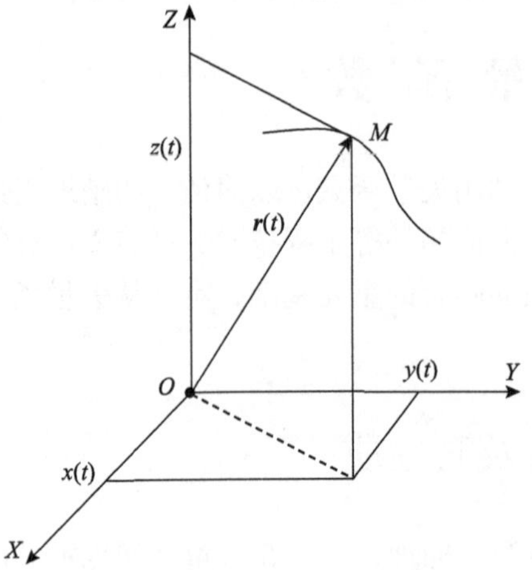

图 1.1　矢量函数的几何意义

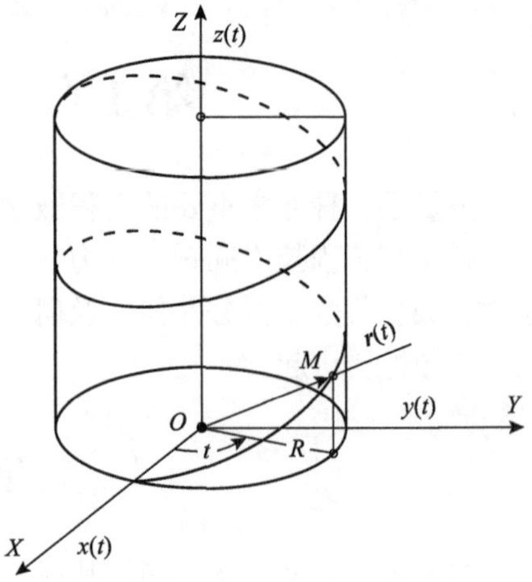

图 1.2　圆柱螺线

1.1.2　矢量函数的极限

设 $\boldsymbol{r}(t)$ 是所给的一元矢量函数，$\boldsymbol{a}$ 是常矢量，如果对任意给定的 $\varepsilon>0$，都存在数 $\delta>0$，使得当 $0<|t-t_0|<\delta$ 时，有

$$|\boldsymbol{r}(t)-\boldsymbol{a}|<\varepsilon$$

成立，则当 $t\to t_0$ 时，矢量函数趋于极限 $\boldsymbol{a}$，记作

$$\lim_{t\to t_0}\boldsymbol{r}(t)=\boldsymbol{a} \tag{1.2}$$

有关数量函数的极限性质，都可以推广到矢量函数的情况。例如：

(1) $\lim[\lambda(t)\boldsymbol{r}(t)]=\lim\lambda(t)\lim\boldsymbol{r}(t)$，$\lambda(t)$ 为实函数；

(2) $\lim[\boldsymbol{r}_1(t)\pm\boldsymbol{r}_2(t)]=\lim\boldsymbol{r}_1(t)\pm\lim\boldsymbol{r}_2(t)$；

(3) $\lim[\boldsymbol{r}_1(t)\cdot\boldsymbol{r}_2(t)]=\lim\boldsymbol{r}_1(t)\cdot\lim\boldsymbol{r}_2(t)$；

(4) $\lim[\boldsymbol{r}_1(t)\times\boldsymbol{r}_2(t)]=\lim\boldsymbol{r}_1(t)\times\lim\boldsymbol{r}_2(t)$。

1.1.3　矢量函数的连续性

设 $\boldsymbol{r}(t)$ 是所给定的一元矢量函数，当 $t\to t_0$ 时，若矢量函数 $\boldsymbol{r}(t)\to\boldsymbol{r}(t_0)$，则称矢量函数 $\boldsymbol{r}(t)$ 在 t_0 点是连续的。

利用极限的定义，矢量函数 $\boldsymbol{r}(t)$ 在 t_0 点连续的定义表示为

$$\lim_{t\to t_0}\boldsymbol{r}(t)=\boldsymbol{r}(t_0) \tag{1.3}$$

如果 $\boldsymbol{r}(t)$ 在区间 $[t_1,t_2]$ 的每一点都连续，则称 $\boldsymbol{r}(t)$ 在区间 $[t_1,t_2]$ 上是连续的。

有关数量函数的连续性质，都可以推广到矢量函数的情况。例如，如果两个矢量函数 $\boldsymbol{r}_1(t)$、$\boldsymbol{r}_2(t)$ 分别在 t_0 点(或区间 $[t_1,t_2]$ 上)连续，这两个矢量函数的和 $\boldsymbol{r}(t)=\boldsymbol{r}_1(t)\pm\boldsymbol{r}_2(t)$、数量积 $p(t)=\boldsymbol{r}_1(t)\cdot\boldsymbol{r}_2(t)$、矢量积 $\boldsymbol{q}(t)=\boldsymbol{r}_1(t)\times\boldsymbol{r}_2(t)$ 的函数在 t_0 点(或区间 $[t_1,t_2]$ 上)也都连续。

1.1.4 矢量函数的导数

设 $\boldsymbol{r}(t)$ 是定义在区间 $[t_1,t_2]$ 上的一个矢量函数，如果极限

$$\lim_{\Delta t\to 0}\frac{\boldsymbol{r}(t_0+\Delta t)-\boldsymbol{r}(t_0)}{\Delta t}$$

存在，则称 $\boldsymbol{r}(t)$ 在 t_0 点是可导的，这个极限称为 $\boldsymbol{r}(t)$ 在 t_0 点的导数(或导矢)，表示为 $\left(\dfrac{\mathrm{d}\boldsymbol{r}}{\mathrm{d}t}\right)_{t_0}$ 或 $\boldsymbol{r}'(t_0)$，即

$$\boldsymbol{r}'(t_0)=\left(\frac{\mathrm{d}\boldsymbol{r}}{\mathrm{d}t}\right)_{t_0}=\lim_{\Delta t\to 0}\frac{\boldsymbol{r}(t_0+\Delta t)-\boldsymbol{r}(t_0)}{\Delta t} \tag{1.4}$$

如果 $\boldsymbol{r}(t)$ 在开区间 (t_1,t_2) 的每一点都有导数存在，则称 $\boldsymbol{r}(t)$ 在区间 $[t_1, t_2]$ 内是可导的，简称矢量函数 $\boldsymbol{r}(t)$ 是可导的，它的导数记为 $\boldsymbol{r}'(t)$ 或 $\boldsymbol{r}_t$。

如果函数 $\boldsymbol{r}'(t)$ 也是连续的和可导的，则 $\boldsymbol{r}'(t)$ 的微商 $\boldsymbol{r}''(t)$ 称为 $\boldsymbol{r}(t)$ 的二阶导数，或写作 $\boldsymbol{r}_{tt}$。类似地，可以定义三阶乃至更高阶的导数。在 $[t_1, t_2]$ 区间上有直到 k 阶连续导数的函数称为该区间上的 k 次可导函数或称 C^k 类函数。

矢量函数 $\boldsymbol{r}(t)$ 的导数 $\boldsymbol{r}'(t)$ 仍为 t 的一个矢量函数，其几何意义表示的是矢量函数 $\boldsymbol{r}(t)$ 的切矢量。关于这一部分内容将在第 2 章曲线论中重点讲述。

如果 $\boldsymbol{r}(t)=(x(t),y(t),z(t))$，那么 $\boldsymbol{r}'(t)=(x'(t),y'(t),z'(t))$。

如果矢量函数 $\boldsymbol{r}(t)$ 在区间 $[t_1, t_2]$ 上为 C^k 类函数，那么其所对应的三个坐标分量实函数 $x(t)$、$y(t)$、$z(t)$ 在区间 $[t_1, t_2]$ 上也是 C^k 类函数。

设 $\lambda(t)$ 为数量函数，$\boldsymbol{r}_1(t)$、$\boldsymbol{r}_2(t)$、$\boldsymbol{r}_3(t)$ 均为矢量函数，且四者均可导，则对于矢量函数求导有以下法则：

(1) $[\lambda(t)\boldsymbol{r}(t)]'=\lambda'(t)\boldsymbol{r}(t)+\lambda(t)\boldsymbol{r}'(t)$；

(2) $[\boldsymbol{r}_1(t)\pm\boldsymbol{r}_2(t)]'=\boldsymbol{r}_1'(t)\pm\boldsymbol{r}_2'(t)$；

(3) $[\boldsymbol{r}_1(t)\cdot\boldsymbol{r}_2(t)]'=\boldsymbol{r}_1'(t)\cdot\boldsymbol{r}_2(t)+\boldsymbol{r}_1(t)\cdot\boldsymbol{r}_2'(t)$；

(4) $[\boldsymbol{r}_1(t)\times\boldsymbol{r}_2(t)]'=\boldsymbol{r}_1'(t)\times\boldsymbol{r}_2(t)+\boldsymbol{r}_1(t)\times\boldsymbol{r}_2'(t)$；

(5) $[\boldsymbol{r}_1(t),\boldsymbol{r}_2(t),\boldsymbol{r}_3(t)]'=[\boldsymbol{r}_1'(t),\boldsymbol{r}_2(t),\boldsymbol{r}_3(t)]+[\boldsymbol{r}_1(t),\boldsymbol{r}_2'(t),\boldsymbol{r}_3(t)]+[\boldsymbol{r}_1(t),\boldsymbol{r}_2(t),\boldsymbol{r}_3'(t)]$；

(6) 复合函数求导，设 $\boldsymbol{r}=\boldsymbol{r}(u)$，$u=u(t)$，则 $\dfrac{\mathrm{d}\boldsymbol{r}}{\mathrm{d}t}=\dfrac{\mathrm{d}\boldsymbol{r}}{\mathrm{d}u}\cdot\dfrac{\mathrm{d}u}{\mathrm{d}t}$。

上述公式的证明和高等数学中数量函数对应公式的证明相似。但在应用中要注意法则(4)、(5)，矢量积、混合积与矢量函数的运算顺序有关，不能随意交换。

1.1.5　矢量函数的积分

对于 $\boldsymbol{r}(t)$，若存在另一矢函数 $\boldsymbol{R}(t)$，有 $\boldsymbol{R}'(t)=\boldsymbol{r}(t)$ 成立，那么称 $\boldsymbol{R}(t)$ 为 $\boldsymbol{r}(t)$ 的一个原函数。矢量函数的各个分量同数量函数一样。

若 $\boldsymbol{R}(t)$ 是 $\boldsymbol{r}(t)$ 的一个原函数，其中 $\boldsymbol{C}$ 为常矢量，则 $\boldsymbol{r}(t)$ 的全体原函数 $\boldsymbol{R}(t)+\boldsymbol{C}$ 称为 $\boldsymbol{r}(t)$ 的不定积分。记作

$$\int \boldsymbol{r}(t)\,\mathrm{d}t=\boldsymbol{R}(t)+\boldsymbol{C}$$

同样可以定义在区间[a, b]上的定积分，即

$$\int_a^b \boldsymbol{r}(t)\,\mathrm{d}t=\boldsymbol{R}(b)-\boldsymbol{R}(a)$$

如果 $a<c<b$，则有

$$\int_a^b \boldsymbol{r}(t)\mathrm{d}t=\int_a^c \boldsymbol{r}(t)+\int_c^b \boldsymbol{r}(t)$$

如果 $\boldsymbol{r}(t)=(x(t),y(t),z(t))$，那么 $\int \boldsymbol{r}(t)\mathrm{d}t=\left\{\int x(t)\mathrm{d}t,\int y(t)\mathrm{d}t,\int z(t)\mathrm{d}t\right\}$。据此，可得矢量积分的以下运算法则：

(1) $\int \lambda\boldsymbol{r}(t)\mathrm{d}t=\lambda\int \boldsymbol{r}(t)\mathrm{d}t$，$\lambda$为常数；

(2) $\int \boldsymbol{a}\cdot\boldsymbol{r}(t)\mathrm{d}t=\boldsymbol{a}\cdot\int \boldsymbol{r}(t)\mathrm{d}t$，$\boldsymbol{a}$ 为常矢量；

(3) $\int \boldsymbol{a}\times\boldsymbol{r}(t)\mathrm{d}t=\boldsymbol{a}\times\int \boldsymbol{r}(t)\mathrm{d}t$，$\boldsymbol{a}$ 为常矢量；

(4) $\int [\boldsymbol{r}_1(t)\pm\boldsymbol{r}_2(t)]\mathrm{d}t=\int \boldsymbol{r}_1(t)\mathrm{d}t\pm\int \boldsymbol{r}_2(t)\mathrm{d}t$；

(5) $\dfrac{\mathrm{d}}{\mathrm{d}x}\int_a^x \boldsymbol{r}(t)\mathrm{d}t=\boldsymbol{r}(x)$。

1.1.6　矢量函数的泰勒公式

设矢量函数 $\boldsymbol{r}(t)$ 在[t_1, t_2]上是 C^{k+1} 类函数，则有泰勒(Taylor)展开式：

$$\begin{aligned}\boldsymbol{r}(t_0+\Delta t)=&\boldsymbol{r}(t_0)+\Delta t\boldsymbol{r}'(t_0)+\frac{(\Delta t)^2}{2!}\boldsymbol{r}''(t_0)+\cdots\\&+\frac{(\Delta t)^n}{n!}\boldsymbol{r}^{(n)}(t_0)+\frac{(\Delta t)^{n+1}}{(n+1)!}[\boldsymbol{r}^{(n+1)}(t_0)+\boldsymbol{\varepsilon}(t_0,\Delta t)]\end{aligned}\tag{1.5}$$

其中，当$\Delta t\to 0$时，$\boldsymbol{\varepsilon}(t_0,\Delta t)\to 0$。

式(1.5)的证明：将$\boldsymbol{r}(t)$写成坐标分量形式，即$\boldsymbol{r}(t)=(x(t),y(t),z(t))$，然后分别将$x(t)$、$y(t)$、$z(t)$按泰勒公式展开，再组合在一起便可得到式(1.5)。

1.2 几种特殊性质的矢量函数

本节介绍一些特殊的矢函数，以备后面章节应用。下面约定所涉及的矢函数和数量函数都具有足够阶的连续导数。

1.2.1 定长变矢

方向可任意变动，但长度固定的矢量称为定长变矢。判别是否为定长变矢有以下定理。

定理 1.1 变矢$\boldsymbol{r}(t)$为定长的充分必要条件是对于t的每一个值，$\boldsymbol{r}(t)$和$\boldsymbol{r}'(t)$两者垂直，即

$$\boldsymbol{r}(t)\perp\boldsymbol{r}'(t),\quad \boldsymbol{r}(t)\cdot\boldsymbol{r}'(t)=0\tag{1.6}$$

证明 由所给条件知$|\boldsymbol{r}(t)|=c$，c为常数，因此有

$$\boldsymbol{r}^2(t)=|\boldsymbol{r}(t)|^2=c^2$$

对t求导可得

$$2\boldsymbol{r}(t)\cdot\boldsymbol{r}'(t)=0$$

由此得到

$$\boldsymbol{r}(t)\perp\boldsymbol{r}'(t)$$

反之，如果$\boldsymbol{r}(t)\cdot\boldsymbol{r}'(t)=0$，则有

$$\frac{\mathrm{d}}{\mathrm{d}t}[\boldsymbol{r}^2(t)]=0$$

因而可得

$$\boldsymbol{r}^2(t)=\text{常数}$$

即

$$|\boldsymbol{r}(t)|=c$$

$\boldsymbol{r}(t)$为定长变矢。

定理 1.1 的几何意义是曲线$\boldsymbol{r}(t)$在以原点为球心的球面上的充分必要条件是$\boldsymbol{r}(t)$上每一点的切线和该点的向径垂直。

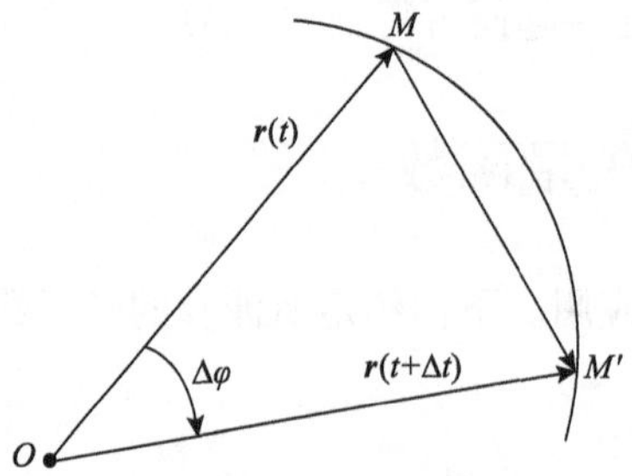

图 1.3 旋转速度矢量

下面介绍旋转速度的概念，定义如下。

给t以增量Δt，$\boldsymbol{r}(t)$和$\boldsymbol{r}(t+\Delta t)$所组成的夹角为$\Delta\varphi$，当$\Delta t$趋近于零时，$|\Delta\varphi/\Delta t|$的极限就称为矢量函数$\boldsymbol{r}(t)$对于变量$t$的旋转速度，如图 1.3 所示。

如果$\boldsymbol{r}(t)$为单位矢量函数,则命题 1.1 成立。

命题 1.1 单位矢量函数$\boldsymbol{r}(t)$（即$|\boldsymbol{r}(t)|=1$）关于t的旋转速度等于其导数的模$|\boldsymbol{r}'(t)|$。

证明 因$\boldsymbol{r}(t)$为单位矢量，以圆心O做单位圆，$\boldsymbol{r}(t)$与$\boldsymbol{r}(t+\Delta t)$的端点必在单位圆上，如图 1.3 所示。

因为，当$\Delta t\to 0$时，$|\Delta\varphi|\to|\boldsymbol{MM}'|$，又$\boldsymbol{MM}'=\boldsymbol{r}(t+\Delta t)-\boldsymbol{r}(t)$，所以

$$\lim_{\Delta t\to 0}\left|\frac{\Delta\varphi}{\Delta t}\right|=\lim_{\Delta t\to 0}\left|\frac{\boldsymbol{r}(t+\Delta t)-\boldsymbol{r}(t)}{\Delta t}\right|=|\boldsymbol{r}'(t)|$$

1.2.2 定向变矢

同一个固定方向平行的所有矢量称为定向变矢量(简称变矢)。

定理 1.2 非零变矢$\boldsymbol{r}(t)$为定向变矢的充分必要条件是

$$\boldsymbol{r}(t)\times\boldsymbol{r}'(t)=0 \tag{1.7}$$

证明 设$\lambda(t)$为数量函数，$\boldsymbol{e}(t)$为与$\boldsymbol{r}(t)$同向的单位矢函数，则非零矢量$\boldsymbol{r}(t)$总可以表示成$\boldsymbol{r}(t)=\lambda(t)\boldsymbol{e}(t)$。

必要性。当$\boldsymbol{r}(t)$为定向变矢时，$\boldsymbol{e}(t)$取为单位常矢量$\boldsymbol{e}$，则

$$\boldsymbol{r}(t)=\lambda(t)\boldsymbol{e}$$

又因为$\boldsymbol{r}'(t)=\lambda'(t)\boldsymbol{e}$，所以$\boldsymbol{r}(t)\times\boldsymbol{r}'(t)=\lambda(t)\lambda'(t)\boldsymbol{e}\times\boldsymbol{e}=0$。必要性得证。

充分性。由$\boldsymbol{r}(t)=\lambda(t)\boldsymbol{e}(t)$，$\boldsymbol{r}'(t)=\lambda'(t)\boldsymbol{e}(t)+\lambda(t)\boldsymbol{e}'(t)$，可得

$$\boldsymbol{r}(t)\times\boldsymbol{r}'(t)=\lambda(t)\lambda'(t)\boldsymbol{e}(t)\times\boldsymbol{e}(t)+\lambda^2(t)\boldsymbol{e}(t)\times\boldsymbol{e}'(t)=\lambda^2(t)\boldsymbol{e}(t)\times\boldsymbol{e}'(t)$$

所以$\boldsymbol{e}(t)\times\boldsymbol{e}'(t)=0$。由定理1.1可知，$\boldsymbol{e}(t)\cdot\boldsymbol{e}'(t)=0$。因$\boldsymbol{e}(t)$不能为零，所以$\boldsymbol{e}'(t)=0$，$\boldsymbol{e}(t)=$常矢量，则$\boldsymbol{r}(t)=\lambda(t)\boldsymbol{e}$为定向变矢。充分性得证。

定理 1.2 的几何意义为$\boldsymbol{r}(t)$表示经过原点的一条直线的充分必要条件是它的切线矢量和向径处处平行。

1.2.3 平行于固定平面的矢量

定理 1.3 变矢$\boldsymbol{r}(t)$平行于固定平面的充分必要条件是

$$\left(\boldsymbol{r}(t),\boldsymbol{r}'(t),\boldsymbol{r}''(t)\right)=0 \tag{1.8}$$

证明 必要性。设变矢$\boldsymbol{r}(t)$平行于固定平面π，平面π的单位法向矢量(简称法矢)为$\boldsymbol{n}$。$\boldsymbol{r}(t)$与$\boldsymbol{n}$垂直，即

$$\boldsymbol{n}\cdot\boldsymbol{r}(t)=0$$

对式(1.8)求一阶导数和二阶导数可得

$$\boldsymbol{n}\cdot\boldsymbol{r}'(t)=0,\quad \boldsymbol{n}\cdot\boldsymbol{r}''(t)=0$$

所以，$\boldsymbol{r}'(t)$、$\boldsymbol{r}''(t)$也均与固定矢量$\boldsymbol{n}$垂直，$\boldsymbol{r}(t)$、$\boldsymbol{r}'(t)$、$\boldsymbol{r}''(t)$三者共面，即$(\boldsymbol{r}(t),\boldsymbol{r}'(t),\boldsymbol{r}''(t))=0$。必要性得证。

充分性。设$\boldsymbol{r}(t)\times\boldsymbol{r}'(t)\neq 0$，否则$\boldsymbol{r}(t)$为定向变矢与假设矛盾。由式(1.8)可知，$\boldsymbol{r}(t)$、$\boldsymbol{r}'(t)$、$\boldsymbol{r}''(t)$三者共面。$\boldsymbol{r}''(t)$可由$\boldsymbol{r}(t)$、$\boldsymbol{r}'(t)$线性表示为

$$\boldsymbol{r}''(t)=\lambda\boldsymbol{r}(t)+\mu\boldsymbol{r}'(t)$$

令$\boldsymbol{n}(t)=\boldsymbol{r}(t)\times\boldsymbol{r}'(t)$，对上式两边求导可得

$$\boldsymbol{n}'(t)=\boldsymbol{r}(t)\times\boldsymbol{r}''(t)$$

将$\boldsymbol{r}''(t)=\lambda\boldsymbol{r}(t)+\mu\boldsymbol{r}'(t)$代入上式可得

$$\boldsymbol{n}'(t)=\mu\boldsymbol{r}(t)\times\boldsymbol{r}'(t)=\mu\boldsymbol{n}(t)$$

所以，$\boldsymbol{n}(t)$与$\boldsymbol{n}'(t)$平行，也即$\boldsymbol{n}(t)\times\boldsymbol{n}'(t)=0$。充分性得证。

根据定理1.2知道$\boldsymbol{n}(t)$为定向矢量，$\boldsymbol{r}(t)$与定向矢量$\boldsymbol{n}(t)$垂直，从而可以判定$\boldsymbol{r}(t)$平行于固定平面。

定理 1.3 的几何意义为矢函数$\boldsymbol{r}(t)$所表示的曲线是平面曲线的充分必要条件是$\left(\boldsymbol{r}(t),\boldsymbol{r}'(t),\boldsymbol{r}''(t)\right)=0$。

1.3 自然标架与合同变换

1.3.1 自然标架

设 $\boldsymbol{e}_1$、$\boldsymbol{e}_2$、$\boldsymbol{e}_3$ 为空间中三个不共面的矢量，则对任意矢量 $\boldsymbol{a}$(图 1.4)都存在唯一的三元有序实数组 (x_1,x_2,x_3)，使得 $\boldsymbol{a}=x_1\boldsymbol{e}_1+x_2\boldsymbol{e}_2+x_3\boldsymbol{e}_3$。由于唯一性，矢量 $\boldsymbol{e}_1$、$\boldsymbol{e}_2$、$\boldsymbol{e}_3$ 定义了空间的一种自然标架，或称仿射坐标系，(x_1, x_2, x_3) 为矢量 $\boldsymbol{a}$ 在基 $\boldsymbol{e}_1$、$\boldsymbol{e}_2$、$\boldsymbol{e}_3$ 下的坐标。

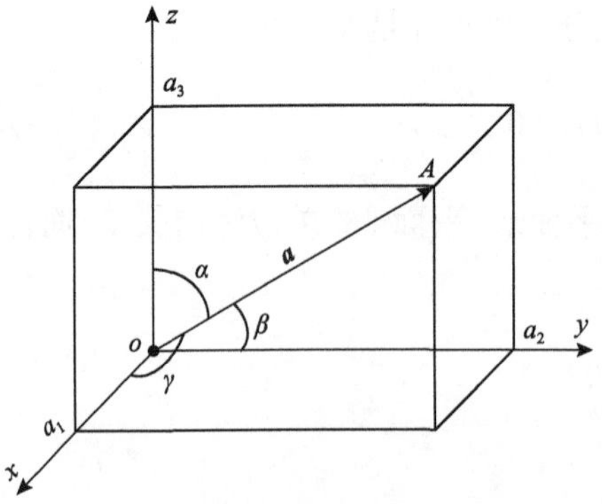

图 1.4 矢量坐标与矢量余弦

如果给定自然坐标系 $o\text{-}\boldsymbol{e}_1\boldsymbol{e}_2\boldsymbol{e}_3$，对空间中一点 A、矢量 $\boldsymbol{oA}$、坐标 (x_1, x_2, x_3)，三者间存在一一对应的关系：

$$\text{点 } A \longleftrightarrow \text{矢量 } \boldsymbol{oA} \longleftrightarrow \text{坐标 } (x_1, x_2, x_3)$$

空间直角坐标系为一个特殊的自然标架，它的三个坐标矢量为两两垂直的单位矢量。一般用 $\boldsymbol{i}$、$\boldsymbol{j}$、$\boldsymbol{k}$ 表示三个坐标矢量，相应的坐标轴为 x 轴、y 轴和 z 轴。直角坐标系的特殊性使得某些计算变得容易。

设 $o\text{-}\boldsymbol{ijk}$ 为一个空间直角坐标系(图 1.4)，矢量 $\boldsymbol{a}=a_1\boldsymbol{i}+a_2\boldsymbol{j}+a_3\boldsymbol{k}=(a_1, a_2, a_3)$。取空间中的一点 A 使得 $\boldsymbol{oA}=\boldsymbol{a}$，由矢量坐标的定义可知：

$$|\boldsymbol{a}|=|\boldsymbol{oA}|=\sqrt{a_1^2+a_2^2+a_3^2}$$

上式给出了一个矢量的模长与其坐标的关系。

两点间的距离公式为

$$d=\sqrt{(x_2-x_1)^2+(y_2-y_1)^2+(z_2-z_1)^2}$$

也只有在直角坐标系下成立。

此外，直角坐标系中方向余弦 $\cos\alpha$、$\cos\beta$、$\cos\gamma$ 也是直角坐标下所特有的。从图 1.4 不难看出，$a_1=|\boldsymbol{a}|\cos\alpha$，$a_2=|\boldsymbol{a}|\cos\beta$，$a_3=|\boldsymbol{a}|\cos\gamma$，于是有

$$(\cos\alpha,\cos\beta,\cos\gamma)=\left(\frac{a_1}{\sqrt{a_1^2+a_2^2+a_3^2}},\frac{a_2}{\sqrt{a_1^2+a_2^2+a_3^2}},\frac{a_3}{\sqrt{a_1^2+a_2^2+a_3^2}}\right)$$

从而有

$$\cos^2\alpha+\cos^2\beta+\cos^2\gamma=1$$

在工程应用上，一般不会建立三个轴互不垂直的坐标系，但无论何种情况，都可以转换成直角坐标系来运算。假定其中有一个仿射平面，例如，x-y 非正交，夹角为 σ，z 轴垂直于 x-y 平面，引入正交轴 x'后，x'、y 的坐标分别为

$$a_1'=a_1\cos\left(\sigma-\frac{\pi}{2}\right),\quad a_2'=a_2-a_1\sin\left(\sigma-\frac{\pi}{2}\right)$$

从而转换为正交直角坐标系运算。其他的可按类似方法推导。

1.3.2　坐标定向与合同变换

由前面所建的坐标系可以知道，三维欧氏空间与三维欧氏矢量空间之间一一对应，点的坐标对应一个矢量。矢量的运算可以化作点的坐标的运算。

在三维欧氏空间给定两个正交标架，即 $\boldsymbol{\sigma}_1\ (o\text{-}\boldsymbol{e}_1\boldsymbol{e}_2\boldsymbol{e}_3)$ 与 $\boldsymbol{\sigma}_2\ (o'\text{-}\boldsymbol{e}_1'\boldsymbol{e}_2'\boldsymbol{e}_3')$，它们之间的关系为

$$\begin{aligned}\boldsymbol{oo}'&=c_1\boldsymbol{e}_1+c_2\boldsymbol{e}_2+c_3\boldsymbol{e}_3\\ \boldsymbol{e}_i'&=\boldsymbol{T}\cdot\boldsymbol{e}_i,\quad i=1,2,3\end{aligned}\tag{1.9a}$$

$\boldsymbol{T}$ 为 3×3的正交矩阵，因为 $\boldsymbol{\sigma}_1$ 与 $\boldsymbol{\sigma}_2$ 均为正交标架，所以 $\det\boldsymbol{T}=\pm 1$。这两个标架相差原点间的一个平移 $\boldsymbol{oo}'$ 以及矩阵 $\boldsymbol{T}$ 诱导的一个正交变换。若两个标架间相差的正交变换阵的行列式为 1，则称其为定向相同，否则称其为定向相反。

欧氏空间有且仅有两个定向，即通常所说的右手系、左手系。例如，o-$\boldsymbol{e}_1\boldsymbol{e}_2\boldsymbol{e}_3$ 和 o-$\boldsymbol{e}_2\boldsymbol{e}_3\boldsymbol{e}_1$ 为定向相同，o-$\boldsymbol{e}_1\boldsymbol{e}_2\boldsymbol{e}_3$ 和 o-$\boldsymbol{e}_3\boldsymbol{e}_2\boldsymbol{e}_1$ 为定向相反。通常将三维欧氏矢量空间中由$(\boldsymbol{i},\boldsymbol{j},\boldsymbol{k})$决定的定向称为自然定向(右手定向)。

有了标架的变换关系后，容易推出欧氏空间同一点在不同标架下坐标间的变换关系。设 P 点在新老两个标架 $\boldsymbol{\sigma}_1$、$\boldsymbol{\sigma}_2$ 的坐标分别为(x_1,x_2,x_3)与(x_1',x_2',x_3')，即

$$\boldsymbol{oP}=x_1\boldsymbol{e}_1+x_2\boldsymbol{e}_2+x_3\boldsymbol{e}_3,\quad \boldsymbol{o'P'}=x_1'\boldsymbol{e}_1'+x_2'\boldsymbol{e}_2'+x_3'\boldsymbol{e}_3'$$

那么由式(1.9a)有

$$\begin{bmatrix}x_1\\x_2\\x_3\end{bmatrix}=\begin{bmatrix}c_1\\c_2\\c_3\end{bmatrix}+\boldsymbol{T}\begin{bmatrix}x_1'\\x_2'\\x_3'\end{bmatrix},\quad i=1,2,3\tag{1.9b}$$

在欧氏空间中固定一个标架，将上述空间中点之间一对一的变换记作Γ，如果变换Γ保持空间中任意两点间的距离不变，则称为合同变换，或欧氏变换。即对于任意两点 P 和 Q，有

$$d(P,Q)=|\boldsymbol{PQ}|=d(\Gamma(P),\Gamma(Q))$$

也就是说，变换前求两点之间的距离与变换后求两点之间的距离是一致的。所以，合同变换的一般表达式为

$$\Gamma(P)=\boldsymbol{T}(P)+P_0$$

即平移 P_0 与正交变换 $\boldsymbol{T}$ 的复合变换。

从几何角度看，欧氏变换是将欧氏空间的点做三种变换，即平移、旋转、镜面反射。当 $\det\boldsymbol{T}=1$ 时，对应的合同变换称为 $\boldsymbol{E}^3$ 的一个刚体运动；当 $\det\boldsymbol{T}=-1$ 时，对应的合同变换称为反向刚体运动。严格地讲，刚体运动排除了反射变换的情形。换句话说，刚体运动是平移和旋转的复合。

同样对三维欧氏空间中的一个正交标架做合同变换，就得到了另一个标架。反之，给定任意两个标架 $\boldsymbol{\sigma}_1\ (o\text{-}\boldsymbol{e}_1\boldsymbol{e}_2\boldsymbol{e}_3)$ 与 $\boldsymbol{\sigma}_2\ (o'\text{-}\boldsymbol{e}_1'\boldsymbol{e}_2'\boldsymbol{e}_3')$，首先可以通过平移将 o 点移到 o' 点，然后通过适当的旋转或反射使 $(\boldsymbol{e}_1,\ \boldsymbol{e}_2,\ \boldsymbol{e}_3)$ 分别与 $(\boldsymbol{e}_1',\boldsymbol{e}_2',\boldsymbol{e}_3')$ 重合。也就是说，可以通过三维欧氏空间的一个刚体运动将标架 $\boldsymbol{\sigma}_1\ (o\text{-}\boldsymbol{e}_1\boldsymbol{e}_2\boldsymbol{e}_3)$ 变为 $\boldsymbol{\sigma}_2(o'\text{-}\boldsymbol{e}_1'\boldsymbol{e}_2'\boldsymbol{e}_2')$。显然，这样的运动是唯一的。

基于合同变换在欧氏空间保持两点间的距离不变的原理，可推知合同变换包含两层含义：一层是指无变形的刚体运动，如矢量旋转、坐标系变换等；另一层是指无拉伸、压缩的均匀形变，例如，细的钢丝弯曲为圆弧，矩形薄纸片蜷曲为柱面等。

1.4 矢量旋转与坐标变换

1.4.1 矢量旋转

如图 1.5 所示，设任意单位矢量$\boldsymbol{\omega}$，给定任意矢量 $\boldsymbol{a}$，其始点在$\boldsymbol{\omega}$ 轴上，$\boldsymbol{a}$ 绕$\boldsymbol{\omega}$ 旋转任意角ε得到新的矢量 $\boldsymbol{b}$。

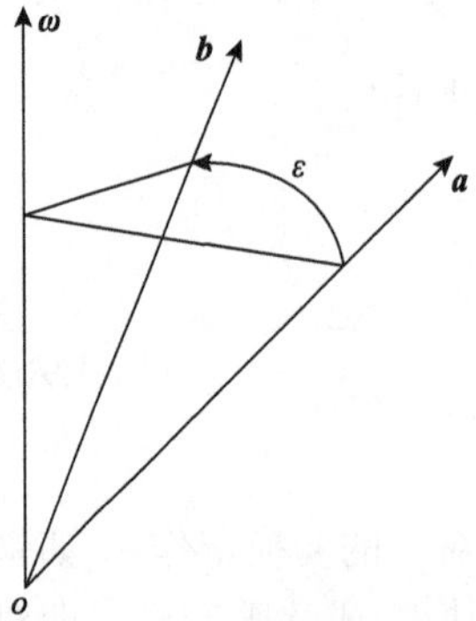

图 1.5 矢量旋转

显然 $\boldsymbol{b}$ 是 $\boldsymbol{a}$、$\boldsymbol{\omega}$、ε 的函数。$\boldsymbol{b}$ 作为空间矢量，$\boldsymbol{a}$、$\boldsymbol{\omega}$ 两个矢量不足以表达，因此引入第三个矢量$\boldsymbol{\omega}\times\boldsymbol{a}$。这样，$\boldsymbol{b}$ 就可以表示为

$$\boldsymbol{b}=\lambda_1\boldsymbol{a}+\lambda_2\boldsymbol{\omega}+\lambda_3(\boldsymbol{\omega}\times\boldsymbol{a}) \tag{1.10}$$

这里有三个未知量λ_1、λ_2、λ_3，研究回转过程可知，$\boldsymbol{b}$ 大小不变，即

$$\boldsymbol{b}\cdot\boldsymbol{b}=\boldsymbol{a}\cdot\boldsymbol{a} \tag{1.11}$$

$\boldsymbol{b}$ 与 $\boldsymbol{\omega}$ 的夹角不变，即

$$\boldsymbol{b}\cdot\boldsymbol{\omega}=\boldsymbol{a}\cdot\boldsymbol{\omega} \tag{1.12}$$

$\boldsymbol{\omega}\times\boldsymbol{\alpha}$ 与 $\boldsymbol{\omega}\times\boldsymbol{\beta}$ 夹角也为 ε，有

$$\cos\varepsilon=\frac{\boldsymbol{\omega}\times\boldsymbol{a}}{|\boldsymbol{\omega}\times\boldsymbol{a}|}\cdot\frac{\boldsymbol{\omega}\times\boldsymbol{b}}{|\boldsymbol{\omega}\times\boldsymbol{b}|} \tag{1.13}$$

这样，由式(1.11)～式(1.13)可确定 λ_1、λ_2、λ_3。对式(1.10)两端做 $\boldsymbol{\omega}$ 数量积，可得

$$\boldsymbol{b}\cdot\boldsymbol{\omega}=\lambda_1(\boldsymbol{a}\cdot\boldsymbol{\omega})+\lambda_2$$

利用式(1.12)可得

$$\lambda_2=(1-\lambda_1)(\boldsymbol{a}\cdot\boldsymbol{\omega}) \tag{1.14}$$

对式(1.10)两端做 $\boldsymbol{a}$ 数量积可得

$$\boldsymbol{a}\cdot\boldsymbol{b}=\lambda_1\boldsymbol{a}^2+\lambda_2(\boldsymbol{\omega}\cdot\boldsymbol{a}) \tag{1.15}$$

利用拉格朗日恒等式可得

$$|\boldsymbol{\omega}\times\boldsymbol{a}|=\sqrt{\boldsymbol{a}^2-(\boldsymbol{\omega}\cdot\boldsymbol{a})^2}\,,\quad |\boldsymbol{\omega}\times\boldsymbol{b}|=\sqrt{\boldsymbol{b}^2-(\boldsymbol{\omega}\cdot\boldsymbol{b})^2}$$

$$(\boldsymbol{\omega}\times\boldsymbol{a})\cdot(\boldsymbol{\omega}\times\boldsymbol{b})=\boldsymbol{a}\cdot\boldsymbol{b}-(\boldsymbol{\omega}\cdot\boldsymbol{a})^2$$

又因 $|\boldsymbol{\omega}\times\boldsymbol{a}|=|\boldsymbol{\omega}\times\boldsymbol{b}|$，利用式(1.13)可得

$$\boldsymbol{a}\cdot\boldsymbol{b}=\boldsymbol{a}^2\cos\varepsilon+(1-\cos\varepsilon)(\boldsymbol{\omega}\cdot\boldsymbol{a})^2$$

结合式(1.15)可知

$$\lambda_1=\cos\varepsilon\,,\quad \lambda_2=(1-\cos\varepsilon)(\boldsymbol{a}\cdot\boldsymbol{\omega})$$

利用式(1.10)，注意到 $\boldsymbol{a}^2=\boldsymbol{b}^2$，可得

$$\boldsymbol{a}^2=\boldsymbol{a}^2\cos^2\varepsilon+(1-\cos\varepsilon)^2(\boldsymbol{\omega}\cdot\boldsymbol{a})^2+\lambda_3{}^2(\boldsymbol{\omega}\times\boldsymbol{a})^2+2\cos\varepsilon(1-\cos\varepsilon)(\boldsymbol{\omega}\cdot\boldsymbol{a})^2$$

所以

$$[\boldsymbol{a}^2-(\boldsymbol{\omega}\cdot\boldsymbol{a})^2]\sin^2\varepsilon=\lambda_3^2(\boldsymbol{\omega}\times\boldsymbol{a})^2$$

经验证

$$\lambda_3 = \sin\varepsilon$$

这样可得旋转矢量表达式为

$$\boldsymbol{b} = \boldsymbol{a}\cos\varepsilon + (1-\cos\varepsilon)(\boldsymbol{a}\cdot\boldsymbol{\omega})\boldsymbol{\omega} + (\boldsymbol{\omega}\times\boldsymbol{a})\sin\varepsilon \tag{1.16}$$

由矢量旋转的表达式(1.15)可以看出，矢量旋转其实是施行了若干矢量运算。因此，矢量的运算可以在矢量旋转前或后进行，其结果是相同的。以矢量积来解释，即两个矢量先做矢量积再施行旋转与先施行旋转再做矢量积，其最终结果是一样的。

1.4.2 坐标变换

对于任意一个刚体，为了完全确定它在空间的位置，只要在刚体上固定一个坐标系(S_1)，如果能够在某个参考系(S_2)中描述这个坐标系(S_1)，那么也就在空间描述了这个刚体。很多时候为了描述一个刚体的运动，需要用到不同的坐标系。因此，就需要对不同坐标系进行变换。

坐标系的变换广义上可以理解成一个映射或算子，即矢量在一个坐标系中的描述变换为在另一个坐标系的描述，或算子作用于一个矢量，表示了一个移动或转动，或二者兼而有之。

如图1.6 所示，两个坐标系 $S_1(o_1\text{-}x_1y_1z_1)$、$S_2(o_2\text{-}x_2y_2z_2)$，在坐标系 S_1 中存在径向矢量(简称径矢) $\boldsymbol{o_1P} = (x_1, y_1, z_1)^{\mathrm{T}}$，或称点 P 的坐标。如果在坐标系 S_2 中表达 P 点的坐标，就要进行 S_1 与 S_2 的坐标变换。

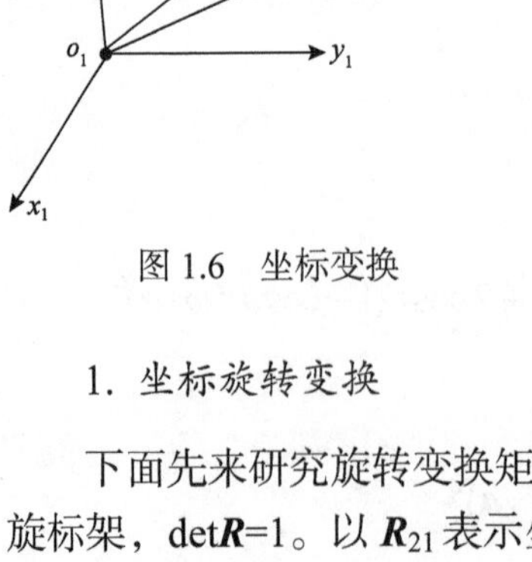

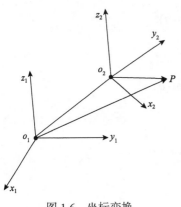

图 1.6 坐标变换

根据式(1.9)肯定存在如下的表达式：

$$\boldsymbol{o_2P} = \boldsymbol{c}_{21} + \boldsymbol{R}\cdot\boldsymbol{o_1P} \tag{1.17}$$

即坐标系 S_1 经过一个平移 $\boldsymbol{c}_{21} = \boldsymbol{o_2o_1}$ (在坐标系 S_2 中表达)，再做一个旋转 $\boldsymbol{R}$ 变换到与 S_2 重合。这时，径矢 $\boldsymbol{o_2P} = (x_2, y_2, z_2)^{\mathrm{T}}$ 即为 $\boldsymbol{o_1P}$ 在坐标系 S_2 中的表达。

1. 坐标旋转变换

下面先来研究旋转变换矩阵 $\boldsymbol{R}$。由式(1.9)知道，$\boldsymbol{R}$ 为 3×3 正交矩阵，对于右旋标架，det$\boldsymbol{R}$=1。以 $\boldsymbol{R}_{21}$ 表示坐标系 S_1 到 S_2 的一个旋转变化，则

$$\boldsymbol{R}_{21}=\begin{bmatrix} a_{11} & a_{12} & a_{13} \\ a_{21} & a_{22} & a_{23} \\ a_{31} & a_{32} & a_{33} \end{bmatrix} \tag{1.18}$$

把坐标系 S_1 经过一个平移 $\boldsymbol{c}_{21}$，使其原点重合；$\boldsymbol{R}_{21}$ 中每个元素为对应坐标轴夹角的余弦，即 $a_{11}=\boldsymbol{i}_1\cdot\boldsymbol{i}_2$，$a_{12}=\boldsymbol{j}_1\cdot\boldsymbol{i}_2$，$a_{21}=\boldsymbol{i}_1\cdot\boldsymbol{j}_2$，其他元素依次类推。假设坐标系 S_1 相对于 S_2 绕 z_2 轴顺时针旋转 θ 角后重叠，则旋转变换矩阵为

$$\boldsymbol{R}_{21}=\begin{bmatrix} \cos\theta & \sin\theta & 0 \\ -\sin\theta & \cos\theta & 0 \\ 0 & 0 & 1 \end{bmatrix}$$

由 $\boldsymbol{R}$ 的形成可以看出，$\boldsymbol{R}$ 的每一行或每一列的元素平方和等于 1，任意两行或任意两列元素乘积之和等于零，$\boldsymbol{R}$ 的逆矩阵等于它的转置，$\boldsymbol{R}^{-1}=\boldsymbol{R}^{\mathrm{T}}$，表示了它的逆变换。

从标架的角度看，$\boldsymbol{R}_{21}$ 就是坐标系 S_1 在 S_2 中的描述，它的三列就是 S_1 的三个坐标轴单位矢量 $(\boldsymbol{i}_1,\boldsymbol{j}_1,\boldsymbol{k}_1)$ 在 S_2 中的表示。

从映射或算子的观点看，如果在 S_1 有一矢量 $\boldsymbol{a}_1$，想求其在 S_2 中的表达 $\boldsymbol{a}_2$，则

$$\boldsymbol{a}_2=\boldsymbol{R}_{21}\cdot\boldsymbol{a}_1$$

这时，要求坐标系 S_1、S_2 同原点。这对于自由矢量变换没有问题，如果变换的矢量为径矢，则必须考虑式(1.17)的平移与旋转。将式(1.17)化作映射或算子，则要引入齐次坐标变换。

2. 齐次坐标变换

齐次变换把坐标当作 4 维来考虑。实数轴有限远点与笛卡儿坐标系中点的坐标形成一一对应的关系，无穷远点在三维欧氏空间没有坐标，为了刻画无穷远点，需要引入齐次坐标 $\left(x^*,y^*,z^*,t\right)$，如果把齐次坐标写作 $\left(\dfrac{x^*}{t},\dfrac{y^*}{t},\dfrac{z^*}{t},1\right)$，可发现当 $t\neq 0$ 时表示有限远点，当 $t=0$ 时表示无穷远点的坐标。因此，有限远点的齐次坐标可以写作 $(x,y,z,1)$。若将式(1.17)的变换用齐次变换来描述，则 $\boldsymbol{o}_2\boldsymbol{P}=\boldsymbol{M}_{21}\cdot\boldsymbol{o}_1\boldsymbol{P}$，

$$\boldsymbol{M}_{21}=\begin{bmatrix} & & & a_{14} \\ & \boldsymbol{R}_{21} & & a_{24} \\ & & & a_{34} \\ 0 & 0 & 0 & 1 \end{bmatrix} \tag{1.19}$$

元素 a_{14}、a_{24}、a_{34} 表示坐标系 S_1 原点 o_1 在坐标系 S_2 中的坐标，即 $a_{14}=\boldsymbol{o}_2\boldsymbol{o}_1\cdot\boldsymbol{i}_2$，

$a_{24} = \boldsymbol{o_2 o_1} \cdot \boldsymbol{j}_2$，$a_{34} = \boldsymbol{o_2 o_1} \cdot \boldsymbol{k}_2$。

进行逆变换，即坐标系 S_2 向坐标系 S_1 的变换矩阵为

$$\boldsymbol{M}_{12} = \begin{bmatrix} & \boldsymbol{R}_{12} & & b_{14} \\ & & & b_{24} \\ & & & b_{34} \\ 0 & 0 & 0 & 1 \end{bmatrix} \tag{1.20}$$

其中，$b_{14} = -(a_{11}a_{14} + a_{21}a_{24} + a_{31}a_{34})$，$b_{24} = -(a_{12}a_{14} + a_{22}a_{24} + a_{32}a_{34})$，$b_{34} = -(a_{13}a_{14} + a_{23}a_{24} + a_{33}a_{34})$。

仔细观察会发现，括号内的项目分别为 $\boldsymbol{M}_{21}$ 第 4 列元素与第 1、2、3 列元素的乘积之和。

例 1.2　图 1.7 是研究蜗杆传动时经常采用的坐标系，其中 $S(o\text{-}xyz)$ 和 $S_p(o_p\text{-}x_p y_p z_p)$ 是固定坐标系，$S_1(o_1\text{-}x_1y_1z_1)$、$S_2(o_2\text{-}x_2y_2z_2)$ 两个坐标系分别是和蜗杆、蜗轮固连的坐标系，试写出蜗杆齿面法矢 $\boldsymbol{n}_1=(n_{x1}, n_{y1}, n_{z1})^{\mathrm{T}}$ 和点的坐标 $\boldsymbol{p}(x_1, y_1, z_1)^{\mathrm{T}}$ 变换到蜗轮坐标系的变换公式。

解　依照前面所述的变换矩阵组成原则，可知 S_1 到 S 的旋转变换矩阵为

$$\boldsymbol{T}_{01} = \begin{bmatrix} \cos\varphi_1 & -\sin\varphi_1 & 0 \\ \sin\varphi_1 & \cos\varphi_1 & 0 \\ 0 & 0 & 1 \end{bmatrix}$$

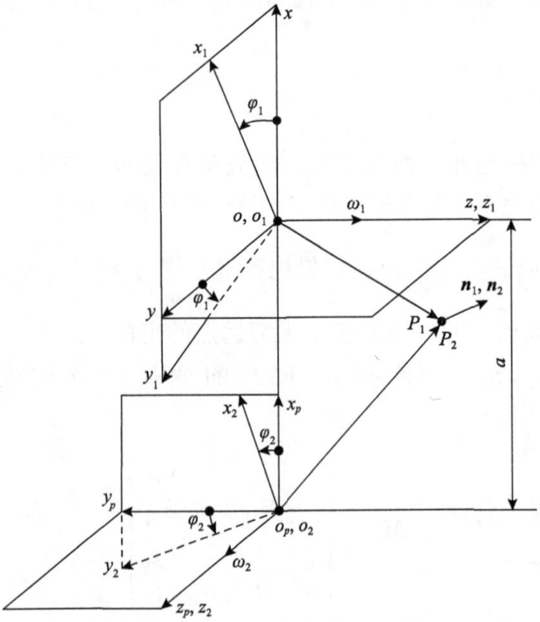

图 1.7　蜗轮、蜗杆有关坐标系变换

齐次变换矩阵为

$$\boldsymbol{M}_{01}=\begin{bmatrix}\cos\varphi_1 & -\sin\varphi_1 & 0 & 0\\ \sin\varphi_1 & \cos\varphi_1 & 0 & 0\\ 0 & 0 & 1 & 0\\ 0 & 0 & 0 & 1\end{bmatrix}$$

S 到 S_p 的旋转变换矩阵与齐次变换矩阵分别为

$$\boldsymbol{T}_{p0}=\begin{bmatrix}1 & 0 & 0\\ 0 & 0 & -1\\ 0 & 1 & 0\end{bmatrix},\quad \boldsymbol{M}_{p0}=\begin{bmatrix}1 & 0 & 0 & 0\\ 0 & 0 & -1 & 0\\ 0 & 1 & 0 & 0\\ 0 & 0 & 0 & 1\end{bmatrix}$$

S_p 到 S_2 的旋转变换矩阵与齐次变换矩阵分别为

$$\boldsymbol{T}_{2p}=\begin{bmatrix}\cos\varphi_2 & \sin\varphi_2 & 0\\ -\sin\varphi_2 & \cos\varphi_2 & 0\\ 0 & 0 & 1\end{bmatrix},\quad \boldsymbol{M}_{2p}=\begin{bmatrix}\cos\varphi_2 & \sin\varphi_2 & 0 & 0\\ -\sin\varphi_2 & \cos\varphi_2 & 0 & 0\\ 0 & 0 & 1 & 0\\ 0 & 0 & 0 & 1\end{bmatrix}$$

根据以上四式，S_1 到 S_2 的旋转变换矩阵与齐次变换矩阵分别为

$$\boldsymbol{T}_{21}=\boldsymbol{T}_{2p}\boldsymbol{T}_{p0}\boldsymbol{T}_{01}=\begin{bmatrix}\cos\varphi_1\cos\varphi_2 & -\sin\varphi_1\cos\varphi_2 & -\sin\varphi_2\\ -\cos\varphi_1\sin\varphi_2 & \sin\varphi_1\sin\varphi_2 & -\cos\varphi_2\\ \sin\varphi_1 & \cos\varphi_1 & 1\end{bmatrix}$$

$$\boldsymbol{M}_{21}=\boldsymbol{M}_{2p}\boldsymbol{M}_{p0}\boldsymbol{M}_{01}=\begin{bmatrix}\cos\varphi_1\cos\varphi_2 & -\sin\varphi_1\cos\varphi_2 & -\sin\varphi_2 & a\cos\varphi_2\\ -\cos\varphi_1\sin\varphi_2 & \sin\varphi_1\sin\varphi_2 & -\cos\varphi_2 & -a\sin\varphi_2\\ \sin\varphi_1 & \cos\varphi_1 & 0 & 0\\ 0 & 0 & 0 & 1\end{bmatrix}$$

最后可得

$$\begin{bmatrix}n_{x2}\\ n_{y2}\\ n_{z2}\end{bmatrix}=\begin{bmatrix}\cos\varphi_1\cos\varphi_2 & -\sin\varphi_1\cos\varphi_2 & -\sin\varphi_2\\ -\cos\varphi_1\sin\varphi_2 & \sin\varphi_1\sin\varphi_2 & -\cos\varphi_2\\ \sin\varphi_1 & \cos\varphi_1 & 1\end{bmatrix}\begin{bmatrix}n_{x1}\\ n_{y1}\\ n_{z1}\end{bmatrix}$$

$$\begin{bmatrix}x_2\\ y_2\\ z_2\\ 1\end{bmatrix}=\begin{bmatrix}\cos\varphi_1\cos\varphi_2 & -\sin\varphi_1\cos\varphi_2 & -\sin\varphi_2 & a\cos\varphi_2\\ -\cos\varphi_1\sin\varphi_2 & \sin\varphi_1\sin\varphi_2 & -\cos\varphi_2 & -a\sin\varphi_2\\ \sin\varphi_1 & \cos\varphi_1 & 0 & 0\\ 0 & 0 & 0 & 1\end{bmatrix}\begin{bmatrix}x_1\\ y_1\\ z_1\\ 1\end{bmatrix}$$

要注意，对于复合变换，一定要注意矩阵的相乘顺序，左乘右乘结果是不

同的；自由矢量变换使用旋转变换即可，径矢或点的坐标变换则需要使用齐次映射。

1.5 直线与平面的矢量方程

1.5.1 直线的矢量方程

L 为空间内任意直线，P_0 为 L 上一定点，它的向径为 $\boldsymbol{r}_0$，$\boldsymbol{v}$ 为平行于 L 的非零矢量，在 L 上另取一点 P，其向径为 $\boldsymbol{r}$，由图 1.8 可知：

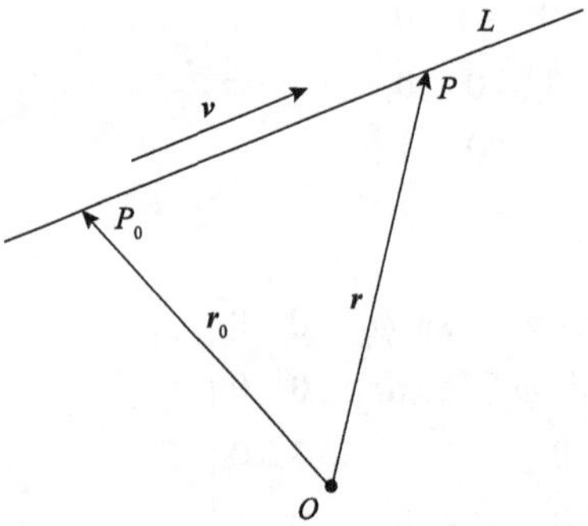

图 1.8 直线的矢量表示

$$\boldsymbol{OP} = \boldsymbol{OP}_0 + \boldsymbol{P}_0\boldsymbol{P}$$

又 $\boldsymbol{P}_0\boldsymbol{P} = \boldsymbol{v}t$，故直线 L 的矢量方程可表示为

$$\boldsymbol{r}(t) = \boldsymbol{r}_0 + \boldsymbol{v}t \tag{1.21}$$

其中，t 为参变量；$\boldsymbol{v}$ 通常可用一单位矢量来表示。

若用坐标分量表示上述各矢量，且 $\boldsymbol{r} = (x, y, z)$，$\boldsymbol{r}_0 = (x_0, y_0, z_0)$，$\boldsymbol{v} = (a, b, c)$，则利用式(1.21)可得直线的坐标表达的参数方程为

$$\begin{cases} x = x_0 + at \\ y = y_0 + bt \\ z = z_0 + ct \end{cases} \tag{1.22}$$

1.5.2 平面的矢量方程

设平面π通过点 P_0，平面π的法矢 $\boldsymbol{N}$ 已知，在平面π上任取一点 P(图 1.9)，有 $\boldsymbol{r} = \boldsymbol{OP}$，$\boldsymbol{r}_0 = \boldsymbol{OP}_0$，则 $\boldsymbol{N} \perp \boldsymbol{P}_0\boldsymbol{P}$ 即 $\boldsymbol{N}\cdot\boldsymbol{P}_0\boldsymbol{P} = 0$。于是有

$$\boldsymbol{N}\cdot(\boldsymbol{r} - \boldsymbol{r}_0) = 0 \tag{1.23}$$

式(1.23)为平面π的矢量方程，它还可以写为

$$\boldsymbol{N}\cdot\boldsymbol{r} = p \tag{1.24}$$

其中，$p = \boldsymbol{N}\cdot\boldsymbol{r}_0$；$\boldsymbol{N}$ 通常可用一单位矢量来表示。

又若 $\boldsymbol{v}_1$ 和 $\boldsymbol{v}_2$ 为平行于平面π而彼此不平行的两矢量，则平面π的法矢 $\boldsymbol{N} = \boldsymbol{v}_1\times\boldsymbol{v}_2$，于是平面$\pi$方程又可写为

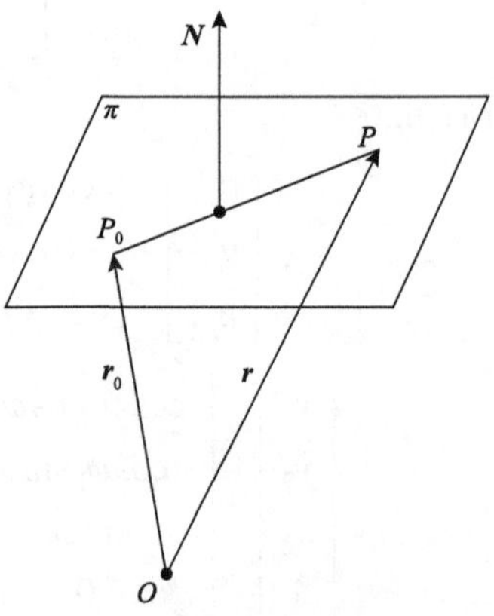

图 1.9 平面的矢量方程

$$(\boldsymbol{v}_1, \boldsymbol{v}_2, \boldsymbol{r}-\boldsymbol{r}_0)=0 \tag{1.25}$$

若$\boldsymbol{r}=(x,y,z)$，$\boldsymbol{r}_0=(x_0,y_0,z_0)$，$\boldsymbol{N}=(a,b,c)$，则利用式(1.23)可把平面$\pi$的矢量方程化为

$$a(x-x_0)+b(y-y_0)+c(z-z_0)=0 \tag{1.26a}$$

即平面方程的一般形式为

$$ax+by+cz+d=0 \tag{1.26b}$$

显然两平面之间的夹角余弦值为

$$\cos\alpha=\frac{a_1a_2+b_1b_2+c_1c_2}{\sqrt{a_1^2+b_1^2+c_1^2}\sqrt{a_2^2+b_2^2+c_2^2}} \tag{1.27}$$

例 1.3 如图 1.10 所示平面π通过 x 轴与 z 轴夹角α，写出平面π的方程。如果π平面代表齿条的左侧齿面，其螺旋角为β，向左旋转，试写出斜齿条齿面方程。

解 平面π的单位法矢 $\boldsymbol{n}$ 与 yoz 共面，其表达式为

$$\boldsymbol{n}=(0,\cos\alpha,-\sin\alpha)$$

由方程(1.26)可得平面π方程的一般形式为

$$y\cos\alpha-z\sin\alpha=0 \tag{1.28}$$

平面π绕 z 轴逆时针旋转β角，即为左旋齿条左侧齿面。对法矢 $\boldsymbol{n}$ 绕 z 轴做矢量旋转，利用式(1.16)可得齿面法矢为

$$\boldsymbol{e}=(-\cos\alpha\sin\beta,\cos\alpha\cos\beta,-\sin\alpha)$$

再由方程(1.26)可得斜齿条齿面π方程的一般形式为

$$x\cos\alpha\sin\beta-y\cos\alpha\cos\beta+z\sin\alpha=0 \tag{1.29}$$

例 1.4 求半径为 R，圆心在原点 O，以 x 轴上 M_0 为起点的圆的渐开线方程(图 1.11)。θ为渐开线展角，α为压力角(OR 与 OM 之间的夹角)。

解 如果选取渐开线的展角θ为变量，则

$$\boldsymbol{r}_M(\theta)=\frac{R}{\cos\alpha}(\boldsymbol{i}\cos\theta+\boldsymbol{j}\sin\theta) \tag{1.30a}$$

展角θ与压力角α之间的关系为

$$\theta = \tan\alpha - \alpha$$

展角θ为压力角α的函数，所以以展角θ为变量是无法用显函数的形式表达渐开线函数的。

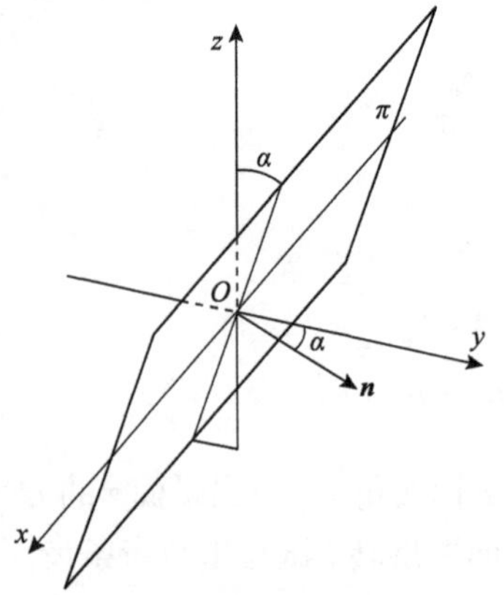

图 1.10　齿条齿面的表示

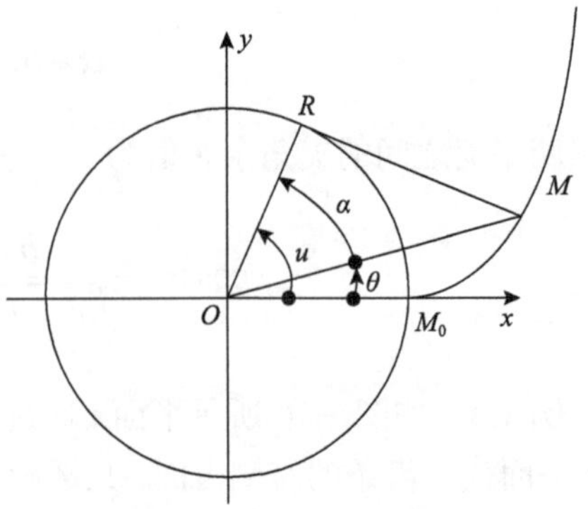

图 1.11　圆的渐开线

以压力角α为变量，则式(1.30a)可化为

$$\boldsymbol{r}_M(\alpha) = \frac{R}{\cos\alpha}[\boldsymbol{i}\cos(\tan\alpha - \alpha) + \boldsymbol{j}\sin(\tan\alpha - \alpha)] \tag{1.30b}$$

如果以角度u为变量，把$u = \tan\alpha$代入式(1.30b)可得

$$\boldsymbol{r}_M(u) = R[\boldsymbol{i}(\cos u + u\sin u) + \boldsymbol{j}(\sin u - u\cos u)] \tag{1.30c}$$

在矢量函数构建中，参数的选取非常重要，参数选取不同，矢量函数的形式也将不同。从以上渐开线函数的三种形式可以看出，矢量函数可以由不同的参数表达，通过适当的参数选择可使函数的形式更简单一些，易于应用。

1.6　矢量与坐标变换应用实例

图 1.12 为一个工业用的 3 自由度机械手。第 1 个自由度，$|\boldsymbol{oo}_1| = l_1$段可绕$o$-$z$轴旋转任意角度$q_1$；第 2 个自由度，$|\boldsymbol{o}_1\boldsymbol{o}_2| = l_2$段可绕$o_1$-$x_1$轴旋转任意角度$q_2$，$|\boldsymbol{o}_2\boldsymbol{o}_3| = l_3$段可绕$o_2$-$x_2$轴旋转任意角度$q_3$；第 3 个自由度，$|\boldsymbol{o}_3\boldsymbol{P}| = s$段可绕$o_3$-$y_3$轴旋转任意角度$q_4$。要对机械手的运动进行分析，必须将其末端$P$点的运动轨迹表达出来。

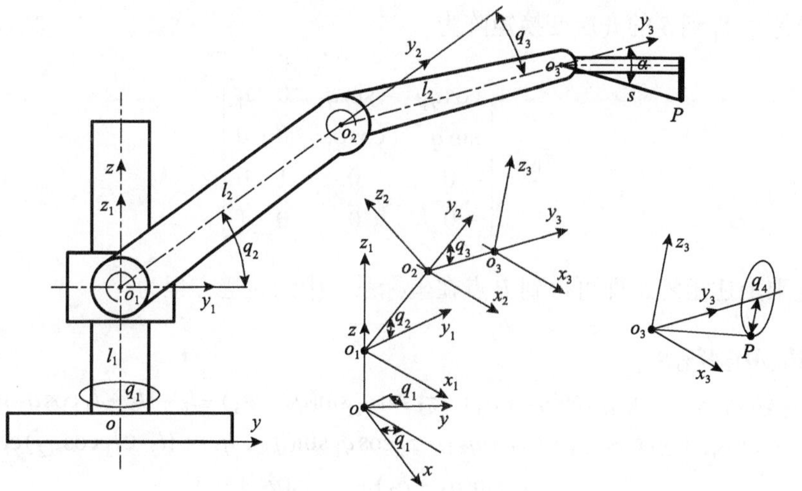

图 1.12　机械手的坐标变换

建立如图 1.12 所示的坐标系，坐标系 $S(o\text{-}xyz)$ 为空间固定坐标系，$S_1(o_1\text{-}x_1y_1z_1)$ 与第 1 段杆件固连，坐标原点在 o_1 点，z 与 z_1 轴重合，S_1 绕 z 轴相对 S 旋转 q_1 角。相当于 S 平移 $\boldsymbol{oo}_1$，再绕 z 轴旋转 q_1 角后，得到 S_1 坐标系。

依次类推，$S_2(o_2\text{-}x_2y_2z_2)$ 与第 2 段杆件固连，x_2 与 x_1 轴方向一致，其相对 S_1 的 x_1 轴旋转 q_2 角；$S_3(o_3\text{-}x_3y_3z_3)$ 与第 3 段杆件固连，x_3 与 x_2 轴方向一致，其相对 S_2 的 x_2 轴旋转 q_3 角。

首先确定 P 点在坐标系 S_3 中的轨迹，因为 $\boldsymbol{o_3P}=(0, s\cos\alpha, -s\sin\alpha)^{\mathrm{T}}$，绕旋转轴 $y_3:(0,1,0)$，旋转角度 q_4，利用矢量旋转式(1.10)可得

$$\boldsymbol{p}_3=(-s\sin\alpha\sin q_4, s\cos\alpha, -s\sin\alpha\cos q_4)^{\mathrm{T}}$$

坐标系 $S_3\to S_2$ 齐次变换矩阵为

$$\boldsymbol{M}_{23}=\begin{bmatrix}1 & 0 & 0 & 0\\ 0 & \cos q_3 & \sin q_3 & l_3\\ 0 & -\sin q_3 & \cos q_3 & 0\\ 0 & 0 & 0 & 1\end{bmatrix}$$

坐标系 $S_2\to S_1$ 齐次变换矩阵为

$$\boldsymbol{M}_{12}=\begin{bmatrix}1 & 0 & 0 & 0\\ 0 & \cos q_2 & \sin q_2 & l_2\\ 0 & -\sin q_2 & \cos q_2 & 0\\ 0 & 0 & 0 & 1\end{bmatrix}$$

坐标系 S_1 到 S 的齐次变换矩阵为

$$\boldsymbol{M}_{01}=\begin{bmatrix}\cos q_1 & -\sin q_1 & 0 & l_1\\ \sin q_1 & \cos q_1 & 0 & 0\\ 0 & 0 & 1 & 0\\ 0 & 0 & 0 & 1\end{bmatrix}$$

连乘上述矩阵，即可得到 P 点在坐标系 S 中的轨迹方程为

$$\begin{aligned}\boldsymbol{p}&=\boldsymbol{M}_{01}\boldsymbol{M}_{12}\boldsymbol{M}_{23}\boldsymbol{p}_3\\ &=\begin{bmatrix}x_3\cos q_1-y_3\sin q_1\cos(q_2+q_3)-z_3\sin q_1\sin(q_2+q_3)+l_1-(l_2+l_3\cos q_2)\sin q_1\\ x_3\sin q_1+y_3\cos q_1\cos(q_2+q_3)+z_3\cos q_1\sin(q_2+q_3)+(l_2+l_3\cos q_2)\cos q_1\\ -y_3\sin(q_2+q_3)+z_3\sin(q_2+q_3)\end{bmatrix}\end{aligned}$$

如果求解上述问题的逆命题，即已知 P 点的运动轨迹或位置坐标，求机械手运动的转角 (q_1, q_2, q_3, q_4)，利用上式也是可以确定的。

习　　题

1. 设三角形的三个定点为 $A(1,1,2)$、$B(-2,0,3)$、$C(2,4,5)$，用矢量形式求 $\triangle ABC$ 的三个角度。

2. 证明拉格朗日恒等式：

$$(\boldsymbol{r}_1\times\boldsymbol{r}_2)\cdot(\boldsymbol{r}_3\times\boldsymbol{r}_4)=\begin{vmatrix}\boldsymbol{r}_1\cdot\boldsymbol{r}_3 & \boldsymbol{r}_1\cdot\boldsymbol{r}_4\\ \boldsymbol{r}_2\cdot\boldsymbol{r}_3 & \boldsymbol{r}_2\cdot\boldsymbol{r}_4\end{vmatrix}$$

3. 写出矢函数 $\boldsymbol{r}(t)=(\cos t,(t+1)^2,0)$ 在 $t=0$ 处泰勒公式的前三项。

4. $\lambda(t)$ 为实函数，求 $\dfrac{\mathrm{d}}{\mathrm{d}t}\left(\dfrac{\boldsymbol{r}(t)}{\lambda(t)}\right)$。

5. 一直线过点 $(2,1,3)$ 且平行于矢量 $\boldsymbol{A}=(3,1,-5)$，求该直线的矢量方程。

6. 试求一经过点 $(1,2,3)$ 且以矢量 $\boldsymbol{N}=(5,-3,-4)$ 为法矢的平面的矢量方程。

7. 根据图 1.10 的齿条建立圆柱齿轮加工坐标系，并把齿条方程变换到圆柱齿轮坐标表达。

第2章　曲　线　论

曲线是微分几何研究的主要对象之一，也是微分几何曲面分析的基础。曲线论所说的曲线并非常规意义上的曲线，它受到若干微分性质的限定。因而有必要厘清曲线的概念、性质，并进一步了解它们的相关知识。

2.1　曲线的基本概念与性质

2.1.1　曲线的概念

如果一个开的直线段到三维欧氏空间内建立的对应是一一的(或称单的)双方连续的满映射(称为拓扑映射或同胚)，则把三维欧氏空间中的映射的像称为简单曲线段。例如，如图 2.1 所示的开的直线段映射到开圆弧(即圆周的一部分)，这种映射是一一的、双方连续的满映射，因此开圆弧是简单曲线段。

又如，在一张长方形的纸上画一条斜的直线(图 2.2)，然后把这张纸卷成圆柱面，则直线成为圆柱螺线，因而圆柱螺线是简单曲线段。

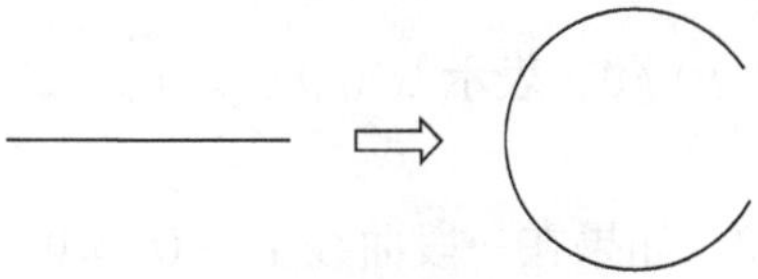

图 2.1　直线段到圆弧的映射

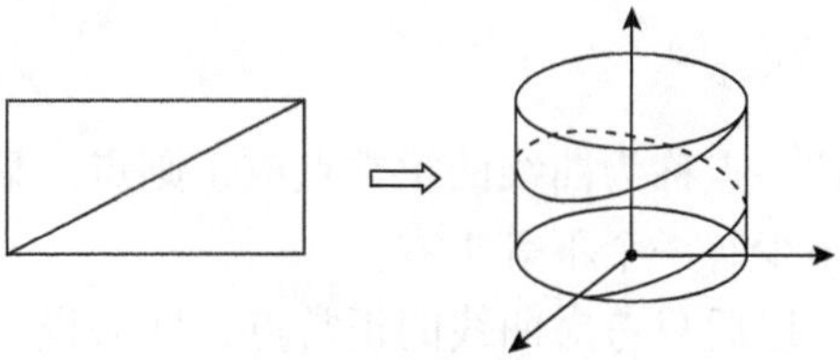

图 2.2　圆柱螺线为简单曲线段

对任意给定曲线的“小范围”的研究，总可以作为简单曲线段。本书后面所讨论的曲线都是简单曲线段，不另作声明。

根据上述曲线的概念，可以确立曲线的方程。在直线段上引入数轴 $t(a<t<b)$，在空间中引入笛卡儿直角坐标 (x, y, z)，则上述映射的解析表达式可写为

$$\begin{cases} x = x(t) \\ y = y(t), \quad a<t<b \\ z = z(t) \end{cases} \tag{2.1}$$

式(2.1)称为曲线的参数表示或参数方程，t 称为曲线的参数。

如果在曲线上任取一点 M，从坐标原点 O 引有向线段 $\boldsymbol{OM}$ ，即向径 $\boldsymbol{r}$，那么曲线上的每一点都可以用向径 $\boldsymbol{r}(t)$ 来表示(图 1.1)。因此，曲线又可以写成矢量函数的形式，即

$$\boldsymbol{r}(t)=\big(x(t), y(t), z(t)\big),\quad a<t<b \tag{2.2}$$

在微分几何中，曲线方程更多地用矢量函数的形式(2.2)来表示。例如，如图 2.1 所示的开圆弧是开直线段的像，取开直线段为 $t\in(0,2\pi)$，则开圆弧的矢量方程为

$$\boldsymbol{r}(t)=\big(a\cos t, a\sin t, 0\big),\quad 0<t<2\pi$$

另外，在解析几何中，一条曲线还可以用两个曲面方程联立来表示，即

$$\begin{cases}F_1(x,y,z)=0\\F_2(x,y,z)=0\end{cases} \tag{2.3}$$

2.1.2 光滑曲线与曲线的正常点

如果曲线 $\boldsymbol{r}=\boldsymbol{r}(t)$ $(a<t<b)$ 中的函数是 k 阶连续可导的函数,则将这类曲线称为 C^k 类曲线。当 $k=1$ 时，也就是 C^1 类曲线，又称为光滑曲线。

给出 C^1 类的曲线 $\boldsymbol{r}=\boldsymbol{r}(t)$，假设对于曲线 $\boldsymbol{r}=\boldsymbol{r}(t)$ 上一点 $(t=t_0)$ 有

$$\boldsymbol{r}'(t_0)\neq 0$$

则这一点称为曲线的正常点或正则点。显然 $\boldsymbol{r}'(t_0)\neq 0$，表示 $x'(t_0)$、$y'(t_0)$、$z'(t_0)$ 中至少有一个不等于零。

以后只考虑曲线的正常点，即假设 $\boldsymbol{r}'(t)\neq 0$。如果在一段曲线上 $\boldsymbol{r}'(t)\equiv 0$，则 $\boldsymbol{r}(t)$ 变成常矢量，这时曲线缩成一点，所以一段曲线上 $\boldsymbol{r}'(t)=0$ 的点一般是孤立点。若曲线 C 上所有点都是正常点，则称曲线 C 为正则曲线。

对于形如式(2.1)的正则曲线 $\boldsymbol{r}=\boldsymbol{r}(t)$，在曲线任意点(例如，设 $x'(t_0)\neq 0$)的充分小邻域里，函数 $x=x(t)$ 在 t_0 邻近总存在连续而可导的反函数 $t=t(x)$。把它代入式(2.1)后两式，可得曲线的另一表示形式为

$$\begin{cases}y=\varphi(x)\\z=\psi(x)\end{cases} \tag{2.4}$$

例 2.1 对于圆柱螺线 $\boldsymbol{r}(t)=(a\cos t,\ a\sin t,\ bt)$ $(-\infty<t<\infty)$，把它表示成式(2.4)的形式。

解 先对 $\boldsymbol{r}(t)$ 求一阶导数，有 $\boldsymbol{r}'(t)=(-a\sin t, a\cos t, bt)$。

由于 $b\neq 0$，所以在曲线上的任何点处 $\boldsymbol{r}'(t)\neq 0$，因此圆柱螺线上的点都是正常点，圆柱螺线为正则曲线。

由 $z=bt$ 得出 $t=\dfrac{1}{b}z$，代入前述圆柱螺线方程后可得

$$\begin{cases} x=a\cos\dfrac{z}{b} \\ y=a\sin\dfrac{z}{b} \end{cases} \tag{2.5}$$

2.1.3 曲线的切线与法面

给出曲线 $\boldsymbol{r}=\boldsymbol{r}(t)$ 上一点 P，点 Q 是 P 的邻近一点(图 2.3)，将割线 PQ 绕 P 点旋转，使 Q 点沿曲线无限趋近于 P 点，将割线 PQ 的极限位置称为曲线在 P 点的切线，而定点 P 称为切点。从直观上看，切线是通过切点的所有直线中最贴近曲线的直线。

设切点 P 对应参数 t_0，Q 点对应参数 $t_0+\Delta t$(图 2.3)，则有

$$\boldsymbol{PQ}=\boldsymbol{r}(t_0+\Delta t)-\boldsymbol{r}(t_0)$$

在割线 PQ 上作矢量 $\boldsymbol{PR}$，有

$$\boldsymbol{PR}=\frac{\boldsymbol{r}(t_0+\Delta t)-\boldsymbol{r}(t_0)}{\Delta t}$$

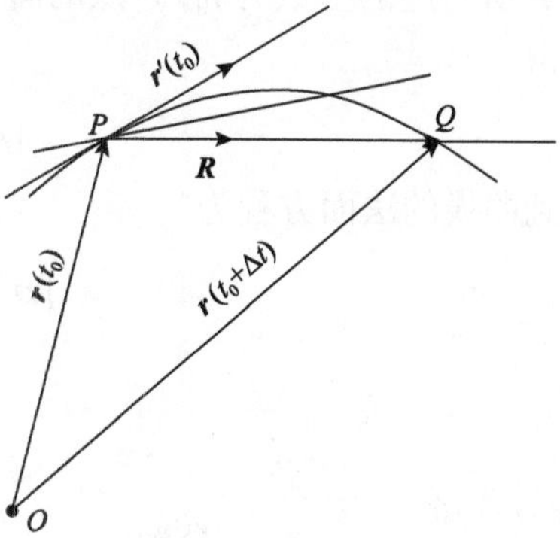

图 2.3 曲线的切线

当 $Q\to P$(即$\Delta t\to 0$)时，若 $\boldsymbol{r}(t)$ 在 t_0 处可导，则由矢量函数的导数可得矢量 $\boldsymbol{PR}$ 的极限，即

$$\boldsymbol{r}'(t_0)=\lim_{\Delta t\to 0}\frac{\boldsymbol{r}(t_0+\Delta t)-\boldsymbol{r}(t_0)}{\Delta t}$$

根据曲线切线的定义，得到 $\boldsymbol{PR}$ 的极限是切线上的一矢量 $\boldsymbol{r}'(t)$，它称为曲线上一点的切矢量。

由于只研究曲线的正常点，即 $\boldsymbol{r}'(t)\neq 0$，所以曲线上一点的切矢量总是存在的，而这个切矢量就是切线上的一个非零矢量。切矢量的正向和曲线参数 t 的增值方向是一致的。

设曲线上一个切点 P 所对应的参数为 t_0，P 点的向径是 $\boldsymbol{r}(t_0)$，$\boldsymbol{\rho}=(x, y, z)$

是切线上任一点的向径(图 2.4)，因为$[\boldsymbol{\rho}-\boldsymbol{r}(t_0)]//\boldsymbol{r}'(t_0)$，则得 P 点的切线方程为

$$\boldsymbol{\rho}-\boldsymbol{r}(t_0)=\lambda\boldsymbol{r}'(t_0) \tag{2.6}$$

其中，λ为切线上的参数。

下面再导出用坐标表示的切线方程。设

$$\boldsymbol{r}(t_0)=(x(t_0), y(t_0), z(t_0))$$

$$\boldsymbol{r}'(t_0)=(x'(t_0), y'(t_0), z'(t_0))$$

上述切线方程消去λ后可得坐标表示的切线方程为

$$\frac{X-x(t_0)}{x'(t_0)}=\frac{Y-y(t_0)}{y'(t_0)}=\frac{Z-Z(t_0)}{z'(t_0)} \tag{2.7}$$

经过切点且垂直于切线的平面称为曲线的法面，如图 2.5 所示。设曲线上一点 P 所对应的参数为 t_0, P 点的向径是 $\boldsymbol{r}(t_0)$, $\boldsymbol{\rho}(X, Y, Z)$是法面上任意一点的向径，则由

$$[\boldsymbol{\rho}-\boldsymbol{r}(t_0)]\perp\boldsymbol{r}'(t_0)$$

得到曲线的法面方程为

$$[\boldsymbol{\rho}-\boldsymbol{r}(t_0)]\cdot\boldsymbol{r}'(t_0)=0 \tag{2.8a}$$

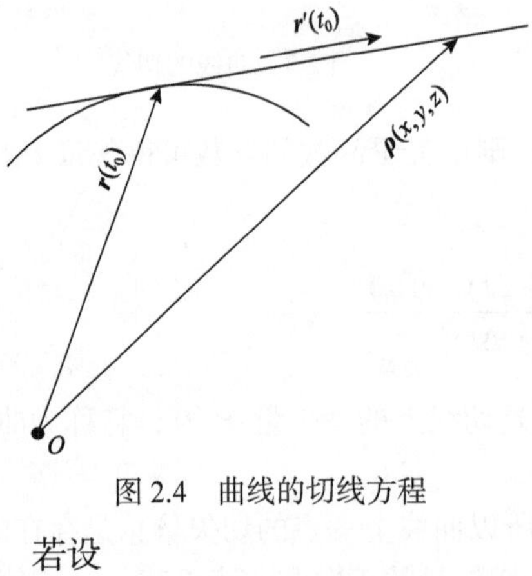

图 2.4　曲线的切线方程

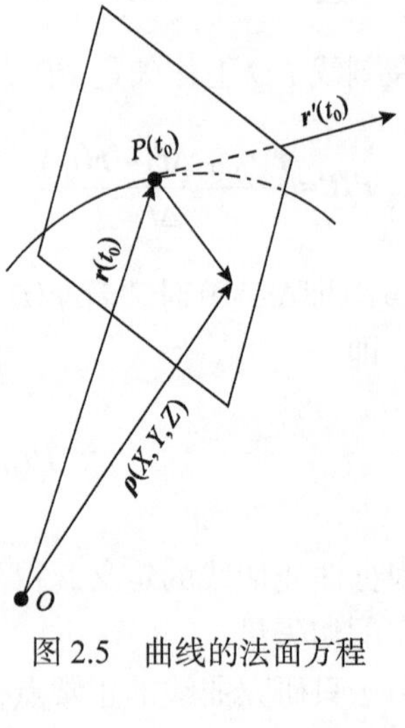

图 2.5　曲线的法面方程

若设

$$\boldsymbol{r}(t_0)=(x(t_0), y(t_0), z(t_0))$$

$$\boldsymbol{r}'(t_0)=(x'(t_0), y'(t_0), z'(t_0))$$

则由法面方程(2.8a)可得坐标表示的法面方程为

$$[X-x(t_0)]\cdot x'(t_0)+[Y-y(t_0)]\cdot y'(t_0)+[Z-z(t_0)]\cdot z'(t_0)=0 \tag{2.8b}$$

例 2.2 求圆柱螺线 $\boldsymbol{r}(t)=(a\cos t, a\sin t, bt)$在 $t=\pi/3$ 处的切线方程与法面方程(图 2.6)。

解 对 $\boldsymbol{r}(t)$ 求导，可得

$$\boldsymbol{r}'(t)=(-a\sin t, a\cos t, b)$$

当 $t=\pi/3$ 时，有

$$\boldsymbol{r}\left(\frac{\pi}{3}\right)=\left(\frac{a}{2},\frac{\sqrt{3}}{2}a,\frac{\pi}{3}b\right)$$

$$\boldsymbol{r}'\left(\frac{\pi}{3}\right)=\left(-\frac{\sqrt{3}a}{2},\frac{a}{2},b\right)$$

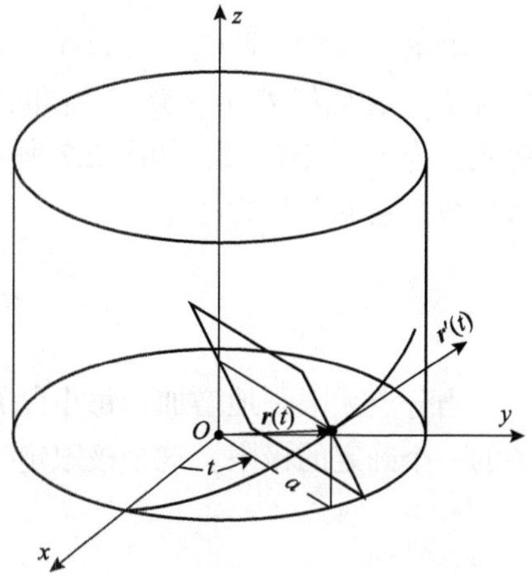

图 2.6 圆柱螺线的切线与法面

所以 $t=\pi/3$ 时切线的方程为

$$\boldsymbol{\rho}-\boldsymbol{r}\left(\frac{\pi}{3}\right)=\lambda\boldsymbol{r}'\left(\frac{\pi}{3}\right)$$

将 $\boldsymbol{r}\left(\frac{\pi}{3}\right)$ 和 $\boldsymbol{r}'\left(\frac{\pi}{3}\right)$ 代入上式，简化可得

$$\boldsymbol{\rho}(\lambda)=\left(\frac{1-\lambda\sqrt{3}}{2}a,\frac{\sqrt{3}+\lambda}{2}a,\left(\frac{\pi}{3}+\lambda\right)b\right)$$

如果用坐标表示，则得切线方程为

$$\frac{2X-a}{-\sqrt{3}a}=\frac{2Y-\sqrt{3}a}{a}=\frac{Z-\frac{\pi}{3}b}{b}$$

法面方程为

$$\left[\boldsymbol{\rho}-\boldsymbol{r}\left(\frac{\pi}{3}\right)\right]\cdot\boldsymbol{r}'\left(\frac{\pi}{3}\right)=0$$

将 $\boldsymbol{r}\left(\frac{\pi}{3}\right)$ 和 $\boldsymbol{r}'\left(\frac{\pi}{3}\right)$ 代入上式，整理后得法面的坐标方程为

$$\sqrt{3}aX-aY-2bZ+\frac{2\pi}{3}b^2=0$$

2.1.4 曲线的弧长与自然参数

前述曲线方程所取的参数 t 一般不具有几何意义，在微分几何问题研究中，经常用弧长作为曲线的参数。

1. 曲线的弧长 S

给出 C^1 类曲线 C：$\boldsymbol{r}=\boldsymbol{r}(t)$，$a\leqslant t\leqslant b$，曲线 C 上对应于 $\boldsymbol{r}(a)$ 和 $\boldsymbol{r}(b)$ 的点为 P_0 和 P_n。在曲线 C 上，介于 P_0 和 P_n 之间，顺着 t 递增的次序，取 $n-1$ 个点，把曲线分为 n 个小弧段，如图 2.7 所示。用直线段把相邻的分点连接起来，即得一条折线，它的总长为

$$\sigma_n=\sum_{i=1}^{n}P_{i-1}P_i$$

当分点无限制地增加、每小段 $P_{i-1}P_i$ 的长趋于 0 时，σ_n 趋于与分点的选择无关的一个确定的极限。这个极限定义为曲线段 P_0P_n 的弧长。

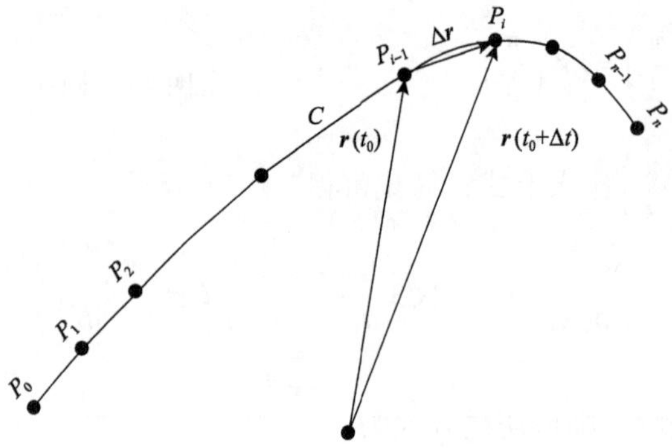

图 2.7 曲线的弧长

由于每小段 $P_{i-1}P_i$ 弦长为 $|\Delta\boldsymbol{r}|=\boldsymbol{r}(t_0+\Delta t)-\boldsymbol{r}(t_0)$，当 $\Delta\boldsymbol{r}$ 足够小时，每一小段 $P_{i-1}P_i$ 弧长 $\Delta s\approx|\Delta\boldsymbol{r}|$，即

$$\frac{\Delta s}{\Delta t}\approx\frac{|\Delta\boldsymbol{r}|}{\Delta t}$$

于是当 $\Delta t\to 0$ 时，$\lim\limits_{\Delta t\to 0}\dfrac{\Delta s}{\Delta t}\approx\lim\limits_{\Delta t\to 0}\dfrac{|\Delta\boldsymbol{r}|}{\Delta t}$，即

$$\frac{\mathrm{d}s}{\mathrm{d}t}=\left|\frac{\mathrm{d}\boldsymbol{r}}{\mathrm{d}t}\right|=|\boldsymbol{r}'(t)| \tag{2.9a}$$

两边积分即得弧长的计算公式为

$$S=\int_a^b|\boldsymbol{r}'(t)|\mathrm{d}t \tag{2.9b}$$

2. 曲线的自然参数

在曲线的参数方程中，当参数选择得合适时，运算就能简化。弧长参数常常能起到这样的作用。下面就以弧长来定义一个新函数——弧长函数 $s(t)$，即

$$s(t)=\int_a^t|\boldsymbol{r}'(t)|\mathrm{d}t \tag{2.10}$$

显然，$s'(t)=|\boldsymbol{r}'(t)|>0$。

因此，函数 $s(t)$ 是 t 的单调递增函数。设 $s(t)$ 的反函数存在，为 $t=t(s)$，代入曲线方程 $\boldsymbol{r}=\boldsymbol{r}(t)$ 得到以 s 为参数的曲线方程 $\boldsymbol{r}=\boldsymbol{r}(s)$，即

$$\boldsymbol{r}(s)=(x(s),y(s),z(s))$$

把 s 称为曲线的自然参数，相应的曲线方程称为自然参数方程。

3. 曲线在自然参数下的切线矢量

由式(2.9a)得 $\left(\dfrac{\mathrm{d}s}{\mathrm{d}t}\right)^2=\left(\dfrac{\mathrm{d}\boldsymbol{r}}{\mathrm{d}t}\right)^2$，即

$$(\mathrm{d}s)^2=(\mathrm{d}\boldsymbol{r})^2$$

从而有

$$\left(\frac{\mathrm{d}\boldsymbol{r}}{\mathrm{d}s}\right)^2=1,\quad\left|\frac{\mathrm{d}\boldsymbol{r}}{\mathrm{d}s}\right|=1$$

所以，$\dfrac{\mathrm{d}\boldsymbol{r}}{\mathrm{d}s}$ 为一单位矢量。

特别记作 $\boldsymbol{\alpha}=\dot{\boldsymbol{r}}(s)$，它是曲线的切线矢量，所以曲线若以弧长作为参数，则其切线矢量为单位矢量。

这里要特别说明两点。

(1) 后续用“点”代替“撇”表示矢量函数对于自然参数的导数。例如

$$\dot{\boldsymbol{r}}=\frac{\mathrm{d}\boldsymbol{r}}{\mathrm{d}s},\quad\ddot{\boldsymbol{r}}=\frac{\mathrm{d}^2\boldsymbol{r}}{\mathrm{d}s^2}$$

(2) 方向定义为弧长的正向。当切线矢量 $\boldsymbol{\alpha}$ 方向颠倒时，曲线的正向也颠倒。

例 2.3　求圆柱螺线 $\boldsymbol{r}(t)=(a\cos t, a\sin t, bt)$ 从 $t=0$ 起计算的弧长，并将该圆柱

螺线方程化为自然参数表示，求其单位切线矢量。

解　对 $\boldsymbol{r}(t)$ 求导，可得

$$\boldsymbol{r}'(t) = (-a\sin t, a\cos t, b)$$

从 $t=0$ 起计算的弧长为

$$s = \int_0^t |\boldsymbol{r}'(t)| \mathrm{d}t = \int_0^t \sqrt{a^2+b^2}\,\mathrm{d}t = \sqrt{a^2+b^2}\,t$$

将 $t = \dfrac{s}{\sqrt{a^2+b^2}}$ 代入 $\boldsymbol{r}(t)$，可得圆柱螺线的自然参数方程为

$$\boldsymbol{r}(s) = \left(a\cos\frac{s}{\sqrt{a^2+b^2}}, a\sin\frac{s}{\sqrt{a^2+b^2}}, \frac{bs}{\sqrt{a^2+b^2}} \right)$$

用上述自然参数方程求其单位切线矢量为

$$\dot{\boldsymbol{\alpha}} = \dot{\boldsymbol{r}}(s) = \frac{1}{\sqrt{a^2+b^2}} \left(-a\sin\frac{s}{\sqrt{a^2+b^2}}, a\cos\frac{s}{\sqrt{a^2+b^2}}, b \right)$$

2.2　空间曲线的基本矢量与标架

2.2.1　空间曲线的密切平面

在 2.1 节已经讨论过，在 C^1 类曲线的正常点处总存在一条切线，它是最贴近曲线的直线。对于一条 C^2 类空间曲线，过曲线上一点有无数多个切平面，其中有一个最贴近曲线的切平面，这就是密切平面。

定义 2.1　过空间曲线上 P 点的切线和 P 点的邻近一点 Q 可作一平面 σ，如图 2.8 所示，当 Q 点沿着曲线趋于 P 点时，平面 σ 的极限位置 π 称为曲线在 P 点的密切平面。

根据密切平面的定义可推导出密切平面的方程。

给出 C^2 类的曲线 C：$\boldsymbol{r} = \boldsymbol{r}(t)$，设曲线 C 上的 P 点和 Q 点分别对应参数 t_0 和 $t_0+\Delta t$（图 2.8）。根据泰勒公式，有

$$\boldsymbol{PQ} = \boldsymbol{r}(t_0+\Delta t) - \boldsymbol{r}(t_0) = \boldsymbol{r}'(t_0)\Delta t + \frac{1}{2}(\boldsymbol{r}''(t_0) + \boldsymbol{\varepsilon})\Delta t^2 \tag{2.11a}$$

其中，$\lim\limits_{\Delta t \to 0} \boldsymbol{\varepsilon} = 0$。

因为矢量 $\boldsymbol{r}'(t_0)$ 和 $\boldsymbol{PQ}$ 都在平面上，所以它们的线性组合

$$\frac{2}{\Delta t^2}[\boldsymbol{PQ}-\boldsymbol{r}'(t_0)\Delta t]=\boldsymbol{r}''(t_0)+\varepsilon \tag{2.11b}$$

也在平面σ上。

当Q点沿着曲线趋于P点时，$\Delta t \to 0$，这时$\boldsymbol{r}'(t_0)$不动，但$\boldsymbol{\varepsilon} \to 0$，这个线性组合矢量就趋于$\boldsymbol{r}''(t_0)$，所以平面$\sigma$的极限位置是矢量$\boldsymbol{r}'(t_0)$和$\boldsymbol{r}''(t_0)$所确定的平面。也就是说，如果$\boldsymbol{r}''(t_0)$和曲线在$P$点的切矢量$\boldsymbol{r}'(t_0)$不平行，即$\boldsymbol{r}'(t_0)\times\boldsymbol{r}''(t_0)\neq 0$（非逗留点），这两个矢量以及$P$点就完全确定了曲线在$P$点的密切平面。

根据以上的论述，曲线C在$P(t_0)$点的密切平面（图2.9）的方程是

$$(\boldsymbol{R}-\boldsymbol{r}(t_0), \boldsymbol{r}'(t_0), \boldsymbol{r}''(t_0))=0 \tag{2.12a}$$

其中，$\boldsymbol{R}=(X, Y, Z)$表示P点的密切平面上任意一点的向径。

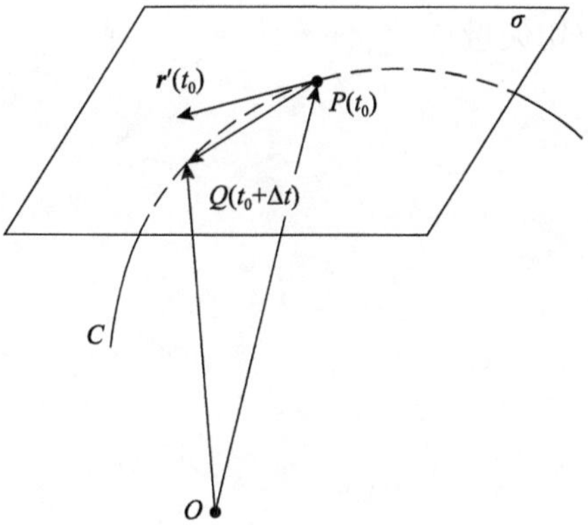

图2.8　曲线的密切平面

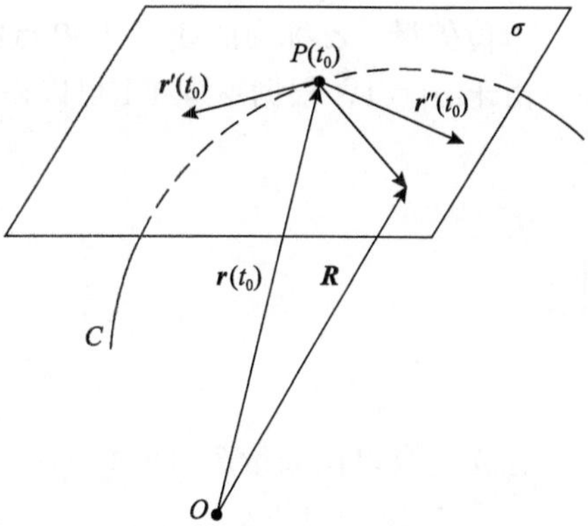

图2.9　密切平面方程

式(2.12a)也可用行列式表示为

$$\begin{vmatrix} X-x(t_0) & Y-y(t_0) & Z-z(t_0) \\ x'(t_0) & y'(t_0) & z'(t_0) \\ x''(t_0) & y''(t_0) & z''(t_0) \end{vmatrix}=0 \tag{2.12b}$$

若曲线C用自然参数表示$\boldsymbol{r}=\boldsymbol{r}(s)$，则曲线$C$在$P(s_0)$点的密切平面的方程是

$$(\boldsymbol{R}-\boldsymbol{r}(s_0), \dot{\boldsymbol{r}}(s_0), \ddot{\boldsymbol{r}}(s_0))=0 \tag{2.13a}$$

或即

$$\begin{vmatrix} X-x(s_0) & Y-y(s_0) & Z-z(s_0) \\ \dot{x}(s_0) & \dot{y}(s_0) & \dot{z}(s_0) \\ \ddot{x}(s_0) & \ddot{y}(s_0) & \ddot{z}(s_0) \end{vmatrix}=0 \tag{2.13b}$$

注意，如果曲线 C 是平面曲线，那么它在每一点的密切平面都是曲线 C 所在的平面；反过来，如果一条曲线的密切平面固定，则曲线是平面曲线，因为这个固定的密切平面经过曲线上每一点。

2.2.2 空间曲线的基本三棱形

给出 C^2 类空间曲线 C 和其上一点 P。设曲线 C 的自然参数表示是

$$\boldsymbol{r}=\boldsymbol{r}(s)$$

其中，s 是自然参数，则

$$\boldsymbol{\alpha}=\dot{\boldsymbol{r}}(s)=\frac{\mathrm{d}\boldsymbol{r}}{\mathrm{d}s} \tag{2.14}$$

是一单位矢量，$\boldsymbol{\alpha}$ 称为曲线 C 上 P 点的单位切矢量。

由于$|\boldsymbol{\alpha}|=1$，根据定理 1.1 可以得到

$$\dot{\boldsymbol{\alpha}}\perp\boldsymbol{\alpha}$$

即

$$\ddot{\boldsymbol{r}}\perp\dot{\boldsymbol{r}}$$

在 $\dot{\boldsymbol{\alpha}}$ 上取单位矢量$\boldsymbol{\beta}$，即

$$\boldsymbol{\beta}=\frac{\dot{\boldsymbol{\alpha}}}{|\dot{\boldsymbol{\alpha}}|}=\frac{\ddot{\boldsymbol{r}}}{|\ddot{\boldsymbol{r}}|} \tag{2.15}$$

称为曲线 C 上 P 点的主法矢。

再作单位矢量$\boldsymbol{\gamma}$，即

$$\boldsymbol{\gamma}=\boldsymbol{\alpha}\times\boldsymbol{\beta} \tag{2.16}$$

称为曲线 C 上 P 点的副法矢。

单位矢量$\boldsymbol{\alpha}$、$\boldsymbol{\beta}$、$\boldsymbol{\gamma}$ 两两正交称为曲线上 P 点的弗雷内(Frenet)标架。由式(2.16)可知，弗雷内标架构成右手系(图 2.10)。

因为$\boldsymbol{\alpha}=\dot{\boldsymbol{r}}$、$\boldsymbol{\beta}/\!/\ddot{\boldsymbol{r}}$，所以切矢量和主法矢所确定的平面就是曲线 C 在 P 点的密切平面，又因为$\boldsymbol{\beta}$和$\boldsymbol{\gamma}$ 都垂直于切矢量$\boldsymbol{\alpha}$，所以$\boldsymbol{\beta}$和$\boldsymbol{\gamma}$ 所确定的平面是曲线上 P 点的法平面。

$\boldsymbol{\alpha}$和$\boldsymbol{\gamma}$ 所确定的平面称为曲线 C 上 P 点的从切平面(图 2.11)。

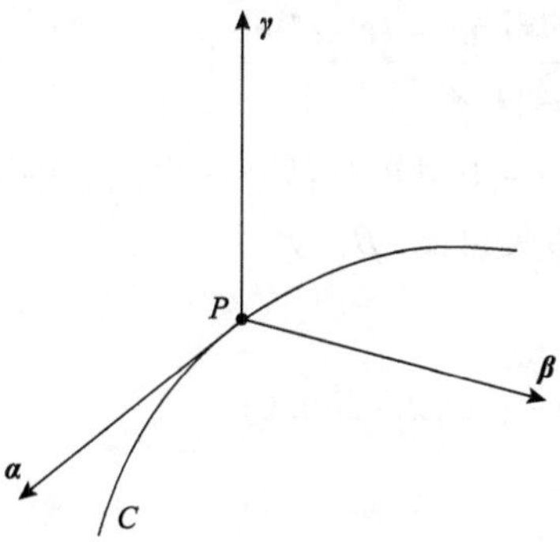

图 2.10 弗雷内标架

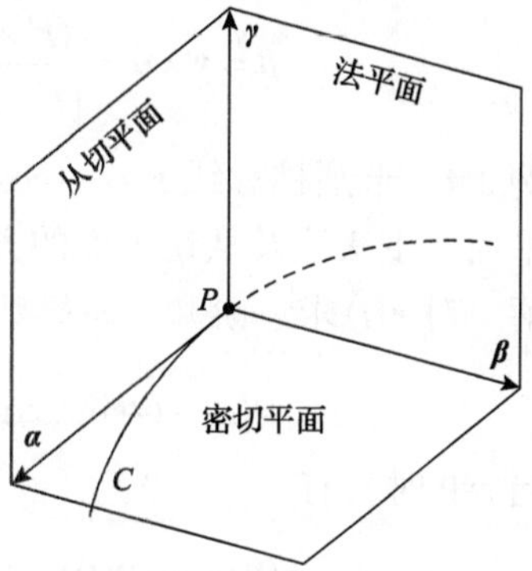

图 2.11 基本三棱形

密切平面方程为

$$(\boldsymbol{R}-\boldsymbol{r},\boldsymbol{\alpha},\boldsymbol{\beta})=0 \tag{2.17a}$$

或

$$(\boldsymbol{R}-\boldsymbol{r},\dot{\boldsymbol{r}},\ddot{\boldsymbol{r}})=0 \tag{2.17b}$$

法平面方程为

$$(\boldsymbol{R}-\boldsymbol{r})\cdot\boldsymbol{\alpha}=0 \tag{2.18a}$$

或

$$(\boldsymbol{R}-\boldsymbol{r})\cdot\dot{\boldsymbol{r}}=0 \tag{2.18b}$$

从切平面方程为

$$(\boldsymbol{R}-\boldsymbol{r})\cdot\boldsymbol{\beta}=0 \tag{2.19a}$$

或

$$(\boldsymbol{R}-\boldsymbol{r})\cdot\ddot{\boldsymbol{r}}=0 \tag{2.19b}$$

单位矢量$\boldsymbol{\alpha}$、$\boldsymbol{\beta}$、$\boldsymbol{\gamma}$也称为曲线的基本矢量。由三个基本矢量和密切平面、法平面、从切平面所构成的图形称为曲线的基本三棱形。当一点P沿曲线C移动时，这个三棱形作为一个刚体随之移动。

对于曲线C的一般参数表示$\boldsymbol{r}=\boldsymbol{r}(t)$，有

$$\boldsymbol{\alpha}=\frac{\boldsymbol{r}'}{|\boldsymbol{r}'|},\quad \boldsymbol{\gamma}=\frac{\boldsymbol{r}'\times\boldsymbol{r}''}{|\boldsymbol{r}'\times\boldsymbol{r}''|}$$

$$\boldsymbol{\beta}=\boldsymbol{\gamma}\times\boldsymbol{\alpha}=\frac{(\boldsymbol{r}'\times\boldsymbol{r}'')\times\boldsymbol{r}'}{|\boldsymbol{r}'\times\boldsymbol{r}''|\cdot|\boldsymbol{r}'|}=\frac{(\boldsymbol{r}'\cdot\boldsymbol{r}')\boldsymbol{r}''-(\boldsymbol{r}'\cdot\boldsymbol{r}'')\boldsymbol{r}'}{|\boldsymbol{r}'\times\boldsymbol{r}''|\cdot|\boldsymbol{r}'|} \tag{2.20}$$

例 2.4　求圆柱螺线 $\boldsymbol{r}(t)=(\cos t, \sin t, t)$ 在 $t=0$ 处的切线、法平面、副法线、密切平面、主法线及从切平面的方程以及基本矢量$\boldsymbol{\alpha}$、$\boldsymbol{\beta}$、$\boldsymbol{\gamma}$。

解　对 $\boldsymbol{r}(t)$ 求一阶和二阶导数，可得

$$\boldsymbol{r}'(t)=(-\sin t, \cos t, 1),\quad \boldsymbol{r}''(t)=(-\cos t, -\sin t, 0)$$

当 t=0 时，有

$$\boldsymbol{r}(0)=(1,0,0),\quad \boldsymbol{r}'(0)=(0,1,1),\quad \boldsymbol{r}''(0)=(-1,0,0)$$

结合式(2.7)得出，$t=0$ 时的切线方程为

$$\frac{X-1}{0}=\frac{Y-0}{1}=\frac{Z-0}{1}$$

即

$$\begin{cases} X-1=0 \\ Y-Z=0 \end{cases}$$

根据式(2.8)得出法平面方程为

$$(X-1)\cdot 0+(Y-0)\cdot 1+(Z-0)\cdot 1=0$$

即

$$Y+Z=0$$

根据式(2.17)得出密切平面方程为

$$\begin{vmatrix} X-1 & Y & Z \\ 0 & 1 & 1 \\ -1 & 0 & 0 \end{vmatrix}=0$$

即

$$-Y+Z=0$$

根据式(2.20)得出的主法线方程为

$$Y=Z=0$$

即与 X 轴线重合的直线。

根据式(2.19)得出从切平面方程为

$$(X-1)\cdot(-1)+(Y-0)\cdot 0+(Z-0)\cdot 0=0$$

即

$$X-1=0$$

法平面与从切平面的交线即为副法线，其方程为

$$\begin{cases} Y+Z=0 \\ X-1=0 \end{cases}$$

基本矢量$\boldsymbol{\alpha}$为

$$\boldsymbol{\alpha}=\frac{\boldsymbol{r}'(0)}{|\boldsymbol{r}'(0)|}=\frac{1}{\sqrt{2}}(0,1,1)$$

基本矢量$\boldsymbol{\gamma}$为

$$\boldsymbol{\gamma}=\frac{\boldsymbol{r}'(0)\times\boldsymbol{r}''(0)}{|\boldsymbol{r}'(0)\times\boldsymbol{r}''(0)|}=\frac{1}{\sqrt{2}}(0,-1,1)$$

基本矢量$\boldsymbol{\beta}$为

$$\boldsymbol{\beta}=\boldsymbol{\gamma}\times\boldsymbol{\alpha}=(-1,0,0)$$

2.3　空间曲线的曲率挠率与弗雷内公式

2.3.1　曲率

不同的曲线或者同一条曲线的不同点处，曲线的弯曲程度可能不同。例如，半径较大的圆弯曲程度小，而半径小的圆弯曲程度较大。如图 2.12 所示，当沿着曲线从左至右移动时，P 点到 Q 点曲线的弯曲程度明显逐渐变大。为了准确刻画曲线的弯曲程度，引进曲率的概念。

从直观上看，曲线的弯曲程度越大，从 P 点到 Q 点变动时，其切矢量的方向改变得越快。因此，曲线在已知一曲线段 PQ 的平均弯曲程度可用曲线在 P、Q 间切矢量关于弧长的平均转角来衡量。

设空间中 C^3 类曲线 C 的方程为 $\boldsymbol{r}=\boldsymbol{r}(s)$，曲线上一点 P，其自然参数为 s，另一邻近点 P_1，其自然参数为 $s+\Delta s$。在 P、P_1 两点各作曲线 C 的单位切矢量$\boldsymbol{\alpha}(s)$和$\boldsymbol{\alpha}(s+\Delta s)$。两个切矢量间的夹角为$\Delta\varphi$(图 2.13)，也就是把点 P_1 的切矢量平移到点 P 后，两个矢量$\boldsymbol{\alpha}(s)$和$\boldsymbol{\alpha}(s+\Delta s)$的夹角为$\Delta\varphi$。

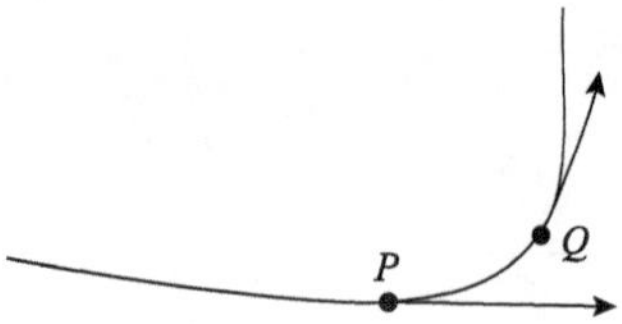

图 2.12　弯曲程度

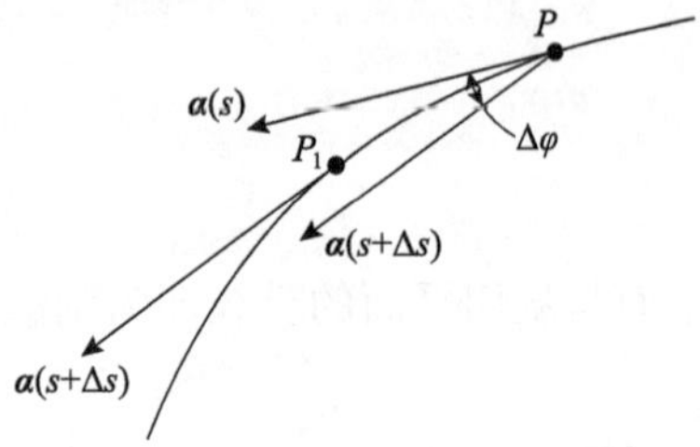

图 2.13　曲线的曲率

用空间曲线在 P 点处的切矢量对弧长的旋转速度来定义曲线在 P 点的弯曲程度，即曲率。

定义 2.2　空间曲线 C 在 P 点的曲率为

$$k(s)=\lim_{\Delta s\to 0}\left|\frac{\Delta\varphi}{\Delta s}\right|$$

其中，Δs 为点 P 及其邻近点 P_1 间的弧长；$\Delta\varphi$ 为曲线在点 P 和 P_1 的切矢量的夹角。

把命题 1.1 应用到空间曲线 C 的切矢量$\boldsymbol{\alpha}$上去，则有

$$k(s)=|\dot{\boldsymbol{\alpha}}| \tag{2.21a}$$

由于 $\dot{\boldsymbol{\alpha}}=\ddot{\boldsymbol{r}}$ ，曲率也可表示为

$$k(s)=|\ddot{\boldsymbol{r}}| \tag{2.21b}$$

由上述分析可以看出，曲率的几何意义是曲线的切矢量对于弧长的旋转速度，曲线在一点的弯曲程度越大，切矢量对于弧长的旋转速度就越大，因此曲率刻画了曲线的弯曲程度。

2.3.2　挠率

对于空间曲线，曲线不仅弯曲还存在扭转(离开密切平面)，所以研究空间曲线只有曲率的概念是不够的，还要有刻画曲线扭转程度的量——挠率。当曲线扭转时，副法矢(或密切平面)的位置随之改变(图 2.14)，所以用副法矢(或密切平面)的转动速度来刻画曲线的扭转程度(在某一点离开密切平面的程度)。

设曲线 C 上一点 P 的自然参数为 s，另一邻近点 P_1 的自然参数为 $s+\Delta s$，在 P、P_1 两点各作曲线 C 的副法矢 $\boldsymbol{\gamma}(s)$和 $\boldsymbol{\gamma}(s+\Delta s)$，此两个副法矢的夹角是$\Delta\psi$。

将命题 1.1 应用到副法矢 $\boldsymbol{\gamma}$ 上去，得到

$$|\dot{\boldsymbol{\gamma}}|=\lim_{\Delta s\to 0}\left|\frac{\Delta\psi}{\Delta s}\right| \tag{2.22}$$

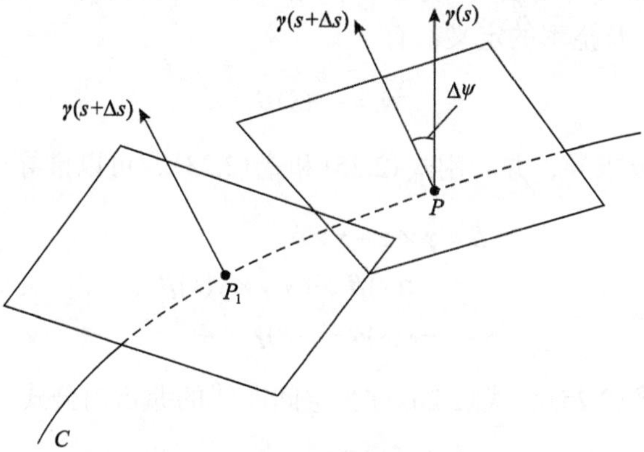

图 2.14　曲线副法矢的转动

此式数值的几何意义为曲线的副法矢(或密切平面)对于弧长的旋转速度。曲线在一点的扭转程度越大(离开所讨论点的密切平面的程度越大),副法矢(或密切平面)对于弧长的旋转速度就越大，所以其数值可以刻画曲线的扭转程度。

根据式(2.15)和曲率的定义，有

$$\boldsymbol{\beta}=\frac{\ddot{\boldsymbol{r}}}{|\ddot{\boldsymbol{r}}|}=\frac{\dot{\boldsymbol{\alpha}}}{|\dot{\boldsymbol{\alpha}}|}=\frac{\dot{\boldsymbol{\alpha}}}{k(s)}$$

即

$$\dot{\boldsymbol{\alpha}}=k(s)\boldsymbol{\beta} \tag{2.23}$$

对$\boldsymbol{\gamma}=\boldsymbol{\alpha}\times\boldsymbol{\beta}$求导，有

$$\dot{\boldsymbol{\gamma}}=\dot{\boldsymbol{\alpha}}\times\boldsymbol{\beta}+\boldsymbol{\alpha}\times\dot{\boldsymbol{\beta}}=k(s)\boldsymbol{\beta}\times\boldsymbol{\beta}+\boldsymbol{\alpha}\times\dot{\boldsymbol{\beta}}=\boldsymbol{\alpha}\times\dot{\boldsymbol{\beta}}$$

因而

$$\dot{\boldsymbol{\gamma}}\perp\boldsymbol{\alpha}$$

又因为$\boldsymbol{\gamma}$是单位矢量($\dot{\boldsymbol{\gamma}}\cdot\boldsymbol{\gamma}=0$)，所以

$$\dot{\boldsymbol{\gamma}}\perp\boldsymbol{\gamma}$$

由以上两个关系可以推出

$$\dot{\boldsymbol{\gamma}}/\!/\boldsymbol{\beta} \tag{2.24}$$

定义 2.3　曲线 C 在 P 点的挠率为

$$\tau(s)=\begin{cases}+|\dot{\boldsymbol{\gamma}}|, & \dot{\boldsymbol{\gamma}}\text{ 和 }\boldsymbol{\beta}\text{ 异向}\\ -|\dot{\boldsymbol{\gamma}}|, & \dot{\boldsymbol{\gamma}}\text{ 和 }\boldsymbol{\beta}\text{ 同向}\end{cases}$$

挠率的绝对值是曲线的副法矢(或密切平面)对于弧长的旋转速度。

根据式(2.24)及挠率的定义，有

$$\dot{\boldsymbol{\gamma}} = -\tau(s)\boldsymbol{\beta} \tag{2.25}$$

另外，对 $\boldsymbol{\beta} = \boldsymbol{\gamma} \times \boldsymbol{\alpha}$ 求导，并利用式(2.25)和式(2.23)，可以推导出

$$\begin{aligned}\dot{\boldsymbol{\beta}} &= \dot{\boldsymbol{\gamma}} \times \boldsymbol{\alpha} + \boldsymbol{\gamma} \times \dot{\boldsymbol{\alpha}} \\ &= -\tau(s)\boldsymbol{\beta} \times \boldsymbol{\alpha} + \boldsymbol{\gamma} \times k(s)\boldsymbol{\beta} \\ &= -k(s)\boldsymbol{\alpha} + \tau(s)\boldsymbol{\gamma}\end{aligned} \tag{2.26}$$

式(2.23)、式(2.25)、式(2.26)称为空间曲线的弗雷内公式，即

$$\begin{aligned}\dot{\boldsymbol{\alpha}} &= k(s)\boldsymbol{\beta} \\ \dot{\boldsymbol{\beta}} &= -k(s)\boldsymbol{\alpha} + \tau(s)\boldsymbol{\gamma} \\ \dot{\boldsymbol{\gamma}} &= -\tau(s)\boldsymbol{\beta}\end{aligned} \tag{2.27}$$

这组公式是空间曲线论的基本公式。它的特点是基本矢量$\boldsymbol{\alpha}$、$\boldsymbol{\beta}$、$\boldsymbol{\gamma}$关于弧长 s 的导数$\dot{\boldsymbol{\alpha}}$、$\dot{\boldsymbol{\beta}}$、$\dot{\boldsymbol{\gamma}}$可以用$\boldsymbol{\alpha}$、$\boldsymbol{\beta}$、$\boldsymbol{\gamma}$的线性组合来表示，其系数组成反对称方阵，即

$$\begin{bmatrix}\dot{\boldsymbol{\alpha}} \\ \dot{\boldsymbol{\beta}} \\ \dot{\boldsymbol{\gamma}}\end{bmatrix} = \begin{bmatrix}0 & k(s) & 0 \\ -k(s) & 0 & \tau(s) \\ 0 & -\tau(s) & 0\end{bmatrix} \times \begin{bmatrix}\boldsymbol{\alpha} \\ \boldsymbol{\beta} \\ \boldsymbol{\gamma}\end{bmatrix} \tag{2.28}$$

2.3.3　曲率与挠率的一般参数表示

给出 C^3 类的空间曲线 C：$\boldsymbol{r} = \boldsymbol{r}(t)$，有

$$\boldsymbol{r}' = \frac{\mathrm{d}\boldsymbol{r}}{\mathrm{d}s}\frac{\mathrm{d}s}{\mathrm{d}t} = \dot{\boldsymbol{r}}\frac{\mathrm{d}s}{\mathrm{d}t}$$

$$\boldsymbol{r}'' = (\dot{\boldsymbol{r}})'\frac{\mathrm{d}s}{\mathrm{d}t} + \dot{\boldsymbol{r}}\frac{\mathrm{d}^2 s}{\mathrm{d}t^2} = \ddot{\boldsymbol{r}}\left(\frac{\mathrm{d}s}{\mathrm{d}t}\right)^2 + \dot{\boldsymbol{r}}\frac{\mathrm{d}^2 s}{\mathrm{d}t^2}$$

所以

$$\boldsymbol{r}' \times \boldsymbol{r}'' = \dot{\boldsymbol{r}}\frac{\mathrm{d}s}{\mathrm{d}t} \times \left[\ddot{\boldsymbol{r}}\left(\frac{\mathrm{d}s}{\mathrm{d}t}\right)^2 + \dot{\boldsymbol{r}}\frac{\mathrm{d}^2 s}{\mathrm{d}t^2}\right] = \dot{\boldsymbol{r}} \times \ddot{\boldsymbol{r}}\left(\frac{\mathrm{d}s}{\mathrm{d}t}\right)^3$$

由上式得

$$|\boldsymbol{r}' \times \boldsymbol{r}''| = |\dot{\boldsymbol{r}}||\ddot{\boldsymbol{r}}|\left(\frac{\mathrm{d}s}{\mathrm{d}t}\right)^3 \sin\theta$$

注意上式中

$$|\dot{\boldsymbol{r}}|=1,\quad \dot{\boldsymbol{r}}\perp\ddot{\boldsymbol{r}},\quad \frac{\mathrm{d}s}{\mathrm{d}t}=|\boldsymbol{r}'|$$

因而有

$$|\boldsymbol{r}'\times\boldsymbol{r}''|=k|\boldsymbol{r}'|^3$$

由此得到曲率的一般参数表示式为

$$k=\frac{|\boldsymbol{r}'\times\boldsymbol{r}''|}{|\boldsymbol{r}'|^3} \tag{2.29a}$$

因 $k(s)=\dot{\boldsymbol{\alpha}}\cdot\boldsymbol{\beta}$ ， $\boldsymbol{r}''=\dot{\boldsymbol{\alpha}}(\boldsymbol{r}')^2+\dot{\boldsymbol{r}}\dfrac{\mathrm{d}^2s}{\mathrm{d}t^2}$ ，所以曲率的一般形式还可以表示为

$$k=\frac{\boldsymbol{r}''\cdot\boldsymbol{\beta}}{(\boldsymbol{r}')^2} \tag{2.29b}$$

再由弗雷内公式(2.27)可得

$$\dot{\boldsymbol{\gamma}}=-\tau\boldsymbol{\beta}$$

两边点乘$\boldsymbol{\beta}$得

$$\dot{\boldsymbol{\gamma}}\cdot\boldsymbol{\beta}=-\tau\boldsymbol{\beta}\cdot\boldsymbol{\beta}$$

因而

$$\begin{aligned}\tau&=-\dot{\boldsymbol{\gamma}}\cdot\boldsymbol{\beta}=\boldsymbol{\gamma}\cdot\dot{\boldsymbol{\beta}}=(\boldsymbol{\alpha}\times\boldsymbol{\beta})\cdot\left(\frac{\dot{\boldsymbol{\alpha}}}{k}\right)^{\cdot}\\&=\left(\boldsymbol{\alpha}\times\frac{\dot{\boldsymbol{\alpha}}}{k}\right)\cdot\left(\left(\frac{1}{k}\right)^{\cdot}\dot{\boldsymbol{\alpha}}+\frac{1}{k}\ddot{\boldsymbol{\alpha}}\right)=\left(\boldsymbol{\alpha},\ \frac{\dot{\boldsymbol{\alpha}}}{k},\ \frac{\ddot{\boldsymbol{\alpha}}}{k},\right)\\&=\frac{1}{k^2}(\boldsymbol{\alpha},\ \dot{\boldsymbol{\alpha}},\ \ddot{\boldsymbol{\alpha}})=\frac{1}{k^2}(\dot{\boldsymbol{r}},\ \ddot{\boldsymbol{r}},\ \dddot{\boldsymbol{r}})\\&=\frac{|\boldsymbol{r}'|^6}{(\boldsymbol{r}''\times\boldsymbol{r}'')^2}(\dot{\boldsymbol{r}},\ \ddot{\boldsymbol{r}},\ \dddot{\boldsymbol{r}})\end{aligned}$$

再把

$$\boldsymbol{r}'=\dot{\boldsymbol{r}}\frac{\mathrm{d}s}{\mathrm{d}t}$$

$$\boldsymbol{r}''=\ddot{\boldsymbol{r}}\left(\frac{\mathrm{d}s}{\mathrm{d}t}\right)^2+\dot{\boldsymbol{r}}\frac{\mathrm{d}^2s}{\mathrm{d}t^2}$$

$$\boldsymbol{r}''' = \dddot{\boldsymbol{r}}\left(\frac{\mathrm{d}s}{\mathrm{d}t}\right)^3 + 3\ddot{\boldsymbol{r}}\frac{\mathrm{d}s}{\mathrm{d}t}\frac{\mathrm{d}^2 s}{\mathrm{d}t^2} + \dot{\boldsymbol{r}}\frac{\mathrm{d}^3 s}{\mathrm{d}t^3}$$

做混合积$(\boldsymbol{r}',\boldsymbol{r}'',\boldsymbol{r}''')$，可得

$$(\boldsymbol{r}',\boldsymbol{r}'',\boldsymbol{r}''') = \left(\frac{\mathrm{d}s}{\mathrm{d}t}\right)^6 (\dot{\boldsymbol{r}},\ddot{\boldsymbol{r}},\dddot{\boldsymbol{r}}) = |\boldsymbol{r}'|^6 (\dot{\boldsymbol{r}},\ddot{\boldsymbol{r}},\dddot{\boldsymbol{r}})$$

所以得到一般参数表示的挠率计算公式为

$$\tau = \frac{(\boldsymbol{r}',\boldsymbol{r}'',\boldsymbol{r}''')}{(\boldsymbol{r}'\times\boldsymbol{r}'')^2} \tag{2.30}$$

对于平面曲线$\boldsymbol{r}(t)=(x(t),y(t))$，容易证明其曲率和挠率为

$$k(t) = \frac{x'(t)y''(t) - x''(t)y'(t)}{((x')^2+(y')^2)^{3/2}}, \quad \tau = 0$$

例 2.5　求圆柱螺线$\boldsymbol{r}(\theta)=(a\cos\theta, a\sin\theta, b\theta)$的曲率和挠率。

解　对$\boldsymbol{r}(\theta)$求一阶、二阶和三阶导数，可得

$$\begin{aligned}\boldsymbol{r}'(\theta) &= (-a\sin\theta, a\cos\theta, b)\\ \boldsymbol{r}''(\theta) &= (-a\cos\theta, -a\sin\theta, 0)\\ \boldsymbol{r}'''(\theta) &= (a\sin\theta, -a\cos\theta, 0)\end{aligned}$$

于是有

$$|\boldsymbol{r}'| = \sqrt{a^2+b^2}$$

$$\boldsymbol{r}'\times\boldsymbol{r}'' = \begin{vmatrix} \boldsymbol{i} & \boldsymbol{j} & \boldsymbol{k} \\ -a\sin\theta & a\cos\theta & b \\ -a\cos\theta & -a\sin\theta & 0 \end{vmatrix} = (ab\sin\theta, -ab\cos\theta, a^2)$$

$$|\boldsymbol{r}'\times\boldsymbol{r}''| = a\sqrt{b^2+a^2}$$

$$(\boldsymbol{r}',\boldsymbol{r}'',\boldsymbol{r}''') = a^2 b$$

代入曲率和挠率的计算公式得

$$k = \frac{|\boldsymbol{r}'\times\boldsymbol{r}''|}{|\boldsymbol{r}'|^3} = \frac{a\sqrt{b^2+a^2}}{\left(\sqrt{b^2+a^2}\right)^3} = \frac{a}{a^2+b^2}$$

$$\tau = \frac{(\boldsymbol{r}',\boldsymbol{r}'',\boldsymbol{r}''')}{(\boldsymbol{r}'\times\boldsymbol{r}'')^2} = \frac{b}{a^2+b^2}$$

如果利用圆柱螺线的自然参数方程

$\boldsymbol{r}(s)=\left(a\cos\frac{s}{\sqrt{a^2+b^2}},a\sin\frac{s}{\sqrt{a^2+b^2}},\frac{bs}{\sqrt{a^2+b^2}}\right)$，其求解结果也是一样的，即

$$\dot{\boldsymbol{r}}=\frac{1}{\sqrt{a^2+b^2}}\left(-a\sin\frac{s}{\sqrt{a^2+b^2}},a\cos\frac{s}{\sqrt{a^2+b^2}},b\right)$$

$$\ddot{\boldsymbol{r}}=\frac{1}{a^2+b^2}\left(-a\cos\frac{s}{\sqrt{a^2+b^2}},-a\sin\frac{s}{\sqrt{a^2+b^2}},0\right)$$

$$\dddot{\boldsymbol{r}}=\frac{1}{\left(\sqrt{a^2+b^2}\right)^3}\left(a\sin\frac{s}{\sqrt{a^2+b^2}},-a\cos\frac{s}{\sqrt{a^2+b^2}},0\right)$$

则可得

$$k=|\ddot{\boldsymbol{r}}|=\frac{a}{a^2+b^2}$$

$$\tau=\frac{(\dot{\boldsymbol{r}},\ddot{\boldsymbol{r}},\dddot{\boldsymbol{r}})}{k^2}=\frac{b}{a^2+b^2}$$

2.3.4 密切圆

空间曲线 C 在一点的密切圆(曲率圆)是过曲线 C 上一点 $P(s)$ 的主法线的正侧取线段 PO，使 PO 的长为 $1/k$。以 O 为圆心，以 $R=1/k$ 为半径在密切平面上确定一个圆，这个圆称为曲线 C 在 $P(s)$ 点的密切圆(曲率圆)，曲率圆的中心 O 称为曲率中心，曲率圆的半径 ρ 称为曲率半径(图 2.15)。

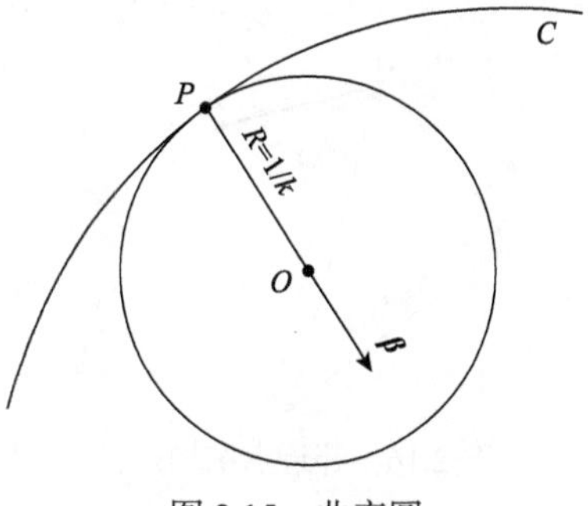

图 2.15 曲率圆

当一质点沿曲线 C 运动时，其通过 P 点时的速度、加速度必然与曲线的曲率存在关系。同时，曲线的扭曲将导致速度与加速度矢量方向的变化，这就是曲线微分几何反映的运动学问题。

例 2.6 求一质点沿例 2.4 的圆柱螺线以等角速度或等角加速度运动时的速度与加速度矢量。

解 因等角速度 $\frac{\mathrm{d}\theta}{\mathrm{d}t}$ 为常数，令 $\frac{\mathrm{d}\theta}{\mathrm{d}t}=1$，则

$$\frac{\mathrm{d}^2\theta}{\mathrm{d}t^2}=0$$

任意时刻速度矢量为

$$\boldsymbol{v}_r = \boldsymbol{r}'(t) = (-a\sin t, a\cos t, b)$$

加速度矢量为

$$\boldsymbol{a}_r = \boldsymbol{r}''(t) = (-a\cos t, -a\sin t, 0)$$

如果质点以等角加速度运动时，$\mathrm{d}^2\theta/\mathrm{d}t^2$ 为常数，令 $\dfrac{\mathrm{d}^2\theta}{\mathrm{d}t^2}=1$，则

$$\frac{\mathrm{d}\theta}{\mathrm{d}t}=t\,,\quad \theta=0.5t^2$$

任意时刻速度矢量为

$$\boldsymbol{v}_r = \boldsymbol{r}'(t) = (-a\sin 0.5t^2, a\cos t^2, b)$$

加速度矢量为

$$\boldsymbol{a}_r = \boldsymbol{r}''(t) = (-a\cos 0.5t^2, -a\sin 0.5t^2, 0)$$

2.4 空间曲线在一点邻近的结构

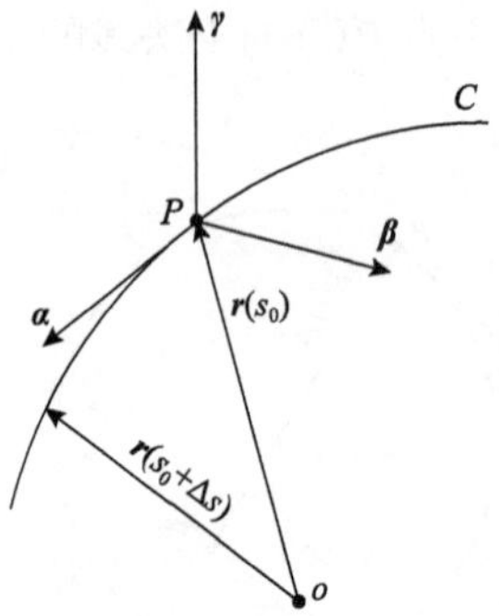

图 2.16 邻近点结构

在 C^3 类曲线 $\boldsymbol{r}=\boldsymbol{r}(s)$ 上取一点 $\boldsymbol{r}(s_0)$，为了研究点 $\boldsymbol{r}(s_0)$ 邻近的形状，在其邻近再取一点 $\boldsymbol{r}(s_0+\Delta s)$，如图 2.16 所示。利用泰勒公式有

$$\boldsymbol{r}(s_0+\Delta s)-\boldsymbol{r}(s_0)=\dot{\boldsymbol{r}}(s_0)\Delta s+\frac{1}{2!}\ddot{\boldsymbol{r}}(s_0)(\Delta s)^2+\frac{1}{3!}(\dddot{\boldsymbol{r}}(s_0)+\boldsymbol{\varepsilon})(\Delta s)^3$$

其中，$\lim\limits_{\Delta s\to 0}\boldsymbol{\varepsilon}=0$。

由于

$$\begin{aligned}\dot{\boldsymbol{r}}&=\boldsymbol{\alpha}\\ \ddot{\boldsymbol{r}}&=k\boldsymbol{\beta}\\ \dddot{\boldsymbol{r}}&=\dot{k}\boldsymbol{\beta}+k\dot{\boldsymbol{\beta}}=\dot{k}\boldsymbol{\beta}+k(-k\boldsymbol{\alpha}+\tau\boldsymbol{\gamma})\\ &=-k^2\boldsymbol{\alpha}+\dot{k}\boldsymbol{\beta}+k\tau\boldsymbol{\gamma}\end{aligned}$$

所以

$$
\begin{aligned}
\boldsymbol{r}(s_0+\Delta s)-\boldsymbol{r}(s_0)=&\boldsymbol{\alpha}_0\Delta s+\frac{1}{2}\boldsymbol{\beta}_0 k_0(\Delta s)^2\\
&+\frac{1}{6}(-k_0^2\boldsymbol{\alpha}_0+\dot{k}_0\boldsymbol{\beta}_0+k_0\tau_0\boldsymbol{\gamma}_0+\boldsymbol{\varepsilon})(\Delta s)^3
\end{aligned}
$$

其中，$\boldsymbol{\varepsilon}=\varepsilon_1\boldsymbol{\alpha}_0+\varepsilon_2\boldsymbol{\beta}_0+\varepsilon_3\boldsymbol{\gamma}_0$，$\boldsymbol{\alpha}_0$、$\boldsymbol{\beta}_0$、$\boldsymbol{\gamma}_0$、$k_0$、$\tau_0$等表示在点$\boldsymbol{r}(s_0)$的值。

由上式可得

$$
\begin{aligned}
\boldsymbol{r}(s_0+\Delta s)-\boldsymbol{r}(s_0)=&\boldsymbol{\alpha}_0\left[\Delta s+\frac{1}{6}(-k_0^2+\varepsilon_1)(\Delta s)^3\right]\\
&+\boldsymbol{\beta}_0\left[\frac{1}{2}k_0(\Delta s)^2+\frac{1}{6}(\dot{k}_0+\varepsilon_2)(\Delta s)^3\right]+\frac{1}{6}\boldsymbol{\gamma}_0(k_0\tau_0+\varepsilon_3)(\Delta s)^3
\end{aligned}
$$

如果在$\boldsymbol{\alpha}_0$、$\boldsymbol{\beta}_0$、$\boldsymbol{\gamma}_0$的每一个分量中只取第一项，则有

$$
\boldsymbol{r}(s_0+\Delta s)-\boldsymbol{r}(s_0)=\Delta s\boldsymbol{\alpha}_0+\frac{1}{2}k_0(\Delta s)^2\boldsymbol{\beta}_0+\frac{1}{6}k_0\tau_0(\Delta s)^3\boldsymbol{\gamma}_0
$$

取$(\boldsymbol{r}(s_0)\text{-}\boldsymbol{\alpha}_0\boldsymbol{\beta}_0\boldsymbol{\gamma}_0)$为新坐标系，并取$\boldsymbol{r}(s_0)$为计算弧长的始点，则有$s_0=0$，$\Delta s=s$。如果$\xi$、$\eta$、$\zeta$定义为曲线上点$\boldsymbol{r}(s_0)$的邻近点的新坐标，则有

$$
\begin{cases}
\xi=s\\
\eta=\dfrac{1}{2}k_0s^2\\
\zeta=\dfrac{1}{6}k_0\tau_0s^3
\end{cases}
\tag{2.31}
$$

它可以看成在点 $\boldsymbol{r}(s_0)$邻近曲线$\boldsymbol{r}=\boldsymbol{r}(s)$的近似方程。由此看出，曲线在某点的曲率和挠率完全决定了曲线在该点邻近的近似形状。

下面通过曲线(2.31)在基本三棱形的三个平面上的投影来观察曲线在一点邻近的形状。

(1)近似曲线在法平面$\xi=0$上的投影：

$$
\eta=\frac{1}{2}k_0s^2,\quad \zeta=\frac{1}{6}k_0\tau_0s^3
$$

消去参数s后，有

$$
\zeta^2=\frac{2\tau_0^2}{9k_0}\eta^3 \tag{2.32a}
$$

它是半立方抛物线(图 2.17)。

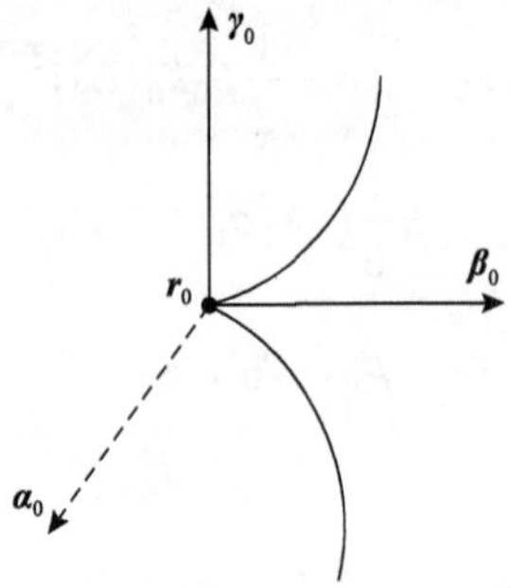

图 2.17　曲线在法平面ξ=0 上的投影

(2)曲线在从切平面$\eta = 0$上的投影：

$$\xi = s,\quad \zeta = \frac{1}{6}k_0\tau_0 s^3 \tag{2.32b}$$

消去参数 s 后，有

$$\zeta = \frac{1}{6}k_0\tau_0\xi^3$$

它是立方抛物线(图 2.18)。

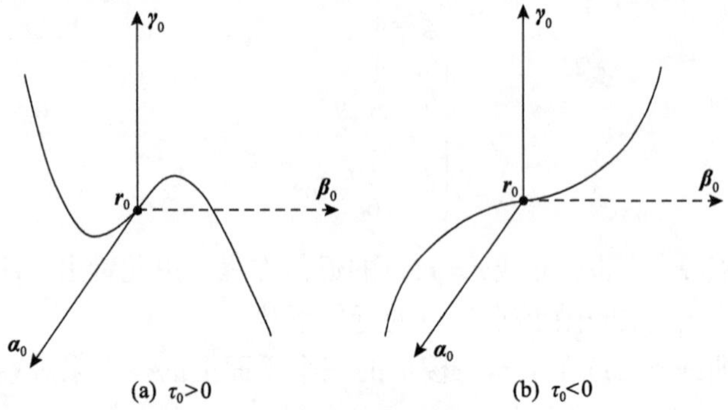

图 2.18　曲线在从切平面$\eta = 0$上的投影

(3)曲线在密切平面$\zeta = 0$上的投影：

$$\xi = s,\quad \eta = \frac{1}{2}k_0 s^2$$

消去参数 s 后，有

$$\eta = \frac{1}{2}k_0\xi^2 \tag{2.32c}$$

它是二次抛物线(图 2.19)。

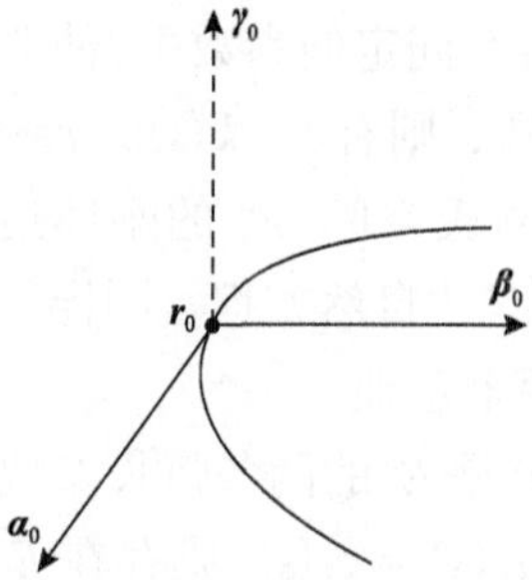

图 2.19　曲线在密切平面$\zeta=0$上的投影

通过以上三个投影的立体图形可以看出空间曲线在一点邻近的近似形状。

(1)曲线穿过法平面和密切平面,但不穿过从切平面。平面曲线在密切平面内。

(2)主法矢$\boldsymbol{\beta}_0$总是指向曲线凹入的方向，这是主法矢正向的几何意义。

(3)挠率的符号对曲线的影响如表 2.1 所示。当$\tau_0>0$时曲线自下往上呈右旋曲线(图 2.20(a))，当$\tau_0<0$时曲线自上往下呈左旋曲线(图 2.20(b))。

表 2.1　挠率的符号对曲线的影响

$\tau_0>0$				$\tau_0<0$			
s	ζ	η	ζ	s	ζ	η	ζ
−	−	+	−	−	−	+	+
+	+	+	+	+	+	+	−
曲线自下往上呈右旋曲线				曲线自上往下呈左旋曲线			

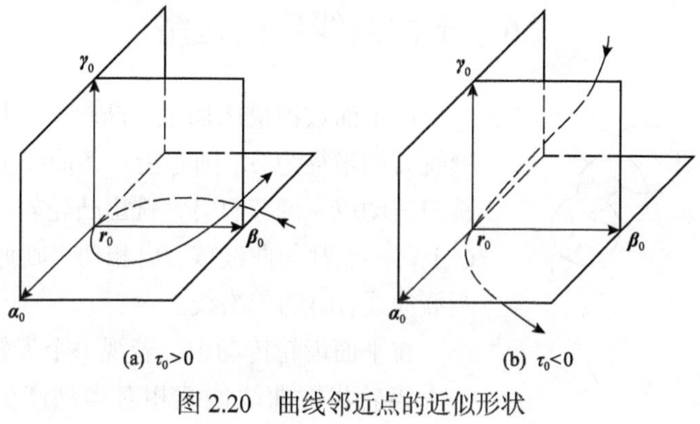

(a) $\tau_0>0$　　(b) $\tau_0<0$

图 2.20　曲线邻近点的近似形状

2.5　空间曲线论的基本定理

曲线的每一点都有确定的曲率和挠率,而且与曲线的参数选取无关(至多相差一个曲线的位移)。在曲线的所有同定向参数中，使曲线速度为 1 的参数是唯一的，即弧长 s。如果以弧长 s 为参数，则有 $k=k(s)$，$\tau=\tau(s)$，这两个关系式是由曲线本身决定的，而与曲线三维欧氏空间 E^3 的刚体运动及空间坐标变换无关。将 $k=k(s)$、$\tau=\tau(s)$ 称为空间曲线的自然方程。同样，刚体运动不改变曲线的弧长、曲率和挠率。因此存在以下两个定理。

定理 2.1　设 $\boldsymbol{r}_1(s)$ 和 $\boldsymbol{r}_2(s)$ 是 E^3 的两条弧长参数曲线，定义在同一个参数曲间 $[s_0, s_1]$ 上，若 $k_1(s)=k_2(s)>0$，$\tau_1(s)=\tau_2(s)$，则存在 E^3 的一个刚体运动把曲线 $\boldsymbol{r}_2(s)$ 变为 $\boldsymbol{r}_1(s)$，即 $\boldsymbol{r}_1(s)=\Gamma[\boldsymbol{r}_2(s)]$。

定理 2.2　设 $k=\varphi(s)$、$\tau=\psi(s)$ 是定义在区间 $[s_0, s_1]$ 上的两个连续可导函数，且 $\varphi(s)>0$，存在 E^3 的弧长参数曲线 $\boldsymbol{r}(s)$，它以弧长 s 为参数，以 $k=\varphi(s)$ 和 $\tau=\psi(s)$ 为曲率和挠率。

利用弗雷内公式可证明上述曲线论的基本定理。空间曲线论的基本定理简单来说，就是给定曲率函数 $k=\varphi(s)$ 和挠率函数 $\tau=\psi(s)$，则空间曲线的形状也就唯一确定(除了位置差别外，两条或若干条曲线经过一个刚体运动重合在一起)。若给定一条空间曲线，则其曲率函数 $k=\varphi(s)$ 和挠率函数 $\tau=\psi(s)$ 也是唯一的。

例 2.7　设 $\boldsymbol{r}$ 是 C^3 曲线，当它的曲率 k、挠率 τ 为常数时是什么曲线。

解　存在三种情况：

(1) $k=0$，$\boldsymbol{r}$ 是直线；

(2) $k>0$，$\tau=0$，$\boldsymbol{r}$ 是半径为 $1/k$ 的圆；

(3) $k>0$，$\tau\neq 0$，$\boldsymbol{r}$ 是圆柱螺线。

2.6　平面曲线族的包络

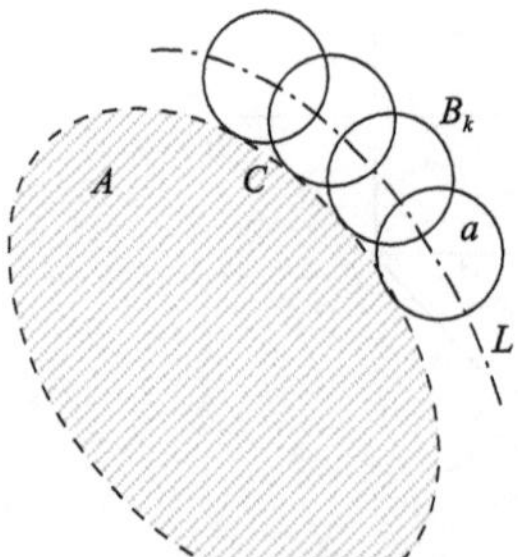

图 2.21　凸轮轮廓的包络

用平面数控机床加工一凸轮 A(图 2.21)，设指形铣刀的半径为 a，圆心沿一条曲线 L 移动，指形铣刀滚动成一圆族 $\{B_k\}$，铣出凸轮轮廓线 C，曲线 C 上每一点都与曲线族 $\{B_k\}$ 相切，则把曲线 C 称为圆族曲线 $\{B_k\}$ 的包络线。

在平面齿轮传动中，若视一个齿轮不动，则另一个齿轮齿廓曲线连续相对运动产生的曲线族的包络就是不动的齿轮的齿廓曲线。

2.6.1　包络线定义

定义 2.4　设一平面曲线族 $\{C_\lambda\}$，若存在另一条平面曲线 C，对于 C 上的每一点，在曲线族$\{C_\lambda\}$中有唯一一条曲线 C_λ 在该点与曲线 C 相切，则称曲线 C 为曲线族$\{C_\lambda\}$的包络(图 2.22)。

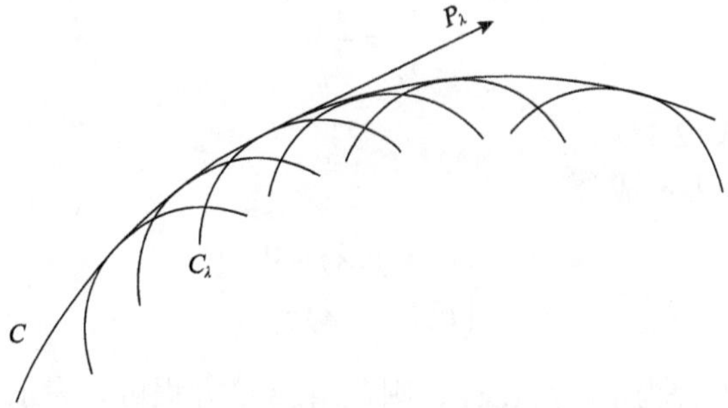

图 2.22　曲线族的包络

例 2.8　圆心在 x 轴上、半径为 1 的圆族$\{C_\lambda\}$方程是$(x-\lambda)^2+y^2=1$。求其包络线方程。

解　因圆心沿 x 轴做直线运动，其包络线就是平行于 x 轴的两直线：$y=\pm 1$。如图 2.23 所示，这就类似于指形铣刀在平板上铣一个直长槽出来。

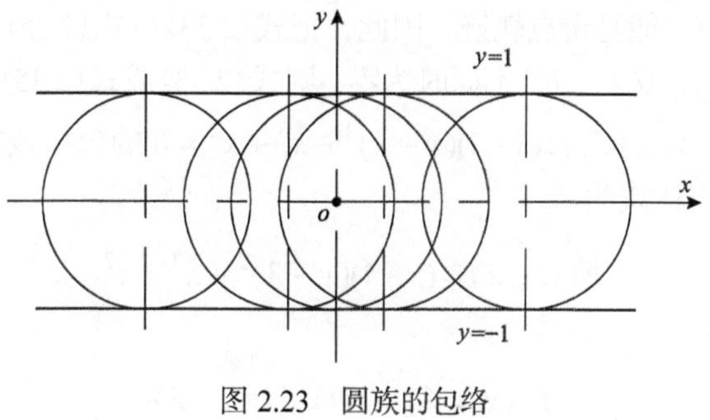

图 2.23　圆族的包络

对于这种简单的包络曲线，可以直观地观察出来。而对于较复杂的曲线，则需要应用下面的求解方法。

2.6.2　包络线求法

记曲线族$\{C_\lambda\}$的方程为 $\boldsymbol{r}=(x(t,\lambda),y(t,\lambda))$，若其包络曲线 C 存在，则必满足

$$\begin{cases}\boldsymbol{r}=(x(\lambda),y(\lambda))=(x(t,\lambda),y(t,\lambda))\\ x_t y_\lambda - x_\lambda y_t = 0\end{cases} \tag{2.33}$$

证明　设曲线 C 方程为 $\boldsymbol{r}=(x(\lambda),y(\lambda))$，则曲线 C 与 曲线 C_λ 在 P_λ 处有相同的向径，即有

$$(x(\lambda),y(\lambda))=(x(t,\lambda),y(t,\lambda))$$

由其分量对应相等可见有 $t=t(\lambda)$。

又曲线 C 和曲线 C_λ 在 P_λ 处相切，具有相同的切线方向，即满足

$$\frac{y_t}{x_t}=\frac{y_\lambda}{x_\lambda} \tag{2.34}$$

可见曲线 C 满足式(2.33)。

包络曲线还可表示成

$$\begin{cases}F(x,y,\lambda)=0\\ F_\lambda(x,y,\lambda)=0\end{cases} \tag{2.35}$$

若曲线族 C_λ 方程为 $y=f(x,\lambda)$，则包络线 C 方程可以表示为

$$\begin{cases}y=f(x,\lambda)\\ y_\lambda=0\end{cases} \tag{2.36}$$

另外要注意的是，上述证明是在包络线存在的条件下进行的，即 y_t、x_t(或 F_x、F_y)不同时为零，曲线 C 与曲线 C_λ 相切点 P_λ 不是奇点。若 $y_t=x_t=0$(或 $F_x=F_y=0$)，点 P_λ 的坐标也满足式(2.33)或式(2.35)，由此可知式(2.33)或式(2.35)求得曲线可能是包络线方程，也可能是奇点轨迹。因此，把式(2.33)或式(2.35)称为包络判别式。若求得的方程 x_t、y_t(或 F_x、F_y)不同时为零，则式(2.33)或式(2.35)就为包络线方程。

例 2.9　求曲线族 $\{C_\lambda\}:(x-1)(y-\lambda)^2+x^3+x^2=0$ 的包络线方程。

解　设函数表达式为

$$F(x,y,\lambda)=(x-1)(y-\lambda)^2+x^3+x^2$$

则

$$F_\lambda(x,y,\lambda)=-2(x-1)(y-\lambda)$$

包络线方程组为

$$\begin{cases}(x-1)(y-\lambda)^2+x^3+x^2=0\\ (x-1)(y-\lambda)=0\end{cases}$$

消去 λ，得

$$x(x+1)=0$$

则有 $\begin{cases}x=0\\ y=\lambda\end{cases}$ 或 $\begin{cases}x=-1\\ y=\lambda\end{cases}$。

又

$$F_x(x,y,\lambda)=(y-\lambda)^2+3x^2+2x$$
$$F_y(x,y,\lambda)=2(x-1)(y-\lambda)$$

因为 $F_x|_{(0,\lambda)}=0, F_y|_{(0,\lambda)}=0$，则 $\begin{cases}x=0\\y=\lambda\end{cases}$ 是原曲线族的奇点轨迹，非包络线方程，如图 2.24 所示。

因为 $F_x|_{(-1,\lambda)}\neq 0$，所以 $\begin{cases}x=-1\\y=\lambda\end{cases}$ 为包络线方程。

例 2.10 对于半径为 a、圆心在抛物线 $y=x^2$（图2.25）上移动形成的圆族 $\{C_\lambda\}$，求其包络。

解 圆族 $\{C_\lambda\}$ 的参数方程为

$$\begin{cases}x=\lambda+a\cos\theta\\y=\lambda^2+a\sin\theta\end{cases}$$

则

$$x_\lambda=1,\quad x_\theta=-a\sin\theta,\quad y_\lambda=2\lambda/3,\quad y_\theta=a\cos\theta$$

由 $x_\theta y_\lambda-x_\lambda y_\theta=0$ 得

$$\tan\theta=-\frac{1}{2\lambda}$$

代入圆族 $\{C_\lambda\}$ 的参数方程，消去 θ 得包络线方程：

$$\begin{cases}x=\lambda\mp\dfrac{2a\lambda}{\sqrt{1+4\lambda^2}}\\y=\lambda^2\pm\dfrac{2a\lambda}{\sqrt{1+4\lambda^2}}\end{cases}$$

这是两条高次代数曲线。图 2.25 是以抛物线 $y=x^2/3$、a=3 为半径绘制的内外包络线，内包络出现了奇点。

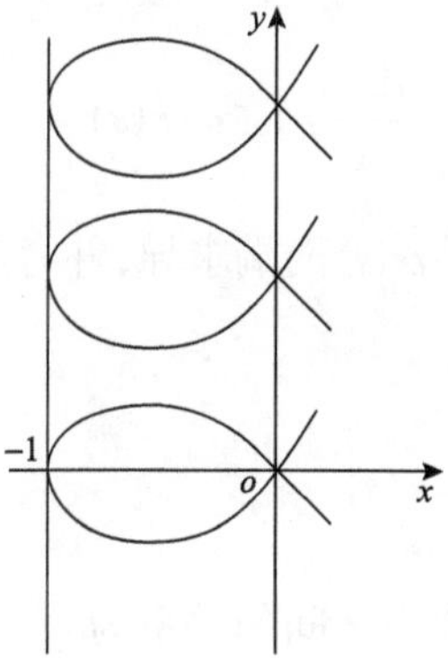

图 2.24 包络线与奇点轨迹

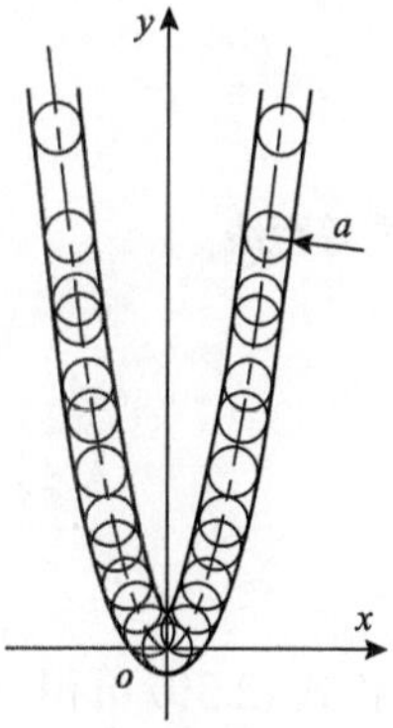

图 2.25 抛物线包络线

从上例看出，指形铣刀即使沿一条抛物线运动，所切出的曲线 C(圆族的包络线)绝不是抛物线的简单平移，它是一条相当复杂的曲线。反过来，通过圆族$\{C_\lambda\}$的包络得到一条抛物线 C，其圆族$\{C_\lambda\}$圆心的轨迹是不是抛物线？这一反问题，要用到 2.7 节介绍的等距曲线。

两个移动构件的包络问题将在 6.1 节论述。

2.7　等 距 曲 线

从图 2.21 看到，半径为 a 的指形铣刀，中心沿曲线 L 移动就切削出凸轮的轮廓线 C。事实上在机械加工中往往需要求解这个问题的反问题，就是已知凸轮的轮廓线 C 和铣刀的半径 a，问铣刀的中心应沿怎样的曲线运动?

此问题归结成数学问题就是：已知曲线 C 和半径为 a 的圆，问圆如何沿曲线 C 滚动才能包络出曲线 C，其实就是求圆心的运动轨迹 C^*。这条轨迹曲线 C^*就是曲线 C 的等距线。

2.7.1　法向等距线

定义 2.5　设曲线 C 和曲线 C^*上的点一一对应，且任意一对对应点 P 和 P^*的连线是曲线 C 和曲线 C^*的公法线，且 P 和 P^*的间距 $|\boldsymbol{PP}^*|$ 为一常数，$|\boldsymbol{PP}^*| = a$，则称曲线 C^*为曲线 C(或曲线 C 为曲线 C^*)的法向等距线。

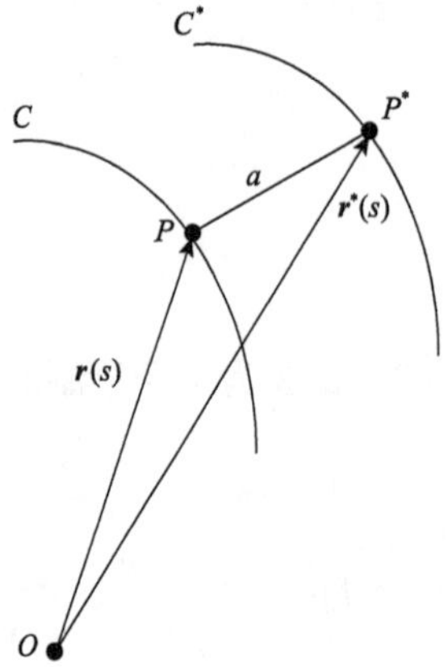

图 2.26　法向等距线

由图 2.26 可知，曲线 C^*方程为

$$\boldsymbol{r}^* = \boldsymbol{r}(s) \pm a\boldsymbol{\beta}(s) \tag{2.37}$$

其中，$\boldsymbol{\beta}(s)$是单位公法矢；$\boldsymbol{r}^*$为外等距线时取正号，内等距线时取负号。

对式(2.37)两端求导，考虑到$\boldsymbol{\alpha}^*(s^*)=\boldsymbol{\alpha}(s)$，则

$$\frac{\mathrm{d}s^*}{\mathrm{d}s} = 1 \mp a \cdot k(s) \tag{2.38}$$

对$\boldsymbol{\alpha}^*(s^*)=\boldsymbol{\alpha}(s)$两端求导,并考虑$\boldsymbol{\beta}^*(s^*)=\boldsymbol{\beta}(s)$，可得

$$k^*(s^*) \cdot \frac{\mathrm{d}s^*}{\mathrm{d}s} = k(s) \tag{2.39}$$

由式(2.38)和式(2.39)可得法向等距线曲率之间的关系为

$$k^*(s^*)=\frac{k(s)}{1\mp a\cdot k(s)}$$

如果令曲线 $\boldsymbol{r}(s)$ 的法曲率半径 $R=1/k(s)$，则

$$k^*(s^*)=\frac{1}{R\mp a}$$

又若曲线 C 的方程为 $\boldsymbol{r}=(x(t),y(t))$，则

$$a=\frac{\boldsymbol{r}'(t)}{|\boldsymbol{r}'(t)|}=\frac{1}{\sqrt{x'^2+y'^2}}(x'(t),y'(t))$$

因 $\boldsymbol{\gamma}=(0,0,1)$，所以

$$\boldsymbol{\beta}=\boldsymbol{\gamma}\times\boldsymbol{\alpha}=\frac{1}{\sqrt{x'^2+y'^2}}(-y'(t),x'(t))$$

代入式(2.37)可得法向等距线 C^* 的另一种表示形式为

$$\boldsymbol{r}^*(t)=\left(x(t)\pm\frac{-ay'(t)}{\sqrt{x'^2+y'^2}},y(t)\pm\frac{-ax'(t)}{\sqrt{x'^2+y'^2}}\right)\tag{2.40}$$

等距曲线的几个重要性质如下。

(1)等距曲线的定义是对称的，曲线 C^* 是曲线 C 的等距线，曲线 C 也是曲线 C^* 的等距线。两等距线之间存在点的一一对应关系。

(2) s 是曲线 C 的弧长参数，一般情况下它不是曲线 C^* 的弧长参数，而为一般参数，曲线 C^* 的弧长参数是 s^*。

(3)曲线 C 和 C^* 在对应点处切线矢互相平行。

(4)一条曲线 C 的等距曲线有一族，它是以 a 作为参数的曲线族。

(5)半径为 a、圆心落在曲线 C^* 上的圆族 $\{C_\lambda\}$ 的包络线有两条，它们是与曲线 C^* 间距为 a 的两条等距曲线，即 $\boldsymbol{r}^*=\boldsymbol{r}(s)\pm a\boldsymbol{\beta}(s)$。

性质(5)是等距曲线一个非常重要的性质，可以解决图2.21 所描述的凸轮数控加工问题。

例 2.11 求抛物线 $\boldsymbol{r}(t)=(t,t^2)$ 的法向距离为 a 的等距曲线。

解 因 $\boldsymbol{\alpha}=\boldsymbol{r}'(t)\dfrac{\mathrm{d}t}{\mathrm{d}s}=\dfrac{\boldsymbol{r}'(t)}{|\boldsymbol{r}'(t)|}=\dfrac{(1,2t)}{\sqrt{1+4t^2}}$，所给 $\boldsymbol{r}(t)$ 为平面曲线，则

$$\boldsymbol{\gamma} = (0, 0, 0)$$

$$\boldsymbol{\beta} = \boldsymbol{\gamma} \times \boldsymbol{\alpha} = \frac{(0,0,1)\times(1,2t,0)}{\sqrt{1+4t^2}} = \frac{(-2t,1,0)}{\sqrt{1+4t^2}}$$

利用式(2.37)与式(2.40)可得

$$\boldsymbol{r}^*(t) = \boldsymbol{r}(t) \pm a\boldsymbol{\beta}(t) = \left(t \pm \frac{-2at}{\sqrt{1+4t^2}}, t^2 \pm \frac{at}{\sqrt{1+4t^2}}\right)$$

由此可见，法向等距线的形状已经完全发生变化，不能简单地认为它是原曲线的平移或按比例缩放。

2.7.2 向心等距线

除了上述法向等距线外，还有一种是向心等距线。向心等距线的定义如下。

给定平面曲线 $C : \boldsymbol{r}(t) = (x(t), y(t))$ 和它凹方一侧定点 $P_0(x_0, y_0)$，以及向心距离 h，则曲线 C 的向心内(外)等距线是指曲线 C 上的点 $P(x, y)$ 与点 P_0 的连线上，按凹向之内(外)截取与点 P 距离为 h 的点 $P^*(x^*, y^*)$ 所连成的曲线 C^*(图 2.27)。

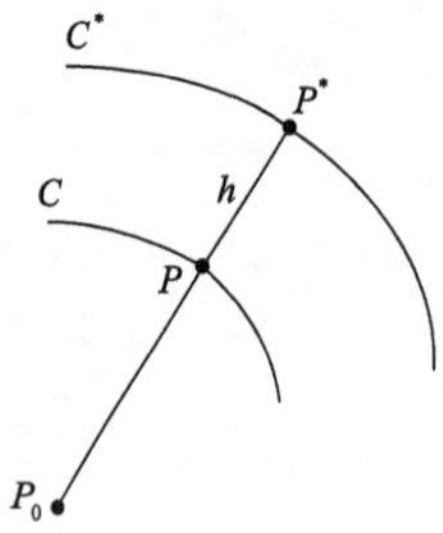

图 2.27　向心等距线

对于内向心等距线，要求满足条件：

$$h < \min\sqrt{(x-x_0)^2 + (y-y_0)^2}$$

根据图 2.27，显然向心等距线 C^* 方程为

$$\boldsymbol{r}^*(t) = \left(x \pm \frac{h(x-x_0)}{\sqrt{(x-x_0)^2+(y-y_0)^2}}, y \pm \frac{h(y-y_0)}{\sqrt{(x-x_0)^2+(y-y_0)^2}}\right) \tag{2.41}$$

常见的同心圆既是向心等距线，也是法向等距线。

2.8 几种典型曲线

2.8.1 一般螺线

圆柱螺旋是一种大家比较熟悉的工程上常用的空间曲线。在前面已经介绍过，圆柱螺线可以看成在一张长方形的纸上画一条斜的直线，当纸卷在圆柱面上时则斜线卷成了圆柱螺线。如果把同样的纸卷在一个任意的柱面上，那么斜线就卷曲成了一般螺线，如图 2.28 所示，从直观上可以看出一般螺线的切线和柱面的母线相交成固定角。据此可给出一般螺线的定义。

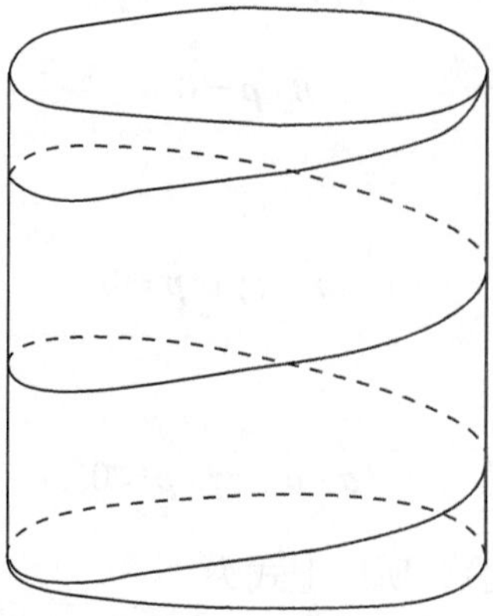

图 2.28 一般螺线

定义 2.6 切线和某一固定方向成固定角的曲线称为一般螺线。

一般螺线还有下面几个性质。

(1)主法线与一个固定方向垂直。

证明 根据一般螺线的定义，对它的切矢量$\boldsymbol{\alpha}(s)$和固定方向上的一个单位矢量$\boldsymbol{p}$做固定角，即

$$\boldsymbol{\alpha}\cdot\boldsymbol{p}=\cos\omega$$

两边取导数得

$$\dot{\boldsymbol{\alpha}}\cdot\boldsymbol{p}=0$$

因此得

$$k\boldsymbol{\beta}\cdot\boldsymbol{p}=0$$

由于$k\neq 0$(假定除去直线的情况)，可以得到

$$\boldsymbol{\beta}\cdot\boldsymbol{p}=0$$

即主法线与一个固定方向垂直。

(2)副法线与一个固定方向成固定角。

证明 由性质(1)的结论可知$\boldsymbol{\beta}$与$\boldsymbol{p}$垂直，所以$\boldsymbol{p}$、$\boldsymbol{\alpha}$、$\boldsymbol{\gamma}$共面。又因为$\boldsymbol{\alpha}$与$\boldsymbol{\gamma}$垂直，且$\boldsymbol{p}$与$\boldsymbol{\alpha}$成固定角，所以得出$\boldsymbol{p}$与$\boldsymbol{\gamma}$也成固定角。

(3) 曲率和挠率之比为一个定值，即 $\frac{k}{\tau}=$ 常数。

证明　由 (1) 的结论 $\boldsymbol{\beta}\cdot\boldsymbol{p}=0$ 可得

$$\dot{\boldsymbol{\beta}}\cdot\boldsymbol{p}=0$$

因此有

$$(-k\boldsymbol{\alpha}+\tau\boldsymbol{\gamma})\cdot\boldsymbol{p}=0$$

即

$$-k\boldsymbol{\alpha}\cdot\boldsymbol{p}+\tau\boldsymbol{\gamma}\cdot\boldsymbol{p}=0$$

且因 $\boldsymbol{\alpha}$ 与 $\boldsymbol{p}$ 的夹角为 ω (定角)，所以上式为

$$-k\cos\omega+\tau\sin\omega=0$$

即 $\frac{k}{\tau}=$ 常数。

可以证明性质 (1) ～ (3) 的结论不但是必要的，而且也是充分的。以上性质可以看成一般螺线的等价定义。

最后，求解一般螺线的一种标准方程。

设柱面的母线平行于 z 轴，则可令 $\boldsymbol{p}=\boldsymbol{e}_3$，再设一般螺线的方程为

$$\boldsymbol{r}=\boldsymbol{r}(s)$$

于是由

$$\boldsymbol{\alpha}\cdot\boldsymbol{p}=\cos\omega$$

得到

$$\boldsymbol{\alpha}\cdot\boldsymbol{e}_3=\cos\omega$$

即

$$\left(\frac{\mathrm{d}x}{\mathrm{d}s},\frac{\mathrm{d}y}{\mathrm{d}s},\frac{\mathrm{d}z}{\mathrm{d}s}\right)\cdot(0,0,1)=\cos\omega$$

因而有

$$\frac{\mathrm{d}z}{\mathrm{d}s}=\cos\omega$$

若令 $z=0$ 时 $s=0$，则

$$z = s\cos\omega$$

于是一般螺线方程可以写为

$$\boldsymbol{r}(s)=\left(x(s), y(s), s\cos\omega\right) \tag{2.42}$$

其中，$x(s)$、$y(s)$ 为任意函数，其决定了柱面的形状，有什么样的柱面，就有什么样的柱面螺线。

对于式(2.42)，应注意其为自然参数表示，若非自然参数，即使形式上相似，也不一定属于一般螺旋。例如，椭圆柱螺线 $\boldsymbol{r}=\left(a\cos\theta, b\sin\theta, p\theta\right)(0\leqslant\theta\leqslant\theta_0)$。尽管形式上相似，但用一般螺线的定义和性质进行检验，并不符合一般螺线的性质，所以它不属于一般螺线。

2.8.2 渐开线与渐缩线

圆的渐开线是读者比较熟悉的，其实正则曲线都可以有自己的渐开线或渐缩线。

定义 2.7 曲线 C 的切线为另一条曲线 C^* 的法线，则称曲线 C^* 为曲线 C 的渐开线，且称曲线 C 为曲线 C^* 的渐缩线，见图 2.29。

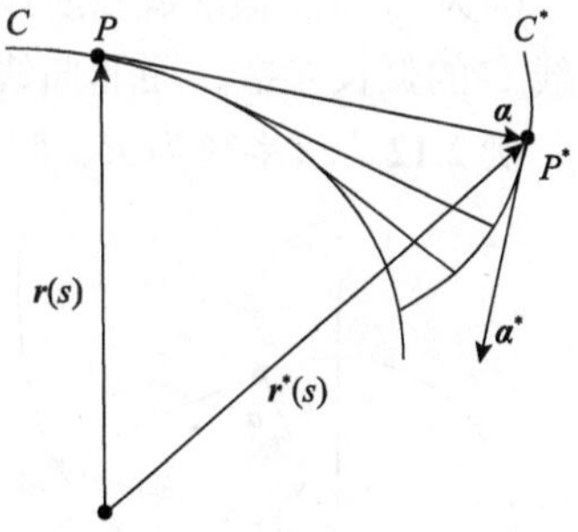

图 2.29 渐开线与渐缩线

1. 渐开线

渐开线方程表达式为

$$\boldsymbol{r}^*(s)=\boldsymbol{r}(s)+(s-s_0)\boldsymbol{\alpha}(s)$$

其中，s_0 为任意常数。

证明 设曲线 C 方程为 $\boldsymbol{r}=\boldsymbol{r}(s)$。曲线 C^* 是曲线 C 的渐开线，曲线 C 上一点 P 对应的矢径为 $\boldsymbol{r}(s)$，点 P^* 是点 P 在曲线 C^* 上的对应点，矢径为 $\boldsymbol{r}^*(s)$，那么有

$$\boldsymbol{r}^*(s)=\boldsymbol{r}(s)+\boldsymbol{PP}^*$$

取 $\boldsymbol{PP}^*$ 上单位矢 $\boldsymbol{\alpha}(s)$，则 $\boldsymbol{PP}^*=\lambda\boldsymbol{\alpha}(s)$，代入上式得

$$\boldsymbol{r}^*(s)=\boldsymbol{r}(s)+\lambda\boldsymbol{\alpha}(s) \tag{2.43}$$

两边取导数为

$$\dot{\boldsymbol{r}}^*(s)=\dot{\boldsymbol{r}}(s)+\dot{\lambda}\boldsymbol{\alpha}(s)+\lambda\dot{\boldsymbol{\alpha}}(s)=\boldsymbol{\alpha}(1+\dot{\lambda})+\lambda k\boldsymbol{\beta}$$

两边点乘$\boldsymbol{\alpha}$可得

$$\dot{\boldsymbol{r}}^*(s)\cdot\boldsymbol{\alpha}=1+\dot{\lambda}$$

因为$\dot{\boldsymbol{r}}^*(s)\cdot\boldsymbol{\alpha}=\dfrac{\mathrm{d}\boldsymbol{r}^*}{\mathrm{d}s^*}\cdot\dfrac{\mathrm{d}s^*}{\mathrm{d}s}\boldsymbol{\alpha}=\boldsymbol{\alpha}^*\cdot\boldsymbol{\alpha}\dfrac{\mathrm{d}s^*}{\mathrm{d}s}=0$，所以

$$1+\dot{\lambda}=0,\quad \dot{\lambda}=-1$$

$$\lambda(s)=-\int_{s_0}^{s}\mathrm{d}s=s_0-s$$

将上式代入式(2.43)得到渐开线方程为

$$\boldsymbol{r}^*(s)=\boldsymbol{r}(s)+(s_0-s)\boldsymbol{\alpha}(s) \tag{2.44}$$

因为 s_0 为任意常数，所以一条曲线对应无穷多条渐开线。此外，要注意 s 为曲线 C 的弧长参数，而非曲线 C^*的弧长参数。曲线 C^*的弧长参数为 s^*。

例 2.12　求半径为 R、圆心在原点的圆的渐开线方程(图 2.30)。

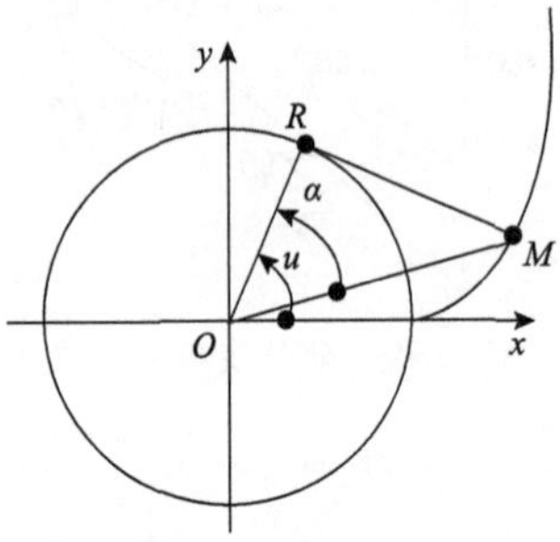

图 2.30　圆的渐开线

解　圆的自然参数方程是

$$\boldsymbol{r}(s)=\left(R\cos\frac{s}{R},R\sin\frac{s}{R}\right)$$

则

$$\boldsymbol{\alpha}(s)=\left(-\sin\frac{s}{R},\cos\frac{s}{R}\right)$$

所以

$$\begin{aligned}\boldsymbol{r}^*(s)&=\boldsymbol{r}(s)+(s_0-s)\boldsymbol{\alpha}(s)\\&=\left(R\cos\frac{s}{R}+(s-s_0)\sin\frac{s}{R},R\sin\frac{s}{R}-(s_0-s)\cos\frac{s}{R}\right)\\&=R\big(\cos\theta+(\theta-\theta_0)\sin\theta,\ \sin\theta-(\theta_0-\theta)\cos\theta\big)\end{aligned}$$

上述方程与式(1.30c)的形式是相同的。

2. 渐缩线

如图 2.31 所示，平面曲线 C 的方程是 $\boldsymbol{r}=\boldsymbol{r}(s)$，则其渐缩线 C^*的方程为

$$\boldsymbol{r}^*(s)=\boldsymbol{r}(s)+\frac{1}{k}\boldsymbol{\beta}(s) \tag{2.45}$$

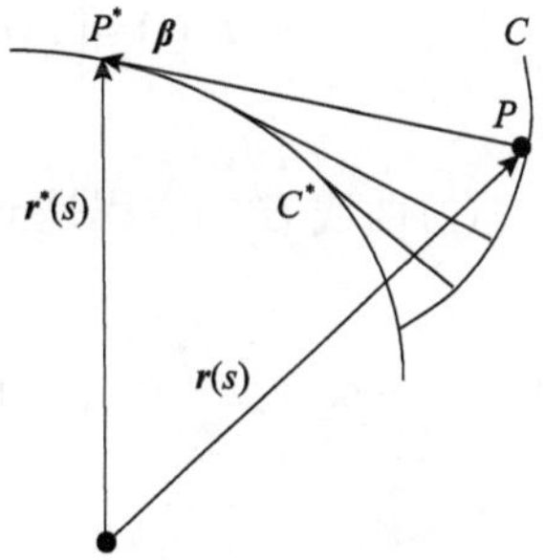

图 2.31　渐缩线

证明　由图 2.31 中的矢量可知

$$\boldsymbol{r}^*(s)=\boldsymbol{r}(s)+\boldsymbol{PP}^*$$

取 $\boldsymbol{PP}^*$ 上单位矢$\boldsymbol{\beta}(s)$，则 $\boldsymbol{PP}^*=\lambda\boldsymbol{\beta}(s)$，代入式(2.45)得

$$\boldsymbol{r}^*(s)=\boldsymbol{r}(s)+\lambda\boldsymbol{\beta}(s) \tag{2.46}$$

两边取导数得

$$\dot{\boldsymbol{r}}^*(s)=\dot{\boldsymbol{r}}(s)+\dot{\lambda}\boldsymbol{\beta}(s)+\lambda\dot{\boldsymbol{\beta}}(s)$$

因为

$$\dot{\boldsymbol{r}}^*(s)=\frac{\mathrm{d}\boldsymbol{r}^*}{\mathrm{d}s^*}\cdot\frac{\mathrm{d}s^*}{\mathrm{d}s}=\boldsymbol{\alpha}^*\frac{\mathrm{d}s^*}{\mathrm{d}s},\quad \dot{\boldsymbol{\beta}}(s)=-k\boldsymbol{\alpha}$$

所以

$$\boldsymbol{\alpha}^*\frac{\mathrm{d}s^*}{\mathrm{d}s}=(1-\lambda k)\boldsymbol{\alpha}+\dot{\lambda}\boldsymbol{\beta}$$

两边点乘$\boldsymbol{\alpha}$后得

$$1-\lambda k=0,\quad \lambda=\frac{1}{k}$$

将上式代入式(2.46)得到渐缩线方程为

$$\boldsymbol{r}^*(s)=\boldsymbol{r}(s)+\frac{1}{k}\boldsymbol{\beta}(s)$$

对于一般参数方程，有下述两种形式。

(1) 曲线 C 的一般参数方程是 $\boldsymbol{r}(t)=\left(x(t),y(t)\right)$，那么它的渐缩线方程为

$$\boldsymbol{r}^{*}(t)=\left(x(t)-y'(t)\frac{x'^{2}+y'^{2}}{x'y'-x'y'},y(t)+x'(t)\frac{x'^{2}+y'^{2}}{x'y''-x''y'}\right) \tag{2.47a}$$

(2) 曲线 C 的方程是 $y=f(x)$，那么它的渐缩线方程为

$$\boldsymbol{r}^{*}=\left(x-y'\frac{1+y'^{2}}{y''},y+\frac{1+y'^{2}}{y''}\right) \tag{2.47b}$$

2.8.3 平面延伸外摆线

工程上有一种曲线齿锥齿轮，如图 2.32 所示，齿线为长幅外摆线的一部分。下面从纯数学的角度，研究这种曲线的形成与方程。

一圆在一直线上做纯滚动时，圆上一点的轨迹为摆线；一圆在另一圆上做纯滚动时，圆上一点的轨迹为外摆线，而与圆固结的圆外一点的轨迹为延伸(或长幅)外摆线；一圆在另一圆的里面做纯滚动时，圆上一点的轨迹为内摆线，而与圆固结的圆内一点的轨迹为压缩(或短幅)外摆线。延伸外摆线如图 2.33 所示，大圆(原点 O_1，半径 r_1)作为基圆不动，小圆(原点 O_2，半径 r_2)作为动圆在基圆上做纯滚动，求固结在动圆外的一点 P 的运动轨迹(初始在 O_0、A_0 的位置，$|O_0A_0|=a$)，即长幅外摆线。建立坐标系 $S_1(O_1\text{-}x_1y_1z_1)$，$S_1$ 与基圆固连。

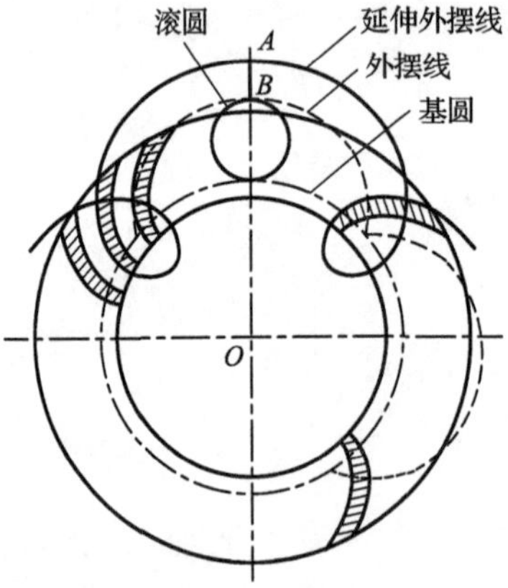

图 2.32　摆线齿锥齿轮的形成

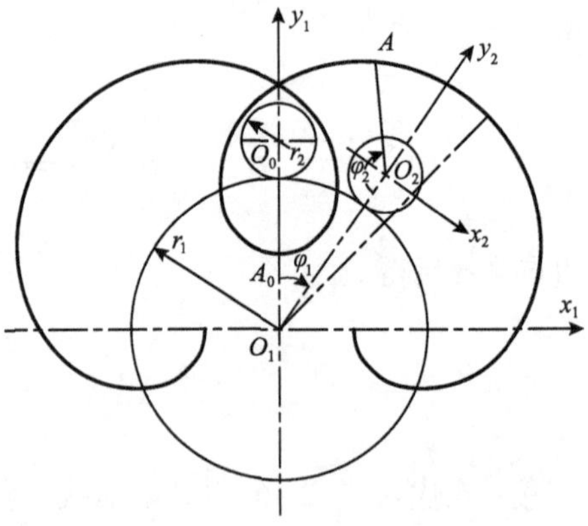

图 2.33　延伸外摆线的形成

下面利用矢量旋转建立延伸外摆线方程。

因动圆在大圆上做纯滚动，所以两圆转过的弧长相等，则两圆的转角关系为

$$\varphi_2 = \frac{r_1}{r_2}\varphi_1$$

当动圆处于初始位置时，有

$$\boldsymbol{O}_0\boldsymbol{A}_0 = (0,\ -a,\ 0)^{\mathrm{T}}$$

先考虑动圆自转，即 $\boldsymbol{O}_0\boldsymbol{A}_0$ 绕 O_0 旋转 φ_2 角，旋转轴可表示为

$$\boldsymbol{\omega} = (0,\ 0,\ -1)^{\mathrm{T}}$$

旋转后可得到新的矢量，利用矢量旋转公式(1.16)可得

$$\boldsymbol{O}_2\boldsymbol{A} = -a(\sin\varphi_2,\ \cos\varphi_2,\ 0)^{\mathrm{T}}$$

当不考虑动圆公转时，有

$$\boldsymbol{O}_1\boldsymbol{A} = \boldsymbol{O}_1\boldsymbol{O}_2 + \boldsymbol{O}_2\boldsymbol{A} = (-a\sin\varphi_2,\ E - a\cos\varphi_2,\ 0)^{\mathrm{T}},\quad E = r_1 + r_2$$

考虑动圆公转，即 $\boldsymbol{O}_1\boldsymbol{P}$ 绕 O_1 旋转 φ_1 角，利用矢量旋转公式(1.16)可得点 P 的运动轨迹为

$$\boldsymbol{r}_P = (E\sin\varphi_1 - a\sin(\varphi_1 + \varphi_2),\ E\cos\varphi_1 - a\cos(\varphi_1 + \varphi_2),\ 0)^{\mathrm{T}} \tag{2.48}$$

如果上述矢量旋转方法不够直观，也可以采用坐标变换的方法。

除了坐标系 S_1，再建立一个与动圆中心 O_2 固连的坐标系 $S_2(O_2\text{-}x_2y_2z_2)$，如图 2.33 所示，该坐标系绕基圆公转，初始处于位置 O_0，x_2、y_2 与 x_1、y_1 方向一致。

先写出点 P 在坐标系 S_2 中的方程为

$$\boldsymbol{r}_{2P} = (-a\sin\varphi_2,\ -a\cos\varphi_2,\ 0)^{\mathrm{T}}$$

坐标系 S_2 到坐标系 S_1 的齐次变换矩阵为

$$\boldsymbol{M}_{12} = \begin{bmatrix} \cos\varphi_1 & \sin\varphi_1 & E\sin\varphi_1 \\ -\sin\varphi_1 & \cos\varphi_1 & E\cos\varphi_1 \\ 0 & 0 & 1 \end{bmatrix}$$

把 $\boldsymbol{r}_{2P}$ 变换到坐标系 S_1 中，$\boldsymbol{r}_P = \boldsymbol{M}_{12}\cdot\boldsymbol{r}_{2P}$，即得点 A 的运动轨迹式(2.48)。

2.8.4 最速降线

当一个小球仅凭重力从 A 点滑落到 B 点时(图 2.34)，用时最短的曲线轨迹称

为最速降线。研究表明，当小球的运动轨迹为摆线时用时最短。因此，摆线就是最速降线，也叫旋轮线。又因为小球在最速降线的任意一点滑落到 B 点所用时间相同，所以最速降线也叫等时曲线。下面就用数学的方法来表示这问题。

如图 2.35 所示，设曲线方程为 $y=f(x)$，且最低点位于 y 轴上。那么当质量为 m 的物体运动到曲线上的点 $(x,f(x))$ 时，所受下滑力为

$$F=-mg\sin\beta$$

其中，β 是点 $(x,f(x))$ 处切线的倾角。

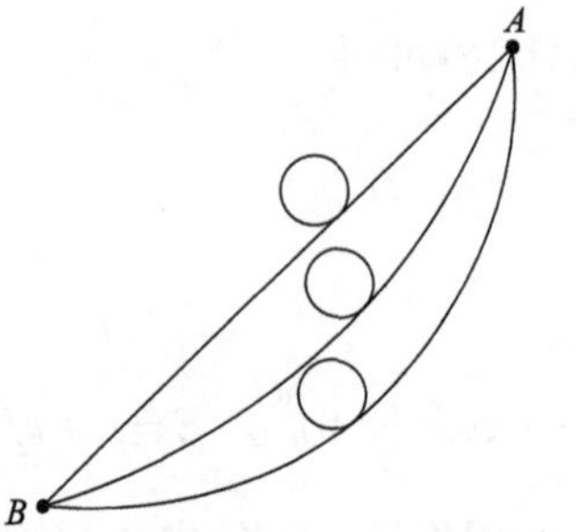

图 2.34　小球速降运动示意图

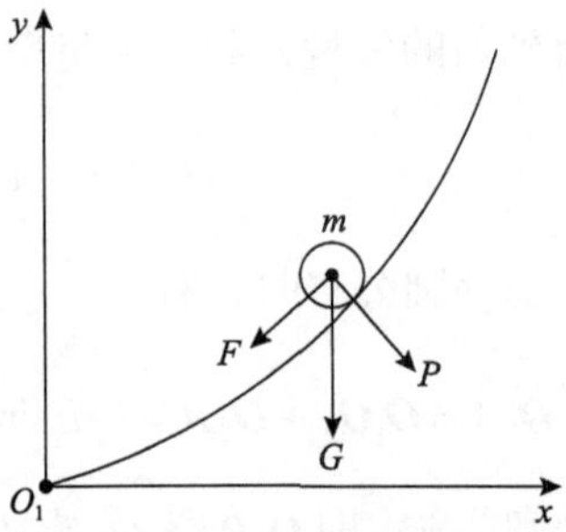

图 2.35　质块运动受力分析

由于

$$\sin\beta=\frac{\tan\beta}{\sqrt{1+\tan^2\beta}}=\frac{f'(x)}{\sqrt{1+(f'(x))^2}} \tag{2.49}$$

所以

$$F=\frac{mgf'(x)}{\sqrt{1+(f'(x))^2}} \tag{2.50}$$

物体从点 $(x,f(x))$ 下滑到最低点 $(0,f(0))$ 所要走的路程为

$$S=\int_0^x\sqrt{1+(f'(x))^2}\,\mathrm{d}x$$

这里的路程相当于简谐运动的位移，简谐运动的回复力 F 与位移 S 之间满足 $F=-KS(K>0)$。

设

$$\frac{f'(x)}{\sqrt{1+(f'(x))^2}}=Z,\quad Z\in[0,1)$$

则 $\sqrt{1+(f'(x))^2}=\dfrac{1}{\sqrt{1-Z^2}}$，上式化为

$$Z=\frac{K}{mg}\int_0^x\frac{\mathrm{d}x}{\sqrt{1-Z^2}} \tag{2.51}$$

等号两边对 x 求导可得

$$\sqrt{1-Z^2}\,\mathrm{d}Z=\frac{K}{mg}\mathrm{d}x$$

等号两边积分可得

$$\frac{K}{mg}x+C=\frac{Z}{2}\sqrt{1-Z^2}+\frac{1}{2}\arcsin Z \tag{2.52}$$

由于当 $x=0$ 时，回复力 $F=-\dfrac{mgf'(0)}{\sqrt{1+(f'(0))^2}}=-mgZ(0)=0$，所以当 $x=0$ 时，$Z=0$。将 $x=0$、$Z=0$ 代入上式可得 $C=0$，所以

$$\frac{K}{mg}x=\frac{Z}{2}\sqrt{1-Z^2}+\frac{1}{2}\arcsin Z \tag{2.53}$$

设 $Z=\sin\alpha$，$\alpha\in(0,\pi/2)$，可得

$$\frac{K}{mg}x=\frac{1}{2}\sin\alpha\cos\alpha+\frac{1}{2}\alpha=\frac{1}{2}\left(\frac{1}{2}\sin2\alpha+\alpha\right) \tag{2.54}$$

令 $\theta=2\alpha$，代入式(2.54)可得

$$\frac{K}{mg}x=\frac{1}{2}\left(\frac{1}{2}\sin\theta+\frac{1}{2}\theta\right)=\frac{1}{4}(\sin\theta+\theta)$$

$$x(\theta)=\frac{mg}{4K}(\sin\theta+\theta) \tag{2.55}$$

式(2.55)为 x 与 θ 的关系，若能求出 y 与 θ 的关系 $y=y(\theta)$，便能得到曲线的参数方程为

$$\begin{cases}y=y(\theta)\\x=x(\theta)\end{cases}$$

由 $Z=\dfrac{f'(x)}{\sqrt{1+(f'(x))^2}}=\sin\alpha=\sin\dfrac{\theta}{2}$ 可知

$$\frac{\mathrm{d}y}{\mathrm{d}x}=\tan\frac{\theta}{2}$$

根据复合函数求导法则，有

$$\frac{\mathrm{d}y}{\mathrm{d}\theta}=\frac{\mathrm{d}y}{\mathrm{d}x}\frac{\mathrm{d}x}{\mathrm{d}\theta}=\frac{\mathrm{d}x}{\mathrm{d}\theta}\tan\frac{\theta}{2} \tag{2.56}$$

由式(2.55)可得

$$\frac{\mathrm{d}x}{\mathrm{d}\theta}=\frac{mg}{4K}(1+\cos\theta) \tag{2.57}$$

将式(2.57)代入式(2.56)可得

$$\frac{\mathrm{d}y}{\mathrm{d}\theta}=\frac{mg}{4K}(1+\cos\theta)\tan\frac{\theta}{2}=\frac{mg}{4K}\sin\theta \tag{2.58}$$

上式两边积分可得

$$y(\theta)=\frac{mg}{4K}\cos\theta+C \tag{2.59}$$

若曲线经过原点，则积分常数 $C=\dfrac{mg}{4K}$，此时 $y(\theta)=\dfrac{mg}{4K}(1-\cos\theta)$，所求曲线的参数方程为

$$\begin{cases} x(\theta)=\dfrac{mg}{4K}(\theta+\sin\theta) \\ y(\theta)=\dfrac{mg}{4K}(1-\cos\theta) \end{cases},\quad \theta\in[0,\pi/2] \tag{2.60}$$

式(2.60)是摆线方程的参数化表示，也说明了最速降线就是摆线的一部分。

习　题

1. 求曲线 $\boldsymbol{r}=\left(t\sin t, t\cos t, t\mathrm{e}^t\right)$ 在原点的密切平面、法平面、从切平面、切线、主法线、副法线方程。

2. 求曲线 $\boldsymbol{r}=\left(a(3t-t^3), 3at^2, a(3t+t^3)\right)$ $(a>0)$ 的曲率和挠率。

3. 写出曲线 $\boldsymbol{r}=\left(a\cosh t, a\sinh t, bt\right)$ 的自然参数方程，并求其曲率和挠率。

4. 证明曲线 $\boldsymbol{r}=\left(1+3t+2t^2, 2-2t+5t^2, 1-t^2\right)$ 为平面曲线，并求其所在的平面方程。

5. 对于曲线 $\boldsymbol{r}=\left(\cos^3 t, \sin^3 t, \cos 2t\right)$：

(1) 求基本矢量 $\boldsymbol{\alpha}$、$\boldsymbol{\beta}$、$\boldsymbol{\gamma}$；

(2) 求其曲率和挠率；

(3) 验证弗雷内公式。

6. 计算下列各段曲线的弧长：

(1) 椭圆柱螺线 $\boldsymbol{r}=\left(a\cos\theta, b\sin\theta, p\theta\right)(0\leqslant\theta\leqslant\theta_0)$；

(2) 圆锥螺线 $\boldsymbol{r}=\left(e^{\theta}\cos\theta, e^{\theta}\sin\theta, e\theta\right)(0\leqslant\theta\leqslant 1)$；

(3) 椭圆柱 $\boldsymbol{r}=\left(\cos\theta, 2\sin\theta, 0\right)(0\leqslant\theta\leqslant 2\pi)$。

7. 在曲线 $\boldsymbol{r}=\left(\cos\alpha\cos t, \cos\alpha\sin t, t\sin\alpha\right)$ 的副法线的正向取单位长，求其端点组成新曲线的密切平面方程。

8. 求曲线 $\boldsymbol{r}=\left(a(t-\sin t), a(1-\cos t), 4a\cos\dfrac{t}{2}\right)$ 曲率半径最大的点。

9. 求曲线族 $\boldsymbol{r}=(t, a\sin\lambda-t\tan\lambda)$ 的包络线方程。

10. 一条定长为 a 的线段，两端各沿 x 轴和 y 轴移动形成一直线族，求此直线族的包络。

11. 求椭圆 $C:\boldsymbol{r}=\left(a\cos\theta, b\sin\theta\right)$ 的法向等距线 C^*。

12. 求圆渐开线 $\boldsymbol{r}=R\left(\cos\theta+(\theta-\theta_0)\sin\theta, \sin\theta+(\theta-\theta_0)\cos\theta\right)$ 距离为 a 的外法向等距线。

13. 求圆柱螺线 $\boldsymbol{r}=(R\cos\theta, R\sin\theta, b\theta)$ 的渐开线方程，并证明此渐开线落在垂直于 Z 轴的平面上。

14. 求椭圆 $\boldsymbol{r}=(a\cos\theta,\ b\sin\theta)$ 的渐缩线方程。

15. 求旋轮线 $\boldsymbol{r}=\left(a(t-\sin t), a(1-\cos t)\right)$ 的渐缩线方程。

第3章　曲　面　论

3.1　曲面的概念

3.1.1　简单曲面及其参数表示

平面上不自交的闭曲线称为若尔当(Jordan)曲线。以若尔当曲线为边界可以将平面分为有限和无限两个区域，其中有限区域称为初等区域。换言之，初等区域是若尔当曲线的内部区域。例如，正方形或矩形的内部，圆或椭圆的内部等都是初等区域。

如果平面上的一个初等区域在三维欧氏空间内存在连续的一一映射 f(拓扑映射)，则在三维欧氏空间中形成的像称为简单曲面。例如，一矩形纸片(初等区域)，可以卷成非闭合的圆柱面(图 3.1)，如果矩形纸片的材料是橡皮膜，还可进一步使它弯曲成圆环面。以后所讨论的曲面都是简单曲面，不另作声明。

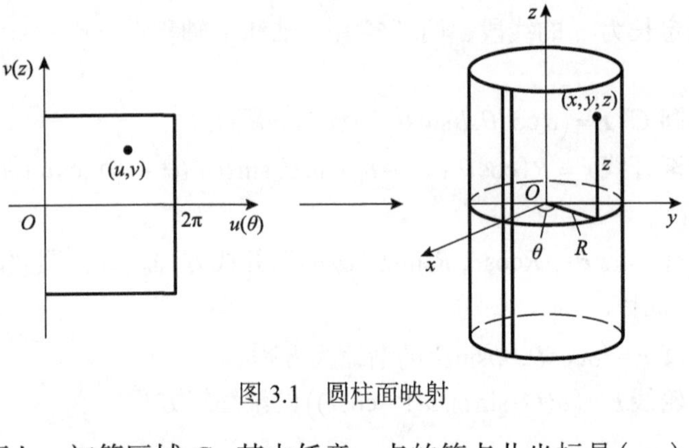

图 3.1　圆柱面映射

给出平面上一初等区域 G，其中任意一点的笛卡儿坐标是 (u,v)，G 经过上述映射 f 后的像是曲面 S，其上点的坐标是 (x,y,z)，则曲面 S 的方程可以表示为

$$x=f_1(u,v),\quad y=f_2(u,v),\quad z=f_3(u,v),\quad (u,v)\in G \tag{3.1a}$$

习惯上，常写作

$$x=x(u,v),\quad y=y(u,v),\quad z=z(u,v),\quad (u,v)\in G \tag{3.1b}$$

式(3.1)称为曲面 S 的参数表示或参数方程，u 和 v 称为曲面 S 的参数或曲纹坐标。

在微分几何上，更多地把曲面的参数方程简写成矢量函数的形式，即

$$\boldsymbol{r}=\boldsymbol{r}(u,v),\quad (u,v)\in G \tag{3.2}$$

下面给出几种常见曲面的参数方程。

(1) 圆柱面：G 是长方形，$u=\theta, v=z, 0<\theta<2\pi, -\infty<z<+\infty$ (图 3.1)。圆柱面的参数方程为

$$\boldsymbol{r}=\boldsymbol{r}(\theta,z)=\left(R\cos\theta, R\sin\theta, z\right)$$

(2) 球面：G 是长方形，$u=\varphi, v=\theta, -\pi/2<\theta<\pi/2, 0<\varphi<2\pi$ (图 3.2)。球面的参数方程为

$$\boldsymbol{r}=\boldsymbol{r}(\varphi,\theta)=\left(R\cos\theta\cos\varphi, R\cos\theta\sin\varphi, R\sin\theta\right) \tag{3.3}$$

其中，R 为球面的半径。

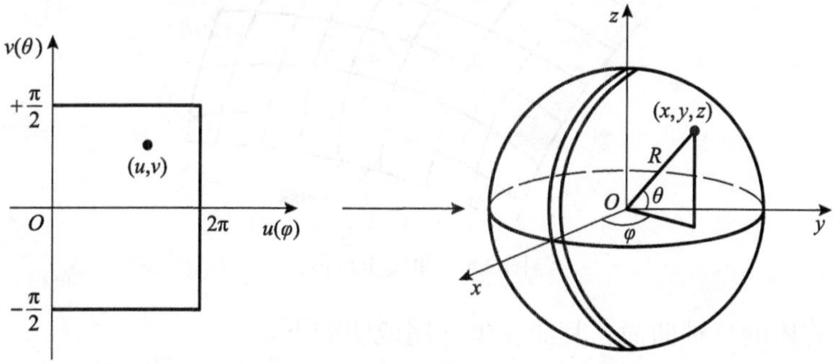

图 3.2　球面映射

(3) 旋转面：C 是坐标平面 xOz 上的一条曲线，其参数方程为

$$x=\varphi(t)>0,\quad z=\psi(t),\quad -t_1<t<t_2$$

把此曲线绕 z 轴旋转，则得一曲面，称为旋转面。旋转面的初等区域 G 是一长方形，$u=\theta, v=t, 0<\theta<2\pi, -z_1<z<z_2$ (图 3.3)。旋转面的参数方程为

$$\boldsymbol{r}=\left(\varphi(t)\cos\theta, \varphi(t)\sin\theta, \psi(t)\right)$$

上述诸式中的参数 u、v 称为曲面的曲纹坐标，即曲面上的点映射的原像 (G 中的点) 的坐标。"v=常数"或"u=常数"在曲面 S 上的像称为曲面的坐标曲线。v=常数而 u 变动时的曲线称为 u-曲线；同样，u=常数而 v 变动时的曲线称为 v-曲线。两族坐标曲线 u-曲线 (v=常数) 与 v-曲线 (u=常数) 在曲面上构成的坐标网，称为曲面上的曲纹坐标网 (图 3.4)。

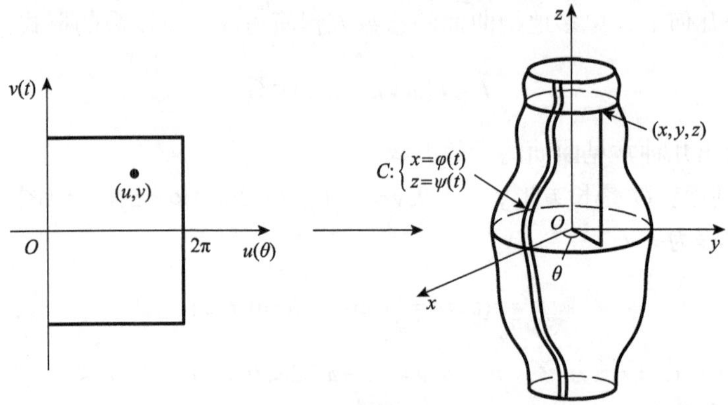

图 3.3　旋转面映射

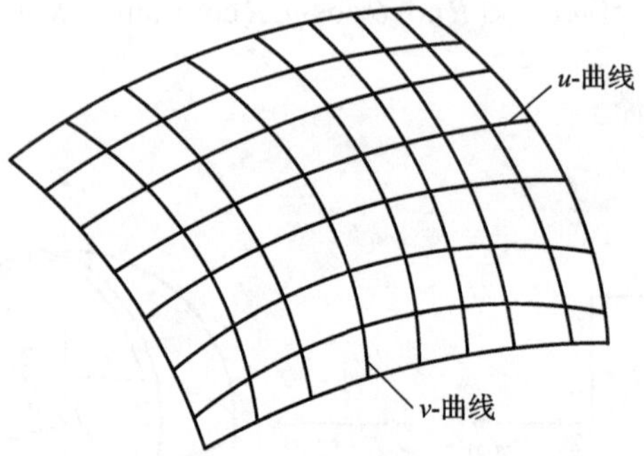

图 3.4　曲纹坐标网

对于前述的三种曲面，其曲纹坐标网说明如下。

(1) 圆柱面：θ-曲线（z =常数）是垂直于 z 轴的平面和圆柱的交线，它们都是圆；z 曲线（θ=常数）是圆柱面的直母线。

(2) 球面：φ-曲线（θ=常数）是球面上等纬度的圆——纬线；θ-曲线（φ=常数）是球面上过两极的半圆——子午线（经线）。

(3) 旋转面：θ-曲线（t=常数）是垂直于 z 轴的平面和旋转面的交线——平行圆（纬线）；t-曲线（θ=常数）是旋转面的母线——子午线（经线）。

3.1.2　光滑曲面、曲面的切平面与法线

1. 光滑曲面

如果曲面方程 $\boldsymbol{r}=\boldsymbol{r}(u,v),(u,v)\in G$ 中的函数有直到 k 阶的连续偏导数，则称该曲面为 k 阶正则曲面或 S^k 类曲面。特别地，S^1 类曲面又称为光滑曲面。

过曲面上任一点 (u_0, v_0) 有一条 u-曲线 $\boldsymbol{r}=\boldsymbol{r}(u,v_0)$，又有一条 v-曲线 $\boldsymbol{r}=\boldsymbol{r}(u_0,v)$，在曲面上点 $P_0(u_0, v_0)$ 处的这两条坐标曲线的切矢量分别为

$$\boldsymbol{r}_u(u_0,v_0)=\frac{\partial \boldsymbol{r}}{\partial u}(u_0,v_0),\quad \boldsymbol{r}_v(u_0,v_0)=\frac{\partial \boldsymbol{r}}{\partial v}(u_0,v_0)$$

如果它们不平行，即 $\boldsymbol{r}_u\times\boldsymbol{r}_v\neq 0$，则称点 $P_0(u_0, v_0)$ 为曲面的正常点。假定以后所讨论的都是光滑曲面的正常点。

根据 $\boldsymbol{r}_u$ 和 $\boldsymbol{r}_v$ 的连续性，总存在 $P_0(u_0, v_0)$ 的一个邻域 U，使得在此邻域内 $\boldsymbol{r}_u\times\boldsymbol{r}_v\neq 0$。于是，在这片曲面上，有一族 u-曲线和一族 v-曲线，经过曲面上任意一点有唯一的一条 u-曲线和唯一的一条 v-曲线，而且这两族曲线彼此不相切，这样的两族曲线称为曲面上的一个正规坐标网（图 3.4）。例如，球面的经线、纬线，旋转面的平行圆、子午线等都是正规坐标网。

由于在正常点的邻域 U 内 $\boldsymbol{r}_u\times\boldsymbol{r}_v\neq 0$，即矩阵

$$\begin{bmatrix}\dfrac{\partial x}{\partial u} & \dfrac{\partial y}{\partial u} & \dfrac{\partial z}{\partial u}\\ \dfrac{\partial x}{\partial v} & \dfrac{\partial y}{\partial v} & \dfrac{\partial z}{\partial v}\end{bmatrix}$$

的秩为 2，换言之，三个行列式

$$\frac{\partial(x,y)}{\partial(u,v)}=\begin{vmatrix}\dfrac{\partial x}{\partial u} & \dfrac{\partial y}{\partial u}\\ \dfrac{\partial x}{\partial v} & \dfrac{\partial y}{\partial v}\end{vmatrix},\quad \frac{\partial(y,z)}{\partial(u,v)}=\begin{vmatrix}\dfrac{\partial y}{\partial u} & \dfrac{\partial z}{\partial u}\\ \dfrac{\partial y}{\partial v} & \dfrac{\partial z}{\partial v}\end{vmatrix},\quad \frac{\partial(z,x)}{\partial(u,v)}=\begin{vmatrix}\dfrac{\partial z}{\partial u} & \dfrac{\partial x}{\partial u}\\ \dfrac{\partial z}{\partial v} & \dfrac{\partial x}{\partial v}\end{vmatrix}$$

中总有一个行列式在 $P_0(u_0, v_0)$ 的邻域 U 中不为零。假设第一个行列式不等于零，则由隐函数的存在定理可知

$$x=x(u,v),\quad y=y(u,v)$$

在 U 中存在唯一一对单值的连续可导的反函数：

$$u=u(x,y),\quad v=v(x,y)$$

将上式代入式（3.1b）中的 $z=z(u,v)$，则曲面在邻域 U 上的参数表示可以写为

$$z=z(u(x,y),v(x,y))=z(x,y)$$

即

$$z=z(x,y) \tag{3.4}$$

式（3.4）为曲面一种特殊的参数表示。

曲面在正常点的邻域中总可以有式(3.4)形式的参数表示。

2. 曲面的切方向、切平面和法线

若给出一自变量 t，曲面上点的曲纹坐标可由下列方程确定：

$$u = u(t), \quad v = v(t) \tag{3.5a}$$

将它们代入曲面的参数方程，则这种点的向径可以用复合函数表示为

$$\boldsymbol{r} = \boldsymbol{r}(t) = \boldsymbol{r}\left(u(t), v(t)\right) \tag{3.5b}$$

于是 $\boldsymbol{r}$ 可以表示为一个变量为 t 的函数，且当 t 在某一区间上变动时，$\boldsymbol{r}$ 的终点在空间中描绘出一条曲线。因此，式(3.5a)或式(3.5b)在曲面上确定某一曲线，该曲线在曲面上点 $P_0(u_0, v_0)$ 处的切线方向称为曲面在该点的切方向或方向，如图 3.5 所示。它可表示为

$$\boldsymbol{r}'(t) = \boldsymbol{r}_u \frac{\mathrm{d}u}{\mathrm{d}t} + \boldsymbol{r}_v \frac{\mathrm{d}v}{\mathrm{d}t} \tag{3.6}$$

其中，$\boldsymbol{r}_u$、$\boldsymbol{r}_v$ 分别是两条坐标曲线在点 (u_0, v_0) 处的切矢量。

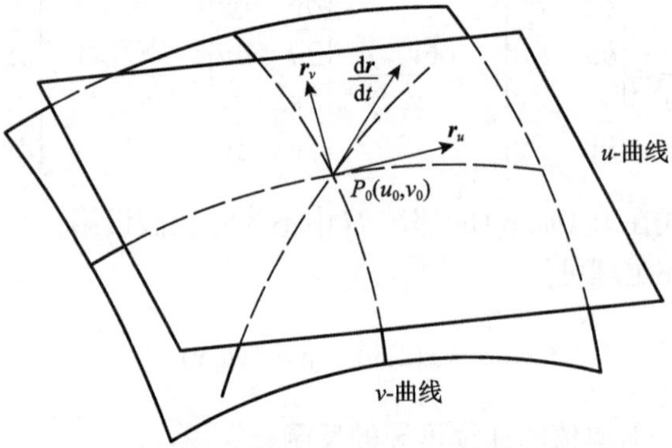

图 3.5　曲面的切平面

式(3.6)说明 $\boldsymbol{r}'(t)$ 、$\boldsymbol{r}_u$、$\boldsymbol{r}_v$ 共面，此平面称为切平面(图 3.5)。曲面上正常点处的所有切方向都在过该点的坐标曲线的切矢量 $\boldsymbol{r}_u$ 和 $\boldsymbol{r}_v$ 所决定的切平面上。

式(3.6)还可以简写为

$$\boldsymbol{r}'(t) = \frac{\mathrm{d}v}{\mathrm{d}t}\left(\boldsymbol{r}_u \frac{\mathrm{d}u}{\mathrm{d}v} + \boldsymbol{r}_v\right) \tag{3.7}$$

由此可见，$\boldsymbol{r}'(t)$ 所决定的曲面的切方向完全依赖于 $\mathrm{d}u/\mathrm{d}t$ 和 $\mathrm{d}v/\mathrm{d}t$ 的比值，即 $\mathrm{d}u:\mathrm{d}v$。一定意义上，$\boldsymbol{r}_u$ 和 $\boldsymbol{r}_v$ 相当于平面仿射坐标系，$\mathrm{d}u:\mathrm{d}v$ 的值相当于平面坐标

中直线的斜率，决定了 $\boldsymbol{r}(t)$ 曲线的走向。因此，以后当说到给出曲面上某点的一个方向时，就是指给出了 $\mathrm{d}u:\mathrm{d}v$ 的值。

下面推导曲面上一点 $P_0(u_0, v_0)$ 的切平面方程。设 $\boldsymbol{R}(x, y, z)$ 表示切平面上的任意点 M 的向径，则矢量 $\boldsymbol{R}-\boldsymbol{r}(u_0, v_0)$ 与矢量 $\boldsymbol{r}_u(u_0, v_0)$、$\boldsymbol{r}_v(u_0, v_0)$ 共面。由此得出曲面上点 $P_0(u_0, v_0)$ 的切平面的方程为

$$\left(\boldsymbol{R}-\boldsymbol{r}(u_0,v_0), \boldsymbol{r}_u(u_0,v_0), \boldsymbol{r}_v(u_0,v_0)\right)=0 \tag{3.8a}$$

或写成坐标的形式：

$$\begin{vmatrix} X-x(u_0,v_0) & Y-y(u_0,v_0) & Z-z(u_0,v_0) \\ x_u(u_0,v_0) & y_u(u_0,v_0) & z_u(u_0,v_0) \\ x_v(u_0,v_0) & y_v(u_0,v_0) & z_v(u_0,v_0) \end{vmatrix}=0 \tag{3.8b}$$

对于曲面(3.4)形式的参数表示：

$$\boldsymbol{r}=\left(x, y, z(x,y)\right)$$

$$\boldsymbol{r}_x=\left(1,0,p\right),\quad p=\frac{\partial z}{\partial x}$$

$$\boldsymbol{r}_y=\left(0,1,q\right),\quad q=\frac{\partial z}{\partial y}$$

曲面在点 (x_0, y_0) 处的切平面的方程是

$$\begin{vmatrix} X-x_0 & Y-y_0 & Z-z_0 \\ 1 & 0 & p_0 \\ 0 & 1 & q_0 \end{vmatrix}=0$$

即

$$Z-z_0=p_0(X-x_0)+q_0(Y-y_0) \tag{3.8c}$$

其中

$$z_0=z(x_0,y_0),\quad p_0=\left.\frac{\partial z}{\partial x}\right|_{(x_0,y_0)},\quad q_0=\left.\frac{\partial z}{\partial y}\right|_{(x_0,y_0)}$$

曲面在正常点处垂直于切平面的方向称为曲面的法方向，过该点平行于法方向的直线称为曲面在该点的法线。显然，曲面的法矢为

$$\boldsymbol{N}=\boldsymbol{r}_u\times\boldsymbol{r}_v \tag{3.9}$$

曲面的单位法矢为

$$\boldsymbol{n}=\frac{\boldsymbol{r}_u\times\boldsymbol{r}_v}{|\boldsymbol{r}_u\times\boldsymbol{r}_v|} \tag{3.10}$$

由矢量积 $\boldsymbol{r}_u\times\boldsymbol{r}_v$ 定义 $\boldsymbol{N}$ 的顺序构成右手系。曲面正侧的确定与参数的选取顺序有关。例如，当坐标曲线 u 与 v 对调时，$\boldsymbol{N}$ 改变为它的反向，则曲面正侧变为负侧。上述曲面称为双侧曲面。

由于曲面的法线是通过点 $P_0(u_0, v_0)$ 并且平行于法方向的直线，它的方程可写为

$$\boldsymbol{\rho}(X,Y,Z)=\boldsymbol{r}(u_0,v_0)+\lambda(\boldsymbol{r}_u\times\boldsymbol{r}_v) \tag{3.11a}$$

其中，$\boldsymbol{\rho}(X,Y,Z)$ 是法线上的任意一点；λ 是决定点 $\boldsymbol{\rho}(X,Y,Z)$ 在法线上位置的参数。

用坐标表示的法线方程具有如下形式：

$$\frac{X-x(u_0,v_0)}{\begin{vmatrix} y_u(u_0,v_0) & z_u(u_0,v_0) \\ y_v(u_0,v_0) & z_v(u_0,v_0)\end{vmatrix}}=\frac{Y-y(u_0,v_0)}{\begin{vmatrix} z_u(u_0,v_0) & x_u(u_0,v_0) \\ z_v(u_0,v_0) & x_v(u_0,v_0)\end{vmatrix}}=\frac{Z-z(u_0,v_0)}{\begin{vmatrix} x_u(u_0,v_0) & y_u(u_0,v_0) \\ x_v(u_0,v_0) & y_v(u_0,v_0)\end{vmatrix}} \tag{3.11b}$$

对于曲面(3.4)形式的参数表示，法线方程可化简为

$$\frac{X-x_0}{p_0}=\frac{Y-y_0}{q_0}=\frac{Z-z_0}{-1} \tag{3.11c}$$

3.1.3 参数变换

在解析几何里，存在两种平面坐标系，即直角坐标系与极坐标系，这两种坐标可以相互转化。在三维欧氏空间的曲面上也存在类似的参数变换关系。例 1.4 中圆的渐开线函数的不同参数表示，都属于参数变换。如果曲纹坐标 (u, v) 变为新的曲纹坐标 $(\bar{u},\bar{v})$：

$$u=u(\bar{u},\bar{v}),\quad v=v(\bar{u},\bar{v})$$

则得到曲面 $\boldsymbol{r}(u, v)$ 关于新曲纹坐标 $(\bar{u},\bar{v})$ 的方程 $\boldsymbol{r}=\boldsymbol{r}(\bar{u},\bar{v})$。例如，球面的参数方程，可以由式(3.3)表示，也可以表示为

$$\boldsymbol{r}(x,y)=\left(x,\ y,\ \sqrt{R^2-x^2-y^2}\right)$$

它们的参数变化为

$$(x,y)\to(\varphi,\theta)=\left(\arctan\frac{y}{x},\arcsin\frac{\sqrt{R^2-x^2-y^2}}{R}\right)$$

由于新的坐标曲线的切矢量 $\boldsymbol{r}_{\bar{u}}$ 和 $\boldsymbol{r}_{\bar{v}}$ 可以用原来的坐标曲线的切矢量 $\boldsymbol{r}_u$ 和 $\boldsymbol{r}_v$ 来表示，即

$$\boldsymbol{r}_{\bar{u}}=\boldsymbol{r}_u\frac{\partial u}{\partial\bar{u}}+\boldsymbol{r}_v\frac{\partial v}{\partial\bar{u}},\quad \boldsymbol{r}_{\bar{v}}=\boldsymbol{r}_u\frac{\partial u}{\partial\bar{v}}+\boldsymbol{r}_v\frac{\partial v}{\partial\bar{v}}$$

所以参数变换诱导出切平面的基变换，基变换阵就是一个雅可比矩阵，即

$$\begin{bmatrix}\boldsymbol{r}_{\bar{u}}\\ \boldsymbol{r}_{\bar{v}}\end{bmatrix}=\boldsymbol{J}\begin{bmatrix}\boldsymbol{r}_u\\ \boldsymbol{r}_v\end{bmatrix},\quad \boldsymbol{J}=\frac{\partial(u,v)}{\partial(\bar{u},\bar{v})}=\begin{bmatrix}\dfrac{\partial u}{\partial\bar{u}} & \dfrac{\partial v}{\partial\bar{u}}\\ \dfrac{\partial u}{\partial\bar{v}} & \dfrac{\partial v}{\partial\bar{v}}\end{bmatrix} \tag{3.12}$$

同样，对于法矢的变化为

$$\bar{\boldsymbol{N}}=\boldsymbol{r}_{\bar{u}}\times\boldsymbol{r}_{\bar{v}}=(\boldsymbol{r}_u\times\boldsymbol{r}_v)\boldsymbol{J}=\boldsymbol{N}\cdot\boldsymbol{J} \tag{3.13}$$

显而易见，雅可比矩阵行列式 $|\boldsymbol{J}|\neq 0$，$\boldsymbol{r}_u\times\boldsymbol{r}_v\neq 0$ 对于新的曲纹坐标仍成立。

式(3.13)表示当曲纹坐标 (u, v) 实行变换时，新法矢 $\bar{\boldsymbol{N}}$ 为原来法矢 $\boldsymbol{N}$ 乘上变换矩阵式(3.12)。因而，可以看出新的法矢平行于原来的法矢 $\boldsymbol{N}$。如果变换行列式(3.12)中 $|\boldsymbol{J}|$ 为正，$\bar{\boldsymbol{N}}$ 与 $\boldsymbol{N}$ 的方向一致；如果变换行列式 $|\boldsymbol{J}|$ 为负，$\bar{\boldsymbol{N}}$ 和 $\boldsymbol{N}$ 的方向相反。限定参数变换的行列式 $|\boldsymbol{J}|$ 为正，所以对于所有的参数变换，法矢的正向保持不变。在这个限制下，曲面的正则性、切平面和法线与参数选取无关。

3.1.4 曲面上的曲线族与曲线网

曲面 S 上一条曲线表示为

$$u=u(t),\quad v=v(t) \tag{3.14}$$

或

$$\boldsymbol{r}=\boldsymbol{r}(t)=\boldsymbol{r}\big(u(t),v(t)\big) \tag{3.15}$$

从式(3.14)消去 t，可得曲面上曲线方程的其他形式，即

$$u=\varphi(v)\ \text{或}\ v=\psi(u)\ \text{或}\ f(u,v)=0 \tag{3.16}$$

线性微分方程

$$A(u,v)\mathrm{d}u + B(u,v)\mathrm{d}v = 0,\quad A^2 + B^2 \neq 0 \tag{3.17}$$

表示曲面上一族曲线——曲线族。

设 $A \neq 0$，则由式(3.17)可得

$$\frac{\mathrm{d}u}{\mathrm{d}v} = -\frac{B(u,v)}{A(u,v)} = F(u,v)$$

解方程得

$$u = \varphi(v,c) \text{ 或 } f(u,v,c) = 0$$

其中，c 是待定常数。每一个 c 值对应曲面上一条曲线，所以上式得到曲面上的一族曲线。这些曲线的切方向平行，式(3.17)表示这族曲线的方程。

特别地，当 $A = 0$ 或 $B = 0$ 时，式(3.17)分别为

$$\mathrm{d}v = 0 \text{ 或 } \mathrm{d}u = 0 \tag{3.18}$$

即

$$v = c_1\text{（常数）或 } u = c_2\text{（常数）}$$

因此，式(3.18)表示坐标曲线的方程。

二阶微分方程为

$$A(u,v)\mathrm{d}u^2 + 2B(u,v)\mathrm{d}u\mathrm{d}v + C(u,v)\mathrm{d}v^2 = 0 \tag{3.19}$$

假设 $[B(u,v)]^2 - A(u,v)C(u,v) > 0$，则式(3.19)表示曲面上两族曲线——曲线网。设 $A \neq 0$，由

$$A(u,v)\left(\frac{\mathrm{d}u}{\mathrm{d}v}\right)^2 + 2B(u,v)\frac{\mathrm{d}u}{\mathrm{d}v} + C(u,v) = 0$$

得

$$\frac{\mathrm{d}u}{\mathrm{d}v} = \frac{-B(u,v) \pm \sqrt{[B(u,v)]^2 - A(u,v)C(u,v)}}{A(u,v)} = F_1(u,v) \text{ 或 } F_2(u,v)$$

分别解这两个一阶微分方程，即得曲面上两族曲线表示为

$$f_1(u,v,c) = 0,\quad f_2(u,v,c) = 0$$

曲面上这两族曲线构成曲面上曲线网，式(3.19)表示曲面上曲线网的方程。

特别地，当 $A=C=0$ 时，式(3.19)为

$$\mathrm{d}u\mathrm{d}v=0 \tag{3.20}$$

若

$$\mathrm{d}v=0 \text{ 或 } \mathrm{d}u=0$$

则

$$v=c_1(\text{常数}) \text{ 或 } u=c_2(\text{常数})$$

分别表示 u-曲线族和 v-曲线族。因此，式(3.20)所表示的曲线网就是曲纹坐标网。

例 3.1 球面的矢量方程(3.3)中 $R=10$，试绘制球面的曲纹坐标网。

解 首先产生曲纹坐标(φ,θ)数组，分别在$[-\pi/2, \pi/2)$、$[0, 2)$区间，均匀生成 21×42 组数据；计算曲面对应点的坐标(x, y, z)数组。绘制 21 条φ-曲线(纬线)和 42 条θ-曲线(经线)，如图 3.6 所示。

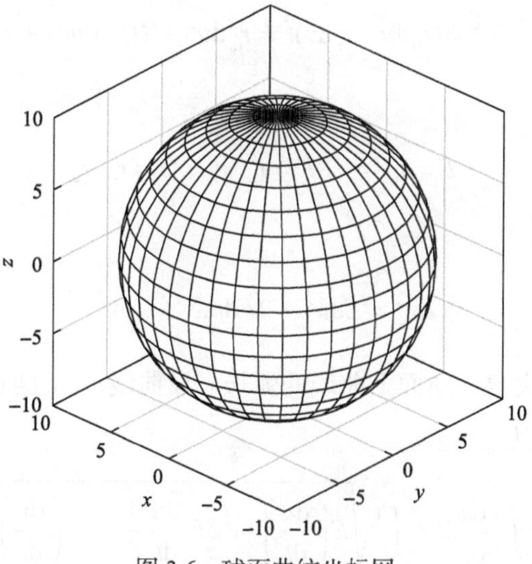

图 3.6 球面曲纹坐标网

利用 MATLAB 程序编写计算程序如下：

```
[q,j]=meshgrid(-pi/2: pi/20: pi/2, 0: pi/20: 2*pi); %生成曲纹坐标数组
x=10*cos(q).*cos(j);
y=10*cos(q).*sin(j);
z=10*sin(q);
mesh(x,y,z); %绘制曲纹坐标网
```

3.2 曲面的第一基本形式

3.2.1 曲面上曲线的弧长与第一基本形式

对于曲面 S 上曲线 C，有

$$\boldsymbol{r}=\boldsymbol{r}(t)=\boldsymbol{r}\left(u(t),v(t)\right) \tag{3.21}$$

进而有

$$\frac{\mathrm{d}\boldsymbol{r}}{\mathrm{d}t}=\boldsymbol{r}_u\frac{\mathrm{d}u}{\mathrm{d}t}+\boldsymbol{r}_v\frac{\mathrm{d}v}{\mathrm{d}t} \tag{3.22}$$

或

$$\mathrm{d}\boldsymbol{r}=\boldsymbol{r}_u\mathrm{d}u+\boldsymbol{r}_v\mathrm{d}v$$

若以 s 表示曲面上曲线 C 的弧长，则

$$\mathrm{d}s^2=\mathrm{d}\boldsymbol{r}^2=(\boldsymbol{r}_u\mathrm{d}u+\boldsymbol{r}_v\mathrm{d}v)^2=\boldsymbol{r}_u^2\mathrm{d}u^2+2\boldsymbol{r}_u\boldsymbol{r}_v\mathrm{d}u\mathrm{d}v+\boldsymbol{r}_v^2\mathrm{d}v^2$$

令

$$E=\boldsymbol{r}_u\cdot\boldsymbol{r}_u,\quad F=\boldsymbol{r}_u\cdot\boldsymbol{r}_v,\quad G=\boldsymbol{r}_v\cdot\boldsymbol{r}_v$$

则有

$$\mathrm{d}s^2=E\mathrm{d}u^2+2F\mathrm{d}u\mathrm{d}v+G\mathrm{d}v^2 \tag{3.23}$$

这个二次形式决定了曲面上曲线的弧长。设曲线 C 上两点 $A(t_0)$、$B(t_1)$，则该两点之间的弧长为

$$s=\int_{t_0}^{t_1}\frac{\mathrm{d}s}{\mathrm{d}t}\mathrm{d}t=\int_{t_0}^{t_1}\sqrt{E\left(\frac{\mathrm{d}u}{\mathrm{d}t}\right)^2+2F\frac{\mathrm{d}u}{\mathrm{d}t}\frac{\mathrm{d}v}{\mathrm{d}t}+G\left(\frac{\mathrm{d}v}{\mathrm{d}t}\right)^2}\mathrm{d}t \tag{3.24}$$

式(3.24)是关于微分 $\mathrm{d}u$、$\mathrm{d}v$ 的二次形式，称为曲面 S 的第一基本形式，用 Ⅰ 表示，即

$$\mathrm{I}=E\mathrm{d}u^2+2F\mathrm{d}u\mathrm{d}v+G\mathrm{d}v^2 \tag{3.25}$$

其系数

$$E=\boldsymbol{r}_u\cdot\boldsymbol{r}_u,\quad F=\boldsymbol{r}_u\cdot\boldsymbol{r}_v,\quad G=\boldsymbol{r}_v\cdot\boldsymbol{r}_v$$

称为曲面的第一基本量。

对于曲面的特殊参数形式表示 $z = z(x, y)$，则

$$\boldsymbol{r} = (x, y, z(x, y))$$

有

$$\boldsymbol{r}_x = (1, 0, p),\quad p = \frac{\partial z}{\partial x}$$

$$\boldsymbol{r}_y = (0, 1, q),\quad q = \frac{\partial z}{\partial y}$$

则曲面的第一基本量为

$$E = \boldsymbol{r}_x \cdot \boldsymbol{r}_x = 1 + p^2,\ F = \boldsymbol{r}_x \cdot \boldsymbol{r}_y = pq,\ G = \boldsymbol{r}_y \cdot \boldsymbol{r}_y = 1 + q^2$$

曲面的第一基本形式为

$$\mathrm{I} = (1 + p^2)\mathrm{d}x^2 + 2pq\mathrm{d}x\mathrm{d}y + (1 + q^2)\mathrm{d}y^2 \tag{3.26}$$

因为

$$E = \boldsymbol{r}_u^2 > 0,\ G = \boldsymbol{r}_v^2 > 0$$

由拉格朗日恒等式可得第一基本形式的判别式为

$$EG - F^2 = \boldsymbol{r}_u^2 \boldsymbol{r}_v^2 - (\boldsymbol{r}_u \cdot \boldsymbol{r}_v)^2 = (\boldsymbol{r}_u \times \boldsymbol{r}_v)^2 > 0$$

因此第一基本量 E、F、G 满足不等式 $E > 0$、$G > 0$、$EG - F^2 > 0$，这表明第一基本形式是正定的。当然，这个结论也可由 $\mathrm{I} = \mathrm{d}s^2$ 直接得出。

如果将式(3.21)的参数 t 看成时间，则 $\boldsymbol{r}'(t)$ 表示质点沿曲面上曲线的运动速度，即

$$\boldsymbol{v}_r = \boldsymbol{r}_u \frac{\mathrm{d}u}{\mathrm{d}t} + \boldsymbol{r}_v \frac{\mathrm{d}v}{\mathrm{d}t} = \left(\boldsymbol{r}_u + \boldsymbol{r}_v \frac{\mathrm{d}v}{\mathrm{d}u}\right)\frac{\mathrm{d}u}{\mathrm{d}t} = \boldsymbol{T}\frac{\mathrm{d}u}{\mathrm{d}t},\ \boldsymbol{T} = \boldsymbol{r}_u + \boldsymbol{r}_v \frac{\mathrm{d}v}{\mathrm{d}u}$$

显然 $\boldsymbol{v}_r$ 在切平面内，可以由 $\boldsymbol{r}_u$、$\boldsymbol{r}_v$ 两个方向的分量表示。

再观察第一基本形式，可以得到运动速度与第一基本形式之间的关系，即

$$\boldsymbol{v}_r^2 = \frac{\mathrm{I}}{\mathrm{d}^2 t}$$

例 3.2　求球面 $\boldsymbol{r}(\varphi,\theta)=\left(R\cos\theta\cos\varphi, R\cos\theta\sin\varphi, R\sin\theta\right)$ 的第一基本形式。

解　由 $\boldsymbol{r}(\varphi,\theta)=\left(R\cos\theta\cos\varphi, R\cos\theta\sin\varphi, R\sin\theta\right)$ 可得

$$\boldsymbol{r}_{\varphi}=\left(-R\cos\theta\sin\varphi, R\cos\theta\cos\varphi, 0\right)$$

$$\boldsymbol{r}_{\theta}=\left(-R\sin\theta\cos\varphi, -R\sin\theta\sin\varphi, R\cos\theta\right)$$

由此可得曲面的第一基本量为

$$E=\boldsymbol{r}_{\varphi}{}^{2}=R^{2}\cos^{2}\theta，\ F=\boldsymbol{r}_{\varphi}\cdot\boldsymbol{r}_{\theta}=0，\ G=\boldsymbol{r}_{\theta}{}^{2}=R^{2}$$

因而

$$\mathrm{I}=R^{2}\cos^{2}\theta\mathrm{d}\varphi^{2}+R^{2}\mathrm{d}\theta^{2}$$

3.2.2　曲面的合同变换与第一基本形式

既然第一基本形式的几何意义表示了曲面上曲线的弧长，那么可以得出定理 3.1。

定理 3.1　曲面的第一基本形式与参数选取无关。

证明　设曲面参数变化前后的第一基本形式分别为

$$\mathrm{I}(u,v)=E\mathrm{d}u^{2}+2F\mathrm{d}u\mathrm{d}v+G\mathrm{d}v^{2},\ \ \overline{\mathrm{I}}(\overline{u},\overline{v})=\overline{E}\mathrm{d}\overline{u}^{2}+2\overline{F}\mathrm{d}\overline{u}\mathrm{d}\overline{v}+\overline{G}\mathrm{d}\overline{v}^{2}$$

利用基变换公式(3.12)，可以求出上述第一基本形式系数间的关系为

$$\overline{E}=\boldsymbol{r}_{\overline{u}}\cdot\boldsymbol{r}_{\overline{u}}=E\left(\frac{\partial u}{\partial\overline{u}}\right)^{2}+2F\left(\frac{\partial u}{\partial\overline{u}}\frac{\partial v}{\partial\overline{u}}\right)+G\left(\frac{\partial v}{\partial\overline{u}}\right)^{2}$$

$$\overline{F}=\boldsymbol{r}_{\overline{u}}\cdot\boldsymbol{r}_{\overline{v}}=E\left(\frac{\partial u}{\partial\overline{u}}\frac{\partial u}{\partial\overline{v}}\right)+F\left(\frac{\partial u}{\partial\overline{u}}\frac{\partial v}{\partial\overline{v}}+\frac{\partial v}{\partial\overline{u}}\frac{\partial u}{\partial\overline{v}}\right)+G\left(\frac{\partial v}{\partial\overline{u}}\frac{\partial v}{\partial\overline{v}}\right)$$

$$\overline{G}=\boldsymbol{r}_{\overline{v}}\cdot\boldsymbol{r}_{\overline{v}}=E\left(\frac{\partial u}{\partial\overline{v}}\right)^{2}+2F\left(\frac{\partial u}{\partial\overline{v}}\frac{\partial v}{\partial\overline{v}}\right)+G\left(\frac{\partial v}{\partial\overline{v}}\right)^{2}$$

利用雅可比矩阵把上述关系表示成如下矩阵形式：

$$\begin{bmatrix}\overline{E} & \overline{F}\\ \overline{F} & \overline{G}\end{bmatrix}=\boldsymbol{J}\begin{bmatrix}E & F\\ F & G\end{bmatrix}\boldsymbol{J}^{\mathrm{T}}$$

又因为

$$\begin{bmatrix} du & dv \end{bmatrix} = \begin{bmatrix} d\overline{u} & d\overline{v} \end{bmatrix} \boldsymbol{J}$$

所以有

$$\begin{aligned} \overline{\mathrm{I}}(\overline{u},\overline{v}) &= \begin{bmatrix} d\overline{u} & d\overline{v} \end{bmatrix} \begin{bmatrix} \overline{E} & \overline{F} \\ \overline{F} & \overline{G} \end{bmatrix} \begin{bmatrix} d\overline{u} \\ d\overline{v} \end{bmatrix} \\ &= \begin{bmatrix} d\overline{u} & d\overline{v} \end{bmatrix} \boldsymbol{J} \begin{bmatrix} E & F \\ F & G \end{bmatrix} \boldsymbol{J}^{\mathrm{T}} \begin{bmatrix} d\overline{u} \\ d\overline{v} \end{bmatrix} \\ &= \begin{bmatrix} du & dv \end{bmatrix} \begin{bmatrix} E & F \\ F & G \end{bmatrix} \begin{bmatrix} du \\ dv \end{bmatrix} = \mathrm{I}(u,v) \end{aligned}$$

曲面的第一基本形式除了与参数选取无关外，与曲面的刚体运动也无关。因为第一基本形式是由 $\boldsymbol{r}_u$、$\boldsymbol{r}_v$ 矢量表示出来的，而矢量与合同变换无关，因此可知曲面的第一基本形式在 E^3 的合同变换下不变。这是定理 3.2 表达的内容。

定理 3.2 曲面的第一基本形式在 E^3 的合同变换下不变，即：如果 S_1 是 E^3 的一张曲面，它的参数表示是 $\boldsymbol{r}_1(u, v)$，Γ 是 E^3 的一个合同变换，Γ 将曲面 S_1 变为曲面 S_2：$\boldsymbol{r}_2(u, v)=\Gamma(\boldsymbol{r}_1(u, v))$，则曲面 S_2 的第一基本形式 $\mathrm{I}_2(u, v)$ 与曲面 S_1 的第一基本形式 $\mathrm{I}_1(u, v)$ 相同。

另外要说明的是合同变换有两层含义，一层是指一张曲面无变形下 E^3 的刚体运动，另一层是指一张曲面合同变换为另一张曲面。这就是后面专门介绍的等距变换。

例 3.3 圆柱面 $\boldsymbol{r} = (R\cos\theta, R\sin\theta, t)$ 的第一基本形式是

$$\mathrm{I} = R d\theta^2 + dt^2$$

在直角坐标系里平面的第一基本形式为

$$\mathrm{I}_1 = dx^2 + dy^2$$

如果令 $x = R^2\theta$，$y = t$，则

$$dx = R d\theta, \quad dy = dt$$

代入平面的第一基本形式可得

$$\mathrm{I}_1 = R d\theta^2 + dt^2$$

由例 3.3 可以看出，不同的曲面可以具有相同的第一基本形式，即它们可以实现一个合同变换，平面与圆柱面之间便是如此。

3.3 曲面的内蕴性质

3.3.1 曲面上两方向的交角

已知曲面 $\boldsymbol{r}=\boldsymbol{r}(u,v)$ 上一点 (u_0,v_0) 的切方向可以表示为

$$\mathrm{d}\boldsymbol{r}=\boldsymbol{r}_u(u_0,v_0)\mathrm{d}u+\boldsymbol{r}_v(u_0,v_0)\mathrm{d}v \tag{3.27}$$

其中，$\boldsymbol{r}_u(u_0,v_0)$ 和 $\boldsymbol{r}_v(u_0,v_0)$ 是过点 (u_0,v_0) 的坐标曲线的切矢量。给定了曲面的参数式后 $\boldsymbol{r}_u$ 和 $\boldsymbol{r}_v$ 是已知的，因此给出一方向 $\mathrm{d}\boldsymbol{r}$ 就等于给出一对 $\mathrm{d}u:\mathrm{d}v$ 的值。因为方向和 $\mathrm{d}\boldsymbol{r}$ 的长度无关，所以给出 $\mathrm{d}u:\mathrm{d}v$ 同样能确定曲面上的一方向。以后用(d)、$\mathrm{d}\boldsymbol{r}$ 或 $\mathrm{d}u:\mathrm{d}v$ 表示曲面上的一个方向。

现给出曲面上两个方向$(\mathrm{d}u:\mathrm{d}v)$和$(\delta u:\delta v)$，矢量 $\mathrm{d}\boldsymbol{r}=\boldsymbol{r}_u\mathrm{d}u+\boldsymbol{r}_v\mathrm{d}v$ 和 $\delta\boldsymbol{r}=\boldsymbol{r}_u\delta u+\boldsymbol{r}_v\delta v$ 间的交角称为方向$(\mathrm{d}u:\mathrm{d}v)$和$(\delta u:\delta v)$间的夹角。由于

$$\mathrm{d}\boldsymbol{r}\cdot\delta\boldsymbol{r}=|\mathrm{d}\boldsymbol{r}||\delta\boldsymbol{r}|\cos\theta$$

所以

$$\cos\theta=\frac{\mathrm{d}\boldsymbol{r}\cdot\delta\boldsymbol{r}}{|\mathrm{d}\boldsymbol{r}||\delta\boldsymbol{r}|}$$

由于

$$\mathrm{d}\boldsymbol{r}=\boldsymbol{r}_u\mathrm{d}u+\boldsymbol{r}_v\mathrm{d}v,\quad \mathrm{d}\boldsymbol{r}^2=E\mathrm{d}u^2+2F\mathrm{d}u\mathrm{d}v+G\mathrm{d}v^2$$

$$\delta\boldsymbol{r}=\boldsymbol{r}_u\delta u+\boldsymbol{r}_v\delta v,\quad \delta\boldsymbol{r}^2=E\delta u^2+2F\delta u\delta v+G\delta v^2$$

$$\mathrm{d}\boldsymbol{r}\cdot\delta\boldsymbol{r}=(\boldsymbol{r}_u\mathrm{d}u+\boldsymbol{r}_v\mathrm{d}v)\cdot(\boldsymbol{r}_u\delta u+\boldsymbol{r}_v\delta v)=E\mathrm{d}u\delta u+F(\mathrm{d}u\delta v+\mathrm{d}v\delta u)+G\mathrm{d}v\delta v$$

由此得 $\cos\theta$的表达式为

$$\cos\theta=\frac{E\mathrm{d}u\delta u+F(\mathrm{d}u\delta v+\mathrm{d}v\delta u)+G\mathrm{d}v\delta v}{\sqrt{E\mathrm{d}u^2+2F\mathrm{d}u\mathrm{d}v+G\mathrm{d}v^2}\sqrt{E\delta u^2+2F\delta u\delta v+G\delta v^2}} \tag{3.28}$$

由式(3.28)可以推出曲面上两个方向$(\mathrm{d}u:\mathrm{d}v)$和$(\delta u:\delta v)$垂直的条件是

$$E\mathrm{d}u\delta u+F(\mathrm{d}u\delta v+\mathrm{d}v\delta u)+G\mathrm{d}v\delta v=0 \tag{3.29}$$

此外还可以求出坐标曲线 u-曲线(v=常数)和 v-曲线(u=常数)的交角ω 的表示式。因为 $\boldsymbol{r}_u$ 和 $\boldsymbol{r}_v$ 是坐标曲线的切矢量，所以 $\boldsymbol{r}_u$ 和 $\boldsymbol{r}_v$ 间的交角ω为

$$\cos\omega = \frac{\boldsymbol{r}_u}{|\boldsymbol{r}_u|} \cdot \frac{\boldsymbol{r}_v}{|\boldsymbol{r}_v|} = \frac{F}{\sqrt{EG}} \tag{3.30}$$

由此推出曲面的坐标网正交的充要条件是 $F=0$。

例 3.4 证明旋转面 $\boldsymbol{r} = (\varphi(t)\cos\theta, \varphi(t)\sin\theta, \psi(t))$ 的坐标网是正交的。

证明 由 $\boldsymbol{r} = (\varphi(t)\cos\theta, \varphi(t)\sin\theta, \psi(t))$ 可得出

$$\boldsymbol{r}_\theta = (-\varphi(t)\sin\theta, \varphi(t)\cos\theta, 0)$$

$$\boldsymbol{r}_t = (\varphi'(t)\cos\theta, \varphi'(t)\sin\theta, \psi'(t))$$

由此得到

$$F = \boldsymbol{r}_\theta \cdot \boldsymbol{r}_t = 0$$

即坐标网是正交的。

同样的方法可以证明前述的圆柱面、球面、正螺面上的坐标网是正交的。

3.3.2 正交曲线族与正交轨线

1. 正交曲线族

给出两族曲线，即

$$A\mathrm{d}u + B\mathrm{d}v = 0, \quad C\delta u + D\delta v = 0$$

如果它们正交，由式(3.29)可得

$$E + F\left(\frac{\mathrm{d}v}{\mathrm{d}u} + \frac{\delta v}{\delta u}\right) + G\frac{\mathrm{d}v}{\mathrm{d}u}\frac{\delta v}{\delta u} = 0 \tag{3.31a}$$

即

$$E - F\left(\frac{A}{B} + \frac{C}{D}\right) + G\frac{A}{B}\frac{C}{D} = 0 \tag{3.31b}$$

或

$$EBD - F(AD + BC) + GAC = 0$$

2. 正交轨线及其微分方程

另外，如果给出一族曲线，即

$$A\mathrm{d}u + B\mathrm{d}v = 0$$

则另一族和它正交的曲线称为这族曲线的正交轨线。

从式(3.31b)可以看出其正交轨线的微分方程是

$$E+F\left(-\frac{A}{B}+\frac{\delta v}{\delta u}\right)+G\left(-\frac{A}{B}\right)\frac{\delta v}{\delta u}=0 \tag{3.32a}$$

即

$$\frac{\delta v}{\delta u}=-\frac{BE-AF}{BF-AG} \tag{3.32b}$$

例如，球面的经线、纬线就是正交曲线族和正交轨线。

3.3.3　曲面域的面积

给出曲面 S: $\boldsymbol{r}=\boldsymbol{r}(u, v)$上一个区域 D。为求区域 D 的面积，首先把曲面域用坐标曲线剖分成完整的和不完整的曲边四边形(图 3.7)。u-曲线和 v-曲线越密，那些完整的曲边四边形就越接近于平行四边形，而那些不完整的曲边四边形在整个曲面域里所占面积的比例就越小，以至于可略去。

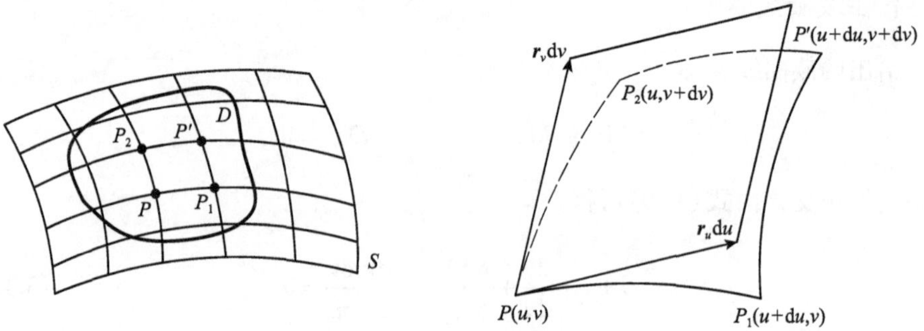

图 3.7　曲面四边形

取以点 $P(u, v)$、$P_1(u+\mathrm{d}u, v)$、$P'(u+\mathrm{d}u, v+\mathrm{d}v)$、$P_2(u, v+\mathrm{d}v)$为顶点的曲边四边形，把它近似地当成切平面上的一个平行四边形。这个平行四边形以切于坐标曲线的矢量 $\boldsymbol{r}_u\mathrm{d}u$、$\boldsymbol{r}_v\mathrm{d}v$ 为边(图 3.7)。它的面积近似等于

$$\mathrm{d}\sigma\approx|\boldsymbol{r}_u\mathrm{d}u\times\boldsymbol{r}_v\mathrm{d}v|=|\boldsymbol{r}_u\times\boldsymbol{r}_v|\,\mathrm{d}u\mathrm{d}v$$

因此，曲面域 D 的面积σ可由二重积分来表示，即

$$\sigma=\iint\limits_D \mathrm{d}\sigma=\iint\limits_G|\boldsymbol{r}_u\times\boldsymbol{r}_v|\,\mathrm{d}u\mathrm{d}v \tag{3.33a}$$

这里的 G 区域是曲面域 D 相对应的 (u, v) 切平面上的区域。由于

$$EG - F^2 = \boldsymbol{r}_u^2 \cdot \boldsymbol{r}_v^2 - (\boldsymbol{r}_u \cdot \boldsymbol{r}_v)^2 = (\boldsymbol{r}_u \times \boldsymbol{r}_v)^2 > 0$$

所以

$$\sigma = \iint_G \sqrt{EG - F^2}\,\mathrm{d}u\mathrm{d}v \tag{3.33b}$$

由以上分析可以看出，曲面上曲线的弧长、方向交角以及曲面域的面积都可以用第一基本量 E、F、G 来表示。仅由第一基本形式决定的几何性质称为曲面的内在性质或内蕴性。

3.4 曲面间的变换

讨论两个曲面间点与点的对应关系，即变换(或称映射)是实际工程问题的需要。例如绘制地图时，会遇到球面上的点与平面上的点的一一对应关系，就是球面到平面的变换。平面图形印制在各种曲面上，必须保持图形不变形，三维齿面旋转投影到平面等都属于曲面间变换的典型例子。

3.4.1 等距变换

给出两个曲面 S 和 S_1：$\boldsymbol{r} = \boldsymbol{r}(u, v)$，$\boldsymbol{r}_1 = \boldsymbol{r}_1(u_1, v_1)$，如果其对应点的参数之间存在如下一一对应关系：

$$u_1 = u_1(u, v), \quad v_1 = v_1(u, v)$$

其中，$u_1(u, v)$、$v_1(u, v)$ 函数连续，有连续的偏导数，并且函数行列式为

$$\frac{\partial(u_1, v_1)}{\partial(u, v)} = \begin{vmatrix} \dfrac{\partial u_1}{\partial u} & \dfrac{\partial v_1}{\partial u} \\ \dfrac{\partial u_1}{\partial v} & \dfrac{\partial v_1}{\partial v} \end{vmatrix} \neq 0$$

则 S 和 S_1 之间的一一对应关系称为 S 到 S_1 的变换。

因此，如果 S 和 S_1 之间有符合上述条件的对应关系，则在 $\boldsymbol{r}_1 = \boldsymbol{r}_1(u_1, v_1)$ 上就可以经过 $u_1 = u_1(u, v)$、$v_1 = v_1(u, v)$ 参数变换使

$$\boldsymbol{r}_1 = \boldsymbol{r}_1[u_1(u, v), v_1(u, v)] = \boldsymbol{r}_1(u, v)$$

即 S_1 也以 u、v 为参数。

这样，曲面 S 和 S_1 的对应点就有相同的参数。因而，在以下讨论变换时，若无特别声明，总假定对应点有相同的参数。

在取定相同的参数后，曲面 S 上的点 $P(u,v)$ 对应曲面 S_1 上的点 $P_1(u,v)$，即 $\boldsymbol{r}(u,v)$ 对应 $\boldsymbol{r}_1(u,v)$。曲面 S 上的曲线 $C\colon u=u(t), v=v(t)(t_0\leqslant t\leqslant t_1)$ 对应曲面 S_1 上的曲线 $C_1\colon u=u(t), v=v(t)(t_0\leqslant t\leqslant t_1)$，即 $\boldsymbol{r}\big(u(t),v(t)\big)$ 对应 $\boldsymbol{r}_1\big(u(t),v(t)\big)$，也就是说对应曲线有相同的方程。曲面的第一基本形式分别为

$$\mathrm{I}=E\mathrm{d}u^2+2F\mathrm{d}u\mathrm{d}v+G\mathrm{d}v^2$$

$$\mathrm{I}_1=E_1\mathrm{d}u^2+2F_1\mathrm{d}u\mathrm{d}v+G_1\mathrm{d}v^2$$

其系数

$$E=\boldsymbol{r}_u\cdot\boldsymbol{r}_u,\ F=\boldsymbol{r}_u\cdot\boldsymbol{r}_v,\ G=\boldsymbol{r}_v\cdot\boldsymbol{r}_v$$

$$E_1=\boldsymbol{r}_{1u}\cdot\boldsymbol{r}_{1u},\ F_1=\boldsymbol{r}_{1u}\cdot\boldsymbol{r}_{1v},\ G_1=\boldsymbol{r}_{1v}\cdot\boldsymbol{r}_{1v}$$

定义 3.1　曲面之间的一个变换，如果它保持曲面上任意曲线的长度不变，则这个变换称为等距变换(保长变换)。

由于曲面上曲线的长度由曲线的参数方程和曲面的第一基本形式确定，而上面所述对应的曲线又有相同的参数方程，所以如果对应曲面的第一基本形式相同：

$$\mathrm{I}=\mathrm{I}_1$$

即

$$E(u,v)=E_1(u,v),\quad F(u,v)=F_1(u,v),\quad G(u,v)=G_1(u,v)$$

则曲面 S 和 S_1 之间的变换就是等距变换。

定理 3.3　两个曲面之间的一个变换是等距的充要条件是经过适当选择参数后，它们具有相同的第一基本形式。

证明　充分性已证，以下证明必要性。

设曲面 S 与 S_1 之间的一个变换是等距的，且对应点取相同的参数，则 S 上的任意一条曲线 $\boldsymbol{r}\big(u(t),v(t)\big)$ 和 S_1 上的对应曲线 $\boldsymbol{r}_1\big(u(t),v(t)\big)$ 有相同的长度，即对于区间 $[t_0,t_1]$ 任意的 t 有

$$\int_{t_0}^{t_1}\sqrt{E\left(\frac{\mathrm{d}u}{\mathrm{d}t}\right)^2+2F\frac{\mathrm{d}u}{\mathrm{d}t}\frac{\mathrm{d}v}{\mathrm{d}t}+G\left(\frac{\mathrm{d}v}{\mathrm{d}t}\right)^2}\,\mathrm{d}t=\int_{t_0}^{t_1}\sqrt{E_1\left(\frac{\mathrm{d}u}{\mathrm{d}t}\right)^2+2F_1\frac{\mathrm{d}u}{\mathrm{d}t}\frac{\mathrm{d}v}{\mathrm{d}t}+G_1\left(\frac{\mathrm{d}v}{\mathrm{d}t}\right)^2}\,\mathrm{d}t$$

因此

$$E\mathrm{d}u^2 + 2F\mathrm{d}u\mathrm{d}v + G\mathrm{d}v^2 = E_1\mathrm{d}u^2 + 2F_1\mathrm{d}u\mathrm{d}v + G_1\mathrm{d}v^2$$

对曲面 S、S_1 上的任意对应曲线都成立。

由于在曲面上任意一点沿任意方向都有曲线，所以上述等式对任意点和任意方向 $(\mathrm{d}u:\mathrm{d}v)$ 是恒等式，于是

$$E = E_1, \quad F = F_1, \quad G = G_1$$

对应曲面上任意一对对应点，以上结论都成立。

由定理 3.3 可知，仅由第一基本形式所确定的曲面的性质(即内蕴性质)在等距变换下保持不变。因此，3.3 节中提到的曲面上曲线的弧长、交角、曲面域的面积都是等距不变量(保长不变量)。这些几何量仅用 E、F、G 就可以表示出来，称为曲面的内蕴量。

把等距变换的含义讲得更通俗一些，即曲面 S 和 S_1 尽管形状不同，但曲面 S 经过连续的无伸缩、无折皱、不撕破变形，可以与曲面 S_1 相贴合。反之，也如此。例如，把圆柱面展开成平面，反之也能将平面卷成圆柱面。

例 3.5 求正螺面 $\boldsymbol{r}_1 = (u\cos v, u\sin v, av)$ 与悬链面 $\boldsymbol{r}_2 = \left(a\cosh\dfrac{t}{a}\cos\theta,\ a\cosh\dfrac{t}{a}\sin\theta, t\right)$ 之间的一个等距变换(图 3.8)。

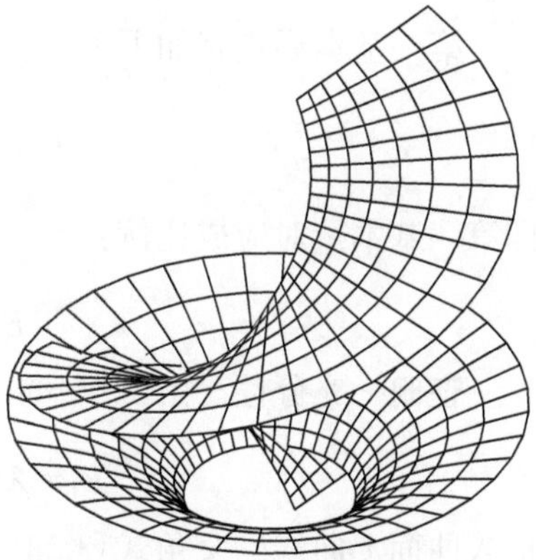

图 3.8 正螺面同悬链面的等距变换

解 正螺面 $\boldsymbol{r}_1$ 的第一基本形式是

$$\mathrm{I}_1 = \mathrm{d}u^2 + (u^2 + a^2)\mathrm{d}v^2$$

而悬链面 $\boldsymbol{r}_2$ 的第一基本形式是

$$\mathrm{I}_2 = \cosh^2\frac{t}{a}(\mathrm{d}t^2 + a^2\mathrm{d}\theta^2)$$

令 $u = a\sinh\dfrac{t}{a}, v = \theta$，则

$$u^2 + a^2 = a^2\cosh^2\frac{t}{a}$$

$$\mathrm{d}u = \cosh\frac{t}{a}\mathrm{d}t, \quad \mathrm{d}v = \mathrm{d}\theta$$

代入悬链面第一基本形式可得

$$\mathrm{I}_2 = \mathrm{d}u^2 + (u^2 + a^2)\mathrm{d}v^2$$

这与正螺面的第一基本形式相同。也就是说，已知上述参数之间的对应关系，可以得出悬链面和正螺面之间的一个等距变换，即悬链面和正螺面经连续变形可以相互贴合。

图 3.8 绘制了 $a=2, \theta=[0,2\pi)$, $t=[1,4)$ 时悬链面和正螺面的对应关系，从直观上可以看出，它们之间能够通过连续变形(即等距对应)实现相互贴合。

3.4.2 保角变换

定义 3.2 曲面之间的一个变换，如果使曲面上对应曲线的交角相等，则这个变换称为保角变换(保形变换)。

在下面的讨论中，仍假定两个曲面间有相同的参数。

定理 3.4 两个曲面之间的一个变换为保角变换的充要条件是它们的第一基本形式成比例。

也就是说，如果取相同参数，两个曲面的第一基本形式为

$$\mathrm{I}=E\mathrm{d}u^2+2F\mathrm{d}u\mathrm{d}v+G\mathrm{d}v^2$$

$$\mathrm{I}_1=E_1\mathrm{d}u^2+2F_1\mathrm{d}u\mathrm{d}v+G_1\mathrm{d}v^2$$

第一基本形式有如下关系：

$$\mathrm{I}_1=\lambda^2(u,v)I,\quad \lambda(u,v)\neq 0$$

即第一基本量对应成比例：

$$E_1:E=F_1:F=G_1:G$$

证明　充分性。由

$$E_1=\lambda^2E,\quad F_1=\lambda^2F,\quad G_1=\lambda^2G$$

代入曲面上曲线的交角式(3.28)，得知对应曲面上曲线间的交角相等。

必要性。由于保角变换，对于两曲线的正交性是保持不变的，所以由式(3.29)可得

$$E\mathrm{d}u\delta u+F(\mathrm{d}u\delta v+\mathrm{d}v\delta u)+G\mathrm{d}v\delta v=0$$

$$E_1\mathrm{d}u\delta u+F_1(\mathrm{d}u\delta v+\mathrm{d}v\delta u)+G_1\mathrm{d}v\delta v=0$$

以上两式消去 δu、δv，可得

$$\frac{E\mathrm{d}u+F\mathrm{d}v}{E_1\mathrm{d}u+F_1\mathrm{d}v}=\frac{F\mathrm{d}u+G\mathrm{d}v}{F_1\mathrm{d}u+G_1\mathrm{d}v}$$

由于 du 和 dv 的任意性，在 dv = 0 时可得

$$\frac{E}{E_1}=\frac{F}{F_1}$$

而在 du = 0 时可得

$$\frac{F}{F_1}=\frac{G}{G_1}$$

所以

$$E_1:E=F_1:F=G_1:G$$

显然，每一个等距变换都是保角变换，但保角变换一般不是等距变换。

例 3.6 证明球极投影是球面 S(除北极外)到 S_1 平面的一个保角变换(图 3.9)。

证明 如果取如图 3.9 所示的一个空间直角坐标系和参数 u、v，则对应点 P 和 P_1 的坐标，也就是球面和平面的参数表示分别为

$$S:\begin{cases}x=2R\sin u\cos u\cos v\\ y=2R\sin u\cos u\sin v\\ z=2R\sin^2 u\end{cases}$$

和

$$S_1:\begin{cases}x=2R\tan u\cos v\\ y=2R\tan u\sin v\\ z=0\end{cases}$$

其中，R 是球面的半径，于是它们的第一基本形式分别为

$$\mathrm{I}=4R^2(\mathrm{d}u^2+\sin^2 u\cos^2 u\mathrm{d}v^2)$$

和

$$\mathrm{I}_1=\frac{4R^2}{\cos^4 u}(\mathrm{d}u^2+\sin^2 u\cos^2 u\mathrm{d}v^2)$$

即在球极投影下，$\mathrm{I}/\mathrm{I}_1=\cos^4 u$，所以球极投影是球面到平面的一个保角变换。

从图 3.10 也可以直观地看出，纬线在平面上的球极投影是以坐标原点 O 为圆心的同心圆，而经线的投影是起点为圆心的射线，它们仍然相互垂直，夹角并没有变化。

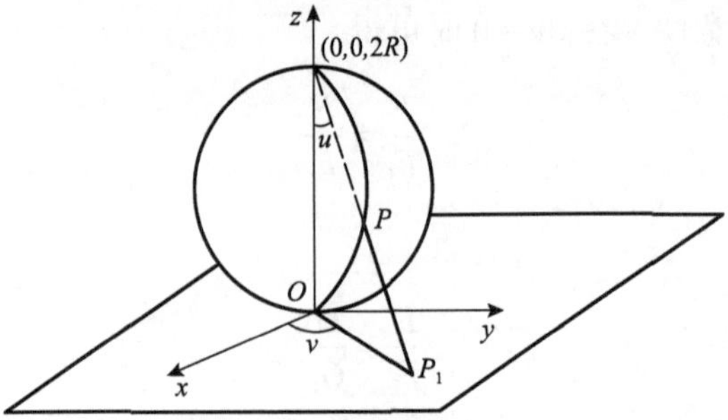

图 3.9　球极投影变换

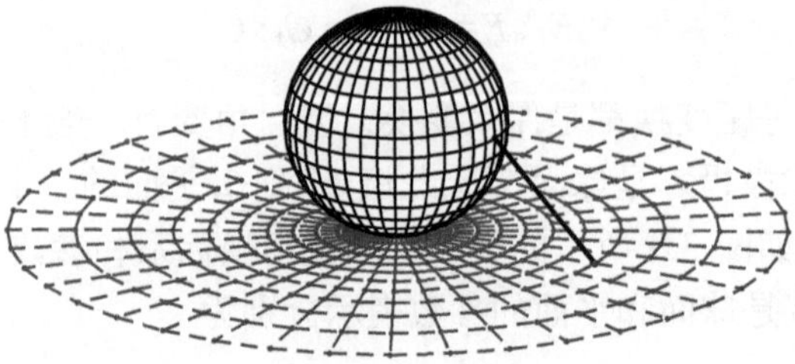

图 3.10　球极投影及其对应

3.5　曲面的第二基本形式

前面所研究的曲面内蕴性质只取决于曲面参数的一阶微分，曲面在空间中如何弯曲、挠曲，必须依赖于更高阶的微分形式分析。为了研究曲面在空间中的弯曲性，首先引进 $\mathrm{d}u$ 和 $\mathrm{d}v$ 的二次微分形式。

设 S^2 类曲面方程为 $\boldsymbol{r}=\boldsymbol{r}(u,v)$，即 $\boldsymbol{r}(u,v)$ 有连续的二阶导函数 $\boldsymbol{r}_{uu}$、$\boldsymbol{r}_{uv}$、$\boldsymbol{r}_{vv}$。在曲面 S 上取一点 $P(u,v)$，并设 π 为 P 点的切平面(图 3.11)。假设有一条过 P 点的曲线 C，其方程为 $\boldsymbol{r}=\boldsymbol{r}(u(s),v(s))$，其中 s 是自然参数。

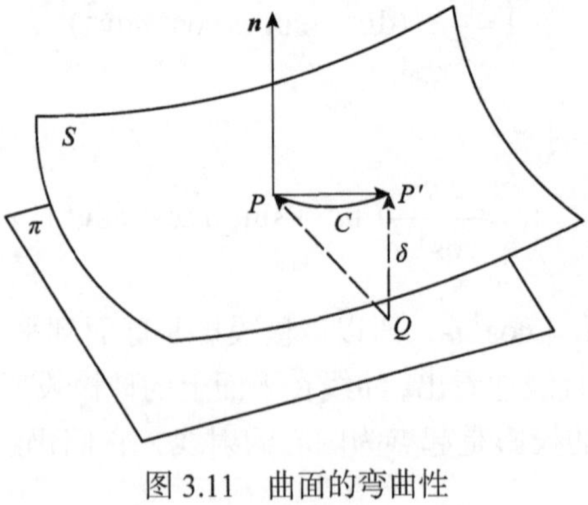

图 3.11　曲面的弯曲性

设 P'是曲线 C 上在 P 点邻近的一点，P 和 P'点的自然参数的值分别为 s 与 $s+\Delta s$，即 P 点的向径为 $\boldsymbol{r}(s)$，P'点的向径为 $\boldsymbol{r}(s+\Delta s)$。利用泰勒公式可得

$$\boldsymbol{PP'}=\boldsymbol{r}(s+\Delta s)-\boldsymbol{r}(s)=\dot{\boldsymbol{r}}\Delta s+\frac{1}{2}(\ddot{\boldsymbol{r}}+\boldsymbol{\varepsilon})(\Delta s)^2$$

其中，$\lim\limits_{\Delta s\to 0}\boldsymbol{\varepsilon}=0$。

设 $\boldsymbol{n}$ 为曲面在 P 点的单位法矢，由 P'作切平面π的垂线，垂足为 Q，δ为从平面π到曲面 S 的有向距离(图 3.11)，则$\boldsymbol{QP'}=\delta\cdot\boldsymbol{n}$。

由于

$$\boldsymbol{QP}\cdot\boldsymbol{n}=0,\quad \boldsymbol{n}\cdot\dot{\boldsymbol{r}}=0$$

所以

$$\delta=\boldsymbol{QP'}\cdot\boldsymbol{n}=(\boldsymbol{QP}+\boldsymbol{PP'})\cdot\boldsymbol{n}=\boldsymbol{PP'}\cdot\boldsymbol{n}=\frac{1}{2}(\boldsymbol{n}\cdot\ddot{\boldsymbol{r}}+\boldsymbol{n}\cdot\varepsilon)(\Delta s)^2$$

因此，当$\boldsymbol{n}\cdot\ddot{\boldsymbol{r}}\neq 0$时，无穷小邻域内距离$\delta$的主要部分是

$$\delta=\frac{1}{2}\boldsymbol{n}\cdot\ddot{\boldsymbol{r}}\mathrm{d}s^2$$

由于

$$\dot{\boldsymbol{r}}=\boldsymbol{r}_u\dot{u}+\boldsymbol{r}_v\dot{v}$$
$$\ddot{\boldsymbol{r}}=\boldsymbol{r}_{uu}\dot{u}^2+2\boldsymbol{r}_{uv}\dot{u}\dot{v}+\boldsymbol{r}_{vv}\dot{v}^2+\boldsymbol{r}_u\ddot{u}+\boldsymbol{r}_v\ddot{v}$$

又因为

$$\boldsymbol{n}\cdot\boldsymbol{r}_u=\boldsymbol{n}\cdot\boldsymbol{r}_v=0$$

所以

$$\boldsymbol{n}\cdot\ddot{\boldsymbol{r}}\mathrm{d}s^2=\boldsymbol{n}\cdot\boldsymbol{r}_{uu}\mathrm{d}u^2+2\boldsymbol{n}\cdot\boldsymbol{r}_{uv}\mathrm{d}u\mathrm{d}v+\boldsymbol{n}\cdot\boldsymbol{r}_{vv}\mathrm{d}v^2$$

引进符号

$$L=\boldsymbol{r}_{uu}\cdot\boldsymbol{n},\quad M=\boldsymbol{r}_{uv}\cdot\boldsymbol{n},\quad N=\boldsymbol{r}_{vv}\cdot\boldsymbol{n} \tag{3.34}$$

于是前式为

$$\mathrm{II}=\boldsymbol{n}\cdot\mathrm{d}^2\boldsymbol{r}=L\mathrm{d}u^2+2M\mathrm{d}u\mathrm{d}v+N\mathrm{d}v^2 \tag{3.35}$$

该式称为曲面的第二基本形式，它的系数 L、M、N 称为曲面的第二基本量。

根据上述讨论，可以看出第二基本形式近似地等于曲面与切平面的有向距离的两倍。因而它刻画了曲面离开切平面的弯曲程度，即刻画了曲面在空间中的弯曲性。另外，第二基本形式不一定是正定的，当曲面在给定点向 $\boldsymbol{n}$ 的正侧弯曲时为正，向 $\boldsymbol{n}$ 的反侧弯曲时为负。

现在把曲面的单位法矢

$$\boldsymbol{n}=\frac{\boldsymbol{r}_u\times\boldsymbol{r}_v}{|\boldsymbol{r}_u\times\boldsymbol{r}_v|}=\frac{\boldsymbol{r}_u\times\boldsymbol{r}_v}{\sqrt{EG-F^2}}$$

代入式(3.34)，得到

$$L=\boldsymbol{r}_{uu}\cdot\boldsymbol{n}=\frac{(\boldsymbol{r}_{uu},\boldsymbol{r}_u,\boldsymbol{r}_v)}{\sqrt{EG-F^2}}$$

$$M=\boldsymbol{r}_{uv}\cdot\boldsymbol{n}=\frac{(\boldsymbol{r}_{uv},\boldsymbol{r}_u,\boldsymbol{r}_v)}{\sqrt{EG-F^2}}$$

$$N=\boldsymbol{r}_{vv}\cdot\boldsymbol{n}=\frac{(\boldsymbol{r}_{vv},\boldsymbol{r}_u,\boldsymbol{r}_v)}{\sqrt{EG-F^2}}$$

第二基本量还可以用另外的形式来表示。

对关系式 $\boldsymbol{n}\cdot\mathrm{d}\boldsymbol{r}=0$ 进行微分，便得

$$\mathrm{d}\boldsymbol{n}\cdot\mathrm{d}\boldsymbol{r}+\boldsymbol{n}\cdot\mathrm{d}^2\boldsymbol{r}=0$$

由此得出

$$\mathrm{II}=\boldsymbol{n}\cdot\mathrm{d}^2\boldsymbol{r}=-\mathrm{d}\boldsymbol{n}\cdot\mathrm{d}\boldsymbol{r}$$

由于 $\boldsymbol{r}_u$、$\boldsymbol{r}_v$ 在切平面上，所以

$$\boldsymbol{r}_u\cdot\boldsymbol{n}=0,\quad \boldsymbol{r}_v\cdot\boldsymbol{n}=0$$

将上两式微分后得

$$\boldsymbol{r}_{uu}\cdot\boldsymbol{n}+\boldsymbol{r}_u\cdot\boldsymbol{n}_u=0,\quad \boldsymbol{r}_{vu}\cdot\boldsymbol{n}+\boldsymbol{r}_v\cdot\boldsymbol{n}_u=0$$

$$\boldsymbol{r}_{uv}\cdot\boldsymbol{n}+\boldsymbol{r}_u\cdot\boldsymbol{n}_v=0,\quad \boldsymbol{r}_{vv}\cdot\boldsymbol{n}+\boldsymbol{r}_v\cdot\boldsymbol{n}_v=0$$

与式(3.34)比较，可以得到

$$L=\boldsymbol{r}_{uu}\cdot\boldsymbol{n}=-\boldsymbol{r}_u\cdot\boldsymbol{n}_u$$

$$M = \boldsymbol{r}_{uv} \cdot \boldsymbol{n} = -\boldsymbol{r}_u \cdot \boldsymbol{n}_v = -\boldsymbol{r}_v \cdot \boldsymbol{n}_u$$

$$N = \boldsymbol{r}_{vv} \cdot \boldsymbol{n} = -\boldsymbol{r}_v \cdot \boldsymbol{n}_v$$

上式的好处在于避免了对矢量函数连续求二阶导数，在计算上会更加便利一些，便于数值方法的计算。

对于曲面的特殊参数表示 $z = z(x, y)$，有

$$\boldsymbol{r} = (x, y, z(x, y))$$

$$\boldsymbol{r}_x = (1, 0, p),\ \boldsymbol{r}_y = (0, 1, q),\ \boldsymbol{r}_{xx} = (0, 0, r)$$

$$\boldsymbol{r}_{xy} = (0, 0, s),\ \boldsymbol{r}_{yy} = (0, 0, t)$$

其中

$$p = \frac{\partial z}{\partial x},\ q = \frac{\partial z}{\partial y},\ r = \frac{\partial^2 z}{\partial x^2},\ s = \frac{\partial^2 z}{\partial x \partial y},\ t = \frac{\partial^2 z}{\partial y^2}$$

第一基本量为

$$E = \boldsymbol{r}_x \cdot \boldsymbol{r}_x = 1 + p^2,\ F = \boldsymbol{r}_x \cdot \boldsymbol{r}_y = pq,\ G = \boldsymbol{r}_y \cdot \boldsymbol{r}_y = 1 + q^2$$

第一基本形式为

$$\mathrm{I} = (1 + p^2)\mathrm{d}x^2 + 2pq\mathrm{d}x\mathrm{d}y + (1 + q^2)\mathrm{d}y^2$$

由于

$$\boldsymbol{n} = \frac{\boldsymbol{r}_x \times \boldsymbol{r}_y}{\sqrt{EG - F^2}} = \frac{(-p, -q, 1)}{\sqrt{1 + p^2 + q^2}}$$

得出第二基本量为

$$L = \boldsymbol{r}_{xx} \cdot \boldsymbol{n} = \frac{r}{\sqrt{1 + p^2 + q^2}}$$

$$M = \boldsymbol{r}_{xy} \cdot \boldsymbol{n} = \frac{s}{\sqrt{1 + p^2 + q^2}}$$

$$N = \boldsymbol{r}_{yy} \cdot \boldsymbol{n} = \frac{t}{\sqrt{1 + p^2 + q^2}}$$

第二基本形式为

$$\mathrm{II}=\frac{r}{\sqrt{1+p^2+q^2}}\mathrm{d}x^2+2\frac{s}{\sqrt{1+p^2+q^2}}\mathrm{d}x\mathrm{d}y+\frac{t}{\sqrt{1+p^2+q^2}}\mathrm{d}y^2 \tag{3.36}$$

曲面的第二基本形式 $\mathrm{II}=L\mathrm{d}u^2+2M\mathrm{d}u\mathrm{d}v+N\mathrm{d}v^2$ 是一个关于 $(\mathrm{d}u,\ \mathrm{d}v)$ 的二次型，由二次型理论来看，它可分为三种情形：① $LN-M^2>0$，II 为正定或负定的；② $LN-M^2<0$，II 是不定的；③ $LN-M^2=0$，II 是退化的。这三种情形反映了曲面在邻近点的不同形状，分别对应椭圆抛物面、双曲抛物面、抛物柱面。这些详细的分析见 3.9 节。

最后讨论第二基本形式与曲面参数选取以及 E^3 的合同变换的关系。

性质 3.1　设 $\boldsymbol{r}(u,\ v)$ 和 $\boldsymbol{r}(\bar{u},\bar{v})$ 是曲面的两个不同参数表示，当 $(u,\ v)$ 和 $(\bar{u},\bar{v})$ 是同向参数变换时，第二基本形式不变，即 $\mathrm{II}(u,\ v)=\mathrm{II}(\bar{u},\bar{v})$；当 $(u,\ v)$ 和 $(\bar{u},\bar{v})$ 是反向参数变换时，第二基本形式改变符号，即 $\mathrm{II}(u,v)=-\mathrm{II}(\bar{u},\bar{v})$。

性质 3.2　设 S_1 是 E^3 的一张曲面，参数表示 $\boldsymbol{r}_1(u,v)$，Γ 是 E^3 的一个合同变换，Γ 将曲面 S_1 变为曲面 S_2：$\boldsymbol{r}_2(u,\ v)=\Gamma(\boldsymbol{r}_1(u,\ v))$，则曲面 S_2 的第二基本形式 $\mathrm{II}_2(u,\ v)$ 与曲面 S_1 的第二基本形式 $\mathrm{II}_1(u,v)$ 有如下关系：当 Γ 为刚体运动时，$\mathrm{II}_2(u,v)=\mathrm{II}_1(u,v)$；当 Γ 为反向刚体运动时，$\mathrm{II}_2(u,v)=-\mathrm{II}_1(u,v)$。

上述两个性质的证明并不难，只要对第二基本形式中包含的变量或矢量做相应的变换即可得证。

例 3.7　求平面 $\boldsymbol{r}(u,v)=(u,v,c)$，$c$ 是常数，以及柱面 $\boldsymbol{r}(u,v)=(x(u),y(u),v)$（$u$ 为弧长参数）的第二基本形式。

解　对平面 $\boldsymbol{r}=(u,v,c)$，有 $\boldsymbol{r}_u=(1,0,0)$，$\boldsymbol{r}_v=(0,1,0)$，$\boldsymbol{n}=(0,0,1)$，所以平面的第二基本形式为

$$\mathrm{II}=-\mathrm{d}\boldsymbol{n}\cdot\mathrm{d}\boldsymbol{r}=0$$

对于柱面 $\boldsymbol{r}=(x(u),y(u),v)$，$\boldsymbol{r}_u=(x',y',0)$，$\boldsymbol{r}_v=(0,0,1)$，因为 u 为弧长参数，有 $x_u^2+y_u^2=1$，直接计算如下：

$$\boldsymbol{r}_{uu}=(x_{uu},y_{uu},0),\quad \boldsymbol{r}_{uv}=(0,0,0)$$

$$\boldsymbol{r}_{vv}=(0,0,0),\quad \boldsymbol{n}=(y_u,-x_u,0)$$

设 k 是 u-曲线 $(x(u),y(u))$ 的曲率，即 $k=-x_{uu}y_u+x_uy_{uu}$，$L=\boldsymbol{r}_{uu}\cdot\boldsymbol{n}=-k$，$M=N=0$，则柱面的第二基本形式为

$$\mathrm{II}=-k\mathrm{d}u\mathrm{d}u$$

由上例可以看出第二基本形式确实反映了曲面在空间的弯曲程度。

3.6　曲面的法曲率

由以上论述可知曲面在已知点邻近的弯曲性可由曲面离开它的切平面的快慢来衡量，但是曲面在不同的方向弯曲的程度不同。因此，欲准确刻画曲面在已知点邻近的弯曲程度，就需要对曲面上不同方向的曲率进行研究。

3.6.1　法曲率

给出 S^2 类曲面 S：$\boldsymbol{r}=\boldsymbol{r}(u,v)$，过曲面 S 上点 $\boldsymbol{P}(u,v)$ 的任意一曲线 C 为

$$\boldsymbol{r}(s)=\boldsymbol{r}\big(u(s),v(s)\big)$$

其中，s 是自然参数。

仍用第 2 章的符号 $\boldsymbol{\alpha}$ 和 $\boldsymbol{\beta}$ 分别表示曲线 C 的切矢和主法矢。根据弗雷内公式(2.27)，有

$$\ddot{\boldsymbol{r}}(s)=\dot{\boldsymbol{\alpha}}=k\boldsymbol{\beta}$$

其中，k 是曲线 C 在 P 点的曲率。

若曲线 C 的主法矢 $\boldsymbol{\beta}$ 和曲面法矢 $\boldsymbol{n}$ 的夹角为 θ(图 3.12)，则矢量 $\ddot{\boldsymbol{r}}(s)$ 在曲面法方向 $\boldsymbol{n}$ 上的分量为

$$\ddot{\boldsymbol{r}}\cdot\boldsymbol{n}=k\boldsymbol{\beta}\cdot\boldsymbol{n}=k\cos\theta$$

另外，由于

$$\boldsymbol{n}\cdot\ddot{\boldsymbol{r}}=\boldsymbol{n}\cdot\frac{\mathrm{d}^2\boldsymbol{r}}{\mathrm{d}s^2}=\frac{\boldsymbol{n}\cdot\mathrm{d}^2\boldsymbol{r}}{\mathrm{d}s^2}=\frac{\mathrm{II}}{\mathrm{I}}$$

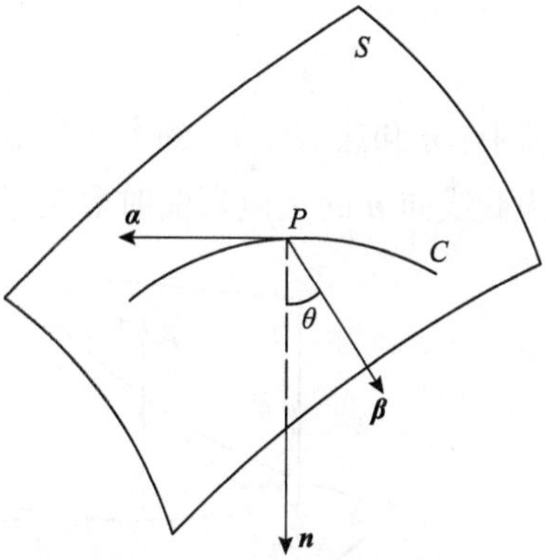

图 3.12　曲面上曲线的曲率

因此

$$k\cos\theta=\frac{\mathrm{II}}{\mathrm{I}}=\frac{L\mathrm{d}u^2+2M\mathrm{d}u\mathrm{d}v+N\mathrm{d}v^2}{E\mathrm{d}u^2+2F\mathrm{d}u\mathrm{d}v+G\mathrm{d}v^2}\tag{3.37}$$

该式为曲面上曲线曲率的基本公式。上式右端取决于第一、第二基本量和 $\mathrm{d}u:\mathrm{d}v$。由于 E、F、G、L、M、N 都是参数 (u,v) 的函数，它们在曲面上一个给定点 P 处都具有确定的值。$\mathrm{d}u:\mathrm{d}v$ 是曲线在该点的切方向，所以对曲面上一个给定点 P 及在该点的切方向，上式右端都有确定的值。

若在曲面上一个给定点处存在相切的两条曲线，且在该点它们的主法线有相同的方向，则它们的角度θ相同，其k值也相同。如果在曲面上的任何曲线C上一点P，作曲线C在P点的切线与主法线的平面(即密切平面)，得到曲线C密切平面与曲面的截线。这条平面曲线与曲线C具有相同的切线与主法线，所以曲率也相同。这样，对于曲面曲线的曲率研究可以转化为对于该曲面上一条平面截线的曲率的讨论。根据上述分析，引入曲面上一种特殊的平面截线——法截线。

给出曲面S上一点P和P点处一方向$(\mathrm{d})=\mathrm{d}u:\mathrm{d}v$，设$\boldsymbol{n}$为曲面在$P$点的法方向，于是(d)和$\boldsymbol{n}$所确定的平面称为曲面在$P$点沿方向(d)的法截面，该法截面和曲面$S$的交线称为曲面在$P$点沿方向(d)的法截线。

设方向$(\mathrm{d})=\mathrm{d}u:\mathrm{d}v$所确定的法截线$C_0$在$P$点的曲率为$k_0$。对于法截线$C_0$，主法矢$\boldsymbol{\beta}_0=\pm\boldsymbol{n}$，$\theta_0=0$或$\pi$，所以由式(3.37)可知它的曲率$k_0\geqslant 0$，为

$$\pm k_0=\frac{\mathrm{II}}{\mathrm{I}}$$

即

$$k_0=\pm\frac{\mathrm{II}}{\mathrm{I}} \tag{3.38}$$

其中，$\boldsymbol{n}$和法截线C_0的主法矢$\boldsymbol{\beta}_0$的方向相同时取正号，反之取负号(图3.13)。即法截线向$\boldsymbol{n}$的正侧弯曲时取正号；反之，向$\boldsymbol{n}$的反侧弯曲时取负号。

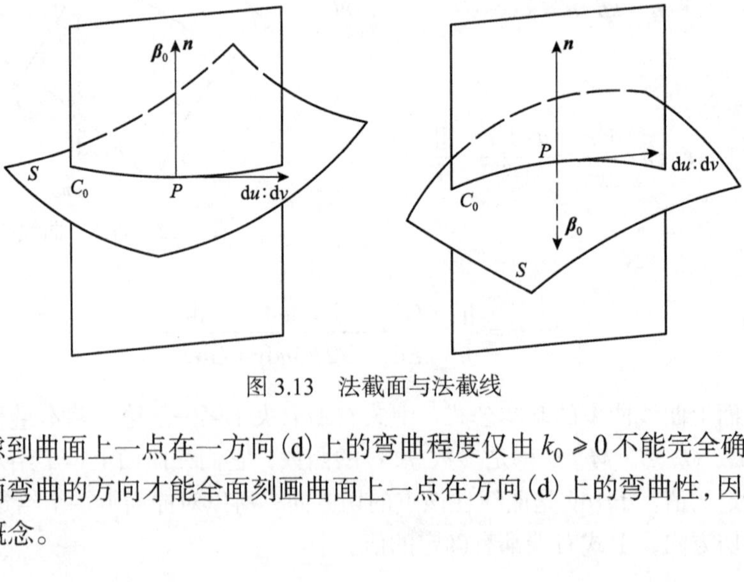

图 3.13 法截面与法截线

考虑到曲面上一点在一方向(d)上的弯曲程度仅由$k_0\geqslant 0$不能完全确定，还要考虑曲面弯曲的方向才能全面刻画曲面上一点在方向(d)上的弯曲性，因此引入法曲率的概念。

定义 3.3　曲面在给定点沿某一方向的法曲率 k_n 为

$$k_n=\begin{cases}+k_0, & \text{法截线向 } \boldsymbol{n} \text{ 的正侧弯曲}\\ -k_0, & \text{法截线向 } \boldsymbol{n} \text{ 的反侧弯曲}\end{cases}$$

由式(3.38)可得

$$k_n=\frac{\mathrm{II}}{\mathrm{I}} \tag{3.39}$$

3.6.2　梅尼埃定理

设曲面上的若干条曲线 C 和法截线 C_0 切于点 P，即它们有相同的切方向 $\boldsymbol{T}(\alpha)$，如图 3.14 所示。由式(3.37)和式(3.39)可知，任意曲线的曲率为

$$k=\frac{k_n}{\cos\theta} \tag{3.40a}$$

根据该关系式，所有关于曲面曲线的曲率都可以转化为法曲率来讨论。换言之，过 P 点在某一切方向上相切的曲线有很多条。但在该切方向上的法截线只有一条(C_0)，这些曲线的曲率都可以由法截线的曲率来表示。

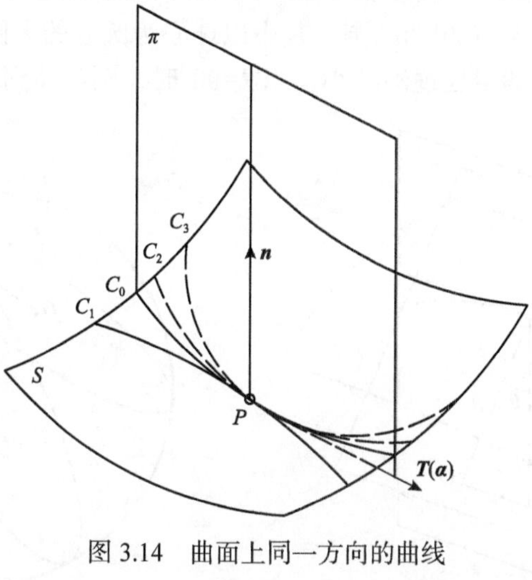

图 3.14　曲面上同一方向的曲线

若设 $R=1/k$，$R_n=1/k_n$，R 称为曲线 C 的曲率半径，R_n 称为曲线 C_0 的曲率半径，也称为法曲率半径。那么，式(3.40a)又可写成

$$R=R_n\cos\theta \tag{3.40b}$$

这个公式的几何意义可以叙述如下。

定理 3.5(梅尼埃(Meusnier)定理)　曲面曲线 C 在给定点 P 的曲率中心 O 就是该方向法截线 C_0 的曲率中心 O_0 在曲线 C 的密切平面上的投影。

如图 3.15 所示，O_0 在法截面内，O 在密切平面内，O_0 在密切平面上的投影即为 O。由梅尼埃定理可知，在给定曲面给定点给定切方向，所有曲线中法截线的曲率最小。

以球面(图 3.16)为例对梅尼埃定理进行进一步分析。球面的切平面垂直于过切点的半径，这个半径所在的直线就是球面的法线，所以球面的所有法线过它的球心。因此，在球面的每一点处所取的法截面必过球心。由此推出所有法截线 C_0 是球面的大圆，并且任意法截线 C 的曲率中心 O_0 就是这个球的球心。另外，若取球面的任意平面截线——曲线 C，则所得到的是小圆，因此 C 的曲率中心是这个小圆的圆心 O。现在如果从 C_0 的曲率中心 O_0(也就是球心)作小圆 C 所在平面的垂线，则垂足是圆 C 的圆心，也就是曲线 C 的曲率中心 O。

从上述分析可以看出，对于曲面上给定点 P 和某一个切方向可以引出无数条相切的曲线(图 3.14)。这些曲线中任意一条曲线的曲率都可以利用该曲线的密切平面与给定方向法截面的夹角 $\cos\theta$ 和法曲率 k_n 计算出来。显然这些曲线中法截线的曲率最小，因为$\theta=0$；而当$\theta=90°$时，密切平面与曲面的切平面重合，曲线的曲率半径为零，曲线收缩为一点。图 3.16 所示的球面能够直观地说明上述问题。过球极一点可以引出无数个相切的圆，其中以球心为圆心的大圆($\theta=0$)直径最大，逐渐增大θ角，截圆的半径逐渐减小，当$\theta=90°$时，圆收缩到球极点。

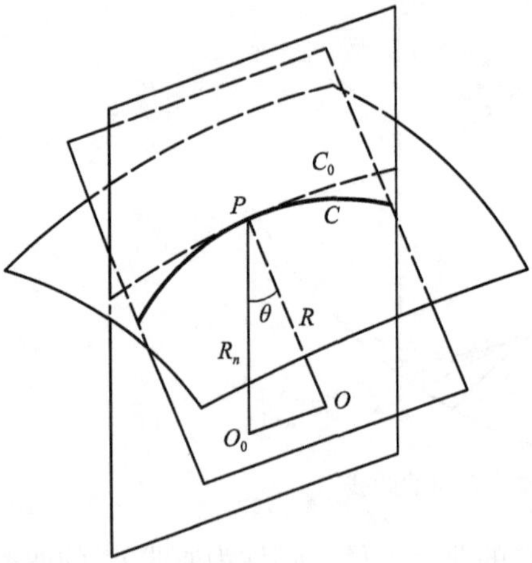

图 3.15　梅尼埃定理

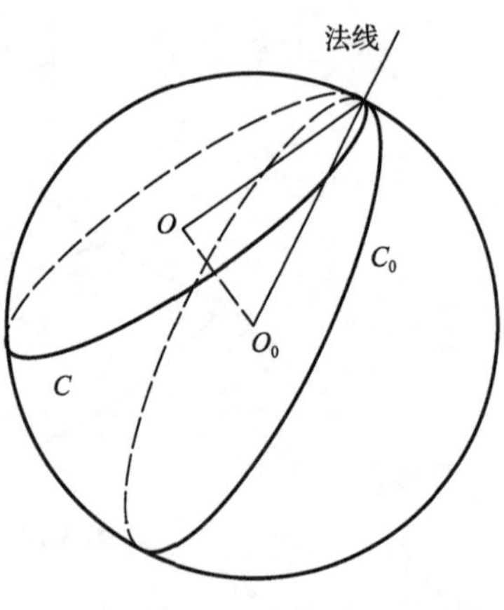

图 3.16　球面的截圆

例 3.8　求二次曲面 $z=\frac{1}{2}(ax^2+by^2)$ 的法曲率。

解 把二次曲面方程表示成$\boldsymbol{r}(x,y)=\left(x,y,\frac{1}{2}(ax^2+by^2)\right)$，曲面坐标的切矢量为

$$\boldsymbol{r}_x=(1,0,ax),\quad \boldsymbol{r}_y=(0,1,by)$$

因此曲面的第一基本形式为

$$\mathrm{I}=(1+a^2x^2)\mathrm{d}x^2+2abxy\mathrm{d}x\mathrm{d}y+(1+b^2y^2)\mathrm{d}y^2$$

曲面的单位法矢为

$$\boldsymbol{n}(x,y)=\frac{\boldsymbol{r}_x\times\boldsymbol{r}_y}{|\boldsymbol{r}_x\times\boldsymbol{r}_y|}=\frac{(-ax,-by,1)}{\sqrt{1+a^2x^2+b^2y^2}}$$

又因为

$$\boldsymbol{r}_{xx}=(0,0,a),\quad \boldsymbol{r}_{xy}=(0,0,0),\quad \boldsymbol{r}_{yy}=(0,0,b)$$

所以曲面第二基本形式为

$$\mathrm{II}=\frac{a\mathrm{d}x^2+b\mathrm{d}y^2}{\sqrt{1+a^2x^2+b^2y^2}}$$

作曲面在任意点任意方向的单位切矢量$\boldsymbol{t}=\lambda\boldsymbol{r}_x+\mu\boldsymbol{r}_y=(\lambda,\mu,a\lambda x+b\mu y)$，则该方向的法曲率为

$$k_n(\boldsymbol{t})=\frac{a\lambda^2+b\mu^2}{\sqrt{1+a^2x^2+b^2y^2}}$$

从上式可以看出，二次曲面法曲率的符号与$(a\lambda^2+b\mu^2)$的符号相同。

(1) 当$ab>0$时，k_n始终为正或负，曲面向一侧弯曲，为椭圆抛物面。

(2) 当$ab<0$时，$k_n=0$有两个线性无关的解，这两个方向就是3.7节要介绍的渐近方向，其他方向为正或负，曲面是双曲抛物面。

(3) 当$ab=0$(a、b不全为零)时，$k_n=0$有一个解，曲面是抛物柱面。

3.7 迪潘指标线与共轭方向

3.7.1 迪潘指标线

通过曲面上一点P可以作无数条法截线，接下来研究这些法截线的法曲率之

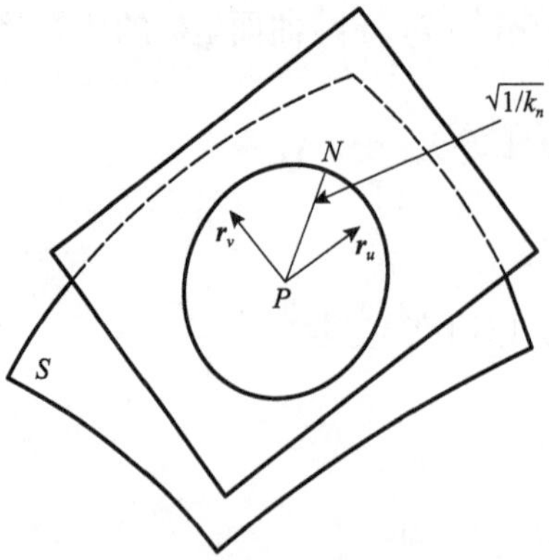

图 3.17　迪潘指标线

间的关系。为此取 P 点为原点，曲面 S 的坐标曲线在 P 点的切矢量 $\boldsymbol{r}_u$ 和 $\boldsymbol{r}_v$ 为基矢量，则它们构成曲面 S 在 P 点切平面上的坐标系。给出曲面 S 在 P 点的一个切方向 $(\mathrm{d})=\mathrm{d}u:\mathrm{d}v$，设 k_n 是对应于方向 (d) 的法曲率，$|1/k_n|$ 为法曲率半径的绝对值。过 P 点沿方向 (d)（即 $\mathrm{d}\boldsymbol{r}=\boldsymbol{r}_u\mathrm{d}u+\boldsymbol{r}_v\mathrm{d}v$）画一线段 PN，使其长度等于 $\sqrt{1/|k_n|}$。对于切平面上的所有方向，用同样的方法作线段 PN，则 N 点的轨迹称为曲面在 P 点的迪潘 (Dupin) 指标线（图 3.17）。

设 N 点的坐标为 (x, y)，则

$$x\boldsymbol{r}_u + y\boldsymbol{r}_v = \sqrt{\frac{1}{|k_n|}}\frac{\mathrm{d}\boldsymbol{r}}{|\mathrm{d}\boldsymbol{r}|} = \frac{\boldsymbol{r}_u\mathrm{d}u+\boldsymbol{r}_v\mathrm{d}v}{\sqrt{|k_n|}\,|\boldsymbol{r}_u\mathrm{d}u+\boldsymbol{r}_v\mathrm{d}v|}$$

将上式两端平方，同时利用 $k_n=\dfrac{\mathrm{II}}{\mathrm{I}}$ 可得

$$Ex^2+2Fxy+Gy^2=\frac{E\mathrm{d}u^2+2F\mathrm{d}u\mathrm{d}v+G\mathrm{d}v^2}{|L\mathrm{d}u^2+2M\mathrm{d}u\mathrm{d}v+N\mathrm{d}v^2|}$$

由于 $\mathrm{d}u:\mathrm{d}v=x:y$，上式可化为

$$Ex^2+2Fxy+Gy^2=\frac{Ex^2+2Fxy+Gy^2}{|Lx^2+2Mxy+Ny^2|}$$

因此可得

$$|Lx^2+2Mxy+Ny^2|=1$$

即

$$Lx^2+2Mxy+Ny^2=\pm1 \tag{3.41}$$

这就是迪潘指标线的方程。

式 (3.41) 中的系数 L、M、N 与曲面上的方向无关，它们对于曲面上的已知点为常数，并且式中不含 x、y 的一次项，所以上述方程表示以 P 为中心的有心二次

曲线。

这样，曲面上的点可以由它的迪潘指标线进行如下分类。

(1) 如果 $LN-M^2>0$，迪潘指标线是一椭圆，则 P 点为椭圆点。

(2) 如果 $LN-M^2<0$，迪潘指标线是一对共轭双曲线，则 P 点为双曲点。

(3) 如果 $LN-M^2=0$，迪潘指标线是一对平行直线，则 P 点为抛物点。

(4) 如果 $L=M=N=0$，则 P 点为平点(平面上的点都是平点)，迪潘指标线不存在。

3.7.2 曲面的渐近方向与共轭方向

1. 曲面的渐近方向

如果 P 点是双曲点，则它的迪潘指标线有一对渐近线，沿渐近线的方向 $(\mathrm{d})=\mathrm{d}u:\mathrm{d}v$ 称为曲面在 P 点的渐近方向。由解析几何中二次曲线的理论可知，这两个渐近方向满足方程 $L_0\mathrm{d}u^2+2M_0\mathrm{d}u\mathrm{d}v+N_0\mathrm{d}v^2=0$，为了避免混淆，在上式中用 L_0、M_0、N_0 分别表示 L、M、N 在 P 点的值。

由法曲率的公式 $k_n=\mathrm{II}/\mathrm{I}$ 也可以得到渐近方向的等价定义，即曲面上的一点 P 处使 $k_n=0$ 的方向称为曲面在 P 点的渐近方向。

如图 3.18 所示的双曲面是由与轴线交叉的异面直线 C_1 旋转得到的，C_1 直线族不仅与纬线圆构成了曲纹坐标网，也是双曲面的一个渐近方向，与之对称，存在另一个渐近方向 C_2。C_1 与 C_2 称为渐近线。

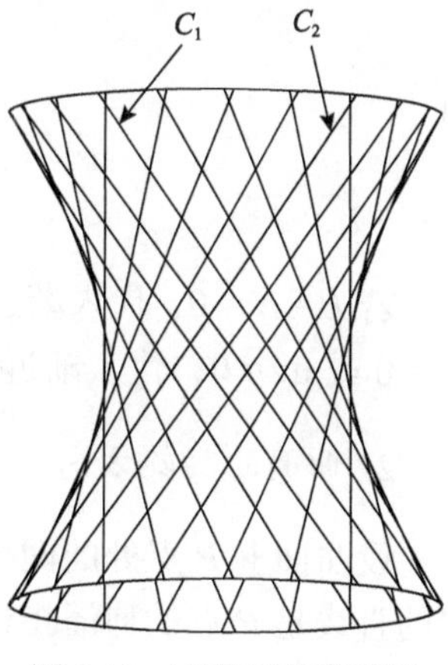

图 3.18 双曲面的渐近线

如果曲面上的曲线上面每一点的切方向都是渐近方向，则称曲线为渐近曲线。渐近曲线的微分方程是

$$L\mathrm{d}u^2+2M\mathrm{d}u\mathrm{d}v+N\mathrm{d}v^2=0$$

命题 3.1 如果曲面上有直线，则它一定是曲面的渐近曲线。

证明 因为直线的曲率 $k=0$，所以沿直线方向的法曲率 $k_n=k\cos\theta$，即

$$L\mathrm{d}u^2+2M\mathrm{d}u\mathrm{d}v+N\mathrm{d}v^2=0$$

因而直线是曲面的渐近曲线。如图 3.18 所示的直线 C_1、C_2 就是双曲点的渐近线。

命题 3.2 曲面在渐近曲线上一点处的切平面一定是渐近曲线的密切平面。

证明 沿渐近曲线 $k_n=0$，由 $k_n=k\cos\theta=0$ 得到 $k=0$ 或 $\cos\theta=0$。

当 $k=0$ 时，渐近曲线是直线，这时曲面的切平面通过它，因此切平面又是密切平面。

当 $k\neq 0, \cos\theta=0$ 时，曲面的法矢垂直于渐近曲线的主法矢，因此曲面的切平面除通过渐近曲线的切线外还通过渐近曲线的主法矢，所以它又是渐近曲线的密切平面。

如果曲面上的点都是双曲点，则曲面上存在两族渐近曲线，这两族渐近曲线称为曲面上的渐近网(图 3.18)。

命题 3.3　曲面的曲纹坐标网为渐近网的充分必要条件是

$$L=N=0$$

证明　渐近网的方程是

$$L\mathrm{d}u^2+2M\mathrm{d}u\mathrm{d}v+N\mathrm{d}v^2=0$$

曲纹坐标网的方程是

$$\mathrm{d}u\mathrm{d}v=0$$

即

$$\mathrm{d}u=0 \text{ 或 } \mathrm{d}v=0$$

若 $L=N=0$，代入渐近网方程可得 $M\mathrm{d}u\mathrm{d}v=0$，即 $\mathrm{d}u=0$ 或 $\mathrm{d}v=0$；反之，若 $\mathrm{d}u=0$ 或 $\mathrm{d}v=0$，代入渐近网方程可知 $L=N=0$。

2. 曲面的共轭方向

设曲面上 P 点处的两个方向：$(\mathrm{d})=\mathrm{d}u:\mathrm{d}v$ 和 $(\delta)=\delta u:\delta v$，如果包含这两个方向的直线是 P 点的迪潘指标线的共轭直径，则方向(d)和(δ)称为曲面的共轭方向。

设共轭方向(d)和(δ)上的两直线方程分别为 $y=kx$ 和 $y=k'x$，则有

$$k=\frac{y}{x}=\frac{\mathrm{d}v}{\mathrm{d}u},\quad k'=\frac{y}{x}=\frac{\delta v}{\delta u}$$

由解析几何学可知 k 和 k' 应满足共轭条件：

$$L_0+M_0(k+k')+N_0kk'=0$$

因此，方向(d)和(δ)共轭的充分必要条件是

$$L_0\mathrm{d}u\delta u+M_0(\mathrm{d}u\delta v+\mathrm{d}v\delta u)+N_0\mathrm{d}v\delta v=0 \tag{3.42}$$

由于

$$-\mathrm{d}\boldsymbol{r}\cdot\delta\boldsymbol{r}=-(\boldsymbol{n}_u\mathrm{d}u+\boldsymbol{n}_v\mathrm{d}v)\cdot(\boldsymbol{r}_u\delta u+\boldsymbol{r}_v\delta v)=L_0\mathrm{d}u\delta u+M_0(\mathrm{d}u\delta v+\mathrm{d}v\delta u)+N_0\mathrm{d}v\delta v=0$$

所以方向(d)和(δ)共轭的条件也可表示为

$$\mathrm{d}\boldsymbol{n}\cdot\delta\boldsymbol{r}=0 \text{ 或 } \delta\boldsymbol{n}\cdot\mathrm{d}\boldsymbol{r}=0$$

当(d)=(δ)时，式(3.42)变成渐近方向的方程，因此渐近方向是自共轭方向。

给出曲面上的两族曲线，如果过曲面上每一点，此两族曲线中两条曲线的切方向都是共轭方向，则这两族曲线称为曲面上的共轭网。

设共轭网的每一族曲线的方向分别为(d)和(δ)，则这两个方向应满足

$$L\mathrm{d}u\delta u+M(\mathrm{d}u\delta v+\mathrm{d}v\delta u)+N\mathrm{d}v\delta v=0 \tag{3.43}$$

给出一族曲线的微分方程：

$$A\mathrm{d}u+B\mathrm{d}v=0 \tag{3.44}$$

要找到与其共轭的曲线族的微分方程，则需从式(3.43)和式(3.44)中消去 $\mathrm{d}u:\mathrm{d}v$，可得

$$\begin{vmatrix} L\delta u+M\delta v & M\delta u+N\delta v \\ A & B \end{vmatrix}=0$$

所以曲线族(3.44)的共轭曲线族的方程是

$$(BL-AM)\delta u+(BM-AN)\delta v=0$$

特别地，取式(3.44)为坐标曲线(u-曲线) $\mathrm{d}v=0$，则它的共轭曲线族是

$$L\delta u+M\delta v=0$$

要使这族曲线为 v-曲线($\delta u=0$)的充要条件是 $M=0$，因而得到命题 3.4。

命题 3.4 曲面的曲纹坐标网为共轭网的充分必要条件是 $M=0$。

3.8 曲面的主方向与主曲率

3.8.1 曲面的主方向与曲率线

1. 曲面的主方向

曲面上一点 P 的两个方向，如果它们既正交又共轭，则称这两个方向为曲面在 P 点的主方向，主方向代表曲面法曲率极值方向。

设这两个方向：(d) = du∶dv，(δ) = δu∶δv。正交性条件：

$$\mathrm{d}\boldsymbol{r}\cdot\delta\boldsymbol{r}=0$$

即

$$E\mathrm{d}u\delta u+F(\mathrm{d}u\delta v+\mathrm{d}v\delta u)+G\mathrm{d}v\delta v=0$$

共轭性条件：

$$\mathrm{d}\boldsymbol{n}\cdot\delta\boldsymbol{r}=0 \ \text{或}\ \delta\boldsymbol{n}\cdot\mathrm{d}\boldsymbol{r}=0$$

即

$$L\mathrm{d}u\delta u+M(\mathrm{d}u\delta v+\mathrm{d}v\delta u)+N\mathrm{d}v\delta v=0$$

以上两个条件改写为

$$(E\mathrm{d}u+F\mathrm{d}v)\delta u+(F\mathrm{d}u+G\mathrm{d}v)\delta v=0$$
$$(L\mathrm{d}u+M\mathrm{d}v)\delta u+(M\mathrm{d}u+N\mathrm{d}v)\delta v=0$$

消去δu、δv得

$$\begin{vmatrix} E\mathrm{d}u+F\mathrm{d}v & F\mathrm{d}u+G\mathrm{d}v \\ L\mathrm{d}u+M\mathrm{d}v & M\mathrm{d}u+N\mathrm{d}v \end{vmatrix}=0 \tag{3.45}$$

式(3.45)还能写成以下形式：

$$\begin{vmatrix} \mathrm{d}v^2 & -\mathrm{d}u\mathrm{d}v & \mathrm{d}u^2 \\ E & F & G \\ L & M & N \end{vmatrix}=0 \tag{3.46}$$

或

$$(EM-FL)\mathrm{d}u^2+(EN-GL)\mathrm{d}u\mathrm{d}v+(FN-GM)\mathrm{d}v^2=0$$

这是关于 du∶dv 值的二次方程，其判别式为

$$\begin{aligned}\varDelta&=(EN-GL)^2-4(EM-FL)(FN-GM)\\&=\left[(EN-GL)-\frac{2F}{E}(EM-FL)\right]^2+\frac{4(EG-F^2)}{E^2}(EM-FL)^2\end{aligned}$$

当判别式$\varDelta>0$时，方程(3.46)总有两个不相等的实根，则曲面上每一点处总

有两个主方向，它们也是迪潘指标线的主轴方向。

这两个主方向由 $\mathrm{d}u:\mathrm{d}v$ 值给出，即

$$\boldsymbol{T}_i=\boldsymbol{r}_u\frac{\mathrm{d}u}{\mathrm{d}v}+\boldsymbol{r}_v,\quad i=1,2$$

或用单位矢量表示为

$$\boldsymbol{e}_i=\frac{\boldsymbol{T}_i}{|\boldsymbol{T}_i|}$$

特别地，当判别式$\varDelta=0$时有

$$EN-GL=EM-FL=0,\ \frac{E}{L}=\frac{F}{M}=\frac{G}{N}$$

这种点称为曲面的脐点。在脐点处式(3.46)是恒等式，因此脐点处的每一方向都是主方向，且每一方向的法曲率均为常数。L、M、N同时为零的脐点称为平点，平点处的每一方向都是主方向。L、M、N不同时为零的脐点称为圆点。球面上的每一点都是圆点。

定理 3.6(罗德里格斯(Rodrigues)定理)　如果方向(d)=(du:dv)是主方向，则

$$\mathrm{d}\boldsymbol{n}=\lambda\mathrm{d}\boldsymbol{r}\tag{3.47}$$

其中，$\lambda=-k_n$，k_n是曲面沿方向(d)的法曲率。

反之，如果对于方向(d)有

$$\mathrm{d}\boldsymbol{n}=\lambda\mathrm{d}\boldsymbol{r}$$

则方向(d)是主方向，且$\lambda=-k_n$。

证明　先证定理的前半部分。设(δ)是垂直于方向(d)的另一主方向。由$\boldsymbol{n}\cdot\boldsymbol{n}=1$，两边微分得$\boldsymbol{n}\cdot\mathrm{d}\boldsymbol{n}=0$。该式说明d$\boldsymbol{n}$在切平面上，于是

$$\mathrm{d}\boldsymbol{n}=\lambda\mathrm{d}\boldsymbol{r}+\mu\delta\boldsymbol{r}$$

将等式两边点乘$\delta\boldsymbol{r}$，因 $\mathrm{d}\boldsymbol{n}\cdot\delta\boldsymbol{r}=0$，$\mathrm{d}\boldsymbol{r}\cdot\delta\boldsymbol{r}=0$，得

$$\mu(\delta\boldsymbol{r})^2=0$$

则

$$\mu=0$$

因此

$$\mathrm{d}\boldsymbol{n}=\lambda\mathrm{d}\boldsymbol{r}$$

再把等式两边点乘 d$\boldsymbol{r}$，得

$$\mathrm{d}\boldsymbol{r}\cdot\mathrm{d}\boldsymbol{n}=\lambda\mathrm{d}\boldsymbol{r}^2,\quad \mathrm{II}=-\mathrm{d}\boldsymbol{r}\cdot\mathrm{d}\boldsymbol{n}$$

由此得

$$\lambda=-\frac{\mathrm{II}}{\mathrm{I}}=-k_n$$

再证定理的后半部分：方向(d)满足 $\mathrm{d}\boldsymbol{n}=\lambda\mathrm{d}\boldsymbol{r}$。

假设方向(δ)垂直于(d)，把上面等式两边点乘$\delta\boldsymbol{r}$，得 $\mathrm{d}\boldsymbol{n}\cdot\delta\boldsymbol{r}=0$。该式表示方向(d)和(δ)是共轭的。

因此方向(d)和(δ)不仅正交，而且共轭，所以它们都是主方向。

至于$\lambda=-k_n$的证明和定理前半部分的证明相同，不再重复。

2. 曲率线

曲面上一曲线，如果它每一点的切方向都是主方向，则称为曲率线。曲率线的方程显然符合：

$$\begin{vmatrix}\mathrm{d}v^2 & -\mathrm{d}u\mathrm{d}v & \mathrm{d}u^2\\ E & F & G\\ L & M & N\end{vmatrix}=0 \tag{3.48}$$

该方程确定了曲面上的两族曲率线，这两族曲率线组成曲面上的曲率线网。

可以证明，在不含脐点的曲面上，经过参数的选择，可使曲率线网成为曲纹坐标网。将方程(3.46)因式分解可以得到两族曲率线的微分方程：

$$A_i\mathrm{d}u+B_i\mathrm{d}v=0,\quad i=1,2$$

其中，A_i、B_i是 u、v 的实函数。设λ_i为它们的任何积分因子，$\bar{u}$ 与 $\bar{v}$ 为曲面新的参数，$\bar{u}$ 与 $\bar{v}$ 的全微分为

$$\mathrm{d}\bar{u}=\lambda_1A_1\mathrm{d}u+\lambda_1B_1\mathrm{d}v$$

$$\mathrm{d}\bar{v}=\lambda_2A_2\mathrm{d}u+\lambda_2B_2\mathrm{d}v$$

曲面上任意点处的两个主方向互相垂直，曲率线彼此不相切，即雅可比行列式：

$$\frac{\partial(\bar{u},\bar{v})}{\partial(u,v)}=\begin{vmatrix}\lambda_1A_1 & \lambda_1B_1\\ \lambda_2A_2 & \lambda_2B_2\end{vmatrix}=\lambda_1\lambda_2\begin{vmatrix}A_1 & B_1\\ A_2 & B_2\end{vmatrix}\neq 0$$

因此，引进$\bar{u}$ 与 $\bar{v}$ 为新的参数，则曲面的曲率线网成为新的曲纹坐标网。从这

个证明也可以看出，曲面上任意一个正规曲线网都可以通过变换转为曲纹坐标网。

命题 3.5　曲面上的曲纹坐标网为曲率线网的充分必要条件是 $F=M=0$。

由于坐标网正交，所以 $F=0$，又由于它们共轭，所以 $M=0$。

3.1 节中介绍过旋转曲面的曲纹网由子午线和平行圆组成，而且对于旋转面：

$$\boldsymbol{r}(t)=\big(\varphi(t)\cos\theta,\varphi(t)\sin\theta,\psi(t)\big)$$

可以计算出 $F=M=0$。因此，旋转面上的曲纹坐标网是曲率线网，即旋转面上的子午线和平行圆构成了曲面上的曲率线网。

3.8.2　曲面的主曲率

曲面上一点处主方向上的法曲率称为曲面在此点的主曲率。由于曲面上一点处的主方向是过此点的曲率线的方向，所以主曲率也是曲面上一点处沿曲率线方向的法曲率。

曲面上一点(非脐点)的法曲率随方向的变化而变化。

现在证明主曲率是所有方向法曲率的最大值和最小值。

在曲面 S：$\boldsymbol{r}=\boldsymbol{r}(u,v)$ 上选曲率线网为曲纹坐标网，则 $F=M=0$，这时对于曲面的任意方向(d) = du∶dv，它的法曲率公式就简化为

$$k_n=\frac{L\mathrm{d}u^2+N\mathrm{d}v^2}{E\mathrm{d}u^2+G\mathrm{d}v^2} \tag{3.49}$$

则沿 u-曲线(dv = 0)的方向对应的主曲率是 $k_1=\dfrac{L}{E}$，沿 v-曲线(du =0)的方向对应的主曲率是 $k_2=\dfrac{N}{G}$。

设 θ 为任意方向(d) = du∶dv 和 u-曲线($\delta v=0$)方向的夹角，则

$$\begin{aligned}\cos\theta&=\frac{E\mathrm{d}u\delta u+F(\mathrm{d}u\delta v+\mathrm{d}v\delta u)+G\mathrm{d}v\delta v}{\sqrt{E\mathrm{d}u^2+2F\mathrm{d}u\mathrm{d}v+G\mathrm{d}v^2}\sqrt{E\delta u^2+2F\delta u\delta v+G\delta v^2}}\\&=\frac{E\mathrm{d}u\delta u}{\sqrt{E\mathrm{d}u^2+G\mathrm{d}v^2}\sqrt{E\delta u^2}}\end{aligned}$$

所以

$$\cos^2\theta=\frac{E\mathrm{d}u^2}{E\mathrm{d}u^2+G\mathrm{d}v^2} \tag{3.50}$$

而

$$\sin^2\theta = 1 - \cos^2\theta = \frac{G\mathrm{d}v^2}{E\mathrm{d}u^2 + G\mathrm{d}v^2} \tag{3.51}$$

将式(3.49)表示为

$$k_n = \frac{L}{E}\frac{E\mathrm{d}u^2}{E\mathrm{d}u^2 + G\mathrm{d}v^2} + \frac{N}{G}\frac{G\mathrm{d}v^2}{E\mathrm{d}u^2 + G\mathrm{d}v^2}$$

由此将式(3.50)、式(3.51)代入上式得

$$k_n = k_1\cos^2\theta + k_2\sin^2\theta \tag{3.52}$$

这是微分几何学上著名的欧拉(Euler)公式。在脐点这个公式仍然正确，因为这时有 $k_1 = k_2$，而沿任意方向的法曲率 $k_n = k_1 = k_2$。

欧拉公式表示只要知道了主曲率，则任意方向(d)的法曲率都可以由方向(d)和 u-曲线的方向(即主方向)之间的夹角 θ 来确定。

命题 3.6　曲面上一点(非脐点)的主曲率是曲面在这点所有方向的法曲率中的最大值和最小值。

证明　设 $k_1 < k_2$(如果 $k_1 > k_2$，则可以交换坐标 u 和 v)，由欧拉公式可知

$$k_n = k_1\cos^2\theta + k_2(1 - \cos^2\theta) = k_2 + (k_1 - k_2)\cos^2\theta$$

于是

$$k_2 - k_n = (k_2 - k_1)\cos^2\theta \geqslant 0$$

因此

$$k_2 \geqslant k_n$$

可得

$$k_n - k_1 = (k_2 - k_1)\sin^2\theta \geqslant 0$$

因此

$$k_n \geqslant k_1$$

即

$$k_1 \leqslant k_n \leqslant k_2$$

这就是说，主曲率 k_2、k_1 是法曲率 k_n 的最大值和最小值。

主曲率的计算公式可以由罗德里格斯定理导出。沿主方向(d)有

$$\mathrm{d}\boldsymbol{n} = -k_N \mathrm{d}\boldsymbol{r}$$

其中，k_N 为主曲率，即 k_1 和 k_2，上式可以写为

$$\boldsymbol{n}_u \mathrm{d}u + \boldsymbol{n}_v \mathrm{d}v = -k_N(\boldsymbol{r}_u \mathrm{d}u + \boldsymbol{r}_v \mathrm{d}v)$$

在上式两边分别点乘 $\boldsymbol{r}_u$、$\boldsymbol{r}_v$ 可得

$$\boldsymbol{r}_u \cdot \boldsymbol{n}_u \mathrm{d}u + \boldsymbol{r}_u \cdot \boldsymbol{n}_v \mathrm{d}v = -k_N(\boldsymbol{r}_u \cdot \boldsymbol{r}_u \mathrm{d}u + \boldsymbol{r}_u \cdot \boldsymbol{r}_v \mathrm{d}v)$$

$$\boldsymbol{r}_v \cdot \boldsymbol{n}_u \mathrm{d}u + \boldsymbol{r}_v \cdot \boldsymbol{n}_v \mathrm{d}v = -k_N(\boldsymbol{r}_v \cdot \boldsymbol{r}_u \mathrm{d}u + \boldsymbol{r}_v \cdot \boldsymbol{r}_v \mathrm{d}v)$$

即

$$-L\mathrm{d}u - M\mathrm{d}v = -k_N(E\mathrm{d}u + F\mathrm{d}v)$$

$$-M\mathrm{d}u - N\mathrm{d}v = -k_N(F\mathrm{d}u + G\mathrm{d}v)$$

整理后可得

$$\begin{cases}(L - k_N E)\mathrm{d}u + (M - k_N F)\mathrm{d}v = 0 \\ (M - Fk_N)\mathrm{d}u + (N - k_N G)\mathrm{d}v = 0\end{cases} \tag{3.53}$$

从式(3.53)消去 $\mathrm{d}u$、$\mathrm{d}v$，则得主曲率的计算公式为

$$\begin{vmatrix} L - k_N E & M - k_N F \\ M - k_N F & N - k_N G \end{vmatrix} = 0$$

即

$$(EG - F^2)k_N{}^2 - (LG - 2MF + NE)k_N + (LN - M^2) = 0 \tag{3.54}$$

由式(3.54)可以确定两个实根，即为主曲率 k_1、k_2。

当然，也可以通过式(3.46)求出 $\mathrm{d}u:\mathrm{d}v$ 的值，再利用式(3.39)求法曲率，也即主曲率。

3.8.3 高斯曲率与平均曲率

设 k_1、k_2 为曲面上一点的两个主曲率，则它们的乘积 $k_1 \cdot k_2$ 称为曲面在该点的高斯曲率，通常以 K 表示。两个主曲率的平均数 $(k_1+k_2)/2$ 称为曲面在这点的平均曲率，通常以 H 表示。由式(3.54)利用二次方程的根与系数的关系，可得高斯曲率为

$$K = k_1 \cdot k_2 = \frac{LN - M^2}{EG - F^2} \tag{3.55}$$

平均曲率为

$$H = \frac{1}{2}(k_1 + k_2) = \frac{LG - 2MF + NE}{2(EG - F^2)} \tag{3.56}$$

特别地，如果一个曲面的每一点处的平均曲率 $H = 0$，则称该曲面为极小曲面。可以证明，以空间闭曲线为边界的曲面域中，面积最小的曲面必是极小曲面，即平均曲率为零的曲面。极小曲面的一个实现是，将在空间中弯曲的铅丝浸入肥皂溶液中，取出时所得的皂膜曲面。

3.9 曲面在一点邻近的结构

注意到高斯曲率 K 与 $LN - M^2$ 同号，这是因为

$$K = \frac{LN - M^2}{EG - F^2}$$

上式中分母总是正的，即 $EG - F^2 = (\boldsymbol{r}_u \times \boldsymbol{r}_v)^2 > 0$。因此，$K$ 的符号由分子 $LN - M^2$ 的符号确定。根据 $LN - M^2$ 的符号可以确定，$K > 0$ 的点是椭圆点，$K < 0$ 的点是双曲点，$K = 0$ 的点是抛物点或平点。

因此，曲面上任意点的邻近结构分为三种情况。

1. 椭圆点

对于椭圆点，有

$$K > 0 \text{ 或 } LN - M^2 > 0$$

这时主曲率 k_1、k_2 同号，即 $k_1 > 0$，$k_2 > 0$ 或 $k_1 < 0$，$k_2 < 0$。

适当地选择曲面的法矢 $\boldsymbol{n}$，可以只考虑 k_1 和 k_2 都大于零的情形。

根据欧拉公式可知曲面任意方向的法曲率 k_n 都大于零，而 k_n 表示相应法截线的曲率。这说明了曲面沿所有方向都朝同一侧弯曲。

由于主曲率 $k_1>0$，$k_2>0$，这就是说主方向上的两个法截线的曲率分别为 k_1、k_2，可知法截线都是平面曲线。这两个主方向法截线的近似曲线的方程分别为

$$y=\frac{1}{2}k_1x^2,\quad y=\frac{1}{2}k_2x^2 \tag{3.57}$$

这是两条抛物线。由此可以看出曲面在椭圆点邻近的形状近似于椭圆抛物面(图 3.19)。

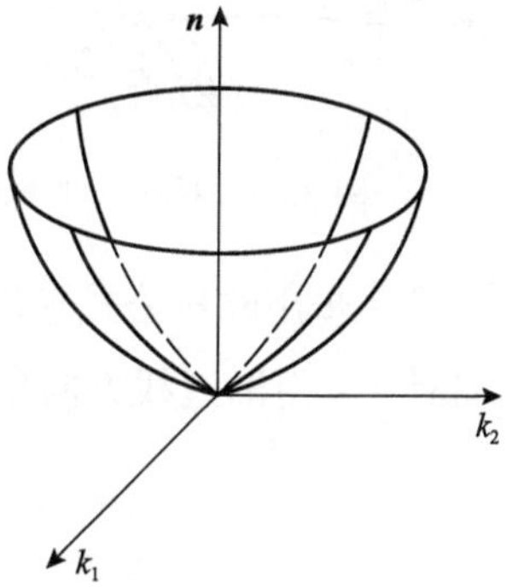

图 3.19　椭圆点邻近结构

2. 双曲点

当 $K<0$ 或 $LN-M^2<0$ 时，主曲率 k_1、k_2 异号。适当地选择曲面的法矢 $\boldsymbol{n}$ 后，有

$$k_1<0,\quad k_2>0$$

因此对应于主方向的两条法截线中有一条朝 $\boldsymbol{n}$ 的反向弯曲，另一条朝 $\boldsymbol{n}$ 的正向弯曲(图 3.20)。根据欧拉公式，可以得到各个方向的法曲率的变化情况如表 3.1 所示。

表 3.1　法曲率的变化情况

θ	第Ⅰ象限					第Ⅱ象限			
	0	→	渐近方向	→	π/2	→	渐近方向	→	π
k_n	k_1	↑	0	↑	k_2	↓	0	↓	k_1
θ	第Ⅲ象限					第Ⅳ象限			
	π	→	渐近方向	→	3π/2	→	渐近方向	→	2π
k_n	k_1	↑	0	↑	k_2	↓	0	↓	k_1

由此可以看出，法曲率在四个方向上为零，它们就是双曲点的渐近方向(图 3.20 和图 3.21)，也是迪潘指标线的渐近线方向。

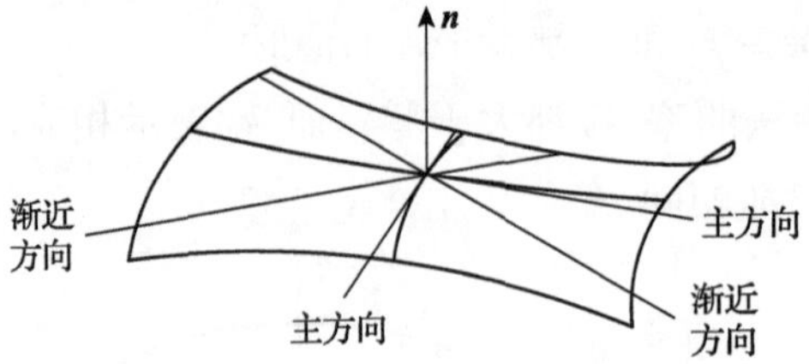

图 3.20 双曲点邻近结构

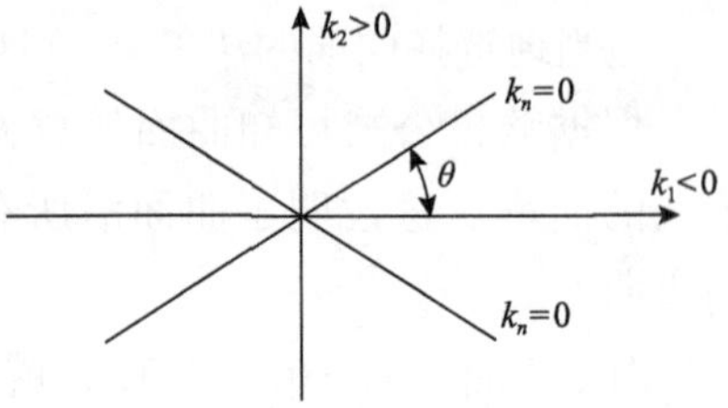

图 3.21 双曲点的曲率变化规律

进一步用欧拉公式求出渐近方向所对应的θ值。令 $k_n=0$，由 $k_n = k_1\cos^2\theta + k_2\sin^2\theta$，得渐近线方向角：

$$\tan\theta = \pm\sqrt{-\frac{k_1}{k_2}} \tag{3.58}$$

即

$$\theta = \pm\arctan\sqrt{-\frac{k_1}{k_2}} \tag{3.59}$$

渐近方向的两对对顶角中，一对对顶角包含具有 $k_n<0$ 的法截线的方向，对于这些方向曲面朝 $\boldsymbol{n}$ 的反向弯曲；另一对对顶角包含 $k_n>0$ 的法截线的方向，对于这些方向曲面朝 $\boldsymbol{n}$ 的正向弯曲。

现在观察主方向上法截线的形状，它们分别近似于抛物线：

$$\begin{aligned} y &= \frac{1}{2}k_1x^2, \quad k_1<0 \\ y &= \frac{1}{2}k_2x^2, \quad k_2>0 \end{aligned} \tag{3.60}$$

其中，前一个朝 $\boldsymbol{n}$ 的反向弯曲，后一个朝 $\boldsymbol{n}$ 的正向弯曲。因此，曲面在双曲点邻近的形状，近似于双曲抛物面(图 3.20)。

3. 抛物点

当 $K=0$ 或 $LN-M^2=0$ 时，k_1、k_2 中至少有一个等于零，适当选取法矢 $\boldsymbol{n}$ 后，有 $k_1<0$，$k_2=0$。

因此，对应于主方向的两条法截线中有一条朝 $\boldsymbol{n}$ 的反向弯曲，另一条主方向是渐近方向。由于这时除 $k_2=0$ 外，k_n 总是取负值，所以除渐近方向外，一切法

截线都朝 $\boldsymbol{n}$ 的反向弯曲。

主方向上法截线的形状分别近似为

$$\begin{aligned} y &= \frac{1}{2}k_1x^2, \quad k_1 < 0 \\ y &= \frac{1}{6}\dot{k}_2x^3, \quad k_2 = 0 \end{aligned} \tag{3.61}$$

其中前一个由于 $k_1 < 0$，为朝 $\boldsymbol{n}$ 的反向弯曲的抛物线；后一个方向上可能会有复杂的结构，为立方抛物线(图 3.22)，也可能为直线。

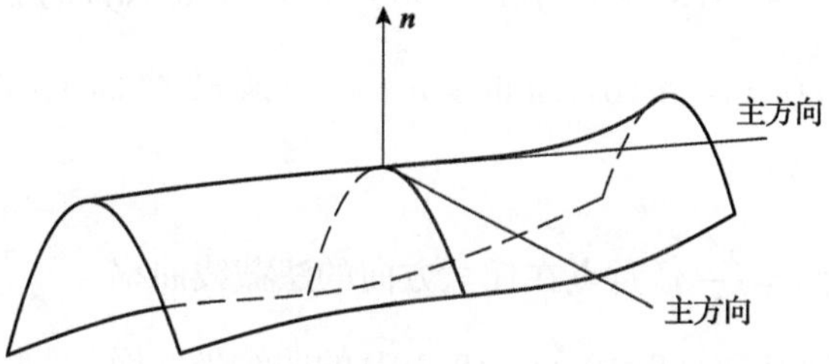

图 3.22　抛物点邻近结构

对于平点，$L = M = N = 0$，主曲率 $k_1 = k_2 = 0$，这时邻近 P 点可能会有复杂的结构，主方向上两条法截线的形状都近似于立方抛物线，即

$$\begin{aligned} y &= \frac{1}{6}\dot{k}_1x^3, \quad k_1 = 0 \\ y &= \frac{1}{6}\dot{k}_2x^3, \quad k_2 = 0 \end{aligned} \tag{3.62}$$

习　　题

1. 求正螺面的坐标曲线、第一基本形式，并证明其坐标曲线互相垂直。

2. 有双曲抛物面 $\boldsymbol{r} = \big(a(u+v), b(u-v), 2uv\big)$：

(1) 证明其坐标曲线就是它的直母线。

(2) 求其第一基本形式。

3. 求球面上任意点的切平面和法线方程。

4. 写出椭圆柱面的方程，并证明沿每一条直母线只有一个切平面。

5. 有曲面的第一基本形式 $\mathrm{I} = \mathrm{d}u^2 + \sinh^2 u\mathrm{d}v^2$，求方程为 $u = v$ 的曲线的弧长。

6. 设一个曲面的第一基本形式为 $ds^2 = du^2 + (u^2 + a^2)dv^2$，求它上面两曲线 $u=v$、$u=-v$ 的交角。

7. 求曲面 $z = axy$ 上坐标曲线 $x = x_0$、$y = y_0$ 的交角。

8. 求悬链面 $\boldsymbol{r} = (\cosh u \cos v, \cosh u \sin v, u)$ 的第Ⅰ、Ⅱ类基本量。

9. 求抛物面 $2x_3 = 5x_1^2 + 4x_1x_2 + 2x_2^2$ 在原点的第Ⅰ、Ⅱ基本形式。

10. 设曲面的第一基本形式为 $ds^2 = du^2 + (u^2 + a^2)dv^2$，求出曲面上由三条曲线 $u = \pm av, v = 1$ 相交所成的三角形面积，求出曲面上由三条曲线 $u = \pm av, v = 1$ 相交所成的三角形面积。

11. 求抛物面 $z = \dfrac{1}{2}(ax^2 + by^2)$ 在 $(0, 0)$ 点和方向 $(dx : dy)$ 的法曲率。

12. 求螺面 $\boldsymbol{r}(u,v) = (u\cos v, u\sin v, u+v)$ 与旋转曲面 $\boldsymbol{r}(t,\theta) = \left(t\cos\theta, t\sin\theta, \sqrt{t^2-1}\right)$ 的等距对应。

13. 求曲面上 $y = \dfrac{x^2}{2}$ 任意点在任意方向的法截线曲率。

14. 编程绘制圆柱面 $(R=10, t=[-10, 10])$ 的曲纹坐标网。

第 4 章　曲面论应用

4.1　测地线与测地曲率

一般情况下曲面沿各个方向的弯曲性是不同的，弯曲性的差别导致了曲面挠曲，本节重点研究曲面的弯曲与挠曲的结构特性。

4.1.1　曲面上曲线的测地曲率

给出一个曲面 S：$\boldsymbol{r}=\boldsymbol{r}(u,v)$，$C$ 是曲面上的一条曲线：

$$u=u(s), v=v(s) \text{ 或 } \boldsymbol{r}=\boldsymbol{r}(u(s), v(s))$$

其中，s 是曲线 C 的自然参数。

设 P 是曲线 C 上一点，$\boldsymbol{\alpha}$ 是曲线 C 在 P 点的单位切矢，$\boldsymbol{\beta}$ 是主法矢，$\boldsymbol{\gamma}$ 是副法矢，k 是曲率。再假设 $\boldsymbol{n}$ 是曲面 S 在 P 点的单位法矢，θ 是 $\boldsymbol{\beta}$ 与 $\boldsymbol{n}$ 的夹角，如图 4.1 所示。那么，曲面 S 在 P 点的切方向 $\boldsymbol{\alpha}$ 上的法曲率是

$$k_n = k\cos\theta = k\boldsymbol{\beta}\cdot\boldsymbol{n} = \ddot{\boldsymbol{r}}\cdot\boldsymbol{n}$$

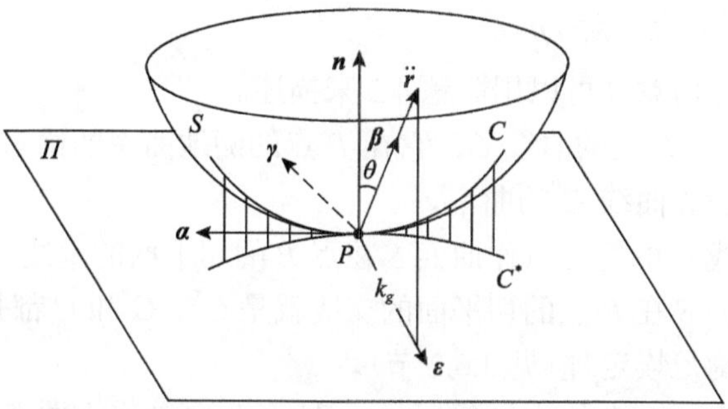

图 4.1　测地曲率

令 $\boldsymbol{\varepsilon}=\boldsymbol{n}\times\boldsymbol{\alpha}$，则 $\boldsymbol{\alpha}$、$\boldsymbol{\varepsilon}$、$\boldsymbol{n}$ 是彼此正交的单位矢量，且构成一右手系。

定义 4.1　曲线 C 在 P 点的曲率矢量 $\ddot{\boldsymbol{r}}=k\boldsymbol{\beta}$ 在 $\boldsymbol{\varepsilon}$ 上的投影(也就是在曲面 S 上 P 点切平面 Π 上的投影)数值为

$$k_g = \ddot{\boldsymbol{r}}\cdot\boldsymbol{\varepsilon} = k\boldsymbol{\beta}\cdot\boldsymbol{\varepsilon} \tag{4.1}$$

称为曲线 C 在 P 点的测地曲率。

对式(4.1)做进一步推导可得

$$k_g = \ddot{\boldsymbol{r}} \cdot \boldsymbol{\varepsilon} = \ddot{\boldsymbol{r}} \cdot (\boldsymbol{n} \times \boldsymbol{\alpha}) = \dot{\boldsymbol{r}} \cdot (\ddot{\boldsymbol{r}} \times \boldsymbol{n})$$

因为 $\dot{\boldsymbol{r}} = \boldsymbol{r}_t \dfrac{\mathrm{d}t}{\mathrm{d}s}$， $\dot{\boldsymbol{r}} = \dfrac{\boldsymbol{r}_t}{|\boldsymbol{r}_t|}$

$$\ddot{\boldsymbol{r}} = \boldsymbol{r}_{tt}\left(\frac{\mathrm{d}t}{\mathrm{d}s}\right)^2 + \boldsymbol{r}_t \frac{\mathrm{d}^2 t}{\mathrm{d}s^2} = \frac{\boldsymbol{r}_{tt}}{|\boldsymbol{r}_t|} + \boldsymbol{r}_t \frac{\mathrm{d}^2 t}{\mathrm{d}s^2}$$

所以有

$$k_g = \frac{\boldsymbol{r}_t \cdot (\boldsymbol{r}_{tt} \times \boldsymbol{n})}{|\boldsymbol{r}_t|^3} \tag{4.2}$$

由于

$$k_g = k\boldsymbol{\beta} \cdot \boldsymbol{\varepsilon} = k(\boldsymbol{\beta}, \boldsymbol{n}, \boldsymbol{\alpha}) = k(\boldsymbol{\alpha} \times \boldsymbol{\beta}) \cdot \boldsymbol{n} = k\boldsymbol{\gamma} \cdot \boldsymbol{n}$$

所以有

$$k_g = k\cos(90° \pm \theta) = \pm k\sin\theta \tag{4.3}$$

显然 $k_g^2 + k_n^2 = k^2 \sin^2\theta + k^2\cos^2\theta = k^2$，则有命题 4.1。

命题 4.1 $k^2 = k_g^2 + k_n^2\ k\boldsymbol{\beta} \cdot \boldsymbol{\varepsilon}$。

测地曲率的几何意义可以用命题 4.2 来描述。

命题 4.2 曲面 S 上的曲线 C，它在 P 点的测地曲率的绝对值等于在 P 点的切平面 Π 上的正投影曲线 C^* 的曲率。

证明 过曲线 C 的每一点作曲面 S 在点 P 的切平面的垂线，这些垂线形成一柱面，柱面和曲面 S 在 P 点的切平面的交线就是 C^*。C^* 和 C 都是柱面上的曲线，在此柱面上应用梅尼埃定理(见 3.6.2 节)。

显然 $\boldsymbol{\varepsilon}$ 为柱面上 P 点的法矢(图 4.1)，柱面上过 P 点在曲线 C 的切方向上的法截线就是曲线 C^*，柱面在该切方向上的法曲率的绝对值等于曲线 C^* 在 P 点的曲率。但是这个法曲率又等于曲线 C 在 P 点的曲率 k 乘以 $\boldsymbol{\beta}$ 与 $\boldsymbol{\varepsilon}$ 夹角的余弦，即 $k\boldsymbol{\beta} \cdot \boldsymbol{\varepsilon}$，这就是曲线 C 在 P 点的测地曲率。

4.1.2 曲面上的标架

从图 4.1 可以看出，曲面上存在两个标架：一个为曲线的基本三棱形 $\boldsymbol{e}_c=(\boldsymbol{\alpha}, \boldsymbol{\beta}, \boldsymbol{\gamma})^{\mathrm{T}}$，另一个为 $\boldsymbol{e}_f=(\boldsymbol{\alpha}, \boldsymbol{\varepsilon}, \boldsymbol{n})^{\mathrm{T}}$，两个标架之间的关系为

$$\boldsymbol{e}_f = \boldsymbol{L}_{fc}\boldsymbol{e}_c,\ \boldsymbol{L}_{fc} = \begin{bmatrix} 1 & 0 & 0 \\ 0 & \sin\theta & -\cos\theta \\ 0 & \cos\theta & \sin\theta \end{bmatrix} \tag{4.4}$$

对式(4.4)各量求微分可得

$$\dot{\boldsymbol{e}}_f = \dot{\boldsymbol{L}}_{fc}\boldsymbol{e}_c + \boldsymbol{L}_{fc}\dot{\boldsymbol{e}}_c,\ \dot{\boldsymbol{L}}_{fc} = \begin{bmatrix} 0 & 0 & 0 \\ 0 & \dot{\theta}\cos\theta & \dot{\theta}\sin\theta \\ 0 & -\dot{\theta}\sin\theta & \dot{\theta}\cos\theta \end{bmatrix} \tag{4.5}$$

其中，曲线的弗雷内公式可表示为

$$\dot{\boldsymbol{e}}_c = \boldsymbol{L}_c\boldsymbol{e}_c,\ \boldsymbol{L}_c = \begin{bmatrix} 0 & k(s) & 0 \\ -k(s) & 0 & \tau(s) \\ 0 & -\tau(s) & 0 \end{bmatrix}$$

再利用式(4.4)的逆变换：

$$\boldsymbol{e}_c = \boldsymbol{L}_{cf}\boldsymbol{e}_f,\ \boldsymbol{L}_{cf} = \boldsymbol{L}_{fc}^{\mathrm{T}}$$

代入式(4.5)可得

$$\dot{\boldsymbol{e}}_f = (\dot{\boldsymbol{L}}_{fc} + \boldsymbol{L}_{fc}\boldsymbol{L}_c)\boldsymbol{L}_{cf}\boldsymbol{e}_f = \boldsymbol{L}_f\boldsymbol{e}_f$$

$$\boldsymbol{L}_f = (\dot{\boldsymbol{L}}_{fc} + \boldsymbol{L}_{fc}\boldsymbol{L}_c)\boldsymbol{L}_{cf}$$

$$\boldsymbol{L}_f = \begin{bmatrix} 0 & k(s)\sin\theta & k(s)\cos\theta \\ -k(s)\sin\theta & 0 & \tau(s)+\dot{\theta} \\ -k(s)\cos\theta & -(\tau(s)+\dot{\theta}) & 0 \end{bmatrix} = \begin{bmatrix} 0 & k_g & k_n \\ -k_g & 0 & \tau_g \\ -k_n & -\tau_g & 0 \end{bmatrix} \tag{4.6}$$

$$\begin{aligned} \dot{\boldsymbol{\alpha}} &= k_g\boldsymbol{\varepsilon} + k_n\boldsymbol{n} \\ \dot{\boldsymbol{\varepsilon}} &= -k_g\boldsymbol{\alpha} + \tau_g\boldsymbol{n} \\ \dot{\boldsymbol{n}} &= -k_n\boldsymbol{\alpha} - \tau_g\boldsymbol{\varepsilon} \end{aligned} \tag{4.7}$$

这就是著名的 Bonnet-Kovalevski 关系式。k_g 在前面已经解释过，$\tau_g = \tau(s) + \dot{\theta}$ 为曲面的挠率，一般由短程挠率来表示(见 4.1.4 节)。

方程(4.7)的第三式可以通过对曲面单位法矢的微分获得曲面任意方向的法曲率、短程挠率，因此称为曲面曲率参数表达式。其几何意义是，任意方向曲面单位法矢的变化率在切线方向分量为法曲率，在 $\boldsymbol{\varepsilon}$ 方向的变化率为短程挠率。

后面章节若提及曲面一点的曲率参数，均包括给定方向及其法曲率、短程挠率三层含义。

4.1.3 曲面上的测地线

1. 测地线

过曲面上给定点的切方向能做出无数条曲线，它们具有共同的切线、法向、法曲率以及不同的曲率、挠率和测地曲率，这些曲线在曲面上可以依靠测地曲率加以区分。在这些曲线里必然存在一条测地曲率为零的曲线。

定义 4.2 曲面上的一条曲线，如果它的每一点处的测地曲率都为零，则称其为测地线。

由此定义可以得出：曲面上如果存在直线(如直纹面、圆柱面的母线等)，则此直线一定是测地线。

显然测地线的密切平面与法截面重合。测地线也是针对不同的切方向来说的，在曲面上不同的切方向存在不同的测地线。

命题 4.3 曲面上非直线的曲线为测地线的充分必要条件是除了曲率为零的点以外，曲线的主法线重合于曲面的法线，即 $k_g = 0$。

例如，球面上的大圆一定是测地线，这是因为大圆的主法线重合于球面的法线。柱面上的螺线，其主法线也始终与柱面的法线重合，因此，柱面上的螺线也是测地线。

2. 曲面上测地线的短程性

由测地线的定义容易证明测地线的短程性，因为曲面上曲线的曲率满足 $k^2 = k_g^2 + k_n^2$，而对于给定的方向 k_n 是确定的，所以只有当 $k_g = 0$ 时，曲线的曲率 k 最小，即曲率半径最大。

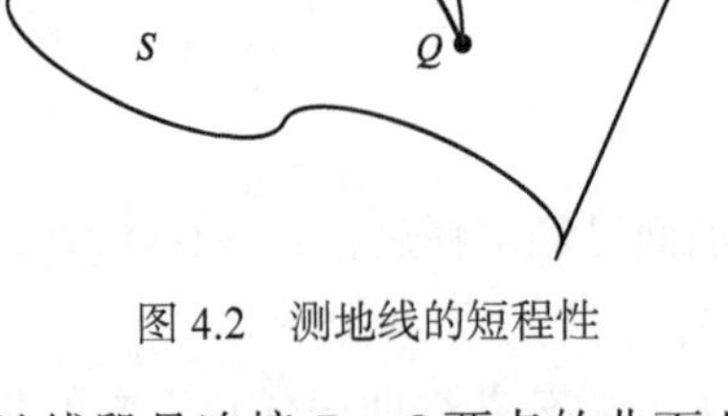

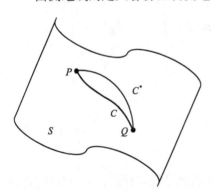

图 4.2 测地线的短程性

也可以这样理解，如图 4.2 所示，曲面上如果给定小邻域内的两点 P 和 Q,那么连接 P 和 Q 两点间距离的曲线有很多，存在一条最短距离的曲线，就是测地线 C^*。这就是测地线的短程性，所以测地线又称短程线。

定理 4.1 若给定曲面上充分小邻域内的两点 P 和 Q, 则过 P、Q 两点在小邻域内的测地线段是连接 P、Q 两点的曲面上的所有曲线中路径最短的曲线。

3. 曲面上的半测地坐标网

定义 4.3 曲面上的一个坐标网，其中一族是测地线，另一族是这族测地线的正交轨线，则这个坐标网称为半测地坐标网。

例如，平面上的极坐标系，一族曲线是从原点出发的射线，这是平面上的测地线；另一族坐标曲线是以原点为圆心的同心圆，它们是上述测地线的正交轨线。因此，半测地坐标网是平面上极坐标网在曲面上的推广。再如，地球仪上的经纬线构成了半测地坐标网，经线表示的是球面的大圆，是球面的测地线；而纬线是与其垂直的半径不等的平行圆，是经线的正交轨线。

4.1.4　短程挠率

过同一切向的曲线众多，那么该用哪一条来表示曲面的挠度呢？对短程线应用挠率公式，就引入了曲面的又一个变量——短程挠率。

对短程线运用弗雷内公式，可知

$$\tau_g = -\boldsymbol{\beta}\cdot\dot{\boldsymbol{\gamma}} = -\frac{\mathrm{d}}{\mathrm{d}s}(\boldsymbol{\alpha}\times\boldsymbol{\beta})\cdot\boldsymbol{\beta} = -(\boldsymbol{\alpha}\times\dot{\boldsymbol{\beta}})\cdot\boldsymbol{\beta} \tag{4.8}$$

因为曲线为短程线的充要条件是 $\boldsymbol{\beta} = \pm\boldsymbol{n}$，于是

$$\tau_g = (\mathrm{d}\boldsymbol{n}, \mathrm{d}\boldsymbol{r}, \boldsymbol{n}) \tag{4.9}$$

其中，$\mathrm{d}\boldsymbol{n} = \boldsymbol{n}_u\mathrm{d}u + \boldsymbol{n}_v\mathrm{d}v$，$\mathrm{d}\boldsymbol{r} = \boldsymbol{r}_u\mathrm{d}u + \boldsymbol{r}_v\mathrm{d}v$。进而可得

$$\tau_g = (\mathrm{d}\boldsymbol{n}\times\mathrm{d}\boldsymbol{r})\cdot\boldsymbol{n} = \frac{1}{\sqrt{EG-F^2}}\begin{vmatrix} \mathrm{d}v^2 & -\mathrm{d}u\mathrm{d}v & \mathrm{d}u^2 \\ E & F & G \\ L & M & N \end{vmatrix} \tag{4.10}$$

当 $\tau_g = 0$ 时，有

$$(EM - FL)\mathrm{d}u^2 + (EN - GL)\mathrm{d}u\mathrm{d}v + (FN - GM)\mathrm{d}v^2 = 0$$

这是前面已得到的决定主方向的方程，也就是曲率线所满足的微分方程。由此得到结论 4.1。

结论 4.1　曲面上一条曲线为曲率线的充要条件是沿其切线方向短程挠率 τ_g 为零，即主方向上曲面的短程挠率为零。

4.2　曲面的曲率参数关系式

4.2.1　曲面短程挠率与主曲率的关系

曲面上的非脐点有两个相互垂直的主方向，即有两条正交的曲率线，取曲率

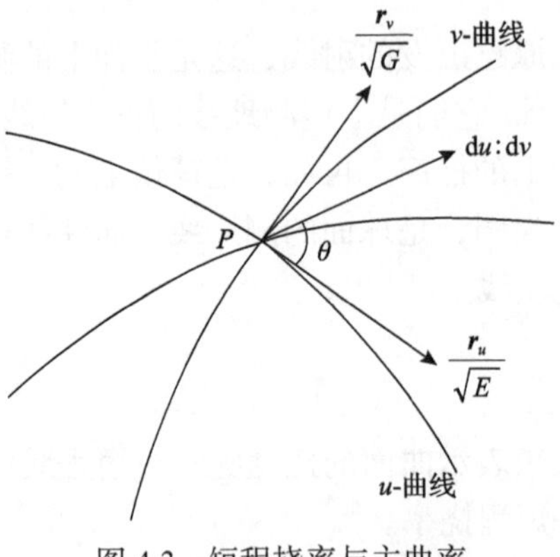

图 4.3　短程挠率与主曲率

线为 u-曲线和 v-曲线(图 4.3)，k_{I}、k_{II} 为对应于 u-曲线和 v-曲线的主曲率，则

$$k_{\mathrm{I}}=\frac{L}{E},\quad k_{\mathrm{II}}=\frac{N}{G} \tag{4.11}$$

又因曲面参数网是曲率线网的充要条件为 $F=M=0$，于是

$$\begin{aligned}\tau_g&=\frac{EN-GL}{\sqrt{EG-F^2}}\frac{\mathrm{d}u}{\mathrm{d}s}\frac{\mathrm{d}v}{\mathrm{d}s}\\&=\sqrt{EG}(k_{\mathrm{II}}-k_{\mathrm{I}})\frac{\mathrm{d}u}{\mathrm{d}s}\frac{\mathrm{d}v}{\mathrm{d}s}\end{aligned} \tag{4.12}$$

若以 θ 表示 u-曲线到 P 点给定短程线方向的有向角，则

$$\frac{\mathrm{d}\boldsymbol{r}}{\mathrm{d}s}=\alpha=\boldsymbol{r}_u\frac{\mathrm{d}u}{\mathrm{d}s}+\boldsymbol{r}_v\frac{\mathrm{d}v}{\mathrm{d}s}=\frac{\boldsymbol{r}_u}{\sqrt{E}}\cos\theta+\frac{\boldsymbol{r}_v}{\sqrt{G}}\sin\theta \tag{4.13a}$$

所以

$$\frac{\mathrm{d}u}{\mathrm{d}s}=\frac{\cos\theta}{\sqrt{E}},\quad \frac{\mathrm{d}v}{\mathrm{d}s}=\frac{\sin\theta}{\sqrt{G}} \tag{4.13b}$$

代入到式(4.12)，得

$$\tau_g=(k_{\mathrm{II}}-k_{\mathrm{I}})\sin\theta\cos\theta=\frac{k_{\mathrm{II}}-k_{\mathrm{I}}}{2}\sin 2\theta \tag{4.14}$$

式(4.14)称为贝朗特(Bonnet)公式。

因 $\sin 2(\theta+90°)=-\sin 2\theta=\sin 2(-\theta)$，可得结论 4.2。

结论 4.2　沿两个垂直方向或与主方向成等角的两个方向，短程挠率的绝对值相等且符号相反。

从式(4.14)可以看出，在非脐点沿主方向，即 $\theta=0°, 90°$ 时，$\tau_g=0$。沿主方向间夹角平分线，即 $\theta=\pm45°$ 时，短程挠率 τ_g 有极值，因而沿该方向的曲线称为挠曲线。

令 $H=(k_{\mathrm{I}}+k_{\mathrm{II}})/2$，$Q=(k_{\mathrm{I}}-k_{\mathrm{II}})/2$，由欧拉公式、贝朗特公式得

$$\begin{aligned}k_n&=H+Q\cos 2\theta\\\tau_g&=-Q\sin 2\theta\end{aligned} \tag{4.15}$$

对式(4.15)第一式求微分，代入第二式得

$$\tau_g = \frac{1}{2}\frac{\mathrm{d}k_n}{\mathrm{d}\theta} \tag{4.16}$$

由此可见，当 $\frac{\mathrm{d}k_n}{\mathrm{d}\theta}=0$ 时，k_n 有极值，$\tau_g=0$，即主方向上的短程挠率为零。

如图 4.4 所示，式(4.16)中的 θ 为某一给定方向与主方向的夹角，对于非主方向式(4.16)仍然成立，这是因为 $\theta=\varphi+\theta_0, \mathrm{d}\theta=\mathrm{d}\varphi$，即

$$\tau_g = \frac{1}{2}\frac{\mathrm{d}k_n}{\mathrm{d}\varphi} \tag{4.17}$$

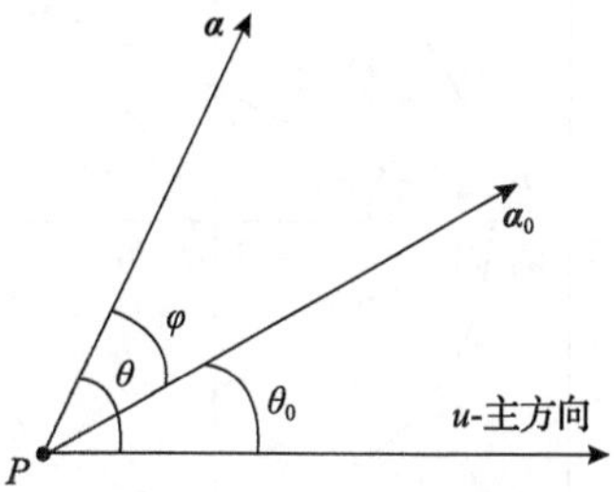

图 4.4　短程挠率与法曲率

所以在切平面内当切方向绕曲面法线旋转时，曲面法曲率的变化率等于短程挠率的 2 倍。

4.2.2　曲面的曲率参数圆

曲面的曲率是张量，曲面上任意一点的切平面中，沿不同的切方向，其法曲率 k_n 和短程挠率 τ_g 是不同的。如果在切平面内作一平面坐标系 $O\text{-}k\tau$，以法曲率 k_n 为横坐标，短程挠率 τ_g 为纵坐标，以某切方向 2θ 角为变量，该方向的法曲率 k_n、短程挠率 τ_g 将对应坐标系 $O\text{-}k_n\tau_g$ 中的一个点，这些点的集合正好构成了一个摩尔圆，该圆称为曲面的曲率参数圆(以下简称曲率圆)。

如果令 $k_{\mathrm{I}}>k_{\mathrm{II}}$，由式(4.15)可以看出，它所表示的是一个以 $O_h(H,0)$ 为圆心、Q 为半径的曲率圆，如图 4.5 所示。在横坐标上 $P_1(k_{\mathrm{I}},0)$、$P_2(k_{\mathrm{II}},0)$ 表示主方向和主曲率，Q_1、Q_2 表示挠率的极值和方向。由图 4.5 可以看到，曲率圆的方位角 2θ，即圆心角，与曲面的切方向角 θ 形成了一一对应的关系，曲面上相互垂直的方向在曲率圆上互成 180°。但要注意，切方向与曲率圆的旋向是相反的，当在曲面的切平面上取右手系时，图4.5所示的坐标则取左手系。

曲率圆不仅能够很直观地反映曲面上曲率、挠率的变化关系，也能够很容易地推出以下一些重要的计算公式。

在曲率圆上给定 M_1、M_2 两点(图 4.6)，对应两个切方向，其夹角为σ。已知 M_1 点对应切方向的法曲率 k_1、短程挠率 τ_{g1}，M_2 点的法曲率 k_2。利用曲率圆所提供的几何关系，可以确定主曲率值$(k_{\mathrm{I}}, k_{\mathrm{II}})$以及主方向角度 q_1(与 M_1 切方向的夹角)：

$$k_{\mathrm{I}} = k_1 - \tau_{g1}\tan q_1,\quad k_{\mathrm{II}} = k_1 + \tau_{g1}\cot q_1 \tag{4.18}$$

其中，$\tan 2q_1 = \dfrac{\tau_{g1}(1-\cos 2\sigma)}{k_2 - k_1 - \tau_{g1}\sin 2\sigma}$。

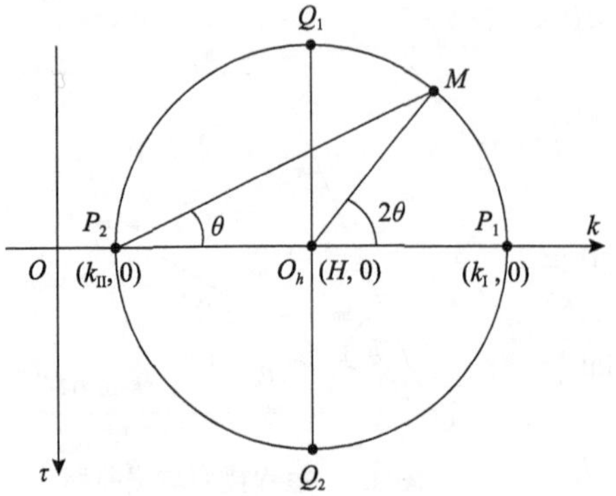

图 4.5　曲面的曲率参数圆

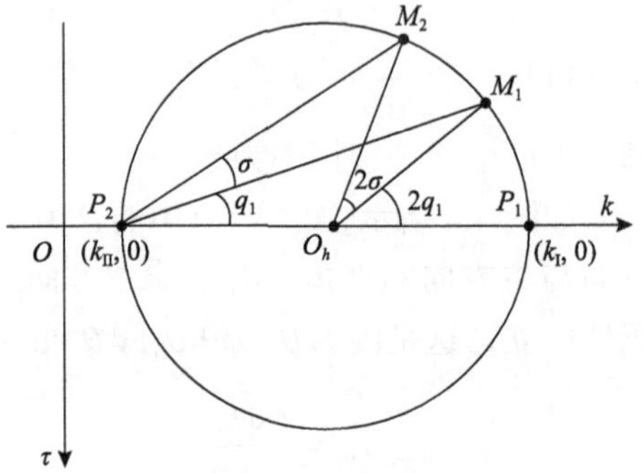

图 4.6　主曲率的计算

从几何角度讲，三点可以确定一个圆，由于曲率圆的圆心位于 k 轴上，所以已知两点就可完全确定曲率圆，如果图 4.6 中 M_2 点的短程挠率为 τ_{g2}，则

$$\tan\sigma = \frac{k_2 - k_1}{\tau_{g1} + \tau_{g2}} \tag{4.19}$$

式(4.19)说明 σ、k_1、τ_{g1}、k_2、τ_{g2} 五个参数中，只有四个是独立的，余下的一个必须满足式(4.18)的要求，故把式(4.18)称为曲面曲率参数的协调方程。

由图 4.6 的曲率圆还可以推出 M_1、M_2 两点短程挠率之间的关系：

$$\frac{\tau_{g2}}{\tau_{g1}} = \frac{\sin 2(q_1 + \mu)}{\sin 2q_1} \tag{4.20}$$

其中，μ 表示任意方向与 M_1 切方向的夹角。

根据曲率圆的几何关系，有两个方向的曲率参数可求出任意方向的曲率参数，即

$$\begin{aligned} k_n &= k_1\cos^2\mu + k_2\sin^2\mu + \tau_{g1}\sin 2\mu + (\tau_{g2} - \tau_{g1})\sin 2\mu\cot\sigma \\ \tau_g &= \frac{k_2 - k_1}{2}\sin 2\mu + \frac{\tau_{g2} - \tau_{g1}}{2}\sin 2\mu\cot\sigma + \tau_{g1}\cos 2\mu \end{aligned} \tag{4.21}$$

式(4.21)称为欧拉-贝朗特推广公式，利用该公式可以在已知两个方向的曲率参数条件下，不需要通过求主方向而计算出任意切方向的曲率参数，计算过程大大简化。

4.3　曲率并矢表达式

对于曲面曲率还有一种表达方式，就是曲率并矢。下面给出其表达形式。

对于空间笛卡儿坐标系，哈密顿算子表示为

$$\nabla = \boldsymbol{i}\frac{\partial}{\partial x} + \boldsymbol{j}\frac{\partial}{\partial y} + \boldsymbol{k}\frac{\partial}{\partial z}$$

哈密顿算子作用于曲面法矢：$\boldsymbol{n} = \boldsymbol{n}(u,v)$，则

$$\begin{aligned}\nabla\boldsymbol{n} = &\boldsymbol{i}\left(\frac{\partial \boldsymbol{n}}{\partial u}\frac{\partial u}{\partial x} + \frac{\partial \boldsymbol{n}}{\partial v}\frac{\partial v}{\partial x}\right) + \boldsymbol{j}\left(\frac{\partial \boldsymbol{n}}{\partial u}\frac{\partial u}{\partial y} + \frac{\partial \boldsymbol{n}}{\partial v}\frac{\partial v}{\partial y}\right) \\ &+ \boldsymbol{k}\left(\frac{\partial \boldsymbol{n}}{\partial u}\frac{\partial u}{\partial z} + \frac{\partial \boldsymbol{n}}{\partial v}\frac{\partial v}{\partial z}\right) = \nabla u\frac{\partial \boldsymbol{n}}{\partial u} + \nabla v\frac{\partial \boldsymbol{n}}{\partial v}\end{aligned} \tag{4.22}$$

如果定义基矢量：

$$\boldsymbol{e}_1 = \frac{\partial \boldsymbol{r}}{\partial u}，\ \boldsymbol{e}_2 = \frac{\partial \boldsymbol{r}}{\partial v}，\ \boldsymbol{e}_3 = \boldsymbol{n}$$

令

$$\boldsymbol{e}^1 = \frac{\boldsymbol{e}_2 \times \boldsymbol{e}_3}{(\boldsymbol{e}_1, \boldsymbol{e}_2, \boldsymbol{e}_3)}，\ \boldsymbol{e}^2 = \frac{\boldsymbol{e}_3 \times \boldsymbol{e}_1}{(\boldsymbol{e}_2, \boldsymbol{e}_3, \boldsymbol{e}_1)}$$

$\boldsymbol{e}^1$、$\boldsymbol{e}^2$ 称为倒易矢量。

式(4.22)可写作

$$\nabla\boldsymbol{n} = \boldsymbol{e}^1\frac{\partial \boldsymbol{n}}{\partial u} + \boldsymbol{e}^2\frac{\partial \boldsymbol{n}}{\partial v} \tag{4.23}$$

这就是曲率并矢表达式。

一般而言，曲面的参变量是斜交的，$\boldsymbol{e}_1$、$\boldsymbol{e}_2$ 通常非单位矢量、非正交。

曲率并矢(式(4.23))与曲面上任意切方向作点积，即得该点曲面方向的曲率参数。若给出切方向 $\boldsymbol{t}$，则

$$\boldsymbol{t}\cdot\nabla\boldsymbol{n} = \left(\frac{\mathrm{d}\boldsymbol{n}}{\mathrm{d}s}\right)_{\boldsymbol{t}}$$

证明　$\boldsymbol{t}$ 为任意切方向，可表示为 $\boldsymbol{t} = \mathrm{d}\boldsymbol{r}/\mathrm{d}s$。

$$
\begin{aligned}
\boldsymbol{t}\cdot\nabla\boldsymbol{n} &= \frac{\mathrm{d}\boldsymbol{r}}{\mathrm{d}s}\cdot\nabla\boldsymbol{n} = \left(\frac{\partial\boldsymbol{r}}{\partial u}\frac{\mathrm{d}u}{\mathrm{d}s}+\frac{\partial\boldsymbol{r}}{\partial v}\frac{\mathrm{d}v}{\mathrm{d}s}\right)\cdot\left(\boldsymbol{e}^1\frac{\partial\boldsymbol{n}}{\partial u}+\boldsymbol{e}^2\frac{\partial\boldsymbol{n}}{\partial v}\right)\\
&= \left(\boldsymbol{e}_1\frac{\mathrm{d}u}{\mathrm{d}s}+\boldsymbol{e}_2\frac{\mathrm{d}v}{\mathrm{d}s}\right)\cdot\left(\boldsymbol{e}^1\frac{\partial\boldsymbol{n}}{\partial u}+\boldsymbol{e}^2\frac{\partial\boldsymbol{n}}{\partial v}\right)\\
&= \frac{\partial\boldsymbol{n}}{\partial u}\frac{\mathrm{d}u}{\mathrm{d}s}+\frac{\partial\boldsymbol{n}}{\partial v}\frac{\mathrm{d}v}{\mathrm{d}s}=\left(\frac{\mathrm{d}\boldsymbol{n}}{\mathrm{d}s}\right)_t
\end{aligned}
$$

所以

$$
\begin{cases}
\boldsymbol{t}\cdot\nabla\boldsymbol{n}\cdot\boldsymbol{t}=k_t\\
\boldsymbol{t}\cdot\nabla\boldsymbol{n}\cdot(\boldsymbol{n}\times\boldsymbol{t})=\tau_t
\end{cases}
\tag{4.24}
$$

由此可知，曲率并矢表达了曲面上任意一点的任意方向的曲率(法曲率和挠率)。

例 4.1 试用曲率并矢推导阿基米德蜗杆的曲率参数表达式。

解 阿基米德蜗杆齿面的矢量表达式为

$$
\boldsymbol{r}(u,\varphi)=\left(q\cos\varphi,\, q\sin\varphi,\, p\varphi-u\sin\alpha\right),\quad q=u\cos\alpha-b
$$

求曲面基矢量：

$$
\boldsymbol{e}_1=\frac{\partial\boldsymbol{r}}{\partial u}=\left(\cos\alpha\cos\varphi,\cos\alpha\sin\varphi,-\sin\alpha\right)
$$

$$
\boldsymbol{e}_2=\frac{\partial\boldsymbol{r}}{\partial\varphi}=\left(-q\sin\varphi,q\cos\varphi,p\right)
$$

$$
\boldsymbol{e}_3=\boldsymbol{n}=\frac{\boldsymbol{e}_1\times\boldsymbol{e}_2}{|\boldsymbol{e}_1\times\boldsymbol{e}_2|}=\frac{1}{\sqrt{p^2\cos^2\alpha+q^2}}\begin{bmatrix} p\cos\alpha\sin\varphi+q\sin\alpha\cos\varphi\\ q\sin\alpha\sin\varphi-p\cos\alpha\cos\varphi\\ -q\cos\alpha\end{bmatrix}
$$

求曲面倒易矢量：

$$
\boldsymbol{e}^1=\frac{\boldsymbol{e}_2\times\boldsymbol{e}_3}{(\boldsymbol{e}_1,\boldsymbol{e}_2,\boldsymbol{e}_3)}=\frac{1}{p^2\cos^2\alpha+q^2}\begin{bmatrix}(p^2+q^2)\cos\alpha\cos\varphi-pq\sin\alpha\sin\varphi\\ (p^2+q^2)\cos\alpha\sin\varphi+pq\sin\alpha\cos\varphi\\ -q^2\sin^2\alpha\end{bmatrix}
$$

$$
\boldsymbol{e}^2=\frac{\boldsymbol{e}_3\times\boldsymbol{e}_1}{(\boldsymbol{e}_1,\boldsymbol{e}_2,\boldsymbol{e}_3)}=\frac{1}{p^2\cos^2\alpha+q^2}\begin{bmatrix} p\sin\alpha\cos\alpha\cos\varphi-q\sin\varphi\\ p\sin\alpha\cos\alpha\sin\varphi+q\cos\varphi\\ -p\cos^2\alpha\end{bmatrix}
$$

求曲面曲率并矢：

$$\nabla \boldsymbol{n} = \boldsymbol{e}^1 \frac{\partial \boldsymbol{n}}{\partial u} + \boldsymbol{e}^2 \frac{\partial \boldsymbol{n}}{\partial \varphi} \tag{4.25}$$

其中，

$$\frac{\partial \boldsymbol{n}}{\partial u} = \frac{p\cos^2\alpha}{\sqrt[3]{(p^2\cos^2\alpha + q^2)^2}} \begin{bmatrix} p\sin\alpha\cos\alpha\cos\varphi - q\sin\varphi \\ p\sin\alpha\cos\alpha\sin\varphi + q\cos\varphi \\ p\cos^2\alpha \end{bmatrix}$$

$$\frac{\partial \boldsymbol{n}}{\partial \varphi} = \frac{1}{\sqrt{p^2\cos^2\alpha + q^2}} \begin{bmatrix} p\cos\alpha\cos\varphi - q\sin\alpha\sin\varphi \\ q\sin\alpha\cos\varphi + p\cos\alpha\sin\varphi \\ 0 \end{bmatrix}$$

由曲率并矢表达式(4.23)，给出曲面上任意点的(u, φ)值，即可得该点的曲率并矢(4.25)，并由此求出该点任意方向的法曲率和挠率。

如果求 $\boldsymbol{r}_u$ 方向的曲率，即蜗杆车刀刃线方向(该方向在前面已经给出)，将 $\boldsymbol{t} = \boldsymbol{r}_u = \boldsymbol{e}_1$ 代入式(4.24)，因为 $\boldsymbol{e}_1 \cdot \boldsymbol{e}^1 = 1,\ \boldsymbol{e}_1 \cdot \boldsymbol{e}^2 = 0$，可得

$$\boldsymbol{t} \cdot \nabla \boldsymbol{n} = \boldsymbol{e}_1 \cdot \boldsymbol{e}^1 \frac{\partial \boldsymbol{n}}{\partial u} + \boldsymbol{e}_1 \cdot \boldsymbol{e}^2 \frac{\partial \boldsymbol{n}}{\partial \varphi} = \frac{\partial \boldsymbol{n}}{\partial u}$$

所以 $\boldsymbol{r}_u$ 方向的曲率为

$$k_t = (\boldsymbol{t} \cdot \nabla \boldsymbol{n}) \cdot \boldsymbol{t} = \frac{\partial \boldsymbol{n}}{\partial u} \cdot \boldsymbol{t} = 0$$

挠率为

$$\tau_t = (\boldsymbol{t} \cdot \nabla \boldsymbol{n}) \cdot (\boldsymbol{n} \times \boldsymbol{t}) = \frac{\partial \boldsymbol{n}}{\partial u} \cdot (\boldsymbol{n} \times \boldsymbol{t}) = \frac{p\cos^2\alpha}{p^2\cos^2\alpha + q^2}$$

4.4　单参数曲面族的包络

类似于平面曲线族的包络(2.6 节)，将它扩展到三维空间，曲线扩展为曲面可以研究单参数曲面族的包络问题。

如图 4.7 所示，给出一个单参数曲面族：

$$\{S_\lambda\} : F(x, y, z, \lambda) = 0 \tag{4.26}$$

其中，λ 是参数。

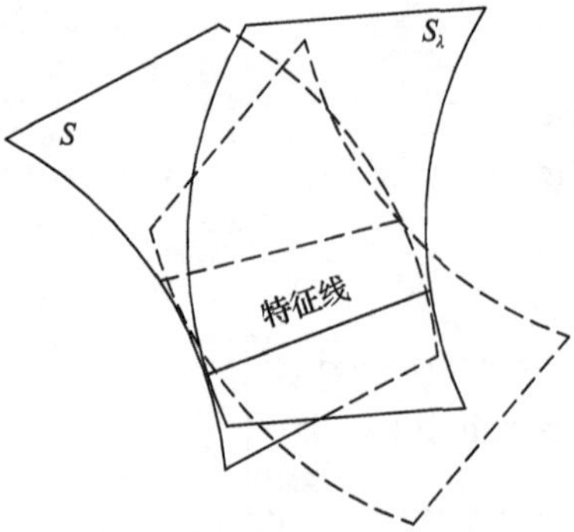

图 4.7 曲面族包络与特征线

当 λ 值变化时，形成不同的族中曲面 S_λ，并且假定函数 $F(x,y,z,\lambda)$ 具有一阶与二阶连续偏导数。

如果有一个曲面 S, 它的每一点是$\{S_\lambda\}$族中一个曲面 S_λ 上的点，而且在 S 与 S_λ 的公共点它们有相同的切平面；反过来，对$\{S_\lambda\}$中每一个曲面 S_λ，在曲面 S 上有一点 P_λ 使 S_λ 与 S 在 P_λ 点有相同的切平面，那么 S 称为单参数曲面族$\{S_\lambda\}$的包络面。

由以上定义可以知道，曲面族(4.26)的包络面 S 满足方程组：

$$\begin{cases} F(x,y,z,\lambda)=0 \\ F_\lambda(x,y,z,\lambda)=0 \end{cases} \tag{4.27}$$

包络面 S 与族中曲面 S_λ 相切的曲线称为特征线，因而当 λ 值固定时，式(4.27)为特征线方程，特征线的轨迹就是包络面 S，即族中的每一曲面 S_λ 沿特征线切于包络面 S。

例 4.2 求球面族 $(x-\lambda)^2+y^2+z^2=1$ 的包络与特征线方程。

该例可参考图 2.23，与例 2.8 为同一问题。

解 设 $F(x,y,z,\lambda)=(x-\lambda)^2+y^2+z^2-1$，则 $F'_\lambda=-2(x-\lambda)$。

由 $-2(x-\lambda)=0$ 得 $\lambda=x$。将其代入球面族方程 $(x-\lambda)^2+y^2+z^2=1$，消去 λ，得判别曲面方程：$y^2+z^2=1$。

由于 $F'_\lambda=-2(x-\lambda)$, $F'_y=2y$, $F'_z=2z$ 不同时为零，所以 $y^2+z^2=1$ 为包络面方程。特征线方程为

$$\begin{cases} y^2+z^2=1 \\ x=\lambda \end{cases}$$

从直观上看，一个单位球沿 x 轴运动，如果存在一个圆柱面 $y^2+z^2=1$，两者将始终相切于球面的大圆，这就是包络，大圆也就是特征线。

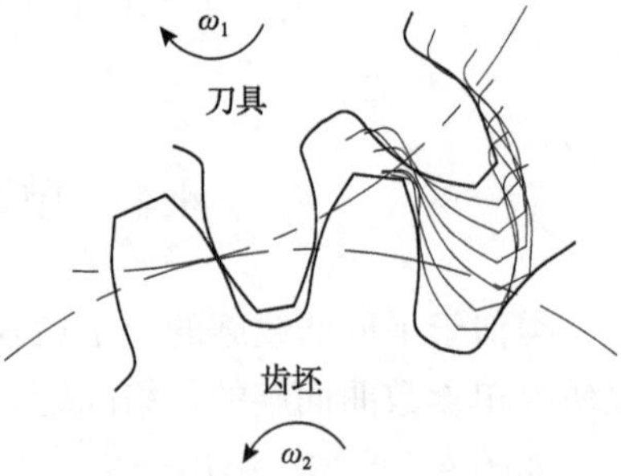

图 4.8 齿面包络

单自由度齿面展成加工可以理解为单参数曲面的包络。任意瞬时产形轮（刀具）与齿面之间总是存在一条相切的接触线，也就是齿面包络的特征线。以图 4.8 所示的平面齿轮加工为例，特征线为齿向直线，在

齿廓看成一切点。

4.5　曲 面 综 合

4.5.1　二阶密切曲面

设有一个 S^2类曲面(至少存在 2 阶连续导数)，在它上面的一点 M 处取坐标系(M-xyz)，如图 4.9 所示。x、y 轴在 M 点的切平面上，z 在 M 点的法线 $\boldsymbol{n}$ 方向。若曲面 S^2在该坐标系中的方程为

$$z = f(x, y) \tag{4.28}$$

那么，M 点的法线 $\boldsymbol{n}$ 可表示为

$$\boldsymbol{n} = \frac{(-f_x, -f_y, 1)}{\sqrt{1 + f_x^2 + f_y^2}}$$

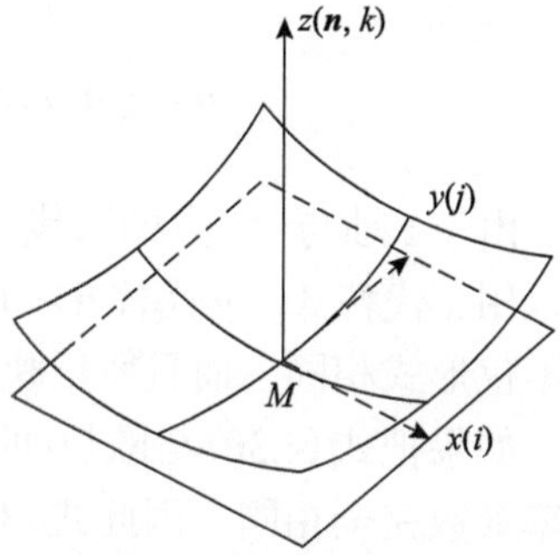

图 4.9　曲面密切坐标系

由于 z 轴取为 M 点的法线方向，所以它的一阶微分 $f_x = 0$，$f_y = 0$。

利用马克劳林公式，在 M 点的邻域都可以将式(4.28)展开成下面的级数形式：

$$\begin{aligned} z &= f_x x + f_y y + \frac{1}{2} f_{xx} x^2 + f_{xy} xy + \frac{1}{2} f_{yy} y^2 \\ &\quad + \frac{1}{6} f_{xxx} x^3 + \frac{1}{2} f_{xxy} x^2 y + \frac{1}{2} f_{xyy} xy^2 + \frac{1}{6} f_{yyy} y^3 + \cdots \end{aligned} \tag{4.29}$$

略去三阶以上各项，在 M 点的邻域可得到如下近似式：

$$z = \frac{1}{2} k_x x^2 + \tau_x xy + \frac{1}{2} k_y y^2 \tag{4.30}$$

其中，$k_x = f_{xx}$、$k_y = f_{yy}$ 和 $\tau_x = f_{xy}$、$\tau_y = -f_{xy} = -\tau_x$ 分别表示 x 方向($\mathrm{d}y = 0$)和 y 方向($\mathrm{d}x=0$)的法曲率、短程挠率。

式(4.30)表示的曲面 S_d 和原曲面 S^2 在二阶项上是一致的，它们有相同的曲率参数 k_x、k_y 和 τ_x。因此，把 S_d 称为 S^2 的二阶密切曲面。S_d 和 S^2 既然在 x、y 方向上有相同的法曲率及短程挠率，则它们在任意方向上都有相同的法曲率及短程挠率。

由于 S^2 曲面在正常点的邻域中总可以有式(4.30)形式的参数表示，所以总存在一个二次曲面形(式(4.30))当且仅当它们具有相同的曲率参数。因此，这一论述可作为微分几何学上的一个定理。

定理 4.2　对于 S^2类曲面，在正常点的邻域内，总存在一张与其密切相切的二

次曲面，当且仅当它们具有相同的曲率参数。

下面从微分几何的第二基本形式对这一定理做进一步说明。对于式(4.28)的 S^2 类曲面，有

$$\mathrm{II} = \boldsymbol{n} \cdot \ddot{\boldsymbol{r}} \mathrm{d}s^2 = f_{xx}\mathrm{d}x^2 + 2f_{xy}\mathrm{d}x\mathrm{d}y + f_{yy}\mathrm{d}y^2$$

显然这是一个关于(dx, dy)的二次型，与式(4.30)形式相似。

从第二基本形式的几何意义来看，它近似地等于曲面与切平面的有向距离的两倍，即

$$\delta = \frac{1}{2}\boldsymbol{n} \cdot \ddot{\boldsymbol{r}} \mathrm{d}s^2 = \frac{1}{2}f_{xx}\mathrm{d}x^2 + f_{xy}\mathrm{d}x\mathrm{d}y + \frac{1}{2}f_{yy}\mathrm{d}y^2 \tag{4.31}$$

由于 z 轴与 M 点的法线方向一致，式(4.31)表示了 z 轴的坐标。在小邻域内可以用 x 代替 dx，y 代替 dy，所以式(4.31)与式(4.30)所表达的含义完全相同。它们不仅形式相同，而且所反映的微分几何性质也是一样的。

如果把式(4.30)与欧拉-贝朗特公式(4.21)对比，会发现它们所反映的曲面的曲率参数完全相同，因此式(4.30)的形式也可以由欧拉-贝朗特公式推出。

合理选取 x、y 方向，可以使 $\tau_x = 0$，这时密切曲面方程(4.30)变为

$$z = \frac{1}{2}k_x x^2 + \frac{1}{2}k_y y^2 \tag{4.32}$$

其中，k_x、k_y 为 S^2 曲面主曲率；x、y 为其主方向。式(4.32)与欧拉公式的形式一致。

由上述分析可以知道，对于 S^2 类曲面总存在一个二次型曲面作为其二阶密切曲面。它们在 M 点有完全相同的二阶项(曲率参数)，因此可以说，在二阶精度范围内，S^2 类曲面在 M 点的邻域内可以由二阶密切曲面代替。

在齿轮制造中，有时根据齿轮啮合原理求得的理论齿面不仅复杂而且很难加工出来，此时可以用式(4.30)近似代替理论齿面，不仅能够达到相当高的精度，而且可以很方便地对齿面进行修形、拓扑处理。

同理，对比目标曲面，利用式(4.29)还可以定义三阶或更高阶的密切曲面。

4.5.2 曲面的叠加

由式(4.30)可以看出，该曲面由三个曲面叠加而成，它们的方程分别为

$$\Sigma_1' : z_1 = \frac{1}{2}k_x x^2, \quad \Sigma_2' : z_2 = \tau_x xy, \quad \Sigma_3' : z_3 = \frac{1}{2}k_y y^2$$

曲面 Σ_1' 是一个柱面(图 4.10(a))，其直母线平行于 y 轴，而在 xMz 平面中的截形方程为抛物线，此截形在 M 点的曲率为 k_x。

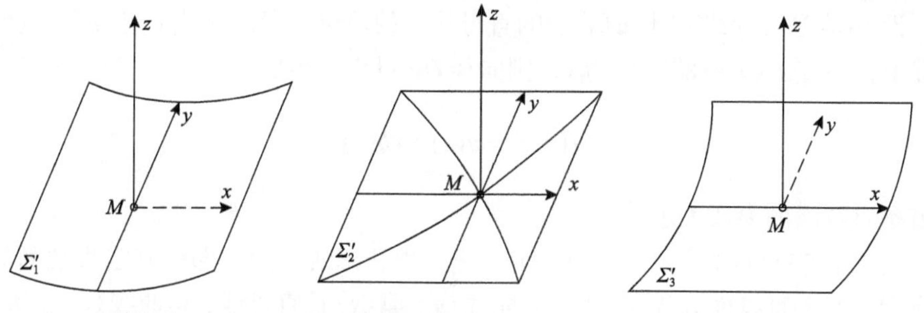

(a) x向抛物面　　(b) 双曲面　　(c) y向抛物面

图 4.10　三个曲面综合

曲面 Σ_2' 是一个扭曲面(图 4.10(b))，它存在两个直线方向 x 和 y，即双曲点邻域的渐近线方向。例如，在 $y=0$ 的 xMz 平面上为直线 $z_2=0$，而在 $y=c$ (c 为一任意常数)的平面上为直线 $z_2=c\tau_g x$。

曲面 Σ_3' 是直母线平行于 x 轴的轴面(图 4.10(c))，在 yMz 平面中的截形方程式为 $z_3=\dfrac{1}{2}k_y y^2$，它在 M 点的曲率为 k_y。

因此也可以说，在二阶项的精度范围内，曲面 Σ 在 M 点的邻域内可以看成是由 Σ_1'、Σ_2'、Σ_3' 三个曲面叠加而成的。

有些曲面很难表达，这时利用多项式趋近，可以达到很高的精度，这个曲面称为高阶密切曲面。所有的曲面都可以利用泰勒多项式表达，从数理上来讲就是采用分量无限趋近总量的形式。

4.6　直纹面与可展曲面

4.6.1　直纹面

由直线连续运动轨迹所形成的曲面称为直纹面，这些直线称为直纹面的直母线。柱面、锥面、单叶双曲面(纸篓面)、双曲抛物面(马鞍面)、空间曲线的切线曲面等都是直纹面。

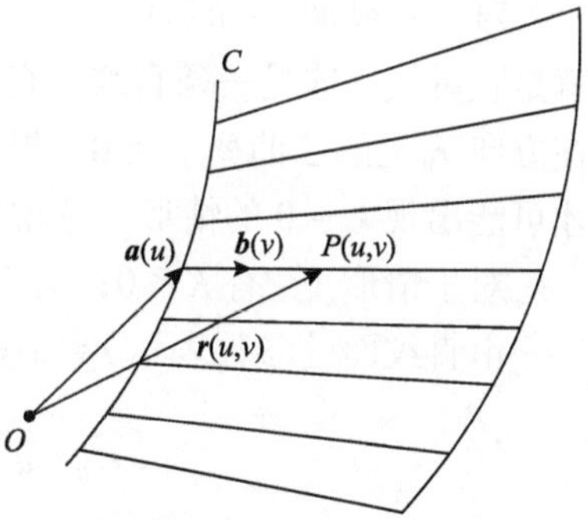

图 4.11　直纹面的形成

1. 直纹面的参数表示

直纹面上取一条曲线 C，它的参数表示是 $\boldsymbol{a}=\boldsymbol{a}(u)$。如图 4.11 所示，曲线 C 和所有直母线相交，即过曲线 C 的每一点 $u=u_0$，有一直母线，曲线 C 称为直纹面的导线。

设 $\boldsymbol{b}(u)$ 是过导线 C 上 $\boldsymbol{a}(u)$ 点的直母线上的单位矢量。导线 C 上 $\boldsymbol{a}(u)$ 点到直母线上任一点 $P(u, v)$ 的距离为 v，则向径 $\boldsymbol{OP}$ 可以表示成

$$\boldsymbol{r}(u,v)=\boldsymbol{a}(u)+v\boldsymbol{b}(u) \tag{4.33}$$

这就是直纹面的参数表示。

由式(4.33)可以看出，当知道了导线方程和母线方向，即可确定直纹面的参数方程。对于直纹面方程(4.33)：v-曲线(u = 常数)是直母线，u-曲线(v =常数)是和导线 C 平行的曲线。

直纹面上任一点 $P(u, v)$ 的法矢 $\boldsymbol{n}$ 平行于 $\boldsymbol{r}_u\times\boldsymbol{r}_v$，从式(4.33)容易导出

$$\boldsymbol{r}_u=\boldsymbol{a}'(u)+v\boldsymbol{b}'(u),\quad \boldsymbol{r}_v=\boldsymbol{b}(u)$$

所以

$$\boldsymbol{r}_u\times\boldsymbol{r}_v=\boldsymbol{a}'\times\boldsymbol{b}+v\boldsymbol{b}'\times\boldsymbol{b} \tag{4.34}$$

当 P 点在曲面上沿一条直母线移动时，法矢 $\boldsymbol{n}$ 的变化分两种情形。

情形 1　$\boldsymbol{a}'\times\boldsymbol{b}$ 不平行 $\boldsymbol{b}'\times\boldsymbol{b}$，即 $(\boldsymbol{a}', \boldsymbol{b}, \boldsymbol{b}')\neq 0$。

当 P 点在一条直母线上移动时(参数 v 随 P 点的变动而变化)，法矢 $\boldsymbol{n}$(或切平面)绕直母线而旋转，如单叶双曲面、双曲抛物面等。

情形 2　$\boldsymbol{a}'\times\boldsymbol{b}\,/\!/\,\boldsymbol{b}'\times\boldsymbol{b}$，即 $(\boldsymbol{a}', \boldsymbol{b}, \boldsymbol{b}')=0$。

当 P 点沿一条直母线移动时，虽然 v 变化了，但是 $\boldsymbol{r}_u\times\boldsymbol{r}_v$ 只改变长度，不改变方向，也就是说 $\boldsymbol{n}=\dfrac{\boldsymbol{r}_u\times\boldsymbol{r}_v}{|\boldsymbol{r}_u\times\boldsymbol{r}_v|}$ 保持不变。这说明 P 点沿直母线移动时，它的法矢(或切平面)不变，此时直纹面沿一条直母线有同一个切平面，如圆柱面、圆锥面等都属于这种情形。

对于直纹面 $\boldsymbol{r}=\boldsymbol{a}(u)+v\boldsymbol{b}(u)$，有 $\boldsymbol{r}_v=\boldsymbol{b}(u)$，所以曲面在 P 点沿方向 $\boldsymbol{r}_v$ 的法截线就是直母线，这是一条直线，它的曲率为零。由梅尼埃定理 $k_n=k\cos\theta$，可知 P 点在方向 $\boldsymbol{r}_v$ 上的法曲率 $k_n=0$。根据以前的讨论，只有当 P 点是双曲点或抛物点时才可能出现 $k_n=0$ 的情形，这说明了直纹面上高斯曲率 $K\leqslant 0$。

对于情形 1，有 $K<0$；对于情形 2，有 $K=0$。

由直纹面的参数表示 $\boldsymbol{r}=\boldsymbol{a}(u)+v\boldsymbol{b}(u)$，可得

$$\boldsymbol{r}_{uu}=\boldsymbol{a}''+v\boldsymbol{b}'',\quad \boldsymbol{r}_{uv}=\boldsymbol{b}',\quad \boldsymbol{r}_{vv}=0$$

单位法矢为

$$\boldsymbol{n}=\frac{\boldsymbol{r}_u\times\boldsymbol{r}_v}{|\boldsymbol{r}_u\times\boldsymbol{r}_v|}=\frac{\boldsymbol{a}'\times\boldsymbol{b}+v\boldsymbol{b}'\times\boldsymbol{b}}{\sqrt{EG-F^2}}$$

由此得第二基本量为

$$L=\boldsymbol{r}_{uu}\cdot\boldsymbol{n}=\frac{(\boldsymbol{b}'',\boldsymbol{b}',\boldsymbol{b})v^2+[(\boldsymbol{a}'',\boldsymbol{b}',\boldsymbol{b})+(\boldsymbol{b}'',\boldsymbol{a}',\boldsymbol{b})]v+(\boldsymbol{a}'',\boldsymbol{a}',\boldsymbol{b})}{\sqrt{EG-F^2}}$$

$$M=\boldsymbol{r}_{uv}\cdot\boldsymbol{n}=\frac{(\boldsymbol{b}',\boldsymbol{a}',\boldsymbol{b})}{\sqrt{EG-F^2}},\quad N=\boldsymbol{r}_{vv}\cdot\boldsymbol{n}=0$$

高斯曲率为

$$K=\frac{LN-M^2}{EG-F^2}=\frac{-(\boldsymbol{b}',\boldsymbol{a}',\boldsymbol{b})^2}{(EG-F^2)^2}$$

因而对于情形 1，$(\boldsymbol{a}',\boldsymbol{b},\boldsymbol{b}')\neq 0$ 有高斯曲率 $K<0$；对于情形 2，$(\boldsymbol{a}',\boldsymbol{b},\boldsymbol{b}')=0$ 有高斯曲率 $K=0$。

我们已经知道对于法曲率 k_n 有 $k_n=\mathrm{II}/\mathrm{I}$，又因为沿着直纹面的直母线有 $k_n=0$，所以有 $\mathrm{II}=0$，因此直纹面的直母线一定是渐近线。

2. 直纹面的腰曲线

首先考察两条无限邻近的直母线的相互位置关系，如图 4.12 所示。

设 l 是过导线上点 $\boldsymbol{a}(u)$ 的直母线，l' 是过导线上 $\boldsymbol{a}(u)$ 的邻近点 $\boldsymbol{a}(u+\Delta u)$ 的直母线，作 l 和 l' 的公垂线(图 4.12)，垂足分别为 M 和 M'，当 $\Delta u\to 0$ 时，垂足 M 沿直母线无限趋近于极限位置 M_0，点 M_0 称为直母线 l 上的腰点。可推得腰点的向径表达式为

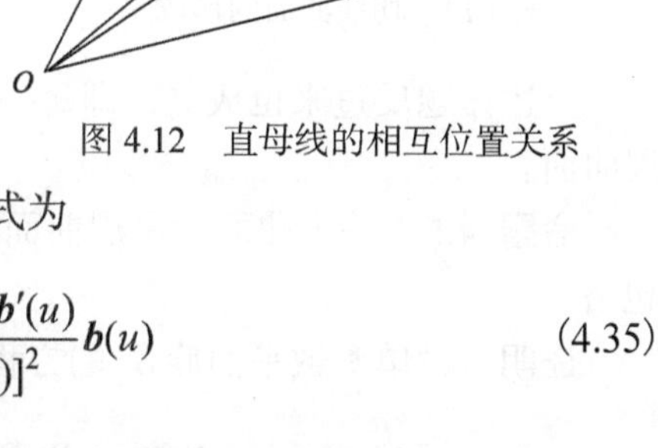

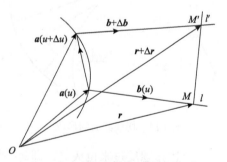

图 4.12　直母线的相互位置关系

$$\boldsymbol{r}=\boldsymbol{a}(u)-\frac{\boldsymbol{a}'(u)\cdot\boldsymbol{b}'(u)}{[\boldsymbol{b}'(u)]^2}\boldsymbol{b}(u) \tag{4.35}$$

显而易见，当 $\boldsymbol{b}'(u)\neq 0$ 时，在直纹面的每一条直母线上都存在一个腰点，这些腰点的轨迹称为腰曲线。腰曲线的几何意义是它沿直纹面的狭窄部位“围绕着”直纹面。若取腰曲线为导线 $\boldsymbol{r}=\boldsymbol{a}(u)$，则在式(4.35)中腰曲线的向径 $\boldsymbol{r}$ 就是导线的向径 $\boldsymbol{a}$，因此得到腰曲线为导线的充分必要条件是 $\boldsymbol{a}'\cdot\boldsymbol{b}'=0$，即 $\boldsymbol{a}'\perp\boldsymbol{b}'$。

4.6.2　可展曲面

在 4.6.1 节中把直纹面 $\boldsymbol{r}=\boldsymbol{a}(u)+v\boldsymbol{b}(u)$ 分为两种情形，第二种情形的直纹面称为可展曲面，也就是说，可展曲面是沿一条直母线有同一切平面的直纹面。

命题 4.4　每一个可展曲面或是柱面、锥面，或是一条曲线的切线曲面。

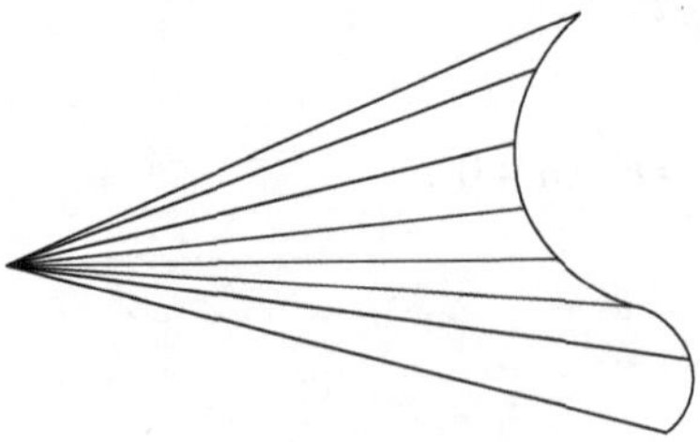

图 4.13　锥面的形成

证明　对于可展曲面有 $(\boldsymbol{a}',\boldsymbol{b},\boldsymbol{b}')=0$，取腰曲线为导线，即有 $\boldsymbol{a}'\cdot\boldsymbol{b}'=0$。

(1) 当 $\boldsymbol{a}'=0$ 时，$\boldsymbol{a}(u)=$ 常矢量，表示腰曲线退化为一点，也就是说，各条直母线上的腰点都重合，这是一个以所有母线上公共的腰点为顶点的锥面(图 4.13)。

(2) 当 $\boldsymbol{a}'\neq 0$ 时，由条件 $(\boldsymbol{a}',\boldsymbol{b},\boldsymbol{b}')=0$，$\boldsymbol{a}'\cdot\boldsymbol{b}'=0$ 并且 $|\boldsymbol{b}|=1$，$\boldsymbol{b}\perp\boldsymbol{b}'$ 得到 $\boldsymbol{a}'/\!/\boldsymbol{b}$。这时得到切于腰曲线的切线曲面(图 4.14)。

(3) 当 $\boldsymbol{b}'=0$ 时，$\boldsymbol{b}(u)=$ 常矢量，表示柱面(图 4.15)。

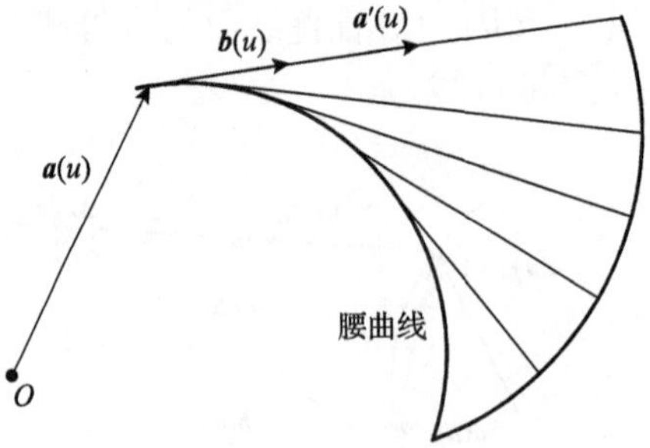

图 4.14　切线曲面的形成

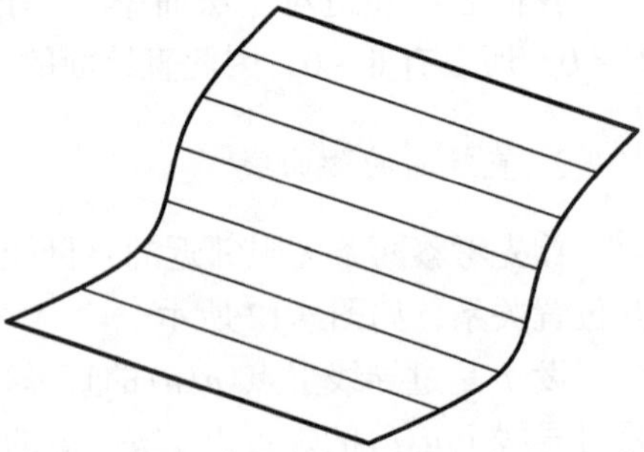

图 4.15　柱面的形成

上述命题反过来也成立，即每一柱面、锥面或任意空间曲线的切线曲面是可展曲面。

命题 4.5　一个曲面为可展曲面的充分必要条件是此曲面为单参数平面族的包络。

证明　设单参数平面族 S_λ 的方程为

$$A(\lambda)x+B(\lambda)y+C(\lambda)z+D(\lambda)=0$$

根据前述理论对参数 λ 求偏微分：

$$A'(\lambda)x+B'(\lambda)y+C'(\lambda)z+D'(\lambda)=0$$

联立以上两方程，在族 S_λ 中的平面上该方程组决定了一条直线，这就是特征线(图 4.16)，而包络是特征线的轨迹，即包络为直纹面 S。

例如，平面齿廓的齿条包络渐开线圆柱齿轮，齿条面即为族平面，齿条面与齿面始终存在一条公切线——特征线，其轨迹的拓扑为渐开线齿面。

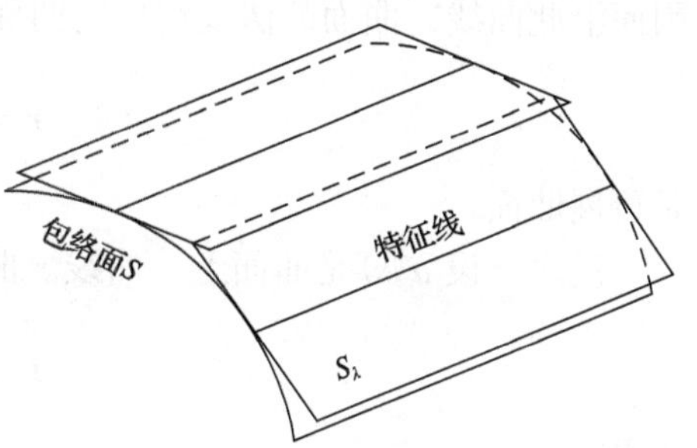

图 4.16　特征线

由于该包络面 S 沿特征线(即它的直母线)与族 S_λ 中某一平面 S_i 相切，所以此平面 S_i 是直母线上所有点的公共切平面。因此，符合可展曲面的定义，这个包络面 S 是可展曲面。

反过来，我们证明每一可展曲面是某一单参数平面族 S_λ 的包络。

对于前述的直纹面方程，把参数 u 换作 λ，有 $\boldsymbol{r}=\boldsymbol{a}(\lambda)+v\boldsymbol{b}(\lambda)$，该方程表示了一个直线族 L_λ，即可展曲面的直母线族，该直线族 L_λ 与单参数 λ 有关，经过给定的一条直母线可引入唯一的一个切平面，因此所有切于可展曲面的切平面是仅与一个参数 λ 有关的切平面族 S_λ，即 L_λ 对应 S_λ。这样可展曲面在它的每一点处均切于它的单参数切平面族 S_λ 中的某一平面，这就表示它是这个平面族 S_λ 的包络。

4.6.1 节通过计算得到可展曲面的高斯曲率等于零，这个命题反过来也是成立的。

命题 4.6　一个曲面为可展曲面的充分必要条件是它的高斯曲率恒等于零。

命题 4.7 刻画了曲面上曲率线的特征。

命题 4.7　曲面上的曲线为曲率线的充分必要条件是沿此曲线的曲面的法线组成一可展曲面。

证明　设曲面上的曲线 $\boldsymbol{a}=\boldsymbol{a}(s)$ 为曲率线，则根据罗德里格斯定理：

$$\mathrm{d}\boldsymbol{n}=-k_1\mathrm{d}\boldsymbol{a}$$

即

$$\dot{\boldsymbol{n}}(s)=-k_1(s)\dot{\boldsymbol{a}}(s)$$

其中，k_1 为对应的主曲率，可得

$$\dot{\boldsymbol{n}}(s)\,/\!/\,\dot{\boldsymbol{a}}(s)$$

所以有

$$(\dot{\boldsymbol{a}},\boldsymbol{n},\dot{\boldsymbol{n}})=0$$

因而沿此曲线，曲面的法线组成的曲面为

$$\boldsymbol{r}=\boldsymbol{a}+v\boldsymbol{n}$$

是可展曲面。

反之，设 $\boldsymbol{a}(s)$ 是曲面上一曲线。曲面沿此曲线的法线构成一个可展曲面：

$$\boldsymbol{r}=\boldsymbol{a}+v\boldsymbol{n}$$

于是有

$$(\dot{\boldsymbol{a}},\dot{\boldsymbol{n}},\boldsymbol{n})=0$$

由于 $\boldsymbol{n}$ 是单位矢量，所以 $\boldsymbol{n}\perp\dot{\boldsymbol{n}}$。而且 $\dot{\boldsymbol{a}}$ 是曲面的切矢量，有 $\dot{\boldsymbol{a}}\perp\boldsymbol{n}$。由此可得

$$\dot{\boldsymbol{a}}\,//\,\dot{\boldsymbol{n}}\text{ 或写作 }\mathrm{d}\boldsymbol{a}\,//\,\mathrm{d}\boldsymbol{n}$$

根据罗德里格斯定理，$\mathrm{d}\boldsymbol{a}$ 是主方向，因此曲线 $\boldsymbol{a}=\boldsymbol{a}(s)$ 是曲面的曲率线。

可展曲面的特征之一是它可以与平面呈等距对应。

命题 4.8 可展曲面可以与平面成等距对应，即可展为平面。

证明 在直角坐标系 $O\text{-}xy$，平面的第一基本形式是

$$\mathrm{I}=\mathrm{d}x^2+\mathrm{d}y^2$$

而在极坐标系 $O\text{-}\rho\theta$，通过

$$x=\rho\cos\theta,\quad y=\rho\sin\theta$$

变化，可得第一基本形式为

$$\mathrm{I}=\mathrm{d}\rho^2+\rho^2\mathrm{d}\theta^2$$

先给出可展曲面的一般表达式：

$$\boldsymbol{r}(u,v)=\boldsymbol{a}(u)+v\boldsymbol{b}(u)$$

$$\boldsymbol{r}_u=\boldsymbol{a}'(u)+v\boldsymbol{b}'(u),\quad \boldsymbol{r}_v=\boldsymbol{b}(u)$$

$$E=\boldsymbol{r}_u^2=(\boldsymbol{a}')^2+2v\boldsymbol{a}'\boldsymbol{b}'+(v\boldsymbol{b}')^2,\quad F=\boldsymbol{r}_u\cdot\boldsymbol{r}_v=\boldsymbol{a}'\boldsymbol{b}+v\boldsymbol{b}'\boldsymbol{b},\quad G=\boldsymbol{r}_v^2=\boldsymbol{b}^2$$

(1) 当可展曲面是柱面时，$\boldsymbol{b}$ 为常单位矢量，$\boldsymbol{b}'=0$，$\boldsymbol{b}^2=1$，$\boldsymbol{a}'\perp\boldsymbol{b}$，$\boldsymbol{a}'\cdot\boldsymbol{b}=0$。第一基本形式化为

$$\mathrm{I}=(\boldsymbol{a}')^2\mathrm{d}u^2+\mathrm{d}v^2$$

(2) 当可展曲面为锥面时，$\boldsymbol{a}$ 为常矢量，$\boldsymbol{a}'=0$；$\boldsymbol{b}$ 为锥面母线的单位矢量，$\boldsymbol{b}^2=1$，$\boldsymbol{b}\cdot\boldsymbol{b}'=0$，第一基本形式化为

$$\mathrm{I}=(v\boldsymbol{b}')^2\mathrm{d}u^2+\mathrm{d}v^2$$

以上两种情况的第一基本形式都可以通过参数变换与平面的第一基本形式相同，所以柱面和锥面都可以展为平面。

(3) 当可展曲面为切线曲面时，$\boldsymbol{a}=\boldsymbol{a}(s)$，$\boldsymbol{b}=\dot{\boldsymbol{a}}(s)=\boldsymbol{\alpha}$，则 $\boldsymbol{b}'=k\boldsymbol{\beta}$，第一基本形式化为

$$\mathrm{I}=(1+vk^2)\mathrm{d}s^2+2\mathrm{d}s\mathrm{d}v+\mathrm{d}v^2$$

该第一基本形式只与基曲线的曲率 k 有关，而与挠率 τ 无关，那么所有曲率 $k(s)$ 相同的空间曲线族 C_λ (包括平面曲线)，其切线曲面的第一基本形式都相同，说明这些曲线族 C_λ 的切线曲面族 S_λ 都呈等距对应，这里必然存在一条挠率 $\tau=0$ 的平面曲线 C_0，它的切线曲面 S_0 必为平面。因此，这些切线曲面 S_λ 也与平面 S_0 呈等距对应。

4.7 等距曲面

设有两个曲面 S 和 S'，如果 S 上的任意点 P 在 S' 都有一点 P' 与之对应，而且对应点的连线 PP' 是 S 和 S' 的公法线，PP' 的长度 h 是一定的，即 S 和 S' 之间的距离 h 处处相等，就称曲面 S 和 S' 是等距曲面(图 4.17)。

设曲面 S 的方程为 $\boldsymbol{r}=\boldsymbol{r}(u, v)$，则其等距曲面 S' 的方程为

$$\boldsymbol{\rho}=\boldsymbol{r}+h\cdot\boldsymbol{n} \tag{4.36}$$

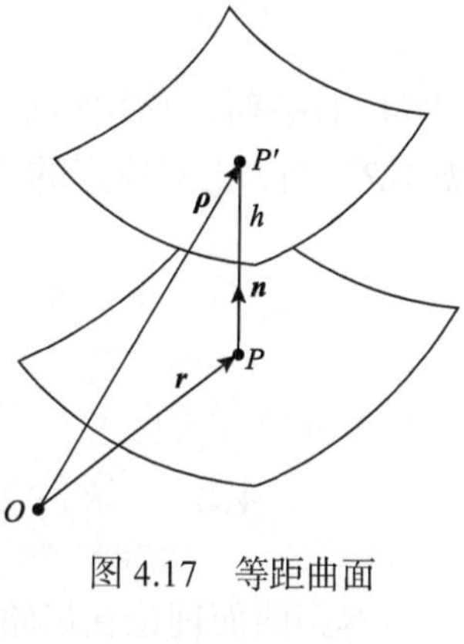

图 4.17　等距曲面

h 变动时可得到一系列等距曲面，因而 h 称为等距参数。

下面求等距曲面的主方向和主曲率。

设 $\boldsymbol{t}$ 为曲面 S 上沿主方向的单位切矢量，该方向的曲率线弧长微分 $\mathrm{d}s$，则由式(4.36)可得

$$\frac{\mathrm{d}\boldsymbol{\rho}}{\mathrm{d}s}=\frac{\mathrm{d}\boldsymbol{r}}{\mathrm{d}s}+h\frac{\mathrm{d}\boldsymbol{n}}{\mathrm{d}s}=\boldsymbol{t}+h\frac{\mathrm{d}\boldsymbol{n}}{\mathrm{d}s} \tag{4.37}$$

对于等距曲面 S'，$\mathrm{d}s$ 只是一般参数的微分。根据罗德里格斯定理，对于曲面 S，有

$$\frac{\mathrm{d}\boldsymbol{n}}{\mathrm{d}s} = -k\frac{\mathrm{d}\boldsymbol{r}}{\mathrm{d}s} = -k\boldsymbol{t}$$

其中，k 为曲面 S 在 P 点沿主方向 $\boldsymbol{t}$ 的主曲率，将上式代入式(4.37)得

$$\frac{\mathrm{d}\boldsymbol{\rho}}{\mathrm{d}s} = (1-kh)\boldsymbol{t} \tag{4.38}$$

另外，若令 $\mathrm{d}s_h$ 为曲面 S_h 沿 $\boldsymbol{t}$ 方向曲线弧长的微分，则

$$\frac{\mathrm{d}\boldsymbol{n}}{\mathrm{d}s_h} = \frac{\mathrm{d}\boldsymbol{n}}{\mathrm{d}s}\frac{\mathrm{d}s}{\mathrm{d}s_h} = -k\boldsymbol{t}\frac{\mathrm{d}s}{\mathrm{d}s_h} \tag{4.39}$$

从式(4.38)中可得到 $\boldsymbol{t}\mathrm{d}s = \dfrac{\mathrm{d}\rho}{1-kh}$，代入式(4.39)，得到

$$\frac{\mathrm{d}\boldsymbol{n}}{\mathrm{d}s_h} = -\left(\frac{1}{R-h}\right)\frac{\mathrm{d}\boldsymbol{\rho}}{\mathrm{d}s_h},\quad R = \frac{1}{k},\quad \frac{\mathrm{d}\boldsymbol{n}}{\mathrm{d}s_h} = -\left(\frac{1}{R-h}\right)\boldsymbol{t}_h \tag{4.40}$$

比较式(4.39)、式(4.40)可以看出

$$\frac{\mathrm{d}\boldsymbol{n}}{\mathrm{d}s_h} = -\left(\frac{1}{R-h}\right)\boldsymbol{t} \tag{4.41}$$

式(4.41)表明，等距曲面 S 和 S' 在对应点有相同的主方向 $\boldsymbol{t}$。若 S 上点的主曲率为 k=1/R，则 S'上对应点的主曲率为

$$k_h = \frac{1}{R-h}$$

4.8 综合实例——螺旋锥齿轮齿面误差检测

等距曲面理论在齿轮加工、检测及修正技术等方面应用广泛，如球面刀具、球头刀铣削轨迹计算，砂轮磨削曲面计算，实际加工齿面检测的理论运动轨迹计算、齿面误差的识别与计算等，都可归为等距曲面的计算及转换问题。下面以等距曲面理论对球形测头测量螺旋锥齿轮齿面时的理论运动轨迹计算与齿面真实误差的计算为例进行应用。

4.8.1　测头的运动轨迹

齿面检测时齿轮测量中心控制和读取的是与齿面接触瞬间测头中心位置的运动轨迹坐标，由此构成与实际齿面相距测头半径的等距曲面。

如图 4.18 所示，假设测头球心为 O，对应测量点为 P，分别对应测头球心轨迹面 $\boldsymbol{H}_e$ 和理论设计齿面 $\boldsymbol{H}$（$\boldsymbol{H}_e$ 的包络面），$\boldsymbol{H}$ 面上 P 点的法矢为 $\boldsymbol{n}$。由包络面特性可知，法矢 $\boldsymbol{n}$ 既垂直于包络面，也垂直于测头球面。所以 $\boldsymbol{n}$ 必然通过球心 O，O 与 P 的距离等于测头半径 ρ。那么，O 点可以看成是沿包络面上点 P 的法线方向截取距离 ρ 得到的点。

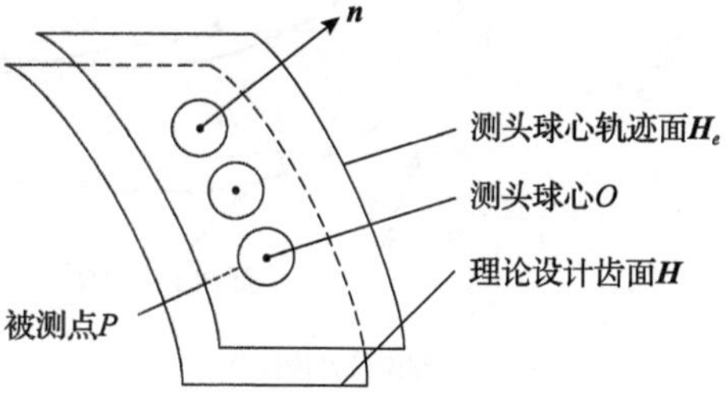

图 4.18　测头球心的运动轨迹

由此可见，测头球心轨迹面 $\boldsymbol{H}_e$ 可以看成是包络面上的每一点 P 沿着包络面在该点法向移动一段距离 ρ 而得到的点轨迹。由于齿面具有单一凹凸性，结合等距曲面理论，测头中心理论轨迹面与被测齿面可视为等距曲面，测头中心的每一个位置都对应被测齿面上的一个被测点。因此，测头的理论运动轨迹 $\boldsymbol{H}_e$ 为

$$\boldsymbol{H}_e(\phi_t,\phi_w;\varPhi_j)=\boldsymbol{H}(\phi_t,\phi_w;\varPhi_j)+\rho\cdot\boldsymbol{n}(\phi_t,\phi_w;\varPhi_j) \tag{4.42}$$

其中，ϕ_t 和 ϕ_w 为齿面参数；$\varPhi_j$ 为机床调整参数（$j=1,2,\cdots,m$ 为参数个数）；ρ 为测头半径，ρ 的选取须满足 $\rho<k_{\max}^{-1}$（$k_{\max}$ 为 $\boldsymbol{H}$ 最大法曲率），以保证在测量凹性螺旋曲面时，测头半径小于被测曲面的最小曲率半径，从而避免因曲率干涉而出现不可测点。

用球形测头测量螺旋锥齿轮齿面时，式(4.42)是决定测头理论运动轨迹的依据，齿轮测量中心根据此数据完成整个齿面检测。

4.8.2　齿面偏差计算

当用球形测头测量齿面误差时，若球形测头半径为 ρ，则测头中心的运动轨迹就是与实际加工齿面的法向距离为 ρ 的等距曲面。如图 4.19 所示，$\boldsymbol{H}$ 表示理论设计齿面，可以由加工模型及齿面点规划计算得到；$\boldsymbol{H}_e$ 表示齿面检测时测头中心的理论运动轨迹面，是理论设计齿面 $\boldsymbol{H}$ 的等距曲面；$\boldsymbol{H}_e^*$ 表示测头中心的实际运动轨迹面，可以经齿面检测后得到；$\boldsymbol{H}^*$ 表示实际加工齿面，是测头中心实际运动轨迹面 $\boldsymbol{H}_e^*$ 的等距曲面。由等距曲面理论可知，曲面与其等距曲面是互为等距曲面的关系。因此，可根据测头中心的实际运动坐标 $\boldsymbol{H}_e^*$ 反推出实测齿面的坐

标 $\boldsymbol{H}_e^*$，从而推出实际齿面的偏差 δ。

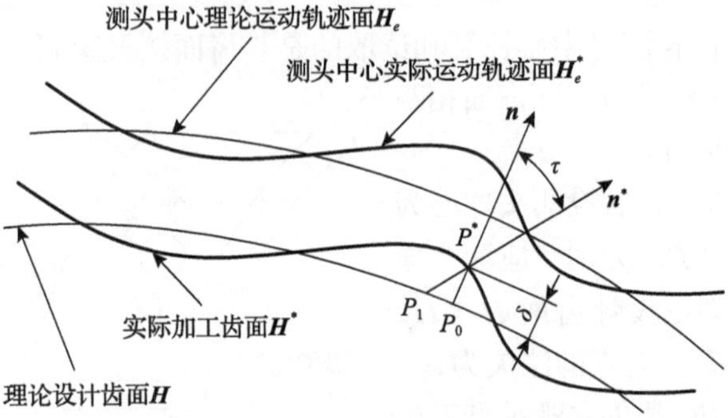

图 4.19　等距曲面的齿面误差计算模型

齿面偏差 δ 通常在理论设计齿面 $\boldsymbol{H}$ 的法线方向 $\boldsymbol{n}$ 上进行度量，表示为实际加工齿面 $\boldsymbol{H}^*$ 偏离理论设计齿面 $\boldsymbol{H}$ 的法向距离。对理论设计齿面 $\boldsymbol{H}$ 上一点 P_0，过其法矢 $\boldsymbol{n}$，找到与点 P_0 对应的实际加工齿面 $\boldsymbol{H}^*$ 上的点 P^*，计算这两点之间的偏差即为齿面加工时在 P_0 点所形成的齿面偏差 δ。$\boldsymbol{P_0P^*}$ 是齿面偏差 δ 的几何描述。

$$\delta = (\boldsymbol{H}^* - \boldsymbol{H}) \cdot \boldsymbol{n} \tag{4.43}$$

由式(4.43)可知，理论设计齿面 $\boldsymbol{H}$ 上的每一点均有唯一一个齿面偏差 δ 与之对应。因此，齿面偏差 δ 是理论设计齿面 $\boldsymbol{H}$ 上的点的函数，即曲面坐标 (ϕ_t,ϕ_w) 的函数，而 (ϕ_t,ϕ_w) 又由机床运动参数 $\boldsymbol{\Phi}_J$ 决定，所以 $\boldsymbol{\Phi}_J$ 是齿面偏差 δ 的参变量。那么，式(4.43)可以写为

$$\boldsymbol{H}^* = \boldsymbol{H} + \delta(\phi_t,\phi_w;\boldsymbol{\Phi}_j) \cdot \boldsymbol{n} \tag{4.44}$$

由图 4.19 可知，实际加工齿面 $\boldsymbol{H}^*$ 的法线 $\boldsymbol{n}^*$ 造成了空间夹角 τ 的存在，会对齿面检测产生影响。$\boldsymbol{n}^*$ 可表示如下：

$$\boldsymbol{n}^* = \frac{(\boldsymbol{H}_{\phi_t} + \delta_{\phi_t} \cdot \boldsymbol{n}) \times (\boldsymbol{H}_{\phi_w} + \delta_{\phi_w} \cdot \boldsymbol{n})}{\left|(\boldsymbol{H}_{\phi_t} + \delta_{\phi_t} \cdot \boldsymbol{n}) \times (\boldsymbol{H}_{\phi_w} + \delta_{\phi_w} \cdot \boldsymbol{n})\right|} \tag{4.45}$$

其中，$\boldsymbol{H}_{\phi_t} = \partial \boldsymbol{H}/\partial \phi_t$；$\boldsymbol{H}_{\phi_w} = \partial \boldsymbol{H}/\partial \phi_w$；$\delta_{\phi_t} = \partial \delta/\partial \phi_t$；$\delta_{\phi_w} = \partial \delta/\partial \phi_w$。

于是，测头中心的实际运动轨迹面 $\boldsymbol{H}_e^*$ 可表示为

$$\boldsymbol{H}_e^*(u,v) = \boldsymbol{H}^* + \rho \cdot \boldsymbol{n}^* \tag{4.46}$$

利用参数曲面的几何不变性，将测头中心实际运动轨迹面 $\boldsymbol{H}_e^*$ 与测头中心理论

运动轨迹面 $\boldsymbol{H}_e$ 进行匹配比较，得

$$\boldsymbol{H}_e^* - \boldsymbol{H}_e = \boldsymbol{H}^* - \boldsymbol{H} + \rho\cdot(\boldsymbol{n}^* - \boldsymbol{n}) \tag{4.47}$$

将式(4.44)代入式(4.47)，得

$$\boldsymbol{H}_e^*(u,v) - \boldsymbol{H}_e(\phi_t,\phi_w;\varPhi_j) = \delta(\phi_t,\phi_w;\varPhi_j)\cdot\boldsymbol{n}(\phi_t,\phi_w;\varPhi_j) + \rho\cdot(\boldsymbol{n}^* - \boldsymbol{n}) \tag{4.48}$$

式(4.48)两边与法矢 $\boldsymbol{n}$ 作点积，得

$$\begin{aligned}[\boldsymbol{H}_e^*(u,v) - \boldsymbol{H}_e(\phi_t,\phi_w;\varPhi_j)]\cdot\boldsymbol{n}(\phi_t,\phi_w;\varPhi_j) &= \delta(\phi_t,\phi_w;\varPhi_j) + \rho\cdot(\cos\tau - 1)\\ &= \delta(\phi_t,\phi_w;\varPhi_j) + \Delta\varepsilon\end{aligned} \tag{4.49}$$

其中，$\Delta\varepsilon = \rho\cdot(\cos\tau - 1) \approx \rho\tau^2/2$。$\Delta\varepsilon$ 一般较小，可忽略不计，那么式(4.49)可写成

$$\boldsymbol{H}_e(\phi_t,\phi_w;\varPhi_j) + \delta(\phi_t,\phi_w;\varPhi_j)\cdot\boldsymbol{n}(\phi_t,\phi_w;\varPhi_j) \approx \boldsymbol{H}_e^*(u,v) \tag{4.50}$$

将式(4.42)代入式(4.50)，整理得

$$\boldsymbol{H}(\phi_t,\phi_w;\varPhi_j) + [\rho + \delta(\phi_t,\phi_w;\varPhi_j)]\cdot\boldsymbol{n}(\phi_t,\phi_w;\varPhi_j) \approx \boldsymbol{H}_e^*(u,v) \tag{4.51}$$

被测齿面一般有 45 个被测点，因此式(4.51)可以写成方程组形式，即齿面偏差精确计算表达式为

$$\delta_i(\phi_{ti},\phi_{wi};\varPhi_j) = [\boldsymbol{H}_e^*(u_i,v_i) - \boldsymbol{H}(\phi_{ti},\phi_{wi};\varPhi_j)]\cdot\boldsymbol{n}(\phi_{ti},\phi_{wi};\varPhi_j) - \rho \tag{4.52}$$

其中，下标 i 表示齿面被测点的索引号。

由此可见，如果已知测头半径 ρ 和机床调整参数 $\varPhi_j$，就可根据齿面展成模型确定理论设计齿面 $\boldsymbol{H}$ 和单位法矢 $\boldsymbol{n}$，即曲面参数 ϕ_{ti} 和 ϕ_{wi}。因此，式(4.52)是一个以 δ_i、u_i 和 v_i 为变量的非线性方程组，求解这个非线性方程组，即可得到齿面偏差 δ_i 以及实际齿面 $\boldsymbol{H}_e^*$ 的对应点。

4.8.3　齿面检测数据处理

根据建立的齿面方程计算得到小轮齿面 45 个被测点的理论坐标和单位法线方向，利用等距曲面原理进行补偿处理后获得小轮检测时所必需的测头理论运动轨迹。等距曲面处理前后的小轮齿面对比如图 4.20 所示。计算机数控(Computer Numerical Control, CNC)齿轮测量中心根据理论运动轨迹进行检测运动，检测出每

一点的坐标参数，如图 4.21 所示。

齿面检测之后得到测头运动的实际轨迹，即实际加工齿面的等距曲面。运用等距曲面理论补偿计算及齿面重构和最佳匹配后，再进行实际齿面误差的精确计算。测量数据处理后得到齿面偏差拓扑图，如图 4.22 所示。这是当前齿面误差呈现的最好方式。

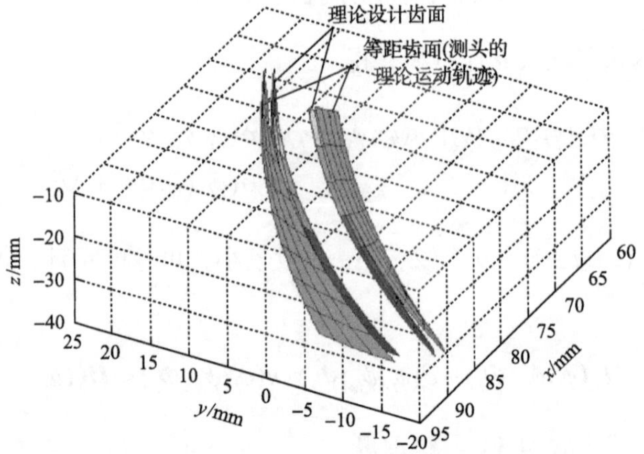

图 4.20　等距齿面对比

图 4.21　CNC 齿轮检测

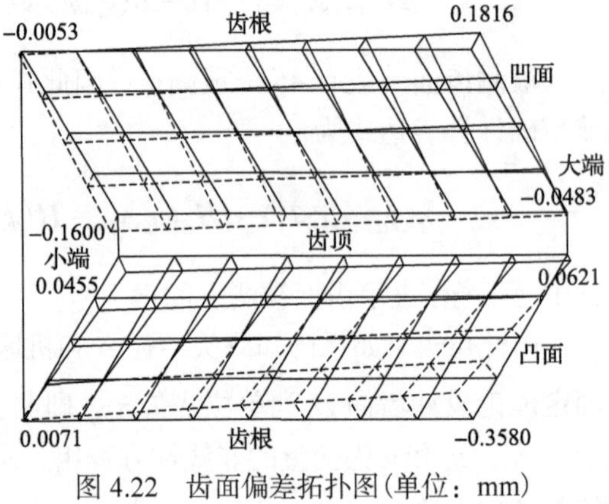

图 4.22　齿面偏差拓扑图(单位：mm)

习　题

1. 求证在正螺面上有一族渐近线是直线，另一族是螺旋线。
2. 求曲面 $z = xy^2$ 的渐近线。
3. 确定螺旋面 $\boldsymbol{r} = (u\cos v, u\sin v, bv)$ 上的曲率线。

4. 求曲面 $\boldsymbol{r}=\left(\dfrac{a}{2}(u-v),\dfrac{b}{2}(u+v),\dfrac{uv}{2}\right)$ 上的曲率线的方程。

5. 在 xOz 平面上取圆周 $y=0,(x-b)^2+z^2=a^2(b>a)$，令其绕 z 轴旋转得圆环面，写出圆环面的参数方程，并求圆环面上的椭圆点、双曲点和抛物点。

6. 求曲面 $\boldsymbol{r}=(a(u+v),b(u-v),2uv)$ 上的测地线以及短程挠率、法曲率，并验证欧拉-贝特朗公式。

7. 设一半径为 R 的圆柱面 S 上一点 P 的法矢 $\boldsymbol{n}$，取与直母线成 β 角的切方向 PT，过 PT 作与法矢 $\boldsymbol{n}$ 成 α 角的平面 π，π 与 S 交线为 C，求曲线 C 的曲率。

8. 求悬链面 $\boldsymbol{r}=\left(\sqrt{u^2+a^2}\cos v,\sqrt{u^2+a^2}\sin v,a\ln(u+\sqrt{u^2+a^2})\right)$ 的参数曲线的法曲率。

9. 已知锥面 $\boldsymbol{r}=(u\sin\alpha\cos\theta,u\sin\alpha\sin\theta,-u\cos\alpha)$，$0\leqslant\theta\leqslant2\pi$，$\alpha$ 为锥面的半顶角，u 是沿直母线的参数。求锥面的主曲率与主方向。

10. 求旋转曲面 $\boldsymbol{r}=(\varphi(t)\cos\theta,\varphi(t)\sin\theta,\psi(t))$ 的高斯曲率与平均曲率。

11. 求平面族 $\lambda^2x+2\lambda y+2z-2\lambda=0$ 的包络面，证明它是锥面。

12. 求平面族 $x\cos\lambda+y\sin\lambda-z\sin\lambda=1$ 的包络面，证明它是柱面。

13. 证明下列曲面是不可展的直纹面：

(1) 双曲抛物面 $\boldsymbol{r}=(a(u+v),b(u-v),2uv)$。

(2) 正螺面 $\boldsymbol{r}=(u\cos v,u\sin v,bv)$。

(3) 单叶双曲面 $\boldsymbol{r}=\left(a\dfrac{1+uv}{u+v},b\dfrac{u-v}{u+v},c\dfrac{1-uv}{u+v}\right)$。

14. 证明曲面 $\boldsymbol{r}=\left(u^2+\dfrac{1}{3}v,2u^3+uv,u^4+\dfrac{2}{3}u^2v\right)$ 是可展曲面。

第 5 章　共轭曲面运动的基础知识

共轭运动是指两个以某种运动关系相耦合关联的刚体运动，无论在理论上还是工程上都不单指齿轮啮合传动，齿轮啮合传动只是共轭曲面运动的一种典型应用形式。由于齿轮传动已经发展成为机械学中一个不小的领域，本书作为微分几何在共轭曲面运动中的应用，仍然研究的是齿轮的共轭啮合运动与曲面拓扑结构。

5.1　平面啮合的基本原理

平面啮合是指轴线平行的直齿轮啮合，是齿轮传动最常见的形式。因为平行轴直齿轮在垂直于轴线的任意截面上观察，其啮合情况都是一样的，所以把它看成平面啮合进行研究。齿轮的瞬心线、啮合线、节圆等平面啮合上的基本要素是理解和研究空间啮合运动的基础。

5.1.1　齿轮的瞬心线

1. 齿轮瞬心线的概念

两平面齿轮的啮合传动比可以是变化的，也可以是恒定的。在工程应用上，经常使用的是定传动比传动。瞬心是指相对运动速度为零的点。齿面的啮合运动可以通过瞬心来观察。假设图 5.1 所示的两传动构件的瞬心为 P，因为

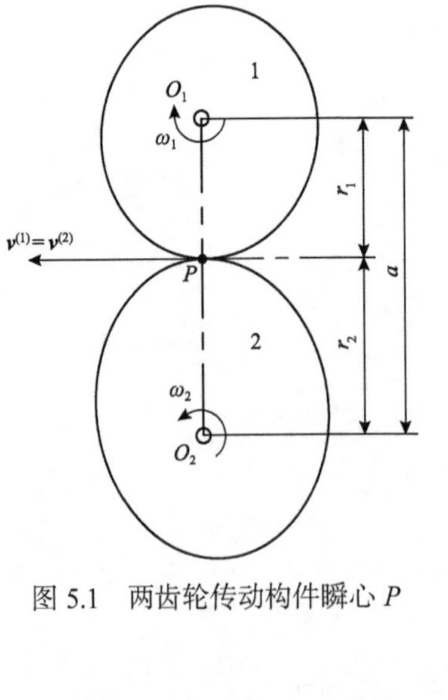

图 5.1　两齿轮传动构件瞬心 P

$$\frac{O_2P}{O_1P}=\frac{r_2}{r_1}=\frac{\omega_1}{\omega_2}=i_{12}$$

所以瞬心 P 一定在连心线 O_1O_2 上，即构件 1、2 的瞬心 P 把中心距 O_1O_2 分为两段，这两段的长度和两构件的瞬时角速度 ω_1 、ω_2 成反比。

瞬心 P 又称为啮合节点。从固定空间观察，恒传动比传动，节点 P 固定不动，即瞬心不变；当传动比是变数时，节点 P 在连心线 O_1O_2 上作相应的变动。在齿轮动标系中观察，节点 P 在齿轮固连的动标系中会形成一个轨迹，即瞬心线。两齿轮的相对运动可以理解为它们的瞬心线做纯滚动。在齿轮几何

设计上，瞬心线又称为节圆(或节线)。

2. 瞬心线方程

用极坐标写出两齿轮瞬心线的方程。

齿轮 1：

$$r_1 = \frac{a}{i_{12} \pm 1} \tag{5.1}$$

齿轮 2：

$$r_2 = \frac{i_{12}}{i_{12} \pm 1} a \tag{5.2}$$

以上两式中，分母中“+”号对应于外啮合，“–”号对应于内啮合；a 为中心距，$a = r_2 \pm r_1$(假定 $r_2 > r_1$)；i_{12} 为两齿轮的瞬时传动比，表示为

$$i_{12} = \frac{\omega_1}{\omega_2} = \frac{\mathrm{d}\varphi_1}{\mathrm{d}t} \Big/ \frac{\mathrm{d}\varphi_2}{\mathrm{d}t} = \frac{r_2}{r_1} = f(\varphi_1)$$

传动比是转角的函数，因此两齿轮转角之间的关系由积分得到：

$$\varphi_2 = \int_0^{\varphi_1} \frac{1}{i_{12}} \mathrm{d}\varphi_1 = \int_0^{\varphi_1} \frac{1}{f(\varphi_1)} \mathrm{d}\varphi_1 \tag{5.3}$$

应注意的是，在上述方程中，极角的大小分别等于齿轮的转角 φ_1 与 φ_2，但其计量方向要和齿轮的转动方向相反，这就是说，在齿轮动标系中观察 P 点，其旋转方向与齿轮旋转方向相反。当齿轮 1 逆时针旋转时，它的极角应从初始位置 O_1P 起顺时针量取 φ_1 值；同样，当齿轮 2 顺时针转动时，它的极角应从初始位置 O_2P 起逆时针量取 φ_2 值。

在齿轮与齿条的啮合中(图 5.2)，齿轮的瞬心线方程为

$$r_1 = \frac{v}{\omega_1} = f(\varphi_1) \tag{5.4}$$

其中，v 为齿条的移动速度，$v = \frac{\mathrm{d}s}{\mathrm{d}t}$；$\omega_1$ 为齿轮的瞬时角速度，$\omega_1 = \frac{\mathrm{d}\varphi_1}{\mathrm{d}t}$。

在以 O_1 为原点的直角坐标系中，齿条的瞬心线方程为

$$\begin{cases} x = \int_0^{\varphi_1} r_1 \mathrm{d}\varphi_1 \\ y = r_1 = f(\varphi_1) \end{cases} \tag{5.5}$$

显然，当传动比 i_{12} 为常数时，齿轮的瞬心线是圆，齿条的瞬心线是一条直线。

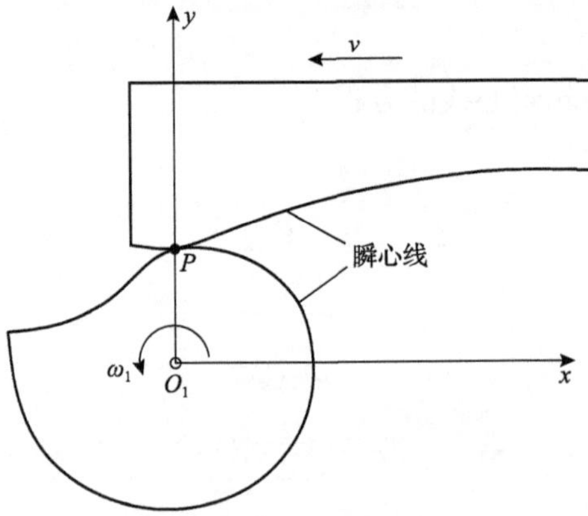

图 5.2　齿轮与齿条啮合的瞬心线

3. 齿轮瞬心线的封闭条件

在工程应用上，两个齿轮的瞬心线可能是封闭的，也可能是不封闭的。如果要求一对齿轮连续转动，则它们的瞬心线必须是封闭的、连续的，这就意味着当 $\varphi_1=0$ 和 $\varphi_1=2\pi$ 时，传动比 i_{12} 相同，即要求 $\varphi_1=0\sim 2\pi$ 的范围内 i_{12} 的变化周期是个整数 n_1。这样，i_{12} 每变化一个周期，齿轮 1 转过的角度为

$$T_1=\frac{2\pi}{n_1}$$

同理，在齿轮 2 的转角 $\varphi_2=0\sim 2\pi$ 的范围内，i_{12} 的变化周期也应是某个整数 n_2，即 i_{12} 每变化一个周期，齿轮 2 转过的角度为

$$T_2=\frac{2\pi}{n_2}$$

根据式(5.3)，有

$$T_2=\int_0^{T_1}\frac{1}{i_{12}}\mathrm{d}\varphi_1 \quad \text{或} \quad T_2=\int_0^{T_1}\frac{r_1(\varphi_1)}{a-r_1(\varphi_1)}\mathrm{d}\varphi_1$$

这就是齿轮瞬心线封闭时的条件。

例 5.1　已知齿轮 I 的瞬心线为椭圆，其回转中心在瞬心线椭圆的一个焦点处(图 5.3)，齿轮 I 的瞬心线方程为

$$r_1=\frac{p}{1-k\cos\varphi_1} \tag{5.6}$$

$$p = A(1-k^2)$$

其中，A 为椭圆的长轴半径，k 为离心率，即椭圆几何中心到焦点的距离为 kA。求与其啮合的齿轮 II 的瞬心线。

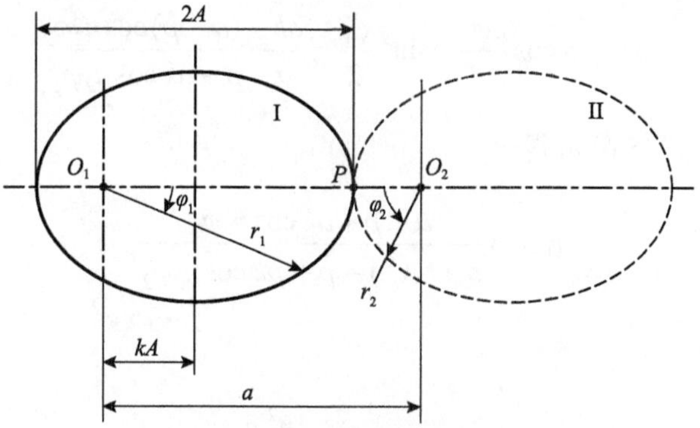

图 5.3　椭圆齿轮的瞬心线

解　齿轮 I 回转一周，$\cos\varphi_1$ 变化周期为 2π，极径 r_1 变化一个周期，即 $n_1 = 1$。若齿轮 II 回转一周，半径 r_2 变化周期为 n_2，则由式(5.5)得

$$T_2 = \int_0^{2\pi} \frac{r_1(\varphi_1)}{a - r_1(\varphi_1)} \mathrm{d}\varphi_1 = \int_0^{2\pi} \frac{p}{a(1-k\cos\varphi_1) - p} \mathrm{d}\varphi_1$$

积分后，得到

$$\frac{2\pi}{n_2} = \frac{2\pi p}{\sqrt{(a-p)^2 - a^2k^2}}$$

由此得到中心距公式为

$$a = A\left[1 + \sqrt{n_2^2 - k^2(n_2^2 - 1)}\right] \tag{5.7}$$

则半径 r_2 和转角 φ_2 分别为

$$r_2 = a - r_1 = A\left[1 + \sqrt{n_2^2 - k^2(n_2^2 - 1)}\right] - \frac{p}{1 - k\cos\varphi_1} \tag{5.8}$$

$$\varphi_2 = \int_0^{\varphi_1} \frac{r_1}{a - r_1} \mathrm{d}\varphi_1 = \int_0^{\varphi_1} \frac{p}{a(1-k\cos\varphi_1) - p} \mathrm{d}\varphi_1$$

积分后化简，可得

$$\tan\frac{n_2\varphi_2}{2}=\sqrt{\frac{a-p+ak}{a-p-ak}}\tan\frac{\varphi_1}{2}$$

上式化为

$$\cos\varphi_1=\cos^2\frac{\varphi_1}{2}-\sin^2\frac{\varphi_1}{2}=\frac{ak+(a-p)\cos n_2\varphi_2}{a-p+ak\cos n_2\varphi_2}$$

将上式代入式(5.6)可得

$$r_1=p\frac{a-p+ak\cos n_2\varphi_2}{a(1-k^2)-p+pk\cos n_2\varphi_2} \tag{5.9}$$

所以有

$$r_2=a-r_1=\frac{n_2^2 p}{\sqrt{n_2^2-k^2(n_2^2-1)}-k\cos n_2\varphi_2} \tag{5.10}$$

可以看出 r_2 是以 $\varphi_2=2\pi/n_2$ 为周期变化的。

齿轮副的传动比函数为

$$i_{12}=\frac{k^2-k\cos\varphi_1+(1-k\cos\varphi_1)\sqrt{n_2^2-k^2(n_2^2-1)}}{1-k^2} \tag{5.11}$$

对于式(5.9)～式(5.11)进行如下讨论。

(1) 当 $k=0$ 时，$r_1=p$，$r_2=n_2p$，$i_{12}=n_2$。齿轮的瞬心线为圆，即圆柱齿轮传动。

(2) 当 $n_2=1$ 时，无论偏心率 k 值为多少，齿轮 I 回转一周，齿轮 II 回转一周，r_2 变化一个周期，如图 5.4 所示，有

$$a=2A,\quad r_2=\frac{p}{1+k\cos\varphi_2}$$

(3) 当 $n_2=2$ 时，齿轮 I 回转两周，齿轮 II 回转一周，r_2 变化一个周期。此时

$$a=A(1+\sqrt{4-3k^2})$$

$$r_2=\frac{4p}{\sqrt{4-3k^2}+k\cos 2\varphi_2}$$

齿轮 II 的瞬心线为卵形(2 阶椭圆，图 5.4)，其回转中心为其几何中心。

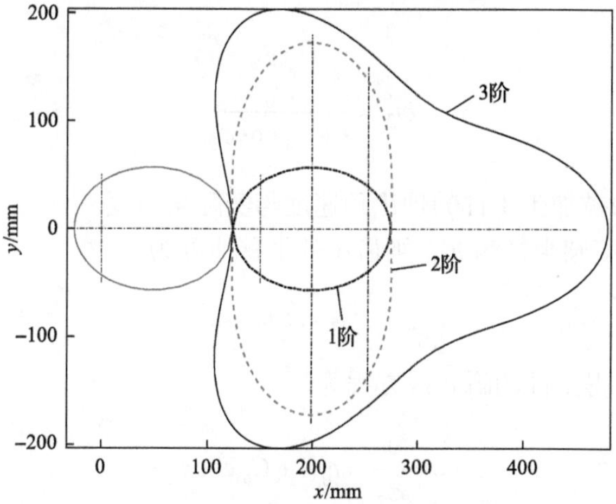

图 5.4 椭圆瞬心线(1～3 阶)

(4) 当 $n_2 = 3$ 时，齿轮 I 回转三周，齿轮 II 回转一周，r_2 变化一个周期。此时

$$a = A(1+\sqrt{9-8k^2}),\quad r_2 = \frac{9p}{\sqrt{9-8k^2}+k\cos 3\varphi_2}$$

齿轮 II 的瞬心线为三边形凸轮(3 阶椭圆，图 5.4)，其回转中心也是其几何中心。图 5.4 所示的三种瞬心线的形状与椭圆偏心率有关，与此类似，还可以讨论更高阶的椭圆传动。

一般来讲，光滑曲线都可以作为齿轮传动的瞬心线，关键是在工程上有无实践意义。

例 5.2 由于分度蜗轮副的制造误差和装配误差，滚齿机工作台往往存在运动误差，在仅考虑大周期误差部分时，工作台的实际转角与理论转角之间的关系大体上可以表示为

$$\varphi_2 = \varphi_0 - C_{\rm a}\sin\varphi_2 \tag{5.12}$$

其中，$C_{\rm a}$ 为与工作台运动误差有关的常数。在加工过程中工件与刀具的啮合瞬心线将发生变化，产生相应的加工误差。求实际的啮合瞬心线方程，并讨论所引起的加工误差。

解 为了分析方便，把滚刀看成等速移动的齿条。现在求按上述规律(式(5.12))运动的瞬心线。

将式(5.12)对时间 t 求导可得

$$\frac{{\rm d}\varphi_2}{{\rm d}t} = \frac{{\rm d}\varphi_0}{{\rm d}t} - C_{\rm a}\cos\varphi_2\frac{{\rm d}\varphi_2}{{\rm d}t}$$

则

$$\omega_2 = \frac{\omega_0}{1 + C_a \cos\varphi_2}$$

其中，ω_0、ω_2 为被加工工件的理论角速度与实际角速度。

若工件的分度圆半径为 r_0，则齿条的平移速度为

$$v_1 = \omega_0 r_0$$

因而由式(5.4)可得工件的瞬心线方程为

$$r_2 = \frac{v_1}{\omega_2} = r_0(1 + C_a \cos\varphi_2) \tag{5.13}$$

由式(5.5)得齿条的瞬心线方程为

$$\begin{cases} x = \int_0^{\varphi_2} r_2 \mathrm{d}\varphi_2 = r_0\varphi_2 + C_a r_0 \sin\varphi_2 \\ y = r_2 = r_0(1 + nC_a \cos\varphi_2) \end{cases} \tag{5.14}$$

瞬心线的形状见图 5.5，图中的 1′ 和 2′ 是齿条的理论节线及齿轮的理论节圆，1 和 2 则是它们的实际瞬心线。由式(5.13)可知，r_2 是以 $\varphi_2 = 2\pi$ 为周期的，所以工件的瞬心线是封闭的。

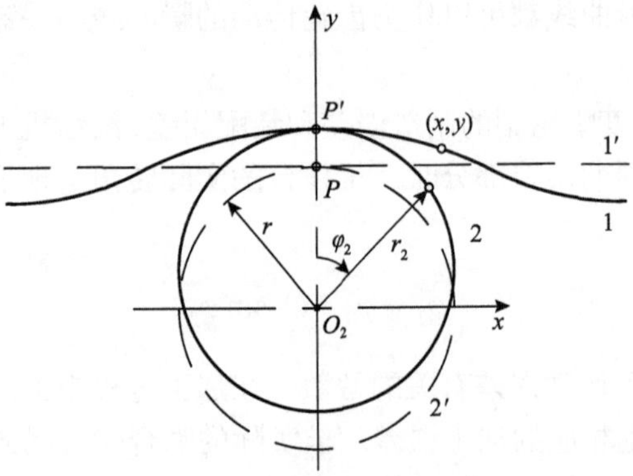

图 5.5　滚齿长周期误差下的瞬心线

5.1.2　齿廓啮合的基本定理

如图 5.6 所示，I、II 是两齿轮的瞬心线，1、2 依次是与它们固连的齿廓。在齿轮传动过程中，两条瞬心线做无滑动的滚动，齿廓 1、2 则总保持相切接触，这

两个齿廓称为共轭齿廓。

齿廓啮合的基本定理是：共轭齿廓在接触点处的公法线必通过该瞬时的瞬心，且瞬心在连心线上。该定理可用公式表示为

$$\boldsymbol{n}\cdot\boldsymbol{v}^{(12)}=0 \tag{5.15}$$

其中，$\boldsymbol{n}$ 为接触点处的公共幺法矢；$\boldsymbol{v}^{(12)}$ 为相对速度。

这个定理又称 Willis 定理，它确定了一对共轭齿廓的几何条件。

例如，图 5.7 是一对渐开线齿轮，它们的基圆半径分别为 r_{b1} 与 r_{b2}，设在某个瞬时，一对渐开线在 M 点相切接触，则根据齿廓啮合基本定理，它们在 M 点应该有公共的法线，而根据渐开线的性质，这条公法线与两基圆都应相切，即公法线是两基圆的内公切线。设它与中心连线 O_1O_2 的交点为 P，则由相似三角形关系，有

$$i_{12}=\frac{O_2P}{O_1P}=\frac{r_{b2}}{r_{b1}} \tag{5.16}$$

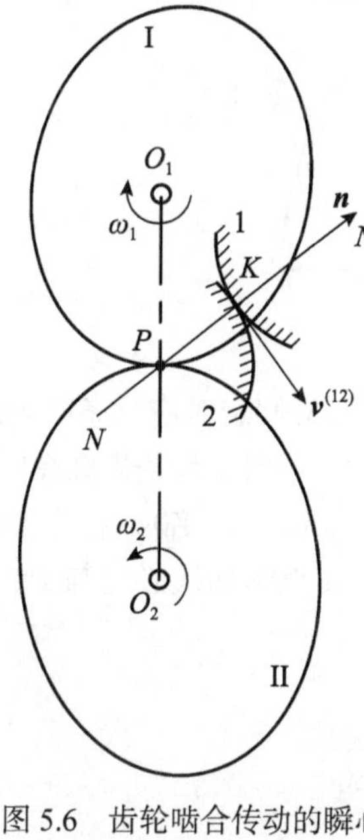

图 5.6　齿轮啮合传动的瞬心

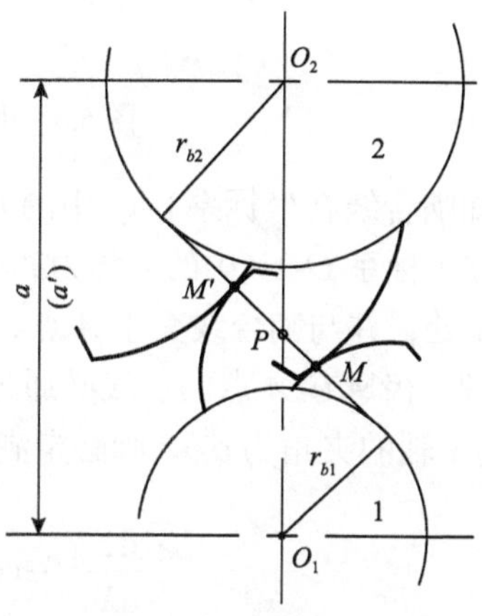

图 5.7　渐开线齿轮传动

设在传动的另一瞬时，接触点移动到了 M' 处，可以重复讨论得到同样的性质：M'点在两基圆的内公切线上，而传动比 i_{12} 仍等于 r_{b2}/r_{b1}。这就证明了，渐开线齿轮传动的接触点轨迹是两齿轮基圆的内公切线，而传动比 i_{12} 则保持不变。这一结论与齿轮的中心距没有关系，中心距变化时，P 点仍然在基圆新的内公切线上，虽然 O_1P 与 O_2P 的长度发生变化，但它们的比值仍然符合式(5.16)，即传动比 i_{12}

没有变化，这就是渐开线齿轮传动的中心距可分性。

5.2　已知啮合线求共轭齿廓

如果说瞬心线决定了齿坯的形状，那么啮合线则决定了齿廓的形状。在确定齿轮副共轭齿廓时，可能会遇到一种情况，就是已经知道定传动比齿轮副的啮合线形状，求解相应的一对共轭齿廓。下面就来论述这种情况下的齿廓计算。

5.2.1　齿条齿廓的计算

图 5.8 中，$o\text{-}xy$ 是以节点 P 为原点的固定坐标系，$O\text{-}XY$ 则是与齿条固连的坐标系，在起始位置时，这两个坐标系重合。

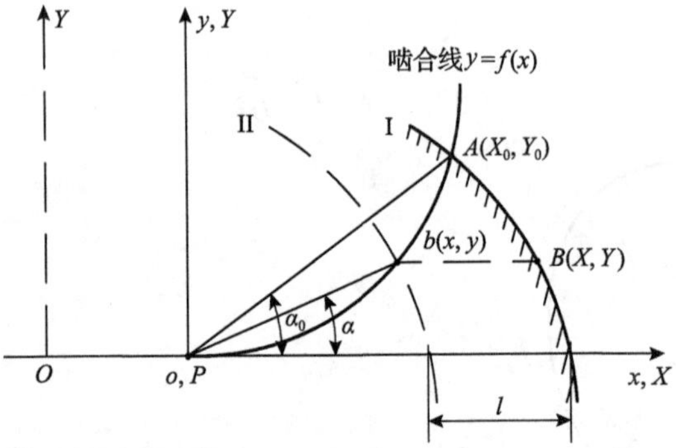

图 5.8　由啮合线求齿条齿廓

已知啮合线在坐标系 $o\text{-}xy$ 中的方程为 $y=f(x)$，又假定对应这条啮合线的齿条齿廓在坐标系 $O\text{-}XY$ 中的方程为 $Y=f(X)$。在起始位置时，齿条齿廓在图 5.8 中的实线 I 处，并与啮合线交于 A 点，它的坐标为 $(x_0=X_0,\ y_0=Y_0)$。根据齿廓啮合基本定理，齿廓在 A 点的法线必通过 P 点，即它在 A 点的切线必定与 PA 垂直。设 PA 与 x 轴的夹角为 α_0，则必定满足

$$\frac{\mathrm{d}Y}{\mathrm{d}X}=-\cot\alpha_0,\quad \tan\alpha_0=\frac{y_0}{x_0}$$

设齿条齿廓由起始位置向左移动距离 l 到达虚线 II 位置，并与啮合线相交于点 $b(x,y)$，而在起始位置 I 处，齿廓上相应点为 $B(X,Y)$。令 PB 与 x 轴的夹角为 α。同样由齿廓啮合基本定理可知

$$\frac{\mathrm{d}Y}{\mathrm{d}X}=-\cot\alpha,\quad \tan\alpha=\frac{y}{x}$$

所以

$$\frac{\mathrm{d}Y}{\mathrm{d}X}=-\frac{x}{y},\ \ \mathrm{d}X=-\frac{y}{x}\mathrm{d}Y$$

因为点 b 的纵坐标 y 等于 B 点的纵坐标 Y，所以

$$\mathrm{d}X=-\frac{y}{x}\mathrm{d}y$$

则齿条齿廓方程为

$$\begin{cases}X=-\int\frac{y}{x}\mathrm{d}y+C_{\mathrm{a}}\\Y=y\end{cases}\tag{5.17}$$

其中，C_{a} 为积分常数，可以根据起始位置的条件确定。由于啮合线是通过节点的，通常可以把齿条齿廓通过节点 P 的位置作为起始位置，即条件为 $x=X=0$，$y=Y=0$，这样计算比较方便。

由图 5.8 可知，齿条从起始位置向左水平移动的距离 l 为

$$l=X-x\tag{5.18}$$

若 $X<x$，由式(5.18)算得的 l 是负值，表示齿条要从起始位置向右移动，才能使 B 点成为接触点。

若已知的啮合线是以参数形式表示的，即

$$\begin{cases}x=x(t)\\y=y(t)\end{cases}$$

其中，t 为参变量，因为 $\mathrm{d}y=y'(t)\mathrm{d}t$，所以齿条齿廓方程为

$$\begin{cases}X=-\int\frac{y(t)}{x(t)}y'(t)\mathrm{d}t+C_{\mathrm{a}}\\Y=y(t)\end{cases}\tag{5.19}$$

若已知的啮合线以极坐标表示(以 x 为极轴，节点 P 为极点)，即

$$r=r(\alpha)$$

因为

$$\begin{cases}x=r\cos\alpha\\y=r\sin\alpha\end{cases}$$

$$\mathrm{d}y = (r\cos(\alpha) + r'\sin(\alpha)\tan\alpha)\mathrm{d}\alpha + c_{\mathrm{a}}$$

其中，c_{a} 为积分前的积分常数，r' 表示 $r(\alpha)$ 对 α 的导数，有

$$X = -\int \tan\alpha \mathrm{d}y + C_{\mathrm{a}}$$

所以齿条齿廓方程为

$$\begin{cases} X = -\int \sin\alpha(r + r'\tan\alpha)\mathrm{d}\alpha + C_{\mathrm{a}} \\ Y = r\sin\alpha \end{cases} \tag{5.20}$$

不论啮合线用哪一种方程表示，齿条由起始位置水平移动的距离均可用式(5.18)计算。

5.2.2 齿轮齿廓的计算

上面的推导过程并没有对齿条齿或槽在齿廓的哪一侧做任何限制。实际对于同一条啮合线，不论它的齿朝向哪一侧，它的齿廓都应该是一样的，只是朝向不同。图 5.9 和图 5.10 的齿条是对偶形式，凸凹面加工相应的大、小两个齿轮(2, 1)，则这两个齿轮能够共轭啮合。

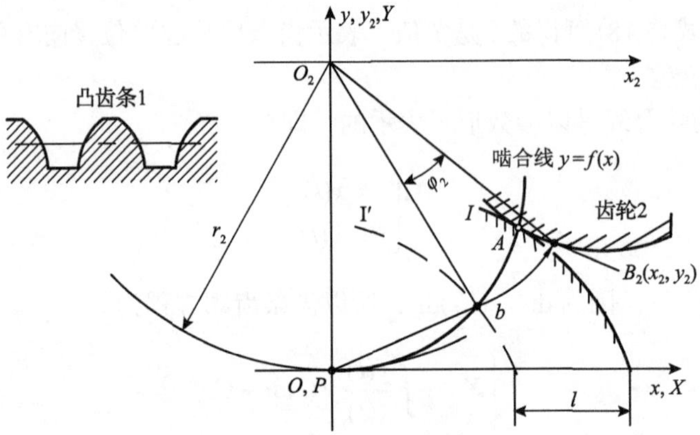

图 5.9　啮合线与凸面共轭齿廓

假设齿槽向下，与齿槽啮合的齿轮 1 在下侧(图 5.10)。设齿轮 1 的中心为 O_1，坐标系 O_1-x_1y_1 与齿轮 1 固连，齿轮的节圆半径为 r_1，在起始位置，它的齿廓与齿条相切在啮合线上的 A 点，当齿条向左移动距离 l 后，齿轮 1 逆时针转过 φ_1 角与齿条相切在啮合线上的 b 点，则

$$\varphi_1 = \frac{l}{r_1}$$

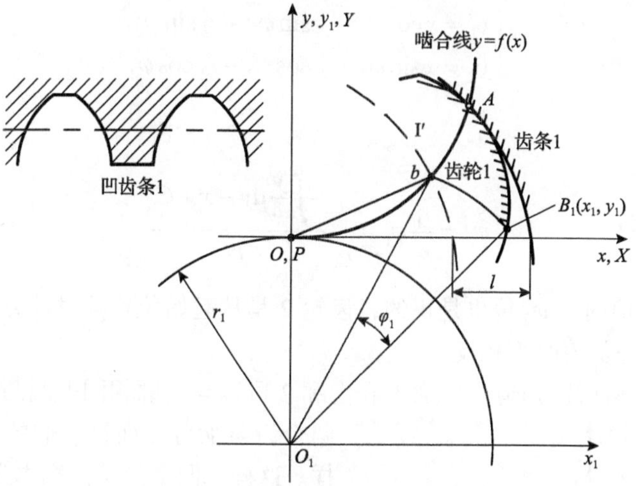

图 5.10　啮合线与凹面共轭齿廓

因此，要求得齿轮 1 的齿廓方程，只需将啮合线上的 b 点倒过来(顺时针)转过φ_1角到达 B_1点，并计算其坐标(x_1, y_1)即可。坐标变换为

$$\begin{bmatrix} x_1 \\ y_1 \\ 1 \end{bmatrix} = \begin{bmatrix} \cos\varphi_1 & \sin\varphi_1 & r_1\sin\varphi_1 \\ -\sin\varphi_1 & \cos\varphi_1 & r_1\cos\varphi_1 \\ 0 & 0 & 1 \end{bmatrix} \begin{bmatrix} x \\ y \\ 1 \end{bmatrix}$$

所以齿轮 1 齿廓方程为

$$\begin{cases} x_1 = x\cos\varphi_1 + y\sin\varphi_1 + r_1\sin\varphi_1 \\ y_1 = -x\sin\varphi_1 + y\cos\varphi_1 + r_1\cos\varphi_1 \end{cases} \tag{5.21}$$

其中，

$$\varphi_1 = \frac{l}{r_1} = \frac{-\int \frac{y}{x}\mathrm{d}y - x + C_\mathrm{a}}{r_1}$$

当 l 是正值时，齿条由起始位置向左移动，φ_1角也是正的，齿轮 1 是从起始位置逆时针方向转动到达接触点 b。当 l 是负值时则相反。

假设齿条齿廓如图 5.9 所示，齿槽向上，则可以用同样的方法求得与此齿条啮合的齿轮 2 的齿廓。设齿轮 2 的中心为 O_2，坐标系 O_2-x_2y_2与齿轮 2 固连，齿轮的节圆半径为 r_2，则只需 b 点逆时针转过φ_2角到 B_2点，并计算其坐标(x_2, y_2)即可。

这也是一个坐标变换问题。同理可求得齿轮 2 的齿廓方程为

$$\begin{cases} x_2 = x\cos\varphi_2 - y\sin\varphi_2 + r_2\sin\varphi_2 \\ y_2 = x\sin\varphi_2 + y\cos\varphi_2 - r_2\cos\varphi_2 \end{cases} \tag{5.22}$$

其中,

$$\varphi_2 = \frac{r_1}{r_2}\varphi_1 = \frac{l}{r_2}\frac{-\int \frac{y}{x}\mathrm{d}y - x + C_a}{r_2}$$

当 l 是正值时，φ_2 角也是正的，齿轮 2 是从起始位置顺时针方向转动到达接触点 b。当 l 是负值时则相反。

由以上分析可以知道，齿廓 1 和齿廓 2 可以与齿廓相同但凹凸相反且对偶的两个齿条啮合，而且它们的啮合线完全一样。这样，两个齿轮齿廓本身也互相共轭。

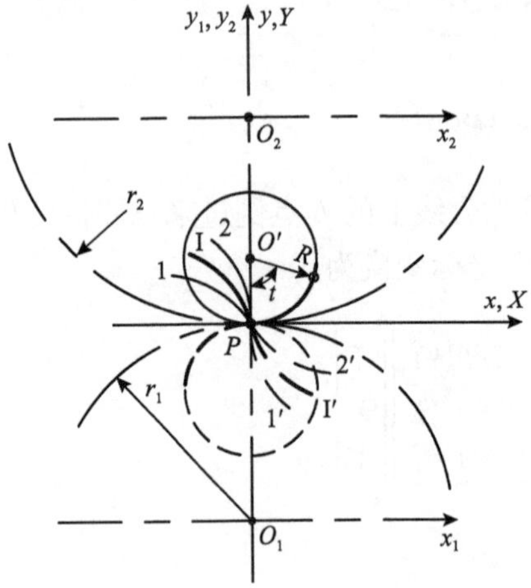

图 5.11　以圆为啮合线的齿廓

例 5.3　求以圆为啮合线的共轭齿廓(图 5.11)。

解　已知啮合线为通过节点 P 的圆，圆心 O'在 y 轴上，半径 R，则方程为

$$\begin{cases} x = R\sin t \\ y = R(1-\cos t) \end{cases} \tag{5.23}$$

其中，t 为参变量，表示半径 $O'P$ 逆时针方向的转角，即啮合线上动点 A 的半径 $O'A$ 与 $O'P$ 的夹角。

对式(5.23)第二式求微分: $\mathrm{d}y = R\sin t\mathrm{d}t$。

由式(5.20)得到齿条齿廓方程为

$$\begin{cases} X = -\int \frac{R(1-\cos t)}{R\sin t}R\sin t\mathrm{d}t + C_a = R(\sin t - t) + C_a \\ Y = y = R(1-\cos t) \end{cases}$$

为了求积分常数 C_a，可以取齿条齿廓的起始位置通过 P 点，即 $t=0$ 时，$X=0$，$Y=0$，由上式即可得 $C_a=0$。

所以，齿条齿廓方程为

$$\begin{cases} X = R(\sin t - t) \\ Y = R(1-\cos t) \end{cases} \tag{5.24}$$

这是一条摆线，它是以啮合线作为滚圆，在齿条节线上纯滚动时其上一点形成的轨迹 I-I′ 。

求齿轮 1 的齿廓，由式(5.21)得

$$\begin{cases} x_1 = R\sin t\cos\varphi_1 + [R(1-\cos t) + r_1]\sin\varphi_1 \\ y_1 = -R\sin t\sin\varphi_1 - [R(1-\cos t) + r_1]\cos\varphi_1 \end{cases}$$

$$\varphi_1 = \frac{R(\sin t - t) - R\sin t}{r_1} = -\frac{Rt}{r_1}$$

整理后得到

$$\begin{cases} x_1 = R\sin(t-\varphi_1) + (R+r_1)\sin\varphi_1 \\ y_1 = -R\cos(t-\varphi_1) + (R+r_1)\cos\varphi_1 \end{cases} \tag{5.25}$$

这是一条外摆线，它是以啮合线为滚圆，在半径为 r_1 的节圆外面纯滚动时其上形成的轨迹 P-1。节圆内部分 P-1′ 由内滚圆形成。

由式(5.22)可得齿轮 2 的齿廓方程为

$$\begin{cases} x_2 = R\sin(t+\varphi_2) - (R-r_2)\sin\varphi_2 \\ y_2 = -R\cos(t+\varphi_2) + (R-r_2)\cos\varphi_2 \end{cases},\quad \varphi_2 = -\frac{Rt}{r_2} \tag{5.26}$$

这是一条内摆线，它是以啮合线为滚圆，在半径为 r_2 的节圆内部纯滚动时其上一点形成的轨迹 P-2。节圆外部分 P-2′ 由外滚圆形成。

上述推得的啮合线和齿廓只是摆线齿轮齿廓的一部分。其实以节点 P 为界，上下各有一个滚圆，啮合线只是它们的一段圆弧。图 5.12 是节圆半径为 r_1=50mm 和 r_2=100mm，滚圆半径 R=12.5mm 绘得的齿廓。对于齿轮 1，在节圆外部和内部各有一段相反方向的圆弧啮合线，相应的齿廓为滚圆的外摆线和内摆线的一部分，如图 5.11 和图 5.12 所示。对于齿轮 2 也是一样的，即齿轮 1 和 2 的齿廓都是齿顶

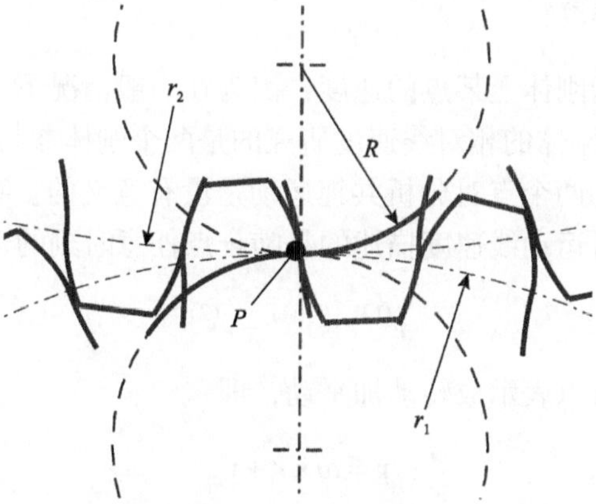

图 5.12　摆线齿廓的啮合线

方向为外摆线，齿根方向为内摆线。

5.3　齿轮啮合相对运动参数

5.3.1　相对角速度

共轭运动是两种以某种运动关系相耦合关联的刚体运动。刚体的角速度 $\boldsymbol{\omega}$ 是整体参数，对于刚体上的任意点都是相同的。当然对于一个齿轮的齿面，角速度 $\boldsymbol{\omega}$ 都是一样的。在任意时刻 t，两个相关联的刚体运动角速度分别用 $\boldsymbol{\omega}_1$ 和 $\boldsymbol{\omega}_2$ 表示，则两个刚体的相对角速度为其角速度之差，即

$$\boldsymbol{\omega}^{(12)} = \boldsymbol{\omega}^{(1)} - \boldsymbol{\omega}^{(2)}$$

上式对于啮合线上任意点都是成立的。

相对角速度沿啮合点公法线方向的分量称为绕旋分量，即

$$\boldsymbol{\omega}^{(12)} \cdot \boldsymbol{n} = \omega_{\text{sp}}^{(12)}$$

绕旋分量的含义为两个刚体在啮合点绕法线的相对旋转角速度。由于两个刚体在任意瞬时沿一条啮合线啮合时，不同啮合点的法线是不同的，所以绕旋分量随啮合点而变。

相对角速度在切平面中也存在分量，即

$$\boldsymbol{\omega}^{(12)} - \boldsymbol{n} \cdot \omega_{\text{sp}}{}^{(12)} = \boldsymbol{\omega}^{(12)} - (\boldsymbol{\omega}^{(12)} \cdot \boldsymbol{n}) \cdot \boldsymbol{n} = \boldsymbol{\omega}^{(12)} \cdot (\boldsymbol{n} \cdot \boldsymbol{n}) - \boldsymbol{n} \cdot (\boldsymbol{\omega}^{(12)} \cdot \boldsymbol{n}) = \boldsymbol{n} \times (\boldsymbol{\omega}^{(12)} \times \boldsymbol{n})$$

由上式可以看出，$\boldsymbol{\omega}^{(12)} \times \boldsymbol{n}$ 必在切平面上，再与 $\boldsymbol{n}$ 作矢量积得到 $\boldsymbol{\omega}^{(12)}$ 在切平面中的投影。

5.3.2　相对运动线速度

线速度一定是指刚体上某点的速度，因为在一般情况下，刚体上每一点的线速度是不同的。两个刚体的相对线速度研究的是两个刚体参与啮合的点或接触点。两个刚体上不相关的两个点对分析共轭运动是没有意义的。啮合点随时间变化，所以两个刚体的相对运动线速度描述的是啮合点任意时刻的运动速度，即

$$\boldsymbol{v}^{(12)} = \boldsymbol{v}^{(1)} - \boldsymbol{v}^{(2)} \tag{5.27}$$

刚体的线速度可以表示成转动加平动，即

$$\boldsymbol{v} = \boldsymbol{\omega} \times \boldsymbol{r} + \boldsymbol{v}_m$$

对于螺旋运动，有

$$\boldsymbol{v} = \boldsymbol{\omega} \times \boldsymbol{r} + p\boldsymbol{\omega}$$

其中，p 为螺旋常数。

如果刚体 I、II 都做定轴转动，则小轮与大轮旋转运动速度(或称为滚动速度)为

$$\boldsymbol{v}_1 = \boldsymbol{\omega}_1 \times \boldsymbol{r}_1\,,\quad \boldsymbol{v}_2 = \boldsymbol{\omega}_2 \times \boldsymbol{r}_2$$

相对运动线速度为

$$\boldsymbol{v}^{(12)} = \boldsymbol{\omega}_1 \times \boldsymbol{r}_1 - \boldsymbol{\omega}_2 \times \boldsymbol{r}_2 \tag{5.28}$$

注意上述各矢量并没有指明标架，因此如果在固定坐标系，表示的是啮合点绝对运动速度；如果在移动坐标系，表示的就是啮合点相对移动坐标系的运动速度，即绝对速度加上移动坐标系的运动速度。例如，齿面上的啮合点 M，从绝对空间观察是沿啮合线移动；从 I、II 齿面上观察(图 5.13)是相对齿面移动，相对移动速度为 $\boldsymbol{v}_r^{(1)}$、$\boldsymbol{v}_r^{(2)}$ 。三者之间的关系为

$$\boldsymbol{v}_r^{(2)} = \boldsymbol{v}_r^{(1)} + \boldsymbol{v}^{(12)} \tag{5.29}$$

由于齿轮啮合传动是共轭运动，一个被另一个决定，所以

$$\boldsymbol{r}^{(2)} = \boldsymbol{r}^{(1)} - \boldsymbol{R}_{12}\,,\quad \boldsymbol{R}_{12} = \boldsymbol{O}_1\boldsymbol{O}_2$$

相对线速度可表示为

$$\boldsymbol{v}^{(12)} = \boldsymbol{\omega}^{(12)} \times \boldsymbol{r}^{(1)} + \boldsymbol{\omega}^{(2)} \times \boldsymbol{R}_{12} \tag{5.30}$$

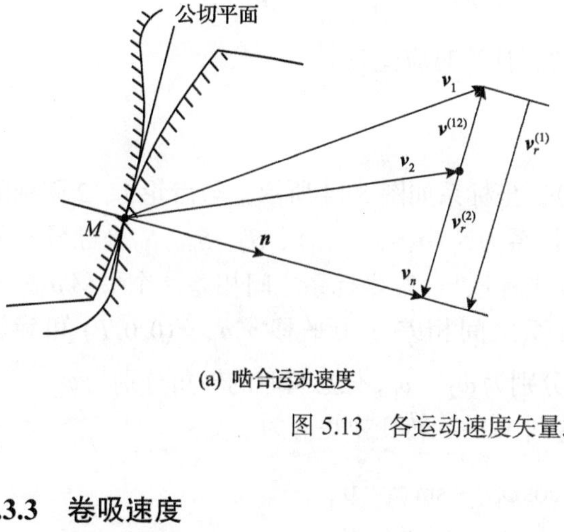

(a) 啮合运动速度

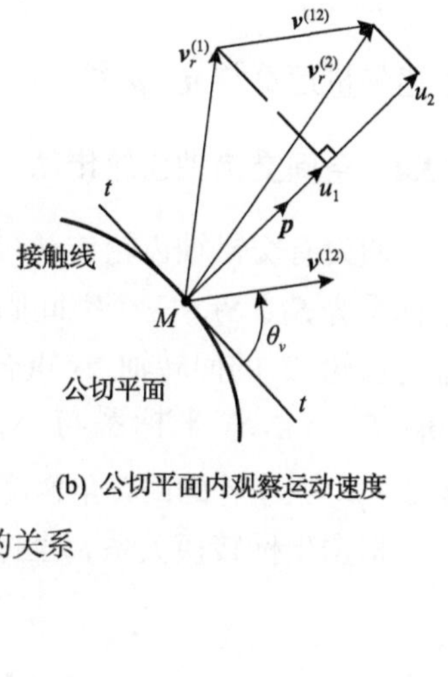

(b) 公切平面内观察运动速度

图 5.13　各运动速度矢量之间的关系

5.3.3　卷吸速度

在齿轮动力润滑分析上，经常会用到卷吸速度、滑动速度、滑滚比几个运动

参数。

卷吸速度是指做相对运动的两个物体在接触点处的线速度平均值，它是动力润滑分析中的一个重要参量。

对于一对相互啮合的齿轮，其卷吸速度为

$$u_e = \frac{u_1 + u_2}{2} \tag{5.31}$$

其中，u_1、u_2 指滚动速度 $\boldsymbol{v}_1$、$\boldsymbol{v}_2$ 在 $\boldsymbol{p}$ 方向的分量，$\boldsymbol{p}$ 为垂直于瞬时接触线切线 t-t 的方向(图 5.13(b))。

啮合点滑动速度为

$$u_s = u_1 - u_2 \tag{5.32}$$

与相对运动速度(式(5.27))概念不同，注意区分。它是相对运动速度在 $\boldsymbol{p}$ 方向的分量。卷吸速度与滑动速度方向一致，它们的比值称为滑滚比，即

$$s_r = \frac{u_s}{u_e} \tag{5.33}$$

它是衡量动力润滑效果的一个重要指标。

由于涉及运动速度方向，在计算时利用矢量运算。由图 5.13 可知

$$\boldsymbol{v}_r^{(1)} = \boldsymbol{v}_n - \boldsymbol{v}_1,\ \boldsymbol{v}_r^{(2)} = \boldsymbol{v}_n - \boldsymbol{v}_2,\ \boldsymbol{v}_n = \boldsymbol{n}\cdot(\boldsymbol{n}\cdot\boldsymbol{v}_1) = \boldsymbol{n}\cdot(\boldsymbol{n}\cdot\boldsymbol{v}_2)$$

$$u_1 = \frac{\boldsymbol{v}_r^{(1)}\cdot\boldsymbol{p}}{|\boldsymbol{p}|},\ u_2 = \frac{\boldsymbol{v}_r^{(2)}\cdot\boldsymbol{p}}{|\boldsymbol{p}|},\ u_s = \boldsymbol{v}^{(12)}\cdot\frac{\boldsymbol{p}}{|\boldsymbol{p}|}$$

上述矢量运算与 $\boldsymbol{n}$、$\boldsymbol{p}$ 方向定义有关，计算时应注意。

5.3.4　空间交错轴齿轮传动

假设有交错轴齿轮传动(Σ_1, Σ_2)，坐标系如图 5.14 所示，与齿轮 1、2 固结的坐标系为 S_1、S_2，三个空间固定坐标系为 $S_0(o_0 - x_0y_0z_0)$、S_d、S_p。S_0 坐标系 z_0 的轴与齿轮 2 的回转轴 z_2 重合。S_d 坐标系与 S_0 坐标系之间相差一个平移 $\boldsymbol{o}_0\boldsymbol{o}_d = (0, -E, G)$。$S_p$ 坐标系与 S_d 坐标系之间相差一个平移 $\boldsymbol{o}_d\boldsymbol{o}_p = (0, 0, P)$ 和旋转 $\pi/2 - \gamma$。大小轮的回转角速度大小分别为 ω_2、ω_1，任意瞬时的转角分别为 φ_2、φ_1。

根据坐标转换关系，坐标系 S_2 到 S_0 的旋转变换矩阵为

$$\boldsymbol{L}_{02} = \begin{bmatrix} \cos\varphi_1 & -\sin\varphi_1 & 0 \\ \sin\varphi_1 & \cos\varphi_1 & 0 \\ 0 & 0 & 1 \end{bmatrix}$$

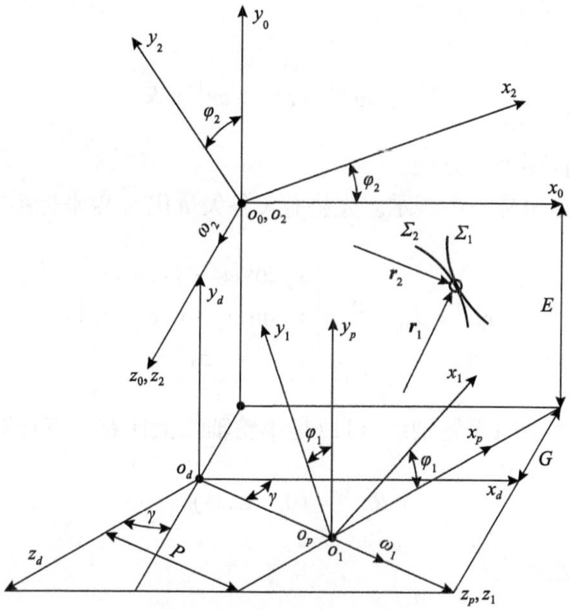

图 5.14　坐标系的变换

坐标系 S_1 到 S_p 的旋转变换矩阵为

$$
\boldsymbol{L}_{p1} = \begin{bmatrix} \cos\varphi_1 & -\sin\varphi_1 & 0 \\ \sin\varphi_1 & \cos\varphi_1 & 0 \\ 0 & 0 & 1 \end{bmatrix}
$$

坐标系 S_p 到 S_d 的齐次变换矩阵为

$$
\boldsymbol{M}_{dp} = \begin{bmatrix} \cos\gamma & 0 & \sin\gamma & p\cos\gamma \\ 0 & 1 & 0 & 0 \\ -\sin\gamma & 0 & \cos\gamma & p\sin\gamma \\ 0 & 0 & 0 & 1 \end{bmatrix}
$$

坐标系 S_d 到 S_0 的齐次变换矩阵为

$$
\boldsymbol{M}_{0d} = \begin{bmatrix} 1 & 0 & 0 & 0 \\ 0 & 1 & 0 & -E \\ 0 & 0 & 1 & G \\ 0 & 0 & 0 & 1 \end{bmatrix}
$$

大小轮接触点的相对运动速度为

$$
\boldsymbol{v}^{(12)} = \boldsymbol{\omega}^{(12)} \times \boldsymbol{r}^{(1)} + \boldsymbol{\omega}^{(2)} \times \boldsymbol{R}_{12} \tag{5.34a}
$$

当然

$$\boldsymbol{v}^{(21)} = \boldsymbol{\omega}^{(21)} \times \boldsymbol{r}^{(2)} + \boldsymbol{\omega}^{(1)} \times \boldsymbol{R}_{21} \tag{5.34b}$$

也成立，使用上看哪个更方便。

进一步可在 S_0 坐标系中表示。先将有关各矢量化入 S_0 坐标系中，大轮径矢为

$$\boldsymbol{r}_0^{(2)} = \boldsymbol{L}_{02}\boldsymbol{r}^{(2)} = \begin{bmatrix} x_2 \cos\varphi_2 - y_2 \sin\varphi_2 \\ x_2 \sin\varphi_2 + y_2 \cos\varphi_2 \\ z_2 \end{bmatrix}$$

大轮坐标原点指向小轮轴线(可以是小轮轴线上任意一点)的矢量为

$$\boldsymbol{R}^{(21)} = (0, -E, G)^{\mathrm{T}}$$

大小轮的角速度为

$$\boldsymbol{\omega}^{(2)} = (0, 0, \omega_2)^{\mathrm{T}}, \quad \boldsymbol{\omega}^{(1)} = \omega_1(\cos\gamma, 0, \sin\gamma)^{\mathrm{T}}$$

将上述各量代入式(5.34(b))，化简可得

$$\boldsymbol{v}_0^{(21)} = \begin{bmatrix} E\omega_1 \sin\gamma - (\omega_2 - \omega_1 \sin\gamma)(x_2 \sin\varphi_2 + y_2 \cos\varphi_2) \\ (z_2 - G)\omega_1 \cos\gamma - (\omega_2 - \omega_1 \sin\gamma)(x_2 \cos\varphi_2 - y_2 \sin\varphi_2) \\ -\omega_1 \cos\gamma(E + x_2 \sin\varphi_2 + y_2 \cos\varphi_2) \end{bmatrix} \tag{5.35}$$

如果已知的量是 $\boldsymbol{r}_1$ 坐标，则 $\boldsymbol{v}^{(12)}$表示在 S_p 坐标系中会简单一些，这时有关各矢量表示为

$$\boldsymbol{r}_p^{(1)} = \boldsymbol{M}_{p1}\boldsymbol{r}^{(1)} = \begin{bmatrix} x_1 \cos\varphi_1 - y_1 \sin\varphi_1 \\ x_1 \sin\varphi_1 + y_1 \cos\varphi_1 \\ z_1 \end{bmatrix}$$

$$\boldsymbol{\omega}_p^{(1)} = (0, 0, \omega_1)^{\mathrm{T}}, \quad \boldsymbol{\omega}_p^{(2)} = \omega_2(\cos\gamma, 0, \sin\gamma)^{\mathrm{T}}, \quad \boldsymbol{R}_p^{(12)} = (0, E, -P)^{\mathrm{T}}$$

则

$$\boldsymbol{v}_p^{(12)} = \begin{bmatrix} E\omega_2 \sin\gamma - (\omega_1 - \omega_2 \sin\gamma)(x_1 \sin\varphi_1 + y_1 \cos\varphi_1) \\ (z_1 + P)\omega_2 \cos\gamma + (\omega_1 - \omega_2 \sin\gamma)(x_1 \cos\varphi_1 - y_1 \sin\varphi_1) \\ -\omega_2 \cos\gamma(-E + x_1 \sin\varphi_1 + y_1 \cos\varphi_1) \end{bmatrix} \tag{5.36}$$

如果把 $\boldsymbol{v}^{(21)}$表示到 S_2 坐标系中，不能直接利用 $\boldsymbol{v}^{(21)}$进行坐标变换，必须把运算前的矢量先变换到 S_2 坐标系中，这时有

$$\boldsymbol{\omega}_2^{(2)} = (0, 0, \omega_2)^{\mathrm{T}}$$

$$\boldsymbol{\omega}_2^{(1)} = \boldsymbol{L}_{20}\boldsymbol{\omega}_0^{(1)} = \begin{bmatrix} \cos\varphi_1 & \sin\varphi_1 & 0 \\ -\sin\varphi_1 & \cos\varphi_1 & 0 \\ 0 & 0 & 1 \end{bmatrix} \begin{bmatrix} \cos\gamma \\ 0 \\ \sin\gamma \end{bmatrix} = \begin{bmatrix} \cos\gamma\cos\varphi_2 \\ -\cos\gamma\sin\varphi_2 \\ \sin\gamma \end{bmatrix}$$

$$R_2^{(21)} = \boldsymbol{L}_{20}R_1^{(21)} = (-E\sin\varphi_2, -E\cos\varphi_2, G)^{\mathrm{T}}$$

利用式(5.34)计算相对运动速度为

$$\boldsymbol{v}_2^{(21)} = \begin{bmatrix} (z_2 - G)\omega_1\cos\gamma\sin\varphi_2 - y_2\omega_2 + \omega_1\sin\gamma(y_2 + E\cos\varphi_2) \\ (z_2 - G)\omega_1\cos\gamma\cos\varphi_2 + x_2\omega_2 - \omega_1\sin\gamma(x_2 + E\sin\varphi_2) \\ -\omega_1\cos\gamma(E + x_2\sin\varphi_2 + y_2\cos\varphi_2) \end{bmatrix} \tag{5.37}$$

对于上述空间啮合运动，如果把齿轮啮合转角与轴线相对位置看成六个变量：$(\varphi_1, \varphi_2, E, P, G, \gamma)$，则相当于六个自由度。齿轮之间共轭啮合关系，其实就是某几个自由度相互之间的约束关系，不受约束或自由度太多，齿轮之间是无法实现传动的。根据齿轮共轭啮合关系或展成加工的需要，最多可以实现三个自由度的啮合运动。最常见的是单自由度啮合和双自由度啮合。

(1)单自由度啮合：轴线相对位置固定，$\varphi_2(\varphi_1)$二者为函数关系。单自由度啮合是齿轮最常见的传动形式，如平行轴圆柱齿轮传动、蜗轮蜗杆传动、锥齿轮传动、准双曲面齿轮传动等。

(2)双自由度啮合：多见于齿轮加工，如普通滚齿、普通剃齿、蜗杆砂轮磨齿等，在 $\varphi_2(\varphi_1)$运动关系的基础上附加了一个平移运动，形成了差动传动关系。

(3)三自由度啮合：如对角滚齿、对角剃齿，是在 $\varphi_2(\varphi_1)$运动关系的基础上附加了两个平动。

5.4　交错轴齿轮传动的瞬轴面

交错轴传动是齿轮传动的最普遍形式，本节来研究它们的瞬轴面，看其与瞬心线有什么区别。这里只研究单自由度的情况，两齿轮只绕各自轴线做等速回转运动。在图 5.14 中，E 为两个轴线之间的最短距离，其中 $P=0$、$G=0$。

5.4.1　相对螺旋运动

交错轴齿轮传动的相对运动角速度(见图 5.14，在 S_0 坐标系中表示)为

$$\boldsymbol{\omega}^{(k)}=\boldsymbol{\omega}^{(2)}-\boldsymbol{\omega}^{(1)}=(-\omega_1\cos\gamma,0,\omega_2-\omega_1\sin\gamma)^{\mathrm{T}}$$

其方向沿瞬时运动轴线方向，因其与齿轮轴线不平行，沿该方向存在运动速度分量。在一个方向上既有角速度又有移动速度，显然是螺旋运动。设其螺旋运动参数为 p，则齿轮相对运动线速度又可表示为

$$\boldsymbol{v}^{(21)}=p\boldsymbol{\omega}^{(k)}+\boldsymbol{\omega}^{(k)}\times\boldsymbol{\rho}$$

其中，$\boldsymbol{\rho}$ 为啮合线上任意一点到相对运动瞬时轴线的距离矢量。

上式与式(5.35)表达的为同一量，又因为研究的是瞬时运动轴上的运动，该位置 $\varphi_1=\varphi_2=0,\ \boldsymbol{\rho}=0$，所以

$$\begin{bmatrix}-p\omega_1\cos\gamma\\0\\p(\omega_2-\omega_1\sin\gamma)\end{bmatrix}=\begin{bmatrix}E\omega_1\sin\gamma-y_2(\omega_2-\omega_1\sin\gamma)\\z_2\omega_1\cos\gamma+x_2(\omega_2-\omega_1\sin\gamma)\\-(E+y_2)\omega_1\cos\gamma\end{bmatrix}$$

由上述方程，令 $\lambda=|o_0o_k/E|$，可得到

$$\begin{aligned}&\lambda=\frac{1-i_{21}\sin\gamma}{i_{21}^2-2i_{21}\sin\gamma+1}\\&p=-\frac{i_{21}\cos\gamma}{i_{21}^2-2i_{21}\sin\gamma+1}E\\&\frac{z_2}{x_2}=\frac{\sin\gamma-i_{21}}{\cos\gamma}=\tan\varepsilon\end{aligned}\tag{5.38}$$

其中，λ、ε 确定了瞬时轴线 k-k 在空间的位置，如图 5.15 所示。

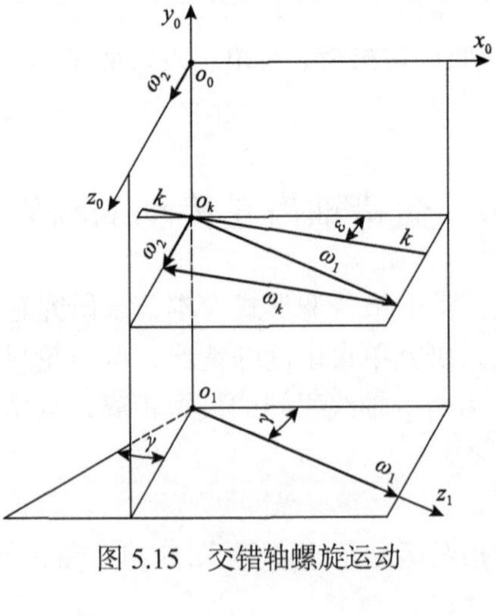

图 5.15　交错轴螺旋运动

5.4.2　瞬轴面

从固定标架看，瞬时运动轴线 $k\text{-}k$ 是固定的，但从固结于齿轮的动标架来看，$k\text{-}k$ 线是绕轴线回转的。$k\text{-}k$ 线与齿轮轴线在空间不共面，因此它回转出来的节面为单叶双曲面。这样回转出的两个单叶双曲面在 $k\text{-}k$ 线相切，如图 5.15 和图 5.16 所示。两单叶双曲面滚动时沿相切的 $k\text{-}k$ 线存在相对滑动，其相对滑动速度为 $\boldsymbol{v}^{(21)} = p\boldsymbol{\omega}^{(k)}$。

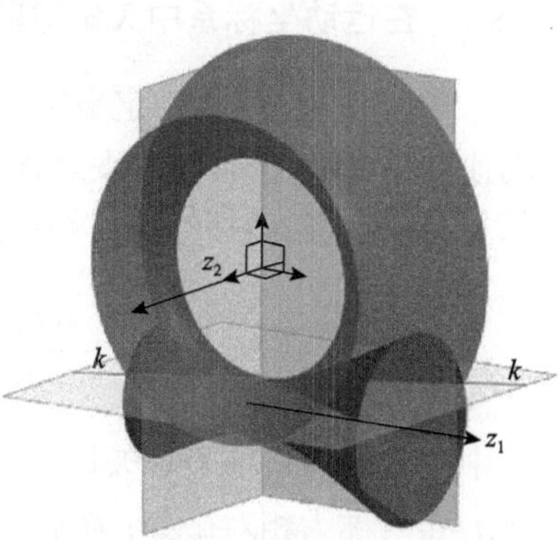

图 5.16　空间传动的单叶瞬轴面

在坐标系 S_2 中表示 $k\text{-}k$ 线的矢量方程为

$$\boldsymbol{r}_k = (u\cos\varepsilon, -\lambda E, u\sin\varepsilon)^{\mathrm{T}}$$

上述矢量绕 z_2 回转，得到齿轮 II 的瞬轴面方程为

$$\boldsymbol{R}_k = \begin{bmatrix} u\cos\varepsilon\cos\theta + \lambda E\sin\theta \\ u\cos\varepsilon\sin\theta - \lambda E\cos\theta \\ u\sin\varepsilon \end{bmatrix} \tag{5.39}$$

同理也可得齿轮 I 的瞬轴面方程。

5.4.3　节面

在 $k\text{-}k$ 线上，如果 $\boldsymbol{v}^{(21)} = 0$，则 $k\text{-}k$ 线称为节线，相应的瞬轴面称为节面。对于 $\boldsymbol{v}^{(21)} = p\boldsymbol{\omega}^{(k)} = 0$，必有 $p = 0$，则要求 $\gamma = \pm\pi/2$ 或者 $E = 0$。

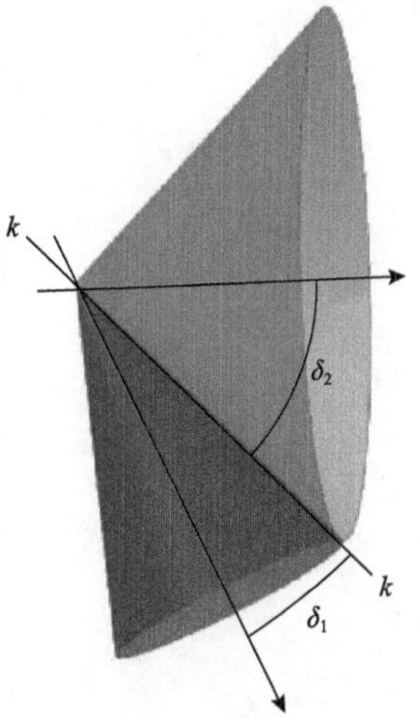

图 5.17　交叉轴传动的节锥

(1) $\gamma = \pm\pi/2$，对应平行轴传动，即圆柱齿轮（内或外），节面为圆柱面。从端面上观察，等同于平面啮合，即 5.1 节的瞬心线。

(2) $E = 0$，对应相交轴传动，即圆锥齿轮，节面为圆锥面，两圆锥以母线 $k\text{-}k$ 相切，如图 5.17 所示。

(3) 对于交错轴传动，因 $p \neq 0$，$\boldsymbol{v}^{(21)} \neq 0$，所以没有节面，如准双曲面齿轮传动、蜗轮蜗杆传动等。但在几何设计时，还有节线、节圆或节锥的概念，这是混淆了几何上的近似或与分度圆的概念。例如，准双曲面齿轮几何学上称为节点、节锥的概念，已非瞬心、瞬轴面的概念。

5.5　空间相对运动的微分

5.5.1　在运动坐标系中矢量对时间的微分

图 5.18 中，S 为固定坐标系，S_1 为动坐标系，其运动可用原点 O_1 相对 S 的移动速度及过 O_1 的转动速度来描述。在 S_1 中有一变矢量 $\boldsymbol{a}$，随着时间其大小和方向都在变化。将 $\boldsymbol{a}$ 对时间的微分分成两部分，表示为

$$\frac{\mathrm{d}\boldsymbol{a}}{\mathrm{d}t}=\frac{\mathrm{d}a_{1x}}{\mathrm{d}t}\boldsymbol{i}_1+\frac{\mathrm{d}a_{1y}}{\mathrm{d}t}\boldsymbol{j}_1+\frac{\mathrm{d}a_{1z}}{\mathrm{d}t}\boldsymbol{k}_1+a_{1x}\frac{\mathrm{d}\boldsymbol{i}_1}{\mathrm{d}t}+a_{1y}\frac{\mathrm{d}\boldsymbol{j}_1}{\mathrm{d}t}+a_{1z}\frac{\mathrm{d}\boldsymbol{k}_1}{\mathrm{d}t}$$

其中，右边前三项表示矢量 $\boldsymbol{a}$ 在动坐标系 S_1 中的坐标分量对时间的微分，计作 $\mathrm{d}_1 a/\mathrm{d}t$，称为相对微分；而后三项则是动坐标系 S_1 相对 S 转动引起的牵连运动速度 $\boldsymbol{\omega}_1\times\boldsymbol{a}$，它与 S_1 的平动无关，因为 S_1 的平动不会引起 $\mathrm{d}\boldsymbol{i}_1$、$\mathrm{d}\boldsymbol{j}_1$、$\mathrm{d}\boldsymbol{k}_1$ 的变化，所以

$$\frac{\mathrm{d}\boldsymbol{a}}{\mathrm{d}t}=\frac{\mathrm{d}_1\boldsymbol{a}}{\mathrm{d}t}+\boldsymbol{\omega}_1\times\boldsymbol{a} \tag{5.40}$$

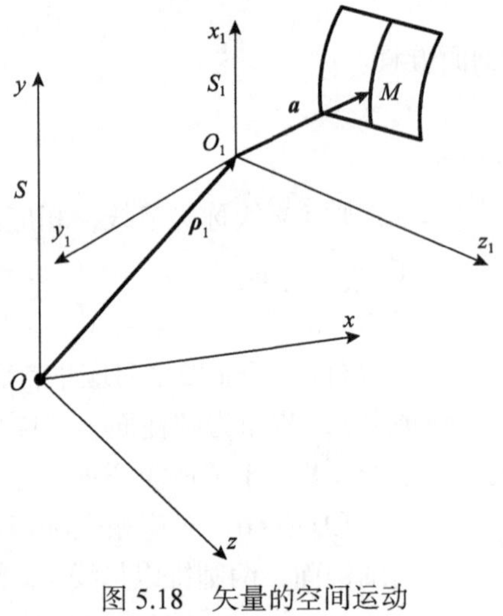

图 5.18　矢量的空间运动

5.5.2　点的绝对速度与相对速度

在 S、S_1 两个坐标系中，$\boldsymbol{\rho}_1=\boldsymbol{OO}_1$，对任意点 M 存在

$$\boldsymbol{r}=\boldsymbol{\rho}_1+\boldsymbol{r}^{(1)}$$

把 $\boldsymbol{r}$ 对时间求微分，因 $\boldsymbol{r}^{(1)}$ 为动坐标系 S_1 中的变矢量，应用式(5.40)，可得

$$\frac{\mathrm{d}\boldsymbol{r}}{\mathrm{d}t}=\frac{\mathrm{d}\boldsymbol{\rho}_1}{\mathrm{d}t}+\frac{\mathrm{d}_1\boldsymbol{r}^{(1)}}{\mathrm{d}t}+\boldsymbol{\omega}^{(1)}\times\boldsymbol{r}^{(1)} \tag{5.41}$$

其中，$\frac{\mathrm{d}\boldsymbol{r}}{\mathrm{d}t}$ 表示 M 点在固定坐标系中的运动速度，称为绝对运动速度；$\frac{\mathrm{d}_1\boldsymbol{r}^{(1)}}{\mathrm{d}r}$ 称为相对运动速度，表示 M 点在动坐标系 S_1 中的运动速度；$\frac{\mathrm{d}\boldsymbol{\rho}_1}{\mathrm{d}t}+\boldsymbol{\omega}^{(1)}\times\boldsymbol{r}^{(1)}$ 称为牵连运动速度，它是动坐标系 S_1 运动在 M 点处产生的速度。

针对上述三种运动，以图 5.19 齿面 S_1 上的 M 点为例进行说明。从固定空间观察，其绝对运动从 M 点到了 M'点；从齿面 S_1 上看，是从 M_1 点到 M'点；从固定空间观察齿面 S_1，其自身也存在牵连运动，即从实线位置到了虚线位置，从 M 点运动到了 M_1 点。

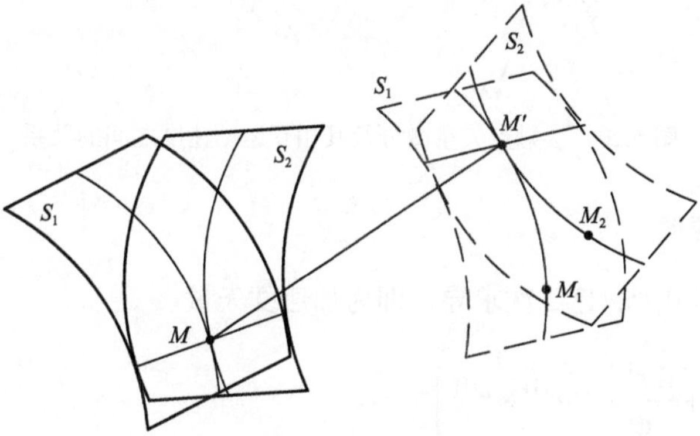

图 5.19　接触点运动关系

如果把 M 点看成两个啮合运动齿轮的接触点，对于齿轮 2，在坐标系 S、S_2 存在同样的关系式：

$$\begin{aligned}&\boldsymbol{r}=\boldsymbol{\rho}_2+\boldsymbol{r}^{(2)}\\&\frac{\mathrm{d}\boldsymbol{r}}{\mathrm{d}t}=\frac{\mathrm{d}\boldsymbol{\rho}_2}{\mathrm{d}t}+\frac{\mathrm{d}_2\boldsymbol{r}^{(2)}}{\mathrm{d}t}+\boldsymbol{\omega}^{(2)}\times\boldsymbol{r}^{(2)}\end{aligned} \tag{5.42}$$

因为 M 为同一点，显然式(5.41)与式(5.42)应该相等，于是得

$$\boldsymbol{v}^{(12)}=\boldsymbol{\omega}^{(1)}\times\boldsymbol{r}^{(1)}-\boldsymbol{\omega}^{(2)}\times\boldsymbol{r}^{(2)}+\frac{\mathrm{d}\boldsymbol{\rho}_1}{\mathrm{d}t}-\frac{\mathrm{d}\boldsymbol{\rho}_2}{\mathrm{d}t}=\frac{\mathrm{d}_1\boldsymbol{r}^{(2)}}{\mathrm{d}t}-\frac{\mathrm{d}_2\boldsymbol{r}^{(1)}}{\mathrm{d}t}$$

由此可见，相对运动速度等于同一点在动坐标系 S_1、S_2 中的相对速度之差。

图 5.20 显示了两个齿面瞬时接触点矢量微分及其相互运动速度之间的关系。

$\dfrac{\mathrm{d}\boldsymbol{r}}{\mathrm{d}t}$是接触点沿啮合线$MM'$移动的速度，它和啮合线$MM'$相切；$\dfrac{\mathrm{d}_1\boldsymbol{r}^{(1)}}{\mathrm{d}t}$、$\dfrac{\mathrm{d}_2\boldsymbol{r}^{(2)}}{\mathrm{d}t}$是接触点沿齿面移动的速度，同前述的$\boldsymbol{v}_r^{(1)}$、$\boldsymbol{v}_r^{(2)}$，它和接触点在齿面上的移动轨迹$M_1M'$、$M_2M'$相切。

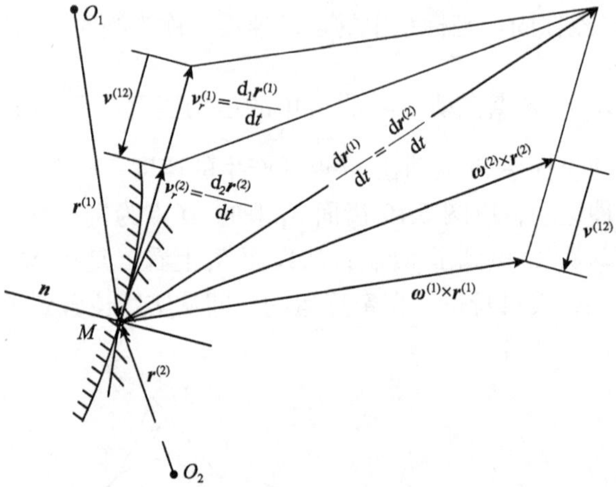

图 5.20　接触点矢量微分及其相互运动速度之间的关系

5.5.3　点的加速度

对位置矢量式(5.41)二次求导，即为加速度矢量

$$
\begin{aligned}
\frac{\mathrm{d}^2\boldsymbol{r}}{\mathrm{d}t^2}&=\frac{\mathrm{d}}{\mathrm{d}t}\left(\frac{\mathrm{d}\boldsymbol{\rho}_1}{\mathrm{d}t}+\frac{\mathrm{d}_1\boldsymbol{r}^{(1)}}{\mathrm{d}t}+\boldsymbol{\omega}^{(1)}\times\boldsymbol{r}^{(1)}\right)\\
&=\frac{\mathrm{d}^2\boldsymbol{\rho}_1}{\mathrm{d}t^2}+\frac{\mathrm{d}}{\mathrm{d}t}\left(\frac{\mathrm{d}_1\boldsymbol{r}^{(1)}}{\mathrm{d}t}\right)+\frac{\mathrm{d}\boldsymbol{\omega}^{(1)}}{\mathrm{d}t}\times\boldsymbol{r}^{(1)}+\boldsymbol{\omega}^{(1)}\times\frac{\mathrm{d}\boldsymbol{r}^{(1)}}{\mathrm{d}t}\\
&=\frac{\mathrm{d}^2\boldsymbol{\rho}_1}{\mathrm{d}t^2}+\frac{\mathrm{d}_1^2\boldsymbol{r}^{(1)}}{\mathrm{d}t^2}+\boldsymbol{\omega}^{(1)}\times\frac{\mathrm{d}_1\boldsymbol{r}^{(1)}}{\mathrm{d}t}+\frac{\mathrm{d}\boldsymbol{\omega}^{(1)}}{\mathrm{d}t}\times\boldsymbol{r}^{(1)}+\boldsymbol{\omega}^{(1)}\times\left(\boldsymbol{\omega}^{(1)}\times\boldsymbol{r}^{(1)}+\frac{\mathrm{d}_1\boldsymbol{r}^{(1)}}{\mathrm{d}t}\right)\\
&=\frac{\mathrm{d}^2\boldsymbol{\rho}_1}{\mathrm{d}t^2}+\frac{\mathrm{d}_1^2\boldsymbol{r}^{(1)}}{\mathrm{d}t^2}+2\boldsymbol{\omega}^{(1)}\times\frac{\mathrm{d}_1\boldsymbol{r}^{(1)}}{\mathrm{d}t}+\frac{\mathrm{d}\boldsymbol{\omega}^{(1)}}{\mathrm{d}t}\times\boldsymbol{r}^{(1)}+\boldsymbol{\omega}^{(1)}\times(\boldsymbol{\omega}^{(1)}\times\boldsymbol{r}^{(1)})
\end{aligned}
\tag{5.43}
$$

其中，$\dfrac{\mathrm{d}^2\boldsymbol{r}}{\mathrm{d}t^2}$为$M$点相对固定坐标系的加速度，称为绝对加速度。它的物理意义是点在固定空间中的运动加速度，由以下几部分组成：$\dfrac{\mathrm{d}^2\boldsymbol{\rho}_1}{\mathrm{d}t^2}$为动坐标系原点的加速度，$\dfrac{\mathrm{d}\boldsymbol{\omega}^{(1)}}{\mathrm{d}t}\times\boldsymbol{r}^{(1)}$为动坐标系角加速度引起$M$点的线加速度(切向加速度)，

$\boldsymbol{\omega}^{(1)}\times(\boldsymbol{\omega}^{(1)}\times\boldsymbol{r}^{(1)})$为 M 点的向心加速度(法向加速度)，这三项又合称为牵连加速度；$2\boldsymbol{\omega}^{(1)}\times\dfrac{\mathrm{d}_1\boldsymbol{r}^{(1)}}{\mathrm{d}t}$为 M 点哥氏加速度；$\dfrac{\mathrm{d}_1^2\boldsymbol{r}^{(1)}}{\mathrm{d}t^2}$为 M 点的相对加速度。

对位置矢量式(5.42)二次求导，得

$$\frac{\mathrm{d}^2\boldsymbol{r}}{\mathrm{d}t^2}=\frac{\mathrm{d}^2\boldsymbol{\rho}_2}{\mathrm{d}t^2}+\frac{\mathrm{d}_2^2\boldsymbol{r}^{(2)}}{\mathrm{d}t^2}+2\boldsymbol{\omega}^{(2)}\times\frac{\mathrm{d}_2\boldsymbol{r}^{(2)}}{\mathrm{d}t}+\frac{\mathrm{d}\boldsymbol{\omega}^{(2)}}{\mathrm{d}t}\times\boldsymbol{r}^{(2)}+\boldsymbol{\omega}^{(2)}\times(\boldsymbol{\omega}^{(2)}\times\boldsymbol{r}^{(2)}) \tag{5.44}$$

式(5.43)与式(5.44)相等，只考虑定轴匀速传动的情况。假设 M 点与 S_1 固连不动，即$\dfrac{\mathrm{d}_1\boldsymbol{r}^{(1)}}{\mathrm{d}t}=0$，则得 S_1 相对 S_2 的运动加速度为

$$\boldsymbol{A}^{(12)}=\boldsymbol{\omega}^{(2)}\times(\boldsymbol{\omega}^{(2)}\times\boldsymbol{R}^{(12)})+\boldsymbol{\omega}^{(12)}\times(\boldsymbol{\omega}^{(12)}\times\boldsymbol{r}^{(1)})+\boldsymbol{r}^{(1)}\times(\boldsymbol{\omega}^{(2)}\times\boldsymbol{\omega}^{(1)}) \tag{5.45}$$

5.6　综合实例——渐开线修形齿廓

5.6.1　渐开线齿廓

渐开线齿轮啮合线为一直线，如图 5.21 所示，在 $P\text{-}xy$ 坐标系中其方程可表示为 $x=t\cos\alpha$，$y=t\sin\alpha$，其齿条廓形为与啮合线垂直的直线，由式(5.17)可知其方程为

$$X=-t\sin\alpha\tan\alpha,\ \ Y=t\sin\alpha$$

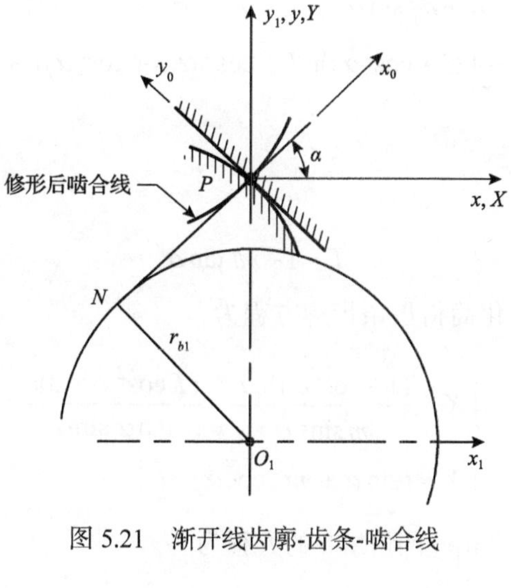

图 5.21　渐开线齿廓-齿条-啮合线

由式(5.21)可推出其共轭齿廓Ⅰ的方程为

$$\begin{cases} x_p = t\cos(\alpha - \varphi_p) + r_1 \sin\varphi_p \\ y_p = t\sin(\alpha - \varphi_p) + r_1 \cos\varphi_p \\ \varphi_p = -\dfrac{t}{r_1 \cos\alpha} \end{cases} \tag{5.46}$$

它是一条基圆半径为 $r_1 \cos\alpha$ 的渐开线。

齿轮承载变形或对齿廓修形后啮合线将发生变化，啮合线上的点将偏离原来的位置。在齿轮设计时，为了吸收承载变形、安装或制造误差，会对齿轮进行修形(这里只考虑齿廓修形)。下面根据这一逆命题，推导出修形的刀具齿廓与齿轮齿廓。

5.6.2 啮合线抛物线修形齿廓

假设齿廓修形后啮合线变形为二次抛物线型：

$$x_0 = t,\ y_0 = mt^2 \tag{5.47a}$$

转化到 $P\text{-}xy$ 坐标系中，其方程为

$$\begin{cases} x = t\cos\alpha - mt^2 \sin\alpha \\ y = t\sin\alpha + mt^2 \cos\alpha \end{cases} \tag{5.47b}$$

根据式(5.17)，并取积分区间[0, t]，可推导出齿条齿廓方程为

$$\begin{cases} X = \displaystyle\int_0^t \frac{\sin\alpha + mt\cos\alpha}{-\cos\alpha + mt\sin\alpha}(\sin\alpha + 2mt\cos\alpha)\mathrm{d}t \\ \quad = \dfrac{1}{m\sin^3\alpha}\left[(1+\cos^2\alpha)\ln T - \cos^2\alpha(3+\cos^2\alpha)T + \cos^4\alpha T^2\right]_0^t \\ Y = y \end{cases}$$

其中，

$$T = 1 - mt\tan\alpha$$

对上述积分后，化简得齿条齿廓方程为

$$\begin{cases} X = \dfrac{(1+\cos^2\alpha)\ln T}{m\sin^3\alpha} - \dfrac{(T\cos^2\alpha - 3)t}{\tan\alpha\,\sin\alpha} \\ Y = t\sin\alpha + mt^2\cos\alpha \end{cases} \tag{5.48}$$

由式(5.21)可推出相应的齿廓Ⅰ的方程为

$$\begin{cases} x_1 = t\cos(\alpha-\varphi_1) - mt^2\sin(\alpha-\varphi_1) + r_1\sin\varphi_1 \\ y_1 = t\sin(\alpha-\varphi_1) + mt^2\cos(\alpha-\varphi_1) + r_1\cos\varphi_1 \\ \varphi_1 = \dfrac{X-x}{r_1} \end{cases} \tag{5.49}$$

对比式(5.46)与式(5.49)可以看出，在不考虑转角误差的情况下，齿廓出现误差为

$$\begin{cases} \Delta x_1 = -mt^2\sin(\alpha-\varphi_1) \\ \Delta y_1 = mt^2\cos(\alpha-\varphi_1) \end{cases} \tag{5.50}$$

标准齿轮齿廓的单位法矢为

$$\boldsymbol{n}_p = \boldsymbol{i}\cos(\alpha-\varphi_p) + \boldsymbol{j}\sin(\alpha-\varphi_p) \tag{5.51}$$

则修形齿廓的法向偏差为

$$\delta = \Delta x_1\cos(\alpha-\varphi_p) + \Delta y_1 sin(\alpha-\varphi_p)$$

在对渐开线进行抛物线修形时，可以直接使用啮合线方程(5.47)，通过控制抛物线系数 m 预置修形量，实现对轮齿齿廓的修形。图 5.22 为齿轮节圆半径 $r_1 = 100\text{mm}$、抛物线系数取 $m = 10^{-3}$ 的齿廓与啮合线相对于标准渐开线齿轮的偏差 k 线图，其中齿条与齿轮齿廓的 k 线方向相反，但数值非常接近。如果齿轮 II 按照标准渐开线齿轮加工，则两个齿轮在啮合传动时将产生图 5.22 中啮合 k 线的传动误差，即在齿高方向产生了鼓形修形。

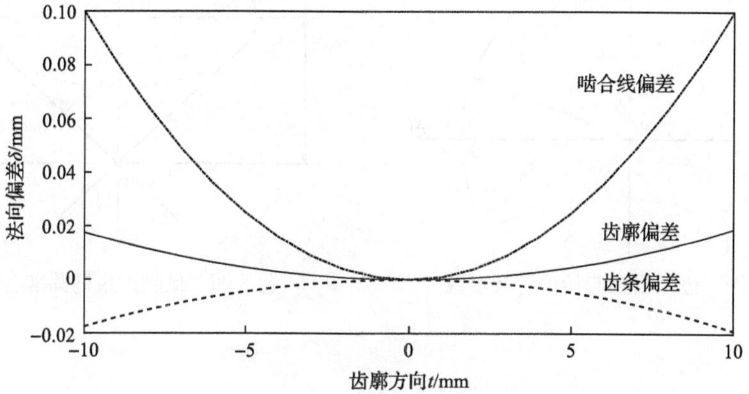

图 5.22　齿廓偏差 k 线

同理，也可对齿轮 II 进行修形，但修形方向应与齿轮 I 相反，即抛物线系数

取负。如果采用同一条啮合线求齿轮 I、II 的齿廓，得到的为共轭齿廓。

习　题

1. 推导齿条与齿轮啮合的相对运动速度矢量方程。

2. 求以圆为啮合线的共轭齿廓(图 5.11)的相对运动速度矢量。

3. 已知内齿轮 1 的齿廓为直线，它的位置如题 3 图所示。内齿轮节圆半径为 r_1，齿数为 z_1，弧长 $ab=\pi r_1/z_1$，齿形角为 α，和它啮合的小齿轮节圆半径为 r_2。

(1) 求小齿轮(外齿轮)的齿廓。

(2) 内齿轮齿廓上是否可能有啮合界限点？如果有，它的位置在哪里？

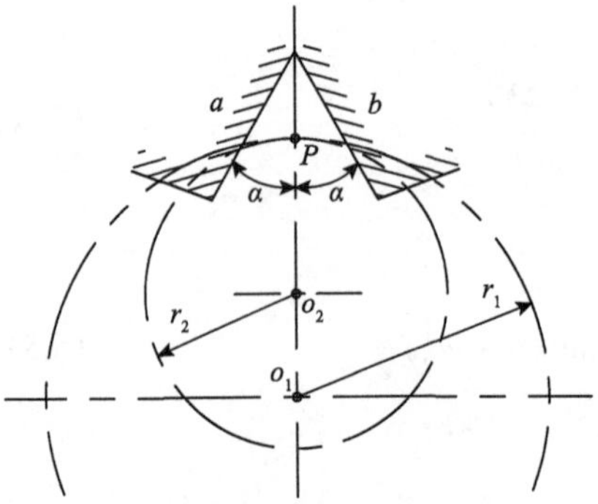

题 3 图　内齿轮啮合副位置关系

4. 已知齿条齿廓为圆弧，其起始位置及参数如题 4 图所示，求和它共轭的齿轮 1 的齿廓方程及啮合线方程。若 $e=0$，齿轮 1 齿廓及啮合线会是什么形状？

5. 有一种低噪声泵，它的啮合线上部是椭圆，其位置如题 5 图所示，求相应的齿条齿廓方程。

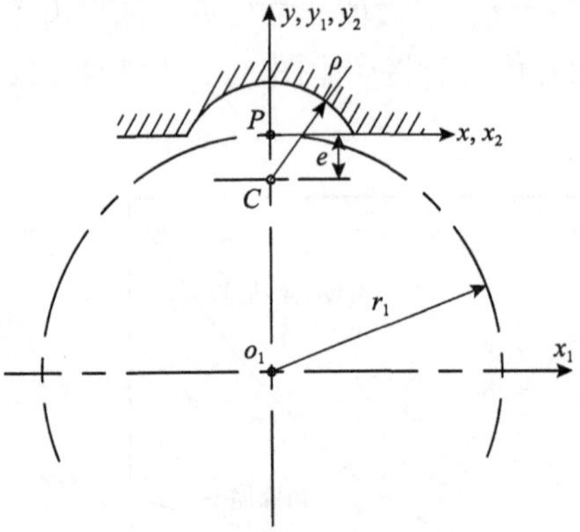

题 4 图　齿条齿廓起始位置及参数

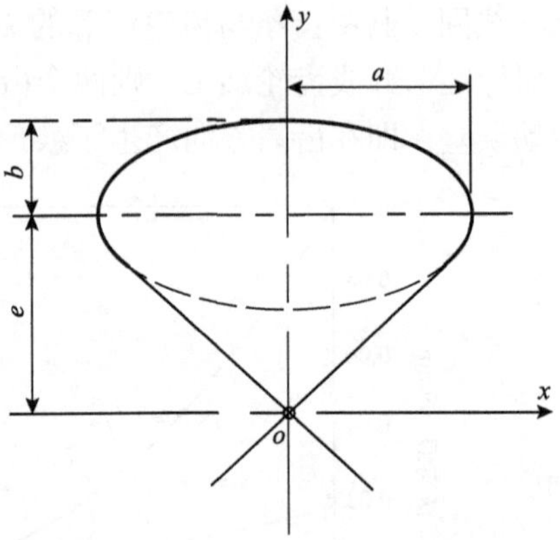

题 5 图　低噪声泵椭圆啮合线

第 6 章　共轭曲面的整体几何

刚体 I、II 上的 $\Sigma^{(1)}$、$\Sigma^{(2)}$曲面处于啮合状态，它们相对于各自参考系的运动为 φ_1、φ_2。共轭曲面的整体几何问题就是研究曲面 $\Sigma^{(1)}$、φ_1 与 $\Sigma^{(2)}$、φ_2 之间的关系。注意这里的运动是指广义的运动，可以是转动也可以是直线运动，可以是匀速的也可以是非匀速的，包括单自由度的或多自由度的。啮合是指相切接触，可以是点接触也可以是线接触。这里重点讨论的是匀速运动的线接触问题，简称简单共轭运动。

6.1　共轭齿廓的求解方法

共轭齿廓呈现的是一种包络关系，因此可利用包络法求解。包络法在 2.6 节中已经介绍过，针对的是一个刚体运动问题，这里介绍两个构件运动产生的包络问题。此外还有其他两种共轭齿廓的求解方法，即公法线法和运动学法。

6.1.1　共轭齿廓之包络法

两齿轮 I、II 做定轴等速运动，瞬时转角分别为 φ_1、φ_2，已知齿轮 I 上的齿廓曲线 *b-b*，可确定齿轮 II 的齿廓曲线 *c-c*，即共轭曲线。前面提出的包络问题中是一个刚体运动，另一刚体不动。对待两个移动的刚体可以用反转法，如图 6.1 所示，即假定被切齿轮不动，插齿刀 I 既自转 φ_1，又绕 o_2 反向回转 φ_2，这样就可以得到 *b-b* 曲线族$\{B_k\}$，该族曲线的包络线 *c-c* 即所求的共轭曲线。

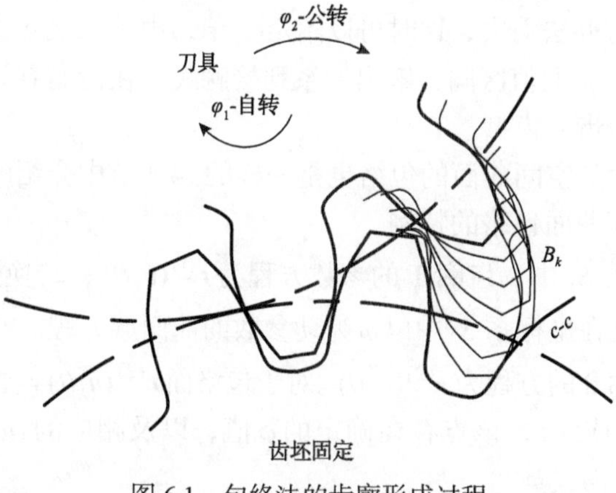

图 6.1　包络法的齿廓形成过程

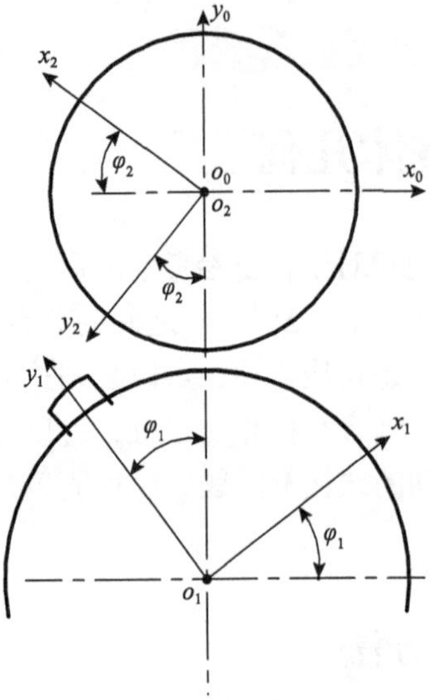

图 6.2　花键加工坐标系

设齿廓$\Sigma^{(1)}$上曲线 b-b 的方程为隐函数，即

$$F_1(x_1,y_1,z_1)=0$$

用齐次坐标变换$\boldsymbol{M}_1^{(2)}$，坐标系参考如图 6.2 所示。把齿廓Σ_1转换到齿廓Σ_2所在的坐标系 S_2，其转角关系为$\varphi_2=i_{21}\cdot\varphi_1$，坐标变换表达为

$$\boldsymbol{r}_1^{(2)}=\boldsymbol{M}_1^{(2)}\cdot\boldsymbol{r}_1$$

即

$$x_1=x_1(x_2,y_2,z_2,i_{21}\cdot\varphi_1)$$

$$y_1=y_1(x_2,y_2,z_2,i_{21}\cdot\varphi_1)$$

$$z_1=z_1(x_2,y_2,z_2,i_{21}\cdot\varphi_1)$$

代入$F_1(x_1,y_1,z_1)=0$得

$$F_2(x_2,y_2,z_2,i_{21}\cdot\varphi_1)=0 \tag{6.1}$$

这就是齿廓$\Sigma^{(1)}$在坐标系 S_2 中的曲面族方程，φ_1为动参数。根据 2.6 节的包络原理，包络齿廓满足

$$\begin{cases}F_2(x_2,y_2,z_2,i_{21}\cdot\varphi_1)=0\\ \dfrac{\partial}{\partial\varphi_1}F_2(x_2,y_2,z_2,i_{21}\cdot\varphi_1)=0\end{cases} \tag{6.2}$$

i_{21}或为常数，或为 $i_{12}(\varphi_1)$的函数。此二式消去φ_1即得所求齿廓$\Sigma^{(2)}$上曲线 c-c 的方程。有时φ_1没有办法消去，这时可以给定φ_1值，由此二式解出一条曲线，即瞬时接触线，再遍历φ_1取值区间，解出一系列接触线，在齿面有效区间网格化齿面坐标点，得到数值齿面模型。

对矢函数表达的空间曲面的包络也是一样的。4.4 节中介绍的单参数平面族的包络其实就是空间曲面包络的特例。

假设在坐标系 S_1 中，齿廓 I 的参数方程为$\boldsymbol{r}^{(1)}(u,\theta)$，转换到坐标系 $S^{(2)}$中为$\boldsymbol{r}_1^{(2)}(u,\theta,\varphi)$，这是在坐标系 S_2 中以φ为动参数的曲面族方程。

设包络面齿廓 II 的方程为$\boldsymbol{r}^{(2)}(u,\theta)$。对于包络面$\boldsymbol{r}^{(2)}(u,\theta)$与曲面族$\boldsymbol{r}_1^{(2)}(u,\theta,\varphi)$存在公共的切点(或线)，该点存在确定的$\varphi$值，以及相应的$(u,\theta)$。因此，利用$\varphi=\varphi(u,\theta)$关系可消去$\varphi$。

由于包络面与曲面族存在公共的切平面，所以 $\boldsymbol{r}_u$、$\boldsymbol{r}_\theta$、$\boldsymbol{r}_\varphi$ 共面，即

$$(\boldsymbol{r}_{1u}^{(2)}, \boldsymbol{r}_{1\theta}^{(2)}, \boldsymbol{r}_{1\varphi}^{(2)}) = 0 \tag{6.3}$$

或表达为

$$\boldsymbol{n}_1^{(2)} \cdot \boldsymbol{r}_{1\varphi}^{(2)} = 0$$

利用式(6.3)可确定 $\varphi = \varphi(u,\theta)$，与曲面族 $\boldsymbol{r}_1^{(2)}(u,\theta,\varphi)$ 联立可求包络面 $\boldsymbol{r}^{(2)}(u,\theta)$。当然还要注意坐标之间的变换关系。一般用上标表示曲面对象，下标表示所在的坐标系。例如，$\boldsymbol{r}_1^{(2)}$ 表示齿面 $\Sigma^{(2)}$ 在坐标系 S_1 下的方程。

例 6.1　用圆盘插齿刀插削外矩形花键(图 6.2)，花键节圆半径为 a，半宽为 h，中心距为 E，求插齿刀的廓形。

解　为描述其运动关系，先建立坐标系。S_0 为空间固定坐标系，S_2 为与插齿刀固连的坐标系，S_1 为与花键轴固连的坐标系。在花键插削过程中，S_1 与 S_2 坐标系的转角分别为 φ_1、φ_2。

在花键轴坐标系 S_1 中，花键的廓线方程可表示为

$$\boldsymbol{r}_1 = (h, a+t, 1) \tag{6.4}$$

把花键的廓线转换到坐标系 S_2 中表达，变换矩阵为

$$\boldsymbol{M}_{21} = \boldsymbol{M}_{20} \cdot \boldsymbol{M}_{01} = \begin{bmatrix} -\cos\varphi & \sin\varphi & -E\sin\varphi_2 \\ -\sin\varphi & -\cos\varphi & E\cos\varphi_2 \\ 0 & 0 & 1 \end{bmatrix}$$

其中，$\varphi = \varphi_1 + \varphi_2, \varphi_1 = i_{12}\varphi_2$；

$$\boldsymbol{M}_{01} = \begin{bmatrix} \cos\varphi_1 & -\sin\varphi_1 & 0 \\ \sin\varphi_1 & \cos\varphi_1 & -E \\ 0 & 0 & 1 \end{bmatrix}, \quad \boldsymbol{M}_{20} = \begin{bmatrix} -\cos\varphi_2 & \sin\varphi_2 & 0 \\ -\sin\varphi_2 & -\cos\varphi_2 & 0 \\ 0 & 0 & 1 \end{bmatrix}$$

这样可得插齿刀齿廓方程为

$$\boldsymbol{r}_2(\varphi_2, t) = \boldsymbol{M}_{21}\boldsymbol{r}_1(t) \begin{bmatrix} -h\cos\varphi + (a+t)\sin\varphi - E\sin\varphi_2 \\ -h\sin\varphi - (a+t)\cos\varphi + E\cos\varphi_2 \\ 1 \end{bmatrix} \tag{6.5}$$

对式(6.5)求偏微分，可得

$$x_2'(\varphi_2) = [h\sin\varphi + (a+t)\sin\varphi](1+i_{12}) - E\cos\varphi_2$$

$$y_2'(\varphi_2) = [-h\cos\varphi + (a+t)\sin\varphi](1+i_{12}) - E\sin\varphi_2$$

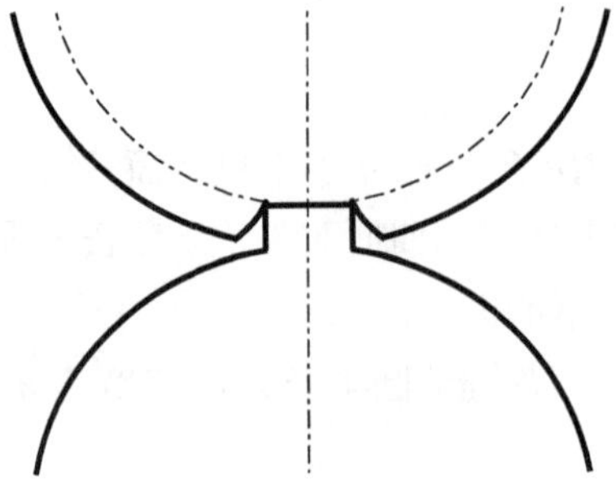

图 6.3　插齿刀廓形

$$x_2'(t) = \sin\varphi,\ \ y_2'(t) = -\cos\varphi$$

利用式(6.3)可得

$$\cos\varphi_1 = \frac{(a+t)(1+i_{12})}{E}$$

把上式代入式(6.5)得到的即为插齿刀廓线方程。图 6.3 为 h=4mm、E=54mm、a=30mm、$t \in [-4,0]$、i_{12}=0.8 时求解的廓形方程，左侧廓形由右侧的廓线对称得到。

6.1.2　共轭齿廓之公法线法

以前讲过的齿廓啮合基本定律，是指平面啮合，在定传动比传动时，啮合点的法线通过节点。据此，如果已知节圆、节点及其齿廓，则可知当前齿廓上哪一点处于啮合状态，转过一个角度时，又是哪一点进入啮合状态。从理论上来讲，可知其共轭齿廓，扩展些看，在平行轴和相交轴传动中，当传动比一定时，有固定的瞬时回转轴存在，此时啮合点的法线是通过瞬时回转轴的。对于平面啮合或简单的空间啮合运动，该方法还是比较适用的。下面来举例说明公法线法在空间啮合方面的应用。

例 6.2　求用平面冠轮加工直齿圆锥齿轮时的啮合面(图 6.4)。

先解释什么叫啮合面。齿面 I 和 II 的瞬时接触线，在固定空间所形成的轨迹曲面叫啮合面。什么叫平面冠轮？当锥角等于 90°时，节锥面成为一圆平面，此时的锥齿轮叫平面冠轮。锥齿轮中的平面冠轮相当于正齿轮中的齿条，平面冠轮的齿侧表面为平面齿廓。锥齿轮的加工在理论上可视为平面冠轮与锥齿轮的啮合，即锥齿轮的节锥与一圆平面做纯滚动。在纯滚动中，平面冠轮的齿侧表面在锥齿轮上形成齿廓。

解　如图 6.5 所示，设固定坐标系 $o\text{-}xyz$，冠轮轴线为 z 轴，节平面与 xoy 平面重合，锥齿轮轴线在 yoz 平面中，并通过坐标原点，锥齿轮的节锥与圆平面横切于 y 轴，节锥角为 γ，y 轴为瞬时回转轴。

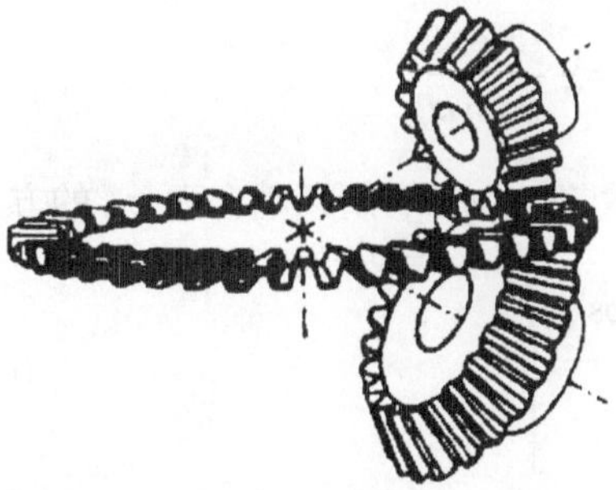

图 6.4　锥齿轮平面冠轮加工原理

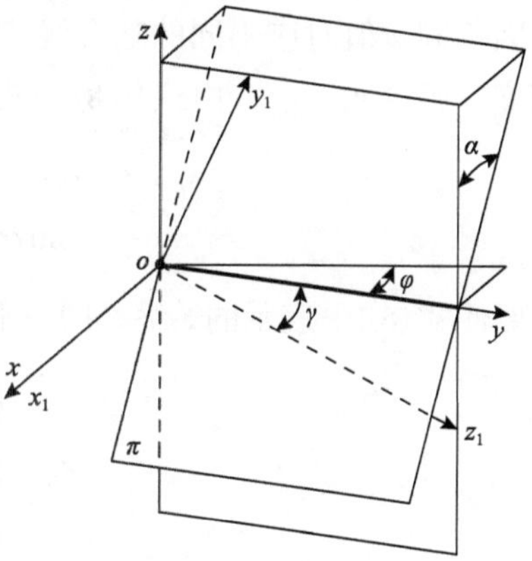

图 6.5　加工坐标系

1) 求冠轮方程

刀刃面 π 与 xoy 平面的夹角为 $\pi/2-\alpha$，在产成锥齿轮过程中，刀刃面 π 绕 z 轴逆时针转动的角度用 φ 表示。初始位置刀刃面 π 通过 oy 轴，其参数方程与对应的单位法矢为

$$\boldsymbol{r}_0=(-t\sin\alpha,u,t\cos\alpha)^{\mathrm{T}} \tag{6.6}$$

$$\boldsymbol{n}_0=(-\cos\alpha,0,-\sin\alpha)^{\mathrm{T}} \tag{6.7}$$

转动任意角 φ 位置刀刃面 π 的矢量方程与单位法矢方程为

$$\boldsymbol{r}_0=\begin{bmatrix}-t\sin\alpha\cos\varphi-u\sin\varphi\\-t\sin\alpha\sin\varphi+u\cos\varphi\\t\cos\alpha\end{bmatrix} \tag{6.8}$$

$$\boldsymbol{n}_0=\begin{bmatrix}-\cos\alpha\cos\varphi\\-\cos\alpha\sin\varphi\\-\sin\alpha\end{bmatrix} \tag{6.9}$$

2) 求啮合线方程

因为齿面上任意接触点法线始终通过瞬时回转轴 oy，所以啮合线 π_m 方程可表示为

$$\boldsymbol{r}_m=u\boldsymbol{j}+\lambda\boldsymbol{n}_0=\begin{bmatrix}-\lambda\cos\alpha\cos\varphi\\u-\lambda\cos\alpha\sin\varphi\\-\lambda\sin\alpha\end{bmatrix} \tag{6.10}$$

因不同φ值对应不同的啮合线，啮合线构成了啮合面π_m，π与π_m始终垂直相交，则令$\boldsymbol{r}_0=\boldsymbol{r}_m$，由式(6.8)与式(6.10)可确定：

$$\lambda=-\frac{t\cos\alpha}{\sin\alpha},\ \tan\varphi=-\frac{t}{u\sin\alpha}$$

要使式(6.10)表示的始终是同一平面，则需使$\varphi=0$，所以啮合面π_m的方程为

$$\boldsymbol{r}_m=\begin{bmatrix} t\cot\alpha\cos\alpha \\ u \\ t\cos\alpha \end{bmatrix} \tag{6.11}$$

这就是在固定坐标系下的瞬时啮合线方程，它是一个平面。

3)求锥齿轮方程

假设产成锥齿轮对应转角为φ_1，它与产形冠轮之间的转角关系为：$\varphi_1=i_{10}\varphi$，$i_{01}=\tan\gamma$。

固定坐标系到锥齿轮坐标系的坐标变换矩阵为

$$\boldsymbol{M}_{10}=\begin{bmatrix} \cos\varphi_1 & -\sin\varphi_1 & 0 \\ \sin\varphi_1 & \cos\varphi_1 & 0 \\ 0 & 0 & 1 \end{bmatrix}\begin{bmatrix} 1 & 0 & 0 \\ 0 & -\sin\gamma & -\cos\gamma \\ 0 & \cos\gamma & -\sin\gamma \end{bmatrix}$$

$$=\begin{bmatrix} \cos\varphi_1 & \sin\varphi_1\sin\gamma & \sin\varphi_1\cos\gamma \\ \sin\varphi_1 & -\cos\varphi_1\sin\gamma & -\cos\varphi_1\cos\gamma \\ 0 & \cos\gamma & -\sin\gamma \end{bmatrix}$$

将啮合面方程(6.11)转化到小轮坐标系，即得小轮的齿面方程为

$$\boldsymbol{r}_1=\boldsymbol{M}_{10}\cdot\boldsymbol{r}_m$$

6.1.3　共轭齿廓之运动法

运动法是目前应用最广泛的共轭齿廓求解方法。其原理描述为当空间啮合时，两齿面的啮合点M的相对运动速度矢量，应位于两齿面在M点的公切平面内；或者说，任意两齿面啮合点沿公法线方向的分速度必须相等，否则将产生分离或干涉。由此可知

$$\boldsymbol{n}^{(i)}\cdot\boldsymbol{v}^{(12)}=0 \tag{6.12}$$

其中，$\boldsymbol{n}^{(i)}$可以是两齿面任意一个法矢，$\boldsymbol{v}^{(12)}$也可以用$\boldsymbol{v}^{(21)}$表示，但各矢量应转换

到同一个坐标系进行运算。

运动法实质上和前面两种方法是一致的。因$(\boldsymbol{r}_u^{(2)},\boldsymbol{r}_\theta^{(2)},\boldsymbol{r}_\varphi^{(2)})=0$，即

$$(\boldsymbol{r}_u^{(2)}\times\boldsymbol{r}_\theta^{(2)})\cdot\boldsymbol{r}_\varphi^{(2)}=0$$

也是$\boldsymbol{n}^{(2)}\cdot\boldsymbol{r}_\varphi^{(2)}=0$。

因为是曲面族包络，其中$\boldsymbol{r}_1(u,\theta)$不变，相当于把$\boldsymbol{v}^{(12)}=\dfrac{\mathrm{d}_1\boldsymbol{r}^{(1)}}{\mathrm{d}t}-\dfrac{\mathrm{d}_2\boldsymbol{r}^{(2)}}{\mathrm{d}t}$中的$\dfrac{\mathrm{d}_1\boldsymbol{r}^{(1)}}{\mathrm{d}t}$相对运动折算到了$\dfrac{\mathrm{d}_2\boldsymbol{r}^{(2)}}{\mathrm{d}t}$，显然转角变量$\varphi$与时间变量$t$可以变换为同一参数，所以该式与啮合方程实质上是一致的。

再有

$$\frac{\partial F_1}{\partial x_1}\frac{\partial x_1}{\partial\varphi_1}+\frac{\partial F_1}{\partial y_1}\frac{\partial y_1}{\partial\varphi_1}+\frac{\partial F_1}{\partial z_1}\frac{\partial z_1}{\partial\varphi_1}=0$$

显然$\left[\dfrac{\partial F_1}{\partial x_1},\dfrac{\partial F_1}{\partial y_1},\dfrac{\partial F_1}{\partial z_1}\right]=\boldsymbol{n}^{(1)}$，以至于$\dfrac{\partial x_1}{\partial\varphi_1},\dfrac{\partial y_1}{\partial\varphi_1},\dfrac{\partial z_1}{\partial\varphi_1}$所代表的含义为$\dfrac{\partial\boldsymbol{r}^{(1)}}{\partial\varphi_1}$，与$\dfrac{\mathrm{d}_1\boldsymbol{r}^{(1)}}{\mathrm{d}t}$是一致的。运动法不要求太多微分，应用范围没有限制，计算方便，重点是求出相对运动速度$\boldsymbol{v}^{(12)}$。

接着研究例 6.2，如果使用啮合方程，则

$$\boldsymbol{n}_0\cdot\boldsymbol{v}^{(10)}=\boldsymbol{n}_0\cdot[(\boldsymbol{\omega}_1-\boldsymbol{\omega}_0)\times\boldsymbol{r}_0]=0$$

$$\boldsymbol{\omega}_0=(0,0,i_{01}),\quad \boldsymbol{\omega}_1=(0,-\cos\gamma,\sin\gamma)$$

代入化简可得

$$\sin(\varphi+c)=\frac{u\cos\alpha(i_{01}-\sin\gamma)}{\cos\gamma\sqrt{t^2+u^2\sin^2\alpha}},\quad \tan c=\frac{t}{u\cos\alpha}\tag{6.13}$$

利用式(6.13)求出的小轮齿面方程，同前述公法线法求出来的是一样的。

例 6.3　求平面蜗轮副的蜗杆齿面方程。如图 6.6 所示，蜗轮的齿侧表面是平行于蜗轮轴线的平面，中心距$o_1o_2=a$，坐标系S_1与蜗轮固结，S_2与蜗杆固结。

先介绍平面蜗轮副，通常蜗轮传动是给定蜗杆形状及共轭运动，蜗轮形状是被决定的。平面蜗轮副则相反，是给定蜗轮形状及其共轭运动，蜗杆形状是被决定的。由于蜗杆由蜗轮包络而得，故称包络蜗杆。蜗轮齿面通常采用平面，该平面可以平行于蜗轮轴线，也可以不平行于蜗轮轴线。另外也可以采用锥面，但蜗杆不再是圆柱蜗杆，而是弧面蜗杆。从加工方法看，阿基米德蜗杆是以车削为基

础的，平面蜗轮副的蜗杆可以采用磨削，能够得到更高的精度。

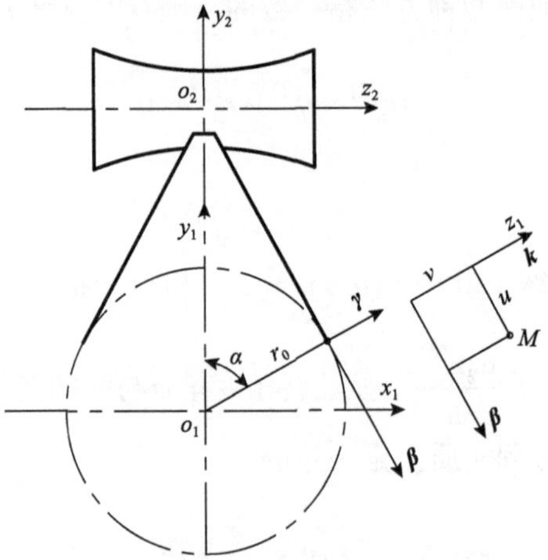

图 6.6　平面蜗轮蜗杆坐标系

解　首先，在坐标系 S_1 中表达蜗轮的齿侧表面，其矢量表达式为

$$\boldsymbol{r}^{(1)} = r_0\boldsymbol{\gamma} + u\boldsymbol{\beta} + v\boldsymbol{k}$$

其中，u、v 为参变量，$\boldsymbol{\gamma} = \boldsymbol{i}_1 \sin\alpha + \boldsymbol{j}_1 \cos\alpha$，$\boldsymbol{\beta} = \boldsymbol{i}_1 \cos\alpha - \boldsymbol{j}_1 \sin\alpha$。

代入化简可得

$$\boldsymbol{r}^{(1)}(u,v) = (r_0 \sin\alpha + u\cos\alpha, r_0\cos\alpha - u\sin\alpha, v)^{\mathrm{T}}$$

已知蜗轮齿面的单位法矢为

$$\boldsymbol{n}^{(1)} = \boldsymbol{i}_1 \sin\alpha + \boldsymbol{j}_1 \cos\alpha$$

相对运动速度表达式为

$$\boldsymbol{v}^{(12)} = \boldsymbol{\omega}^{(1)} \times \boldsymbol{r}^{(1)} - \boldsymbol{\omega}^{(2)} \times \boldsymbol{r}^{(2)}, \quad \boldsymbol{r}^{(1)} = \boldsymbol{A} + \boldsymbol{r}^{(2)}$$

把各有关矢量转化到坐标系 S_1 中，可得

$$\boldsymbol{\omega}^{(1)} = \omega_1 \boldsymbol{k}_1$$

$$\boldsymbol{\omega}^{(2)} = \omega_2 \boldsymbol{k}_2 = \boldsymbol{i}_1 \omega_2 \cos\varphi_1 - \boldsymbol{j}_1 \omega_2 \sin\varphi_1$$

$$\boldsymbol{r}_2^{(1)} = \boldsymbol{r}^{(1)} - \boldsymbol{o}_1\boldsymbol{o}_2 = \boldsymbol{r}^{(1)} - a(\boldsymbol{i}_1 \sin\varphi_1 + \boldsymbol{j}_1 \cos\varphi_1)$$

代入化简，并令 $\omega_2 = 1$，$i_{12} = \omega_1 / \omega_2 = \varphi_1 / \varphi_2$，可得

$$\boldsymbol{v}^{(12)} = \begin{bmatrix} v\sin\varphi_1 - i_{12}(r_0\cos\alpha - u\sin\alpha) \\ v\cos\varphi_1 + i_{12}(r_0\sin\alpha + u\cos\alpha) \\ -\cos\varphi_1(r_0\cos\alpha - u\sin\alpha) - \sin\varphi_1(r_0\sin\alpha + u\cos\alpha) + a \end{bmatrix}$$

根据运动法，$\boldsymbol{n}^{(1)} \cdot \boldsymbol{v}^{(12)} = 0$，代入化简可得

$$v\cos(\varphi_1 - \alpha) + i_{12}u = 0 \tag{6.14a}$$

给定 φ_1 可得到一条瞬时接触线的方程为

$$\boldsymbol{r}^{(1)}(u,v) = \left(r_0\sin\alpha + u\cos\alpha, r_0\cos\alpha - u\sin\alpha, -\frac{i_{12}u}{\cos(\varphi_1 - \alpha)} \right)^{\mathrm{T}} \tag{6.14b}$$

该瞬时接触线为一直线。

利用齐次坐标变换，将坐标系 S_1 中的瞬时接触线转换到 S_2 中，即得到包络蜗杆齿面上的一条接触线。当取的接触线足够密时，遍历 φ_1 值得到所求的蜗杆齿面：

$$\boldsymbol{r}^{(2)}(u,v) = \boldsymbol{M}_{21} \cdot \boldsymbol{r}^{(1)}(u,v)$$

其中的变换矩阵为

$$\begin{aligned}
\boldsymbol{M}_{21} &= \boldsymbol{M}_{2f} \cdot \boldsymbol{M}_{fd} \cdot \boldsymbol{M}_{d1} \\
&= \begin{bmatrix} \cos\varphi_2 & \sin\varphi_2 & 0 & 0 \\ -\sin\varphi_2 & \cos\varphi_2 & 0 & 0 \\ 0 & 0 & 1 & 0 \\ 0 & 0 & 0 & 1 \end{bmatrix} \begin{bmatrix} 0 & 0 & -1 & 0 \\ 0 & 1 & 0 & -a \\ 1 & 0 & 0 & 0 \\ 0 & 0 & 0 & 1 \end{bmatrix} \begin{bmatrix} \cos\varphi_1 & -\sin\varphi_1 & 0 & 0 \\ -\sin\varphi_1 & \cos\varphi_1 & 0 & 0 \\ 0 & 0 & 1 & 0 \\ 0 & 0 & 0 & 1 \end{bmatrix} \\
&= \begin{bmatrix} \sin\varphi_1\sin\varphi_2 & \cos\varphi_1\sin\varphi_2 & -\cos\varphi_2 & -a\sin\varphi_2 \\ \sin\varphi_1\cos\varphi_2 & \cos\varphi_1\cos\varphi_2 & \sin\varphi_2 & -a\cos\varphi_2 \\ \cos\varphi_1 & -\sin\varphi_1 & 1 & 0 \\ 0 & 0 & 0 & 1 \end{bmatrix}
\end{aligned}$$

所以

$$\boldsymbol{r}^{(2)} = \begin{bmatrix} x_1\sin\varphi_1\sin\varphi_2 + y_1\cos\varphi_1\sin\varphi_2 - z_1\cos\varphi_2 - a\sin\varphi_2 \\ x_1\sin\varphi_1\cos\varphi_2 + y_1\cos\varphi_1\cos\varphi_2 + z_1\sin\varphi_2 - a\cos\varphi_2 \\ x_1\cos\varphi_1 - y_1\sin\varphi_1 \end{bmatrix} \tag{6.15}$$

将方程组加上瞬时接触线方程(6.14b)，由两个参变量(u,φ_1)，可确定包络蜗杆方程。

欲求啮合面方程，只需将接触线方程转换到固定坐标系即可。

6.2　啮合方程的一般形式

前面所讲的共轭曲面求解的三种方法，即包络法、法线法、运动法，都有一个方程，所有这些方程都是等价的，称为啮合方程。针对不同的啮合副，可选用某一种求解便利的方法。由于运动法适用范围广，人们更多习惯于应用啮合方程(6.12)。

凡共轭曲线啮合点必符合啮合方程，除此之外，啮合点是瞬时重合点，径矢端点重合，法矢重合，两曲面在啮合点处曲率不干涉。

啮合方程的一般形式为$f(u,v,\varphi)=0$，u、v是已知曲面参数，φ为动参数，通常用转角或时间表示。啮合方程与已知曲面 I 联立，得到的是坐标系S_1中的瞬时接触线，转换到刚体 II 的动坐标系S_2中就得所求齿面 II 上的一条曲线(啮合线或称瞬时接触线)，其集合即$\Sigma^{(2)}$。I 或 II 上的瞬时接触线转换到固定坐标系就是啮合线，其集合为啮合面。

前面得到了式(6.13)，啮合方程通常情况下都可以化作类似的形式，这是一种非常有用的形式，下面进行讨论。

$$U\cos\varphi - V\sin\varphi = W \tag{6.16a}$$

如果U、V、W中不包含φ参数，则啮合方程可化作显函数表达式，即

$$\cos(\varphi+\varepsilon)=\frac{W}{\sqrt{U^2+V^2}},\quad \tan\varepsilon=\frac{V}{U} \tag{6.16b}$$

若两刚体等速回转，相对位置及夹角不变，刚体 I 无轴向移动，刚体 II 为轴向等速运动，则U、V、W与φ参数无关。多数情况下可以满足这一条件。

5.3.4 节所述的空间啮合传动啮合方程的一般形式都可表示为

$$\begin{cases} U\cos\varphi_2 - V\sin\varphi_2 = W \\ U = n_x E\sin\gamma + n_y(z_2-G)\cos\gamma - n_z y_2\cos\gamma \\ V = -n_x(z_2-G)\cos\gamma + n_y E\sin\gamma + n_z x_2\cos\gamma \\ W = (n_x y_2 - n_y x_2)(i_{21}-\sin\gamma) + n_z E\cos\gamma \end{cases} \tag{6.17}$$

(1) 当$\gamma=0$时，为正交交错轴传动，如蜗轮蜗杆传动、准双曲面齿轮传动等。

这时啮合方程为

$$\begin{cases} U\cos\varphi_2 - V\sin\varphi_2 = W \\ U = n_y(z_2 - G) - n_z y_2 \\ V = -n_x(z_2 - G) + n_z x_2 \\ W = (n_x y_2 - n_y x_2) i_{21} + n_z E \end{cases} \tag{6.18}$$

(2) 当 $\gamma = 90°$或$-90°$时，为平行轴内、外齿轮传动。这时啮合方程为

$$\begin{cases} U\cos\varphi_2 - V\sin\varphi_2 = W \\ U = \pm n_x E \\ V = \pm n_y E \\ W = (n_x y_2 - n_y x_2)(i_{21} \mp 1) \end{cases} \tag{6.19}$$

其中，$\pm$号中“+”号对应内啮合，“–”号对应外啮合。

(3) 当 $E = 0$ 时，为相交轴传动，如锥齿轮啮合传动等。这时啮合方程为

$$\begin{cases} U\cos\varphi_2 - V\sin\varphi_2 = W \\ U = n_y(z_2 - G)\cos\gamma - n_z y_2 \cos\gamma \\ V = -n_x(z_2 - G)\cos\gamma + n_z x_2 \cos\gamma \\ W = (n_x y_2 - n_y x_2)(i_{21} - \sin\gamma) \end{cases} \tag{6.20}$$

对于啮合方程(6.16)，求解时有三种情况。

(1) 当 $U^2 + V^2 > W^2$ 时，φ_2 有两个解：$\varphi_2 = \varphi_0 - \varepsilon$，$\varphi_2 = -\varphi_0 - \varepsilon$。这表明 $\Sigma^{(2)}$ 上满足式(6.19)的点在 $\Sigma^{(2)}$ 转过一周时有两次接触机会，这种现象称为二次接触。

(2) 当 $U^2 + V^2 = W^2$ 时，φ_2 只有一个解，即 $\varphi_2 = -\varepsilon$。这表明 $\Sigma^{(2)}$ 上满足式(6.19)的点，在 $\Sigma^{(2)}$ 转过一周时，只有一次接触机会。

(3) 当 $U^2 + V^2 < W^2$ 时，φ_2 无解，这表明 $\Sigma^{(2)}$ 上满足式(6.19)的点在 $\Sigma^{(2)}$ 转过一周时，不参与接触。

三种情况的几何意义如图 6.7 所示。φ 有两个解表示齿轮在转过一圈的过程中，齿面 $S^{(1)}$ 上这部分点有可能参加两次接触。图中齿面 $S^{(1)}$ 转过 φ_1、φ_2、φ_3、… 分别对应瞬时接触线 1、2、3、…，它们存在交点，例如，A 点为 1 和 4 的交点。说明 $S^{(1)}$ 上同一点 A 在转角 φ_1、φ_4 的位置与齿面 $S^{(2)}$ 上不同的点啮合，即二次接触；或者说齿面 $S^{(1)}$ 与 $S^{(2)}$ 上这部分啮合点不是一一对应的，是一对应二。φ 只有一个解，表示齿面 $S^{(1)}$ 上这些点在齿轮转过一圈的过程中只有一个位置满足啮合方程，

它只可能参加一次接触。图中 N_1-N_2 曲线上的点就是这种情况。φ 无解，表示齿面上这些点根本不可能参加接触。

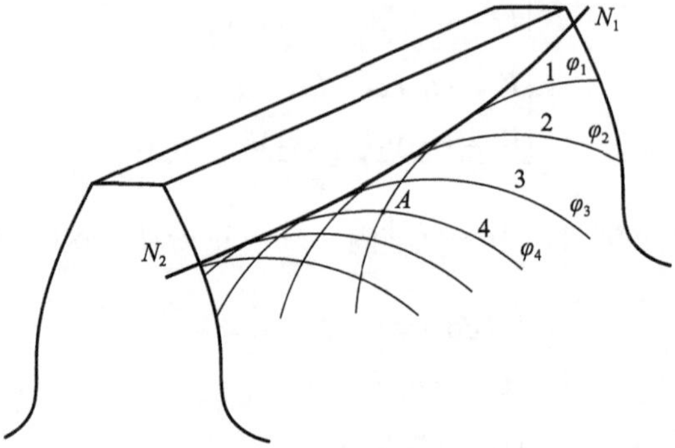

图 6.7　啮合界限曲线

由此可见，齿面 $S^{(1)}$ 可以分成两部分，即有可能参加两次接触的部分 $U^2+V^2>W^2$，与不可能啮合工作的部分 $U^2+V^2<W^2$，这两部分的分界线是只能参加一次接触的部分 $U^2+V^2=W^2$。这条分界线 N_1-N_2 称为啮合界限线，线上各点称为啮合界限点。

从图 6.7 还可以看出，啮合界限线实际上是接触线的包络，这个接触线族的参变量是 φ。为了求得这个包络，可以把啮合方程(式(6.16a))对 φ 求偏微分，得到

$$-U\sin\varphi-V\cos\varphi=0$$

对该式与式(6.16a)做平方和，消去 φ，得到

$$U^2+V^2=W^2 \text{ 或 } \tan\varphi=-\frac{V}{U} \tag{6.21}$$

U、V、W 均是 u、v 的函数，故式(6.21)表示的是一条曲线，即啮合界限线，它既满足啮合方程，又与瞬时接触线相切。

6.3　过 渡 曲 线

用展成法加工齿轮时，轮齿的齿廓由三段曲线组成(图 6.8)：a-a' 是刀具齿廓直线部分的包络；b-b' 是齿槽底部的圆弧；a-b 是连接 a-a' 与 b-b' 两段曲线的过渡曲线。

过渡曲线是由刀具齿顶的圆角或尖角在展成过程中形成的。用具有尖角的齿条刀具切制齿轮时，在一般情况下，过渡曲线是长幅渐开线；当齿条刀具的齿顶倒成圆角时，过渡曲线是长幅渐开线的等距曲线。用插齿刀切制外齿轮时，过渡曲线是长幅外摆线；切制内齿轮时，过渡曲线是长幅内摆线。

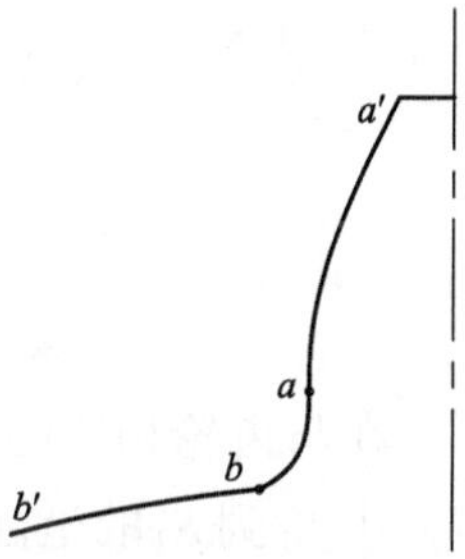

图 6.8　齿根过渡曲线

在没有根切的情况下，过渡曲线和齿廓曲线在公共点处彼此相切；有根切时，则破坏了两者之间的光滑连接。下面来确定用齿条刀具切制的圆柱齿轮的过渡曲线。

如图 6.9 所示，齿轮 2 的过渡曲线是由齿条刀具的齿顶圆角 k_1kk_2 所形成的，在与其相固连的坐标系 $S_1(o_1 - \boldsymbol{i}_1\boldsymbol{j}_1)$ 中，该圆角的方程为

$$\boldsymbol{r}^{(1)} = \boldsymbol{i}_1 r_0 \cos u + \boldsymbol{j}_1[-b + r_0(\sin\alpha - \sin u)] \tag{6.22}$$

其中，b 为齿廓直线段的终点 k_2 至齿条瞬心线的距离；r_0 为圆角半径；u 为接触点处齿廓法线方向的角度。

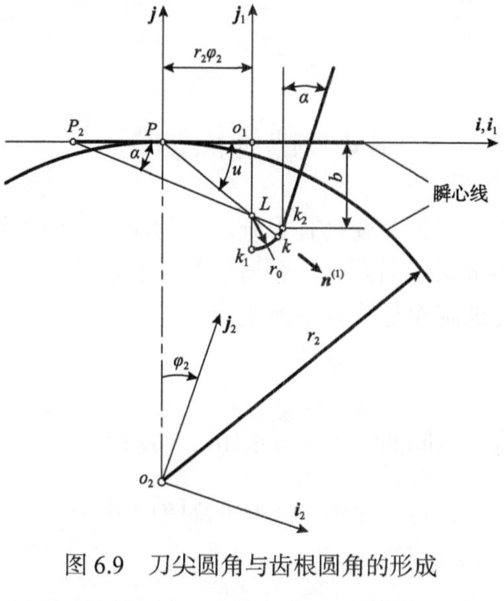

图 6.9　刀尖圆角与齿根圆角的形成

齿廓的幺法矢 $\boldsymbol{n}^{(1)}$ 的表达式为

$$\boldsymbol{n}^{(1)} = \boldsymbol{i}_1 \cos u + \boldsymbol{j}_1 \sin u$$

根据齿廓啮合的基本定理，即接触点处的公法线必须通过啮合节点 P 这个条件，易于得到如下的啮合方程：

$$\tan u = \frac{o_1 L}{P o_1} = \frac{b - r_0 \sin\alpha}{r_2 \varphi_2} \tag{6.23}$$

或

$$r_2 \varphi_2 \tan u - (b - r_0 \sin\alpha) = 0 \tag{6.24}$$

在与齿轮相连的动坐标系 $S_2(o_2 \text{-} \boldsymbol{i}_2 \boldsymbol{j}_2)$ 中，接触点的集合就是所求的过渡曲线，由 S_1 到 S_2 的坐标变换公式为

$$\begin{cases} x_2 = x_1 \cos\varphi_2 - y_1 \sin\varphi_2 + r_2(\varphi_2 \cos\varphi_2 - \sin\varphi_2) \\ y_2 = x_1 \sin\varphi_2 - y_1 \cos\varphi_2 + r_2(\varphi_2 \sin\varphi_2 - \cos\varphi_2) \end{cases} \tag{6.25}$$

将式(6.22)、式(6.24)及式(6.25)联立，可得过渡曲线的方程为

$$\begin{aligned} &\boldsymbol{r}^{(2)} = x_2 \boldsymbol{i}_2 + y_2 \boldsymbol{j}_2 \\ &\begin{cases} x_2 = (r_0 \cos u + r_2 \varphi_2) \cos\varphi_2 + [b - r_0(\sin\alpha - \sin u)] \sin\varphi_2 - r_2 \sin\varphi_2 \\ y_2 = (r_0 \cos u + r_2 \varphi_2) \sin\varphi_2 + [b - r_0(\sin\alpha - \sin u)] \cos\varphi_2 - r_2 \cos\varphi_2 \end{cases} \\ &\varphi_2 = \frac{b - r_0 \sin\alpha}{r_2 \varphi_2} \end{aligned} \tag{6.26}$$

6.4　螺旋面加工

圆柱螺旋面在机械工程领域具有十分广泛的应用，如各类螺纹、蜗杆、斜齿轮、蜗杆泵以及很多金属切削刀具的容屑槽等，它们的表面都是螺旋面。我们常说的，也是最常见的螺旋面是等升距螺旋面。

6.4.1　等升距螺旋面

设在坐标系中有一空间曲线 $\varGamma$（图 6.10），方程为

$$\boldsymbol{r}_0 = \boldsymbol{r}_0(u) = (x_0(u), y_0(u), z_0(u))$$

其中，u 为参数。

令曲线 $\varGamma$ 既绕 z 轴等速转动，同时又沿 z 轴等速移动，它在空间形成的轨迹曲面就是等升距圆柱螺旋面。以下只讨论这种螺旋面，就简称为螺旋面。如果曲线 $\varGamma$ 的移动和转动方向符合右手定则，则得到的螺旋面是右旋的，否则为左旋螺旋面。

根据以上螺旋面的形成原理，可以得到其方程为

$$\boldsymbol{r}=(x_0(u)\cos\theta-y_0(u)\sin\theta, x_0(u)\sin\theta+y_0(u)\cos\theta, z_0(u)\pm p\theta) \tag{6.27}$$

其中，θ 为参变数，表示母线 $\varGamma$ 从起始位置绕 z 轴转过的角度值，顺着 z 轴看去，以顺时针方向转动为正；p 为螺旋参数，表示母线 $\varGamma$ 绕 z 轴转过单位角度时沿轴线移动的距离，对于左旋螺旋面，对应负号。以后只以右旋螺旋面为例。

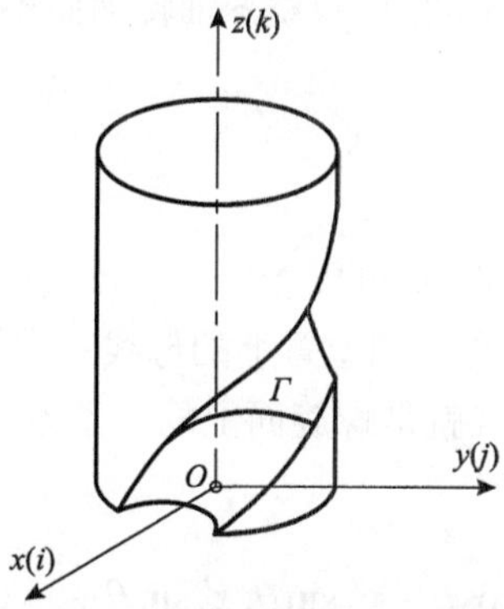

图 6.10　等升距螺旋面的形成

在式(6.27)中，令第三个分量 $z=0$，可以得到参变量 u 与 θ 的关系，再将其代入式(6.27)中的前两个分量 x、y 的表达式，就可以得到螺旋面在垂直于其轴线 z 的截面 xOy 上的截形。这种截面称为端截面，上面的截形称为端截形。

同样，在式(6.27)中，令第一个或第二个分量 $x=0$ 或 $y=0$，也可以得到参变量 u 与 θ 的关系，再把它代入式(6.27)中的另外两个分量表达式，就可以得到螺旋面在通过其轴线的 yOz 平面或 xOz 平面上的截形。这种截面称为轴向截面，上面的截形称为轴向截形。

理论上讲，除了螺旋面上的螺旋线外，母线 $\varGamma$ 可以取为任意曲线。但在生产实际中遇到的螺旋面，通常已经知道它的端截形或轴向截形，也就是已知的母线 $\varGamma$ 是在端截面或轴向截面中，这时的螺旋面方程也很容易用和上面相同的办法求得。

设已知螺旋面在平面 xOy 上的端截形方程为

$$\boldsymbol{r}_0=\boldsymbol{r}_0(u)=\left(x_0(u), y_0(u)\right)$$

则相应的右旋螺旋面方程为

$$\boldsymbol{r}=(x_0(u)\cos\theta-y_0(u)\sin\theta, x_0(u)\sin\theta+y_0(u)\cos\theta, p\theta) \tag{6.28a}$$

设已知螺旋面在平面 xOz 上的轴向截形方程为

$$\boldsymbol{r}_0 = \boldsymbol{r}_0(u) = (x_0(u), z_0(u))$$

则相应的右旋螺旋面方程为

$$\boldsymbol{r} = (x_0(u)\cos\theta, x_0(u)\sin\theta, z_0(u) + p\theta) \tag{6.28b}$$

若螺旋参数 $p = 0$，表示母线 $\varGamma$ 只绕 z 轴转动而不沿 z 轴移动，则形成的就是回转曲面。

6.4.2　螺旋面的法线

首先，由式(6.27)和式(6.28)可以看出，保持式中的 θ 为常数而仅改变参数 u 时，得到的 u 参数曲线就是在不同位置上的母线；保持式中的 u 为常数而仅改变参数 θ 时，得到的 θ 参数曲线就是螺旋面上的一条条螺旋线。

由式(6.27)可得

$$\boldsymbol{r}_u = (x_0' \cos\theta - y_0' \sin\theta, x_0' \sin\theta + y_0' \cos\theta, z_0')$$

$$\boldsymbol{r}_\theta = (-x_0 \sin\theta - y_0 \cos\theta, x_0 \cos\theta - y_0 \sin\theta, p) = (-y, x, p)$$

于是

$$\boldsymbol{N} = \begin{bmatrix} p(x_0' \sin\theta + y_0' \cos\theta) - xz_0' \\ -p(x_0' \cos\theta - y_0' \sin\theta) - yz_0' \\ x_0 x_0' + y_0 y_0' \end{bmatrix} \tag{6.29}$$

其中，

$$N_z = x_0 x_0' + y_0 y_0' = \frac{yN_x - xN_y}{p}$$

即

$$pN_z = yN_x - xN_y \tag{6.30}$$

这是螺旋面的一个极其重要的性质，在工程实践中会经常用到。

在机械工程实践中，有一种最常见的螺旋面——阿基米德螺旋面。阿基米德螺旋面的特点是它的轴向截形为直线，如常见的齿轮滚刀、弧齿锥齿轮铣齿刀。

例 6.4　弧齿锥齿轮铣刀盘切削刃是一个倾斜压力角 α 的直线(图 6.11)，其回转面是一个圆锥面，侧刃后面是一个阿基米德螺旋面，前刀面刃磨后仍然保持切削刃上半径、压力角不变。试写出刀盘切削刃回转面与后刀面方程。

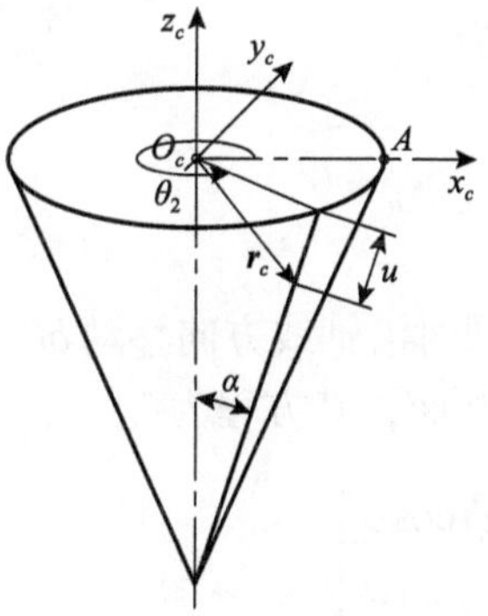

(a) 大轮刀盘坐标系

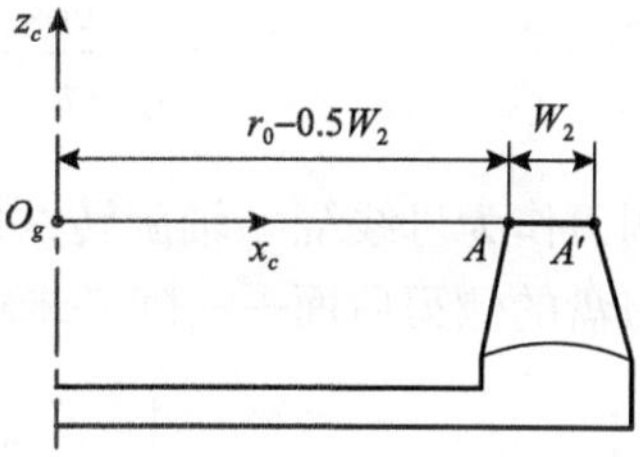

(b) 刀尖半径示意图

图 6.11　弧齿刀切削刃回转面示意图

解　以图 6.11 所示的大轮刀盘为例，有内刀刃和外刀刃，刀尖宽度 $AA'=W_2$。从内刀刃看，刀盘绕自身的轴线(即轴 z_c)旋转，形成一个内锥面。将大轮刀具切削面(锥面)方程表示如下：

$$\boldsymbol{r}_c=\begin{bmatrix}(r_t-u\sin\alpha)\cos\theta\\(r_t-u\sin\alpha)\sin\theta\\-u\cos\alpha\end{bmatrix}\tag{6.31}$$

其中，u 和 θ 是曲面坐标参数；$r_t=r_0\mp0.5W_2$ 为刀尖半径(在 $x_cO_cy_c$ 平面内度量)；α 为刀具齿形角，对于内刀(加工大轮的凸面)取为正值，对于外刀(加工大轮的凹面)取为负值。大轮齿面法线方向由空间指向大轮实体。

由单位法矢 $\boldsymbol{n}_c=\dfrac{\boldsymbol{N}_c}{|\boldsymbol{N}_c|}$，$\boldsymbol{N}_c=\dfrac{\partial\boldsymbol{r}_c}{\partial\theta}\times\dfrac{\partial\boldsymbol{r}_c}{\partial u}$，可得

$$\boldsymbol{n}_c=\begin{bmatrix}-\cos\alpha\cos\theta\\-\cos\alpha\sin\theta\\\sin\alpha\end{bmatrix}\tag{6.32}$$

在坐标系 S_c 中，刀具切削面(锥面) Σ_c 的主方向表示如下：

$$\boldsymbol{e}_f^{(c)}=\frac{\dfrac{\partial\boldsymbol{r}_c}{\partial\theta}}{\left|\dfrac{\partial\boldsymbol{r}_c}{\partial\theta}\right|}=(-\sin\theta,\cos\theta,0)^{\mathrm{T}}\tag{6.33a}$$

$$\boldsymbol{e}_h^{(c)}=\frac{\dfrac{\partial\boldsymbol{r}_c}{\partial u}}{\left|\dfrac{\partial\boldsymbol{r}_c}{\partial u}\right|}=(-\sin\alpha\cos\theta,-\sin\alpha\sin\theta,-\cos\alpha)^{\mathrm{T}}\tag{6.33b}$$

而相应的大轮刀具切削面(锥面)Σ_e的主曲率为

$$k_f = \frac{\cos\alpha_2}{r_c - u_2\sin\alpha_2},\quad k_h = 0 \tag{6.34}$$

铣刀盘侧刃作为母线绕z_c轴旋转θ角，同时沿轴线方向移动$b\theta$，从而形成弧齿锥齿轮铣刀盘的侧刃后面——阿基米德螺旋面，其方程为

$$\boldsymbol{r}_e = \begin{bmatrix} (r_c - u\sin\alpha)\cos\theta \\ (r_c - u\sin\alpha)\sin\theta \\ -u\cos\alpha + b\theta \end{bmatrix} \tag{6.35}$$

6.4.3　加工螺旋面刀具的廓形计算

当采用盘状刀具加工螺旋面时，刀具与工件相对位置用两轴线的垂直距离a、夹角σ来表示(图 6.12)。已知螺旋面的形状如何求刀具回转面的形状？这个问题实质是求刀具回转面的轴向截形。

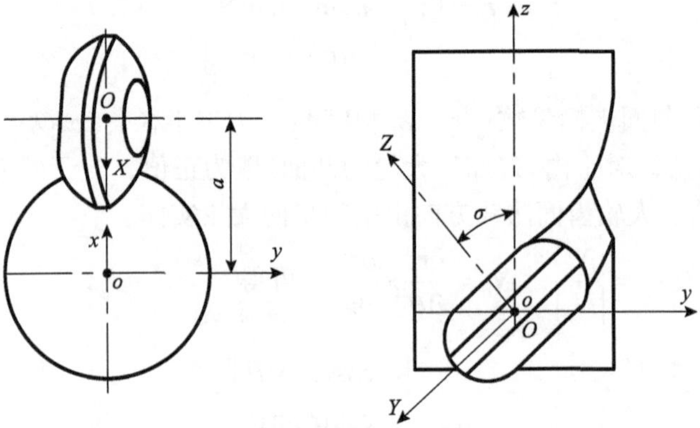

图 6.12　螺旋面加工原理

如果假想工件已经有了正确的螺旋面，刀具表面也已经制成，那么在相对运动的任意一个瞬时，两个表面是沿着一条空间曲线——接触线相切接触的。由于螺旋面和刀具回转面都可以认为是沿自身曲面运动的，所以螺旋面和刀具在空间就像没有运动一样。这就是说，可以认为工件和刀具的接触线位置在空间是固定不动的。当工件做螺旋运动时，接触线在工件上形成螺旋面，接触线随刀具回转形成了刀具的回转面。因此，该问题的关键是求接触线。

工件与刀具的啮合是螺旋面与回转面的啮合，啮合点必存在公法线，对回转面来说，公法线必通过其轴线，所以螺旋面的法线通过刀具轴线的点就是啮合点。在这里要注意：不能把刀具的轴向截形看成瞬时接触线，或者把螺旋面的法向截

形当作接触线，它们都不是砂轮的截形。

如图 6.12 所示，取工件坐标系 $o\text{-}xyz$，刀具坐标系 $O\text{-}XYZ$，x 和 X 均沿最短距离线方向，先给出坐标系 $o\text{-}xyz$ 到 $O\text{-}XYZ$ 的变换矩阵为

$$\boldsymbol{M} = \begin{bmatrix} -1 & 0 & 0 & a \\ 0 & -\cos\sigma & -\sin\sigma & 0 \\ 0 & -\sin\sigma & \cos\sigma & 0 \\ 0 & 0 & 0 & 1 \end{bmatrix}$$

所以有

$$\begin{aligned} X &= -x + a \\ Y &= -y\cos\sigma - z\sin\sigma \\ Z &= -y\sin\sigma + z\cos\sigma \end{aligned}$$

其逆变换为

$$\begin{aligned} x &= -X + a \\ y &= -Y\cos\sigma - Z\sin\sigma \\ z &= -Y\sin\sigma + Z\cos\sigma \end{aligned}$$

Z 轴上任意一点 $(0, 0, t)$ 在坐标系 $o\text{-}xyz$ 中表示为

$$\begin{aligned} x &= a \\ y &= -t\sin\sigma \\ z &= t\cos\sigma \end{aligned}$$

螺旋面上任意一点 (x_0, y_0, z_0) 的法线方程为

$$\frac{x_0 - x}{n_x} = \frac{y_0 - y}{n_y} = \frac{z_0 - z}{n_z} \tag{6.36}$$

啮合点的法线通过刀具轴线，所以

$$\frac{a - x}{n_x} = \frac{-t\sin\sigma - y}{n_y} = \frac{t\cos\sigma - z}{n_z}$$

上式代表两个方程，消去 t 后，将其代入式(6.30)，化简可得

$$zn_x + an_y\cot\sigma + (a - x - p\tan\sigma) = 0 \tag{6.37}$$

式(6.37)与啮合方程作用相同，它是 (u, θ) 函数，故给定 u 可算出 θ，在有效区间内算出一系列的 (u,θ) 值，并由此得到一系列点的坐标 (x, y, z)、(X, Y, Z)，它们代表啮合线，其旋转投影为砂轮的轴截形，即

$$\xi = Z$$
$$\psi = \sqrt{X^2 + Y^2} \tag{6.38}$$

6.5　综合实例——滚刀刃磨中砂轮轴截形的计算

带有螺旋槽滚刀的前刀面是一条垂直于滚刀轴线的直母线绕滚刀的轴线做螺旋运动而形成的阿基米德正螺旋面，如图 6.13 所示。从理论上讲，它不可能用一个圆锥面磨出。因为尽管此时砂轮的锥母线是直线，但在刃磨时它和前刀面的接触线不再是一条与砂轮母线相重合的直线，而是一条复杂的空间曲线，否则会出现螺旋面干涉现象，无法形成直线型的前刀面。只有砂轮被修成适当的形状后，这种螺旋面干涉现象才能被消除。因此，刃磨带有螺旋槽滚刀的关键在于确定砂轮的轴截形，对砂轮进行正确修形。

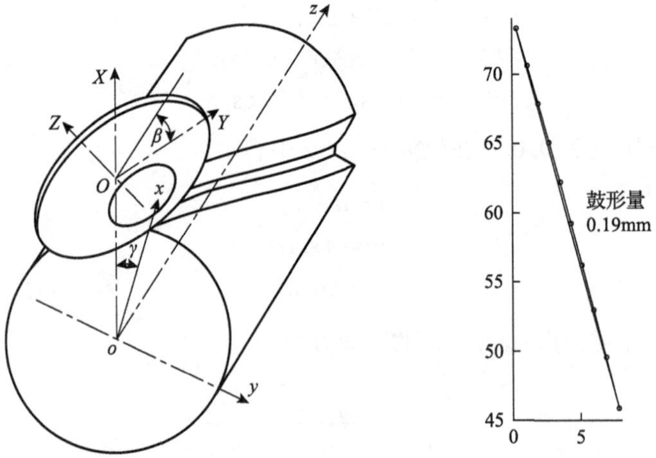

(a) 砂轮与滚刀之间的位置关系　　(b) 砂轮轴截形

图 6.13　滚刀前刀面刃磨原理

6.5.1　滚刀刃磨的工作原理

滚刀磨床的砂轮主轴一般相对机床工作台面倾斜 15°(或 75°)。而砂轮的磨削面为圆锥面，与砂轮端面成 15°角(图 6.13(a)中的 γ 角)，同时砂轮扭转 β 角，即滚刀的螺旋角，这样可以避免在刃磨螺旋槽滚刀时前刀面出现大的干涉。磨削时，滚刀绕自己的轴线匀速旋转，而砂轮则在高速旋转的同时沿轴线方向往复运动，在滚刀旋转一周的过程中往复运动一个导程的距离，这样就加工出整个螺旋面来。利用啮合原理的方法，可以根据滚刀的前刀面方程推导出砂轮的轴截形。

6.5.2　滚刀前刀面方程

滚刀的前刀面为阿基米德正螺旋面，以右旋滚刀为例。设滚刀的前刀面母线为直线，参数为 t：$d/2-T \leqslant t \leqslant d/2$（$d$ 为滚刀外径，T 为前刀面深度）。

母线绕滚刀轴线（z 轴）做螺旋运动，即得到滚刀的前刀面，其螺旋面方程为

$$\boldsymbol{r}(t,\theta)=(t\cos\theta, t\sin\theta, p\theta) \tag{6.39}$$

其中，θ 为母线绕轴线 z 转过的角度；$p=H/(2\pi)$，H 为滚刀前刀面导程。

由螺旋面方程(6.39)可得其螺旋面上任意一点 $M(x, y, z)$ 的法线矢量为

$$\boldsymbol{N}(t,\theta)=(p\sin\theta, -p\cos\theta, t)$$

设 $P(u, v, w)$ 为法线上任意一点，那么螺旋面上任意一点 M 处的法线方程可表示为

$$\frac{u-x}{p\sin\theta}=\frac{v-y}{-p\cos\theta}=\frac{w-z}{t} \tag{6.40}$$

6.5.3　啮合方程的求解

假如滚刀上已经有了正确的螺旋面（前刀面），而与之对应的砂轮的回转面也已经制成，那么在相对运动的任意瞬间，两个表面之间总有一条相切的接触线。接触线上任意点的公法线必通过砂轮轴线。因此，螺旋面上法线通过刀具（砂轮）轴线的点必为啮合点。由此，可推导出砂轮磨削面与滚刀前刀面之间的啮合方程。

1. 滚刀与砂轮间的坐标变换

为求解啮合方程，建立如图 6.13(a) 所示的坐标系：$S(o\text{-}xyz)$ 为与滚刀相固连的坐标系，z 轴为滚刀轴线；$\Sigma(O\text{-}XYZ)$ 为与砂轮相固连的坐标系，Z 轴为砂轮轴线，其中 X、x、y 三坐标轴共面，X 与 x 轴夹角 $\gamma=15°$，Y 与 z 轴夹角为螺旋角 β。

通过建立过渡坐标系，利用坐标变换的原理，可得到坐标系 S 到 Σ 的坐标转换关系为

$$\begin{aligned}
X &= x\cos\gamma - y\sin\gamma\cos\beta + z\sin\gamma\sin\beta - (d/2-T)\cos\gamma - D/2\\
Y &= y\sin\beta + z\cos\beta\\
Z &= -x\sin\gamma - y\cos\gamma\cos\beta + z\cos\gamma\sin\beta - (d/2-T)\sin\gamma
\end{aligned} \tag{6.41}$$

其中，D 为砂轮直径。

砂轮轴线 Z 在坐标系 S 中的坐标表达式为

$$
\begin{aligned}
x &= -Z\sin\gamma - 0.5D\cos\gamma + (d/2 - T) \\
y &= -Z\cos\gamma\cos\beta - 0.5d\sin\gamma\cos\beta \\
z &= Z\cos\gamma\sin\beta + 0.5D\sin\gamma\sin\beta
\end{aligned}
\tag{6.42}
$$

2. 啮合方程

通过刀具(砂轮)轴线的法线必为啮合点的法线，那么将式(6.41)和式(6.42)代入法线方程(6.40)，化简后即可得啮合方程为

$$
at^2 + bt + c = 0 \tag{6.43}
$$

其中，

$$
a = \sin\gamma\sin\theta - \cos\gamma\cos\beta\cos\theta
$$

$$
b = p\cos\gamma\sin\beta - [D/2 + (d/2 - T)\cos\gamma]\cos\beta
$$

$$
c = p^2\theta(\sin\beta\cos\theta + \cos\beta\cos\gamma\sin\theta - p[D/2 + (d/2 - T)\cos\gamma]\sin\beta\cos\theta
$$

该啮合方程给出了 t 和 θ 之间的对应关系，它是螺旋面和砂轮啮合点应满足的关系。由该方程可求出砂轮的轴截形。

6.5.4　砂轮轴截形的计算

1. 砂轮轴截形的计算方法

由啮合方程(6.43)，每给定一个 θ 值，就可以求出与之对应的 t 值，将得到一组 (t_i, θ_i) 值，代入螺旋面方程(6.39)，可得到滚刀前刀面上接触线一组点的坐标 (x_i, y_i, z_i)。利用坐标转换关系式(6.41)，即可得到砂轮上与之对应的接触点的坐标 (X_i, Y_i, Z_i)。

接触线绕刀具轴线回转，可得到待求的砂轮回转面，那么砂轮回转面的轴截形可根据砂轮上接触线的坐标 (X_i, Y_i, Z_i) 求出，即由二维点的坐标 (R_i, Z_i) 表示，其中 $R_i = \sqrt{X_i^2 + Y_i^2}$。

如果在砂轮轴截面内建立平面坐标系 $o\text{-}xy$，令 $x = Z_i, y = R_i$，则可得砂轮轴截形如图 6.13(b)所示。

2. 计算实例

根据以上砂轮轴截形的求解过程，编制计算程序，求解出若干样点后，通过三次样条插值，得到平滑的砂轮轴截形曲线。滚刀参数如下：滚刀外径 d=158.5mm；前刀面导程 H = 2300mm；螺旋角 β =10°15′47″；前刀面深度 T = 31mm；选取砂轮直径 D =150mm。

将以上参数输入程序中，计算出砂轮轴截形坐标值为(共取 10 个点，单位为 mm)(0.3040, 73.3182)、(1.1105, 70.6164)、(1.9126, 67.8695)、(2.7130, 65.0661)、(3.5149, 62.1998)、(4.3230, 59.2447)、(5.1437, 56.1862)、(5.9866, 52.9794)、(6.8667, 49.5687)、(7.8107, 45.8524)。

该砂轮轴截形工作段的几何形状如图 6.13(b)所示，中部略凸起，法向最大鼓形量为 0.19mm。利用程序对砂轮进行修形，所刃磨滚刀前刀面的最大误差为 0.06mm。

该实例再一次说明，为避免螺旋槽干涉磨出直廓螺旋面，必须采用鼓形砂轮，直廓砂轮是磨不出直廓螺旋面的。

6.6　综合实例——弧齿锥齿轮齿面数值模型

弧齿锥齿轮纵向齿形呈弧线形，它是用铣刀盘假想平面冠轮加工出来的(图 6.14)，铣刀盘相当于平面冠轮的一个齿，摇台的转动与被加工齿轮形成展成运动关系。大轮一般采用双面滚切法加工。试推导双面滚切法弧齿锥齿轮大轮齿面方程。

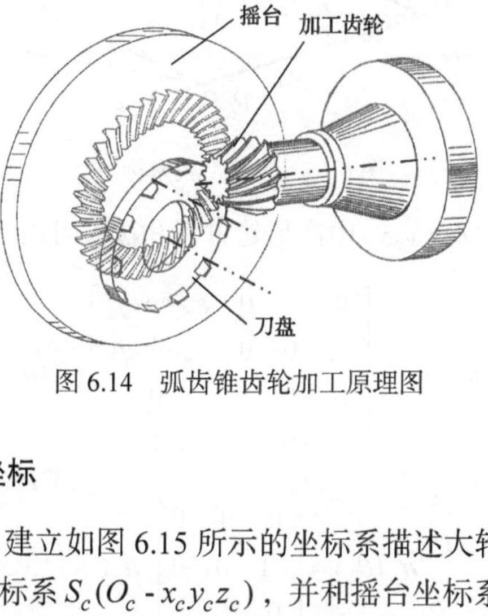

图 6.14　弧齿锥齿轮加工原理图

6.6.1　建立大轮加工坐标

以右旋大轮为例，建立如图 6.15 所示的坐标系描述大轮齿面的产成过程。刀盘坐标系取例 6.4 的坐标系 $S_c(O_c\text{-}x_cy_cz_c)$，并和摇台坐标系固连，位于摇台坐标系 $S_g(O_g\text{-}x_gy_gz_g)$ 第一象限。S_g 初始位置与机床坐标系 $S_{m2}(O_{m2}\text{-}x_{m2}y_{m2}z_{m2})$ 重合，其任意瞬时相对于 S_{m2} 坐标系 z_{m2} 轴的转角为 φ_g，则大轮相应的产成转角为 $\varphi_2=m_{2g}\varphi_g$。$\gamma_{m2}$ 为轮坯安装角，$X_{b2}=|O_{m2}O'_f|$ 为床位，$X_{d2}=|O'_fO_f|$ 为轴向轮位修正值。机床坐标系 S_{m2} 沿 z 轴负方向平移 X_{b2} 后得到辅助坐标系 $S_{f'}(O_{f'}\text{-}x_{f'}y_{f'}z_{f'})$。辅助坐标系 $S_{f'}$ 沿 z 轴平移 X_{d2}，绕 y 轴旋转 $90°-\gamma_{m2}$ 角，得到大轮固定坐标系 S_2。刀盘切削面方程(参见式(6.31)、式(6.32))用齐次坐标表示在

$S_c(O_c\text{-}x_cy_cz_c)$ 中为

$$\boldsymbol{r}_{c2}(u_2,\theta_2)=\begin{bmatrix}(r_t-u_2\sin\alpha_2)\sin\theta_2\\-(r_t-u_2\sin\alpha_2)\cos\theta_2\\-u_2\cos\alpha_2\\1\end{bmatrix}\tag{6.44}$$

其中，α_2 为大轮刀盘齿形角，内刀取正，外刀取负；$r_t=r_0\mp0.5W_2$ 为刀盘刀尖半径，W_2 为刀顶距，r_0 为刀盘公称半径。

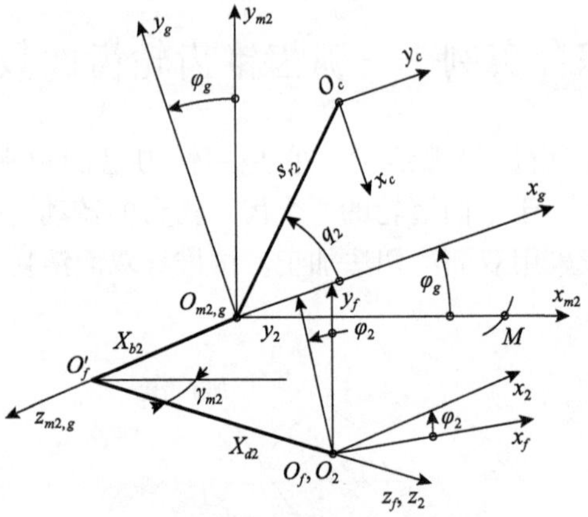

图 6.15　大轮刀具坐标系

在摇台坐标系 $S_g(O_g\text{-}x_gy_gz_g)$ 中产形轮方程和法矢可由坐标变换得到

$$\boldsymbol{r}_g(u_2,\theta_2)=\begin{bmatrix}0&1&0&s_{r2}\cos q_2\\-1&0&0&s_{r2}\sin q_2\\0&0&1&0\\0&0&0&1\end{bmatrix}\cdot\boldsymbol{r}_c(u_2,\theta_2)$$

$$\boldsymbol{n}_g(\theta_2)=\begin{bmatrix}0&1&0\\-1&0&0\\0&0&1\end{bmatrix}\cdot\boldsymbol{n}_c(\theta_2)$$

则

$$\boldsymbol{r}_g(u_2,\theta_2)=\begin{bmatrix}(r_G-u_2\sin\alpha_2)\sin\theta_2+s_{r2}\cos q_2\\-(r_G-u_2\sin\alpha_2)\cos\theta_2+s_{r2}\cos q_2\\-u_2\cos\alpha_2\\1\end{bmatrix}\tag{6.45}$$

$$\boldsymbol{n}_g(u_2,\theta_2)=(-\cos\alpha_2\cos\theta_2,\cos\alpha_2\sin\theta_2,\sin\alpha_2)^{\mathrm{T}} \tag{6.46}$$

经坐标变换可以得到大轮的齿面 $\varSigma_2$ 方程和法矢为

$$\boldsymbol{r}_2(u_2,\theta_2,\varphi_2)=\boldsymbol{M}_{2g}\boldsymbol{r}_g(u_2,\theta_2) \tag{6.47}$$

$$\boldsymbol{n}_2(\theta_2,\varphi_2)=\boldsymbol{L}_{2g}\boldsymbol{n}_g(\theta_2) \tag{6.48}$$

其中，$\boldsymbol{M}_{2g}$、$\boldsymbol{L}_{2g}$ 分别表示坐标系 S_g 到 S_2 的齐次变换、旋转变换矩阵(齐次坐标变换时，$\boldsymbol{r}_g$ 应作为 4 维矢量)。

参考 5.3.4 节的坐标变换关系，有

$$\begin{aligned}\boldsymbol{L}_{2g}&=\boldsymbol{L}_{2f}\cdot\boldsymbol{L}_{ff'}\cdot\boldsymbol{L}_{mg}\\&=\begin{bmatrix}\cos\varphi_2&\sin\varphi_2&0\\-\sin\varphi_2&\cos\varphi_2&0\\0&0&1\end{bmatrix}\begin{bmatrix}\sin\gamma_{m2}&0&-\cos\gamma_{m2}\\0&1&0\\\cos\gamma_{m2}&0&\sin\gamma_{m2}\end{bmatrix}\begin{bmatrix}\cos\varphi_g&-\sin\varphi_g&0\\\sin\varphi_g&\cos\varphi_g&0\\0&0&1\end{bmatrix}\end{aligned}$$

在坐标系 $S_f(O_f\text{-}x_fy_fz_f)$ 中表示：

$$\boldsymbol{O}_f\boldsymbol{O}_m=(X_{b2}\cos\gamma_{m2},0,-X_{b2}\sin\gamma_{m2}-X_{d2})^{\mathrm{T}}$$

在坐标系 $S_2(O_2\text{-}x_2y_2z_2)$ 中表示：

$$\begin{aligned}\boldsymbol{O}_2\boldsymbol{O}_m&=\boldsymbol{L}_{2f}\cdot\boldsymbol{O}_f\boldsymbol{O}_m\\&=(X_{b2}\cos\gamma_{m2}\cos\varphi_2,\ X_{b2}\cos\gamma_{m2}\sin\varphi_2,\ -X_{b2}\sin\gamma_{m2}-X_{d2})^{\mathrm{T}}\end{aligned}$$

齐次坐标变换矩阵 $\boldsymbol{M}_{2g}$ 表示为 4×4 的矩阵：

$$\boldsymbol{M}_{2g}=\boldsymbol{M}_{2f'}\cdot\boldsymbol{M}_{ff'}\cdot\boldsymbol{M}_{f'm}\cdot\boldsymbol{M}_{mg}\quad\boldsymbol{M}_{2g}=\begin{bmatrix}\boldsymbol{L}_{2g}&\boldsymbol{O}_2\boldsymbol{O}_m\\0&1\end{bmatrix}$$

6.6.2　啮合方程求解

大轮在产成过程中满足啮合方程(6.16)，将式(6.44)～式(6.48)各量代入，则得

$$\begin{cases}U\cos\varphi_g-V\sin\varphi_g=W,\quad\varphi_2=m_{2g}\varphi_g\\U=n_y(z_g-X_{b2})\cos\gamma_{m2}-n_zy_g\cos\gamma_{m2}\\V=-n_x(z_g-X_{b2})\cos\gamma_{m2}+n_zx_g\cos\gamma_{m2}\\W=(n_xy_g-n_yx_g)(1/m_{2g}-\sin\gamma_{m2})\end{cases} \tag{6.49}$$

其中，n_x、n_y、n_z 分别为 $\boldsymbol{n}_2$ (式(6.48))的坐标分量；x_g、y_g、z_g 为 $\boldsymbol{r}_2$ (式(6.47))

的坐标分量。

对于式(6.49)求解 φ_g 时，应注意三角函数两个解的取值区间，其中只有一个在有效区间内。因为初始角度 φ_g 为零，所以 φ_g 的解在第一象限和第四象限，其区间取决于齿面展成范围。据此，可消去大轮齿面方程(6.47)中的 φ_2，从而获得以 (u_2,θ_2) 为参数的大轮齿面方程。

根据式(6.49)，当 $\varphi_g=0$ 时，$U=W$，它是齿面上的一条瞬时接触线(在空间一般称啮合线)。对应一组 (u_2,θ_2)，u_2 的取值范围是知道的，从而可确定 θ_2 值；不同的 φ_g 都是如此，这些啮合线族形成了齿面。

6.6.3　齿面网格化

由齿面旋转投影坐标(图 6.16)可以确定 u_2、θ_2 的取值区间。齿轮旋转投影与产形轮旋转投影相同，产形轮坐标与旋转投影坐标之间的关系为

$$X=\sqrt{x_g^2+y_g^2},\quad Z=-z_g \tag{6.50}$$

由此可求出 (u_2,θ_2)：

$$u_2=Z/\cos\alpha_2$$

$$\sin(\theta_2-q_2)=\frac{X^2-(r_G-u_2\sin\alpha_2)^2-S_{r2}^2}{2S_{r2}(r_G-u_2\sin\alpha_2)}$$

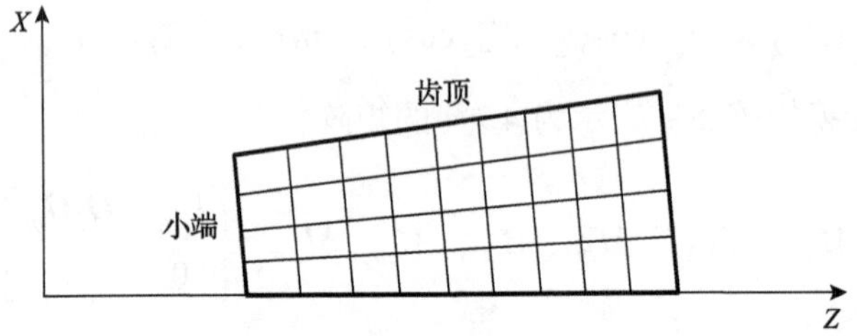

图 6.16　齿面旋转投影坐标

根据图 6.16 划分二维网格节点坐标，横坐标与锥距任意点之间的关系为

$$X=R_{(i)}\cdot\cos\theta_{f2}$$

其中，θ_{f2} 为大轮的齿根角。

纵坐标与齿高之间的关系为

$$Y=h_{(i)}$$

其中，$h_{(i)}$ 为齿面任意点垂直于根锥的高度。

由式(6.50)遍历网格节点可求得 u_2 、θ_2 ，将其代入式(6.48)可求得大轮齿面，进而建立大轮的 3D 模型，如图 6.17 和图 6.18 所示。其 3D 模型建立流程如下所示。

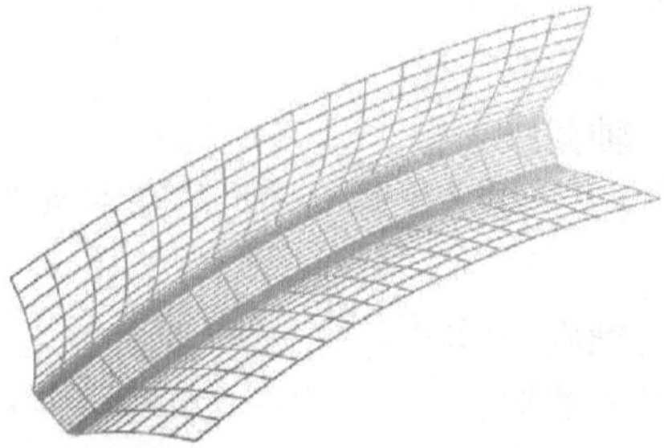

图 6.17　弧齿锥齿轮大轮齿面

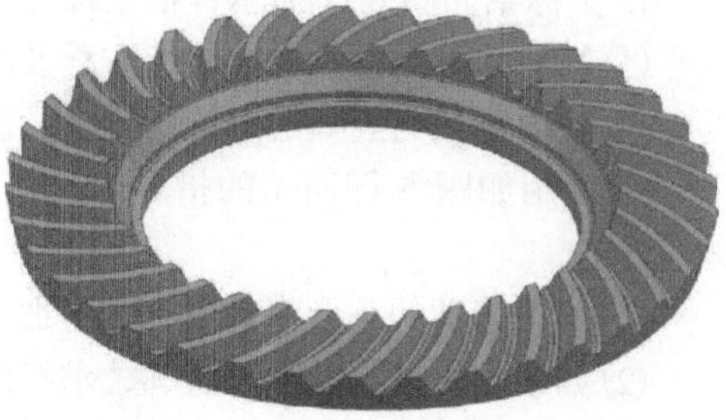

图 6.18　弧齿锥齿轮大轮 3D 模型

(1)绘制齿轮草图。在 UG 软件中，根据所设计齿轮副的几何尺寸，以节锥顶点为坐标原点，绘制大轮草图，完成草图后使用旋转指令生成大轮的轮坯。

(2)建立曲面片。将凸面凹面两个齿面点云、两个齿根过渡圆角点云的*.dat 文件，通过 UG 软件中的插入曲面通过点指令，导入 UG 软件中形成曲面面片。

(3)缝合曲面片。使用 UG 软件中的缝合指令将凸面齿面片、凸面齿根过渡圆角曲面片、根锥面曲面片、凹面齿根过渡圆角曲面片、凹面齿面片缝合，即形成一个齿槽形刀具面。

(4)修剪齿槽。以缝合后的曲面为刀具面，以大轮轮坯为目标体，使用修剪体指令，在大轮轮坯上得到一个大轮的齿槽特征。

(5)轮齿阵列。以齿轮轴线为旋转轴，将齿槽特征按齿数阵列，得到大轮三维模型。

习　　题

1. 推导平面蜗轮副与蜗杆(图 6.6)啮合传动的啮合方程，并讨论其是否存在啮合界限。

2. 已知齿轮 1 是斜齿渐开线圆柱齿轮，它的各项参数已知，齿轮 1 与齿轮 2 啮合的中心距为 a，传动比为 z_2/z_1。分别推导它们做平行轴传动、正交轴传动时的啮合线、啮合面及齿面 2 的方程。

3. 用直线刃的切刀按题 3 图所示的运动切出的蜗杆是一种环面蜗杆，试求

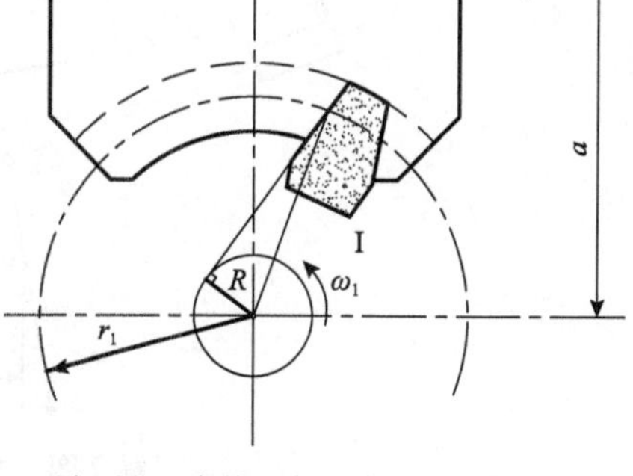

题 3 图　直线刃切刀加工环面蜗杆

切刀左侧刀刃切出的环面蜗杆齿面的方程，并思考用斜齿渐开线圆柱齿轮替代与其配套的蜗轮是否可以与该蜗杆实现啮合传动。

4. 坐标系如图 6.11 所示，根据螺旋面形成原理推导：

(1) 轴向截形为圆弧的螺旋面方程及法线、法截线方程；

(2) 法向截面为圆弧的螺旋面方程及法线、轴截线方程。

5. 使用如题 5 图所示的指形刀具加工螺旋面，推导接触线满足的基本条件方程。

(1) 如果刀具的截形为直廓，求所加工出的螺旋面形状；

(2) 如果螺旋槽端截形为直廓，求指形刀具的截形。

6. 利用盘形刀具加工螺旋矩形花键轴的螺旋槽，如题 6 图所示。

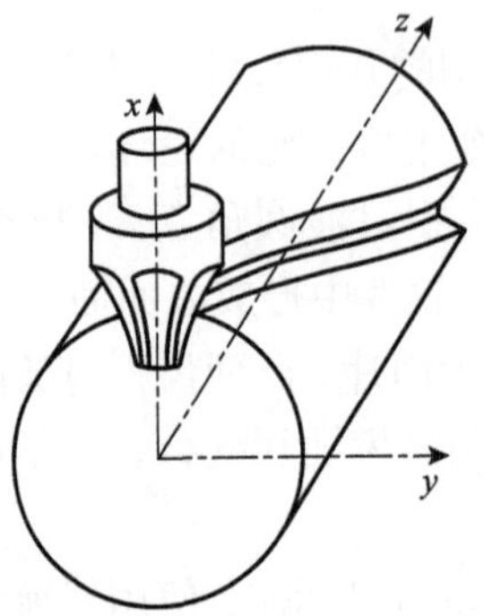

题 5 图　指形铣刀加工螺旋面

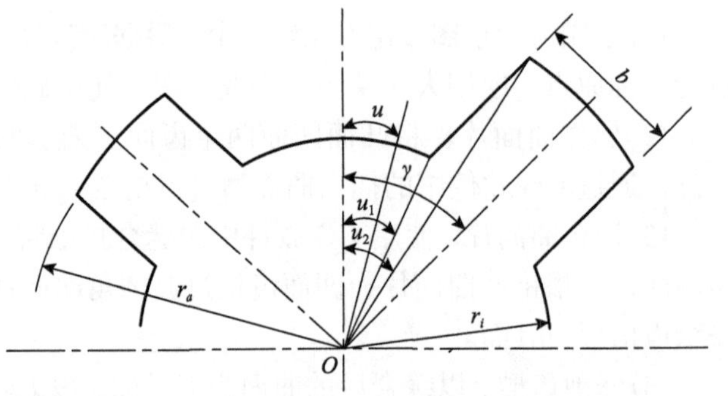

题 6 图　盘形铣刀加工螺旋矩形花键轴螺旋槽

(1) 写出花键轴螺旋面及其法线方程；

(2) 根据螺旋面接触条件求盘形刀具的廓形。

7. 面齿轮是一种类似锥齿轮可实现交叉轴传动的齿轮形式(如题 7 图所示)。已知渐开线圆柱齿轮齿面及其参数，推导非正交面齿轮齿面方程。同时说明它的轮齿形式与锥齿轮有何不同。

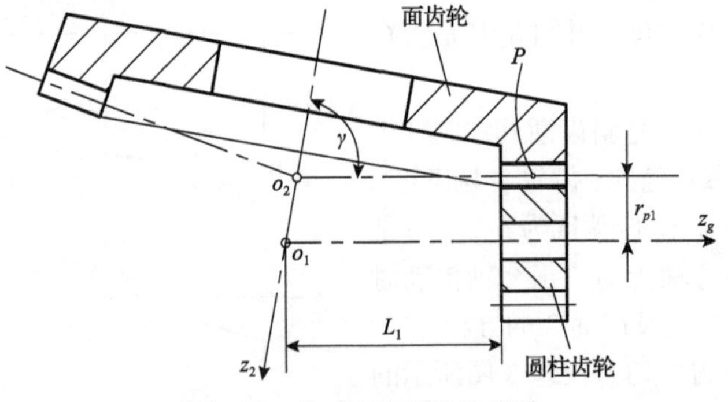

题 7 图　非正交面齿轮传动副

第 7 章　共轭曲面的微分几何

微分几何里曲面的第一、第二基本量反映了曲面的弧长、交角和曲率参数等内在特征。与此类似，共轭曲面存在两类特征函数和特征矢量，也反映了共轭曲面的内在特征和啮合性能，是共轭曲面理论的核心内容之一。共轭曲面的啮合性能涉及接触线的分布、形状和长度，相对运动速度和卷吸速度，齿面诱导法曲率，根切和曲率干涉等内容。本章将探讨两类特征函数和特征矢量 $\boldsymbol{p}$、$\boldsymbol{q}$ 与啮合性能的关系及其本身的物理意义。

7.1　共轭曲面的两类特征函数与特征矢量

7.1.1　两类特征函数与特征矢量的定义

共轭曲面 $\Sigma^{(1)}$、$\Sigma^{(2)}$ 的啮合方程 $\boldsymbol{n}\cdot\boldsymbol{v}^{(12)}=0$ 保证了两曲面的正确啮合，其对时间 t 的导数为

$$\boldsymbol{n}\cdot[\boldsymbol{\omega}_{12}\times(\boldsymbol{\omega}_1\times\boldsymbol{r}_1)-\boldsymbol{\omega}_1\times\boldsymbol{v}^{(12)}]+\boldsymbol{v}^{(12)}\cdot\frac{\mathrm{d}_1\boldsymbol{n}}{\mathrm{d}t}+\frac{\mathrm{d}_1\boldsymbol{r}^{(1)}}{\mathrm{d}t}\cdot(\boldsymbol{n}\times\boldsymbol{\omega}^{(12)})=0 \tag{7.1}$$

式(7.1)可化为

$$\boldsymbol{n}\cdot[\boldsymbol{\omega}_{12}\times(\boldsymbol{\omega}_1\times\boldsymbol{r}_1)-\boldsymbol{\omega}_1\times\boldsymbol{v}^{(12)}]=-\frac{\mathrm{d}_1\boldsymbol{r}^{(1)}}{\mathrm{d}t}\cdot(\boldsymbol{n}\times\boldsymbol{\omega}^{(12)})-\boldsymbol{v}^{(12)}\frac{\mathrm{d}_1\boldsymbol{n}}{\mathrm{d}s}\cdot\frac{\mathrm{d}_1\boldsymbol{r}^{(1)}}{\mathrm{d}t}$$

令

$$\boldsymbol{q}=\boldsymbol{\omega}^{(12)}\times(\boldsymbol{\omega}_1\times\boldsymbol{r}_1)-\boldsymbol{\omega}_1\times\boldsymbol{v}^{(12)}$$

$$\boldsymbol{p}=(\boldsymbol{\omega}^{(12)}\times\boldsymbol{n})-\boldsymbol{v}^{(12)}\frac{\mathrm{d}_1\boldsymbol{n}}{\mathrm{d}s}$$

则上式变为

$$\frac{\mathrm{d}_1\boldsymbol{r}^{(1)}}{\mathrm{d}t}\cdot\boldsymbol{p}=\boldsymbol{n}\cdot\boldsymbol{q} \tag{7.2}$$

因 $\dfrac{\mathrm{d}_1\boldsymbol{r}^{(1)}}{\mathrm{d}t}=\dfrac{\mathrm{d}_2\boldsymbol{r}^{(2)}}{\mathrm{d}t}-\boldsymbol{v}^{(12)}$，进一步可得

$$\frac{\mathrm{d}_2\boldsymbol{r}^{(2)}}{\mathrm{d}t}\cdot\boldsymbol{p}=\boldsymbol{n}\cdot\boldsymbol{q}+\boldsymbol{p}\cdot\boldsymbol{v}^{(12)} \tag{7.3}$$

这样可得两个函数式为

$$\varPhi_{\mathrm{I}}(u,v,t)=\boldsymbol{n}\cdot\boldsymbol{q}$$

$$\varPhi_{\mathrm{II}}(u,v,t)=\boldsymbol{n}\cdot\boldsymbol{q}+\boldsymbol{p}\cdot\boldsymbol{v}^{(12)}$$

$\varPhi_{\mathrm{I}}$、$\varPhi_{\mathrm{II}}$分别反映了共轭曲面的一阶和二阶微分特性，因此称其为共轭曲面的I阶特征函数和II阶特征函数，$\boldsymbol{q}$、$\boldsymbol{p}$分别称为I阶和II阶特征矢量。它们与两类界限线密切相关，因此统称为两类特征函数或界函数。

7.1.2　共轭曲面I阶特征函数$\boldsymbol{\varPhi}_{\mathrm{I}}$与特征矢量$\boldsymbol{q}$

共轭曲面的I阶特征矢量还可以表示为

$$\boldsymbol{q}=\boldsymbol{\omega}_1\times(\boldsymbol{\omega}_2\times\boldsymbol{r}_2)-\boldsymbol{\omega}_2\times(\boldsymbol{\omega}_1\times\boldsymbol{r}_1)\ \text{或}\ \boldsymbol{q}=(\boldsymbol{\omega}_1\times\boldsymbol{\omega}_2)\times\boldsymbol{r}_1-(\boldsymbol{\omega}_2\cdot\boldsymbol{\omega}_1)\boldsymbol{a} \tag{7.4}$$

其中，$\boldsymbol{a}$为中心距矢量，由O_2轴指向O_1轴。

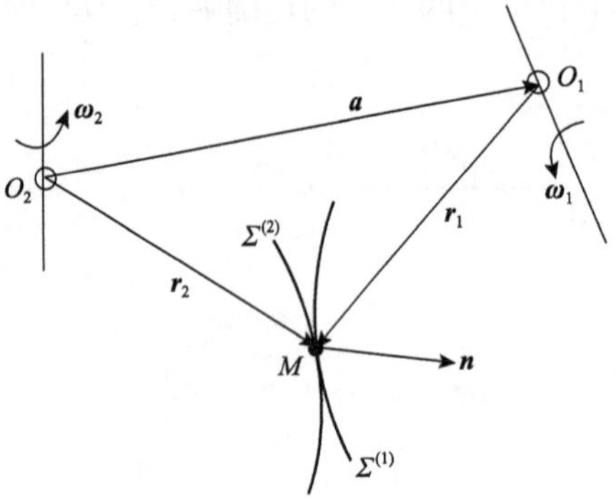

图7.1　空间交错轴运动

由式(7.4)可见，特征矢量$\boldsymbol{q}$是一阶矢函数，因此它只与接触点位置和相对运动有关，与曲面的形状无关。特征函数$\varPhi_{\mathrm{I}}$同样也是内蕴几何量。因为$(\boldsymbol{\omega}_1\times\boldsymbol{\omega}_2)//\boldsymbol{a}$，所以从几何角度看(图7.1)，特征矢量$\boldsymbol{q}$表示的是接触点绕$\boldsymbol{a}$旋转并沿$\boldsymbol{a}$移动的螺旋运动，转速为$\boldsymbol{\omega}_1\times\boldsymbol{\omega}_2$，螺旋参数为$\boldsymbol{\omega}_1\cdot\boldsymbol{\omega}_2$。而I阶特征函数$\varPhi_{\mathrm{I}}$则相当于特征矢量$\boldsymbol{q}$在接触点法向$\boldsymbol{n}$上的投影。

当$\boldsymbol{q}$与$\boldsymbol{n}$垂直时，$\varPhi_{\mathrm{I}}=0$，表示$\Sigma^{(1)}$上的啮合界限点。该界限点处的法矢$\boldsymbol{n}_0$称为极限法矢，它垂直于$\boldsymbol{q}$和$\boldsymbol{v}^{(12)}$，可得

$$\boldsymbol{n}_0=\frac{\boldsymbol{v}^{(12)}\times\boldsymbol{q}}{|\boldsymbol{v}^{(12)}\times\boldsymbol{q}|} \tag{7.5}$$

由式(7.2)可知

$$\frac{\mathrm{d}_1\boldsymbol{r}^{(1)}}{\mathrm{d}t}=0\ ,\quad \frac{\mathrm{d}_2\boldsymbol{r}^{(2)}}{\mathrm{d}t}=\boldsymbol{v}^{(12)}$$

即在啮合界限点处，在给定齿面$\Sigma^{(1)}$上接触点移动速度为零，而在齿面$\Sigma^{(2)}$上的接

触点移动速度与 $\boldsymbol{v}^{(12)}$ 大小相等，方向相同。从齿面滑动率 σ_1,σ_2 来看，有

$$\sigma_1 \to \infty, \quad \sigma_2 = 1$$

在啮合原理上，已约定称啮合界限点为二类界限点，二类界限点的集合形成了一条分界线，称为二界曲线。这种称谓只是因为二界曲线是二次接触线的包络线，其实它是由一阶特征函数 $\varPhi_{\rm I}$ 所决定的。对应的是微分几何的第一基本量所表达的内蕴几何性质。为了更加严谨，在啮合原理上把它称为"一阶界限"更为科学。而 $\varPhi_{\rm I}$ 、$\boldsymbol{q}$ 所表达的不仅是共轭曲面啮合界限，还有诸多其他的啮合特性，因此，称其为 I 阶特征函数和 I 阶特征矢量更为合理。

啮合界限线是齿面 $\varSigma^{(1)}$ 上二次接触线的包络。这一问题在 6.2 节讨论过，啮合界限线是 $\varSigma^{(1)}$ 上啮合区与非啮合区的分界线，见图 6.7 中的 N_1-N_2 曲线。因此，I 阶特征函数和啮合界限线决定了齿面 $\varSigma^{(1)}$ 上工作区域的大小。

7.1.3 共轭曲面 II 阶特征函数 $\varPhi_{\rm II}$ 与特征矢量 $\boldsymbol{p}$

共轭曲面的 II 阶特征函数 $\varPhi_{\rm II}$ 表示为

$$\begin{cases} \varPhi_{\rm II} = \varPhi_{\rm I} + \boldsymbol{p}\cdot\boldsymbol{v}^{(12)} \\ \boldsymbol{p} = \boldsymbol{\omega}^{(12)} \times \boldsymbol{n} + k_v^{(1)}\boldsymbol{v}^{(12)} + \tau_v^{(1)}\boldsymbol{n}\times\boldsymbol{v}^{(12)} \end{cases} \tag{7.6}$$

其中，$k_v^{(1)}$、$\tau_v^{(1)}$ 为 $\varSigma^{(1)}$ 上接触点处 $\boldsymbol{v}^{(12)}$ 方向的法曲率和短程挠率。显然有

$$\boldsymbol{p}\cdot\boldsymbol{v}_{12} = (\boldsymbol{\omega}^{(12)},\boldsymbol{n},\boldsymbol{v}^{(12)}) + k_v^{(1)}(\boldsymbol{v}^{(12)})^2 \tag{7.7}$$

如果用曲面 $\varSigma^{(1)}$ 曲率主值 (k_f, k_h) 、主方向 $(\boldsymbol{e}_f, \boldsymbol{e}_h)$ 来表示，可得

$$\boldsymbol{p} = \boldsymbol{\omega}^{(12)} \times \boldsymbol{n} + |\boldsymbol{v}^{(12)}|(k_f \cos\varphi_v \boldsymbol{e}_f + k_h \sin\varphi_v \boldsymbol{e}_h) \tag{7.8}$$

其中，φ_v 表示齿面 $\varSigma^{(1)}$ 上接触点的主方向与相对运动速度 $\boldsymbol{v}^{(12)}$ 方向的夹角。

从式(7.6)的形式上看出，$\boldsymbol{p}$ 是反映法矢 $\boldsymbol{n}$ 绕 $\boldsymbol{\omega}^{(12)}$ 的转动和随 $\boldsymbol{v}^{(12)}$ 运动变向的矢量($\mathrm{d}_1\boldsymbol{n}/\mathrm{d}s$ 只与曲面 $\varSigma^{(1)}$ 的曲率、挠率有关)。矢量 $\boldsymbol{n}$ 的变向与曲率有关，故 $\boldsymbol{p}$ 与共轭曲面的曲率相关联。在接触点处的诱导法曲率(主值之一)为

$$K_{\rm II} = \frac{\boldsymbol{p}^2}{\varPhi_{\rm II}} \tag{7.9}$$

齿面 $\varSigma^{(2)}$ 上满足 $\varPhi_{\rm II}=0$ 的点称为曲率干涉界限点，它的一侧将发生曲率干涉，其集合称为曲率干涉界限线。与二界曲线对应，在经典的啮合原理上，曲率干涉

界限线称为一界曲线，其实它是由 II 阶特征函数决定的。基于这一原因，不再使用“一界曲线”的称呼，直接称其为曲率干涉界限点(线)或“二阶界限线”。

齿面只能是“凸凸面”接触或“凸凹面”接触，或者瞬时平点接触。当 $\Phi_{\mathrm{II}}=0$ 时，齿面 $\Sigma^{(2)}$ 上存在一条界限线，其两侧的 Φ_{II} 和 K_{II} 变号，表明该界线的一侧将发生曲率干涉，齿面的啮合接触关系将遭到破坏。

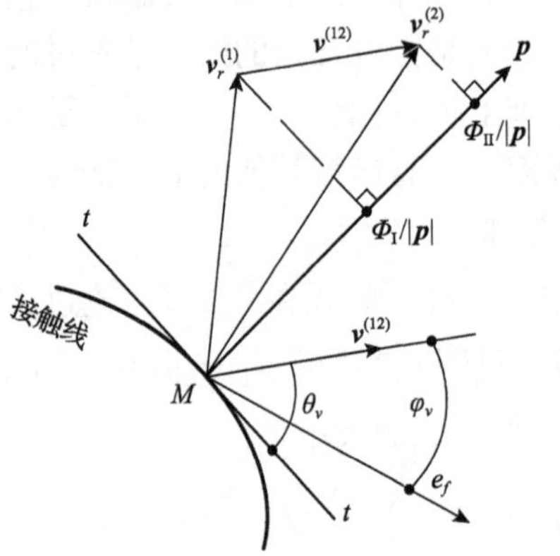

图 7.2　接触线移动方向与矢量 $\boldsymbol{p}$ 的关系

当齿面采用展成法加工时，曲率干涉界线成了齿面的根切界限线。这说明，Φ_{II} 和 $\boldsymbol{p}$ 决定了共轭曲面的诱导法曲率、根切和 $\Sigma^{(2)}$ 的工作区的大小。关于根切问题，7.2 节再进一步讨论。

共轭曲面诱导法曲率的另一主值为 $K_{\mathrm{I}}=0$，该方向即齿面的瞬时接触线切线方向 t-t(图 7.2)。

7.1.4　接触线在曲面上的移动速度与卷吸速度

接触线在曲面 $\Sigma^{(1)}$、$\Sigma^{(2)}$ 上的移动速度(相对速度)分别为

$$\boldsymbol{v}_r^{(1)}=\frac{\mathrm{d}_1\boldsymbol{r}_1}{\mathrm{d}t},\quad \boldsymbol{v}_r^{(2)}=\frac{\mathrm{d}_2\boldsymbol{r}_2}{\mathrm{d}t}$$

由式(7.2)可知

$$\boldsymbol{v}_r^{(1)}\cdot\boldsymbol{p}=\boldsymbol{n}\cdot\boldsymbol{q}=\Phi_{\mathrm{I}} \tag{7.10}$$

因 $\boldsymbol{v}_r^{(2)}-\boldsymbol{v}_r^{(1)}=\boldsymbol{v}^{(12)}$，有

$$\boldsymbol{v}_r^{(2)}\cdot\boldsymbol{p}=\boldsymbol{v}_r^{(1)}\cdot\boldsymbol{p}+\boldsymbol{p}\cdot\boldsymbol{v}^{(1)}=\Phi_{\mathrm{II}} \tag{7.11}$$

接触线的移动方向与矢量 $\boldsymbol{p}$ 的关系如图 7.2 所示，图中 $\boldsymbol{v}_r^{(1)}$ 和 $\boldsymbol{v}_r^{(2)}$ 可取任意方向。沿接触线切线方向(t-t)，$\mathrm{d}t=0$，因 $\mathrm{d}_1\boldsymbol{r}_1\neq 0$，$\mathrm{d}_1\boldsymbol{r}_1\cdot\boldsymbol{p}=0$，所以公切面上 $\boldsymbol{p}$ 矢量与接触线 t-t 方向垂直，$\boldsymbol{p}$ 始终可以看成接触线法矢。

由式(7.10)和式(7.11)知道，$\boldsymbol{v}_r^{(1)}$、$\boldsymbol{v}_r^{(2)}$ 在接触线法向($\boldsymbol{p}$)的投影分别为 $\Phi_{\mathrm{I}}/\boldsymbol{p}$ 和 $\Phi_{\mathrm{II}}/\boldsymbol{p}$。接触线在 $\Sigma^{(1)}$、$\Sigma^{(2)}$ 上沿 $\boldsymbol{p}$ 方向的运动速度分量分别为

$$\boldsymbol{v}_p^{(1)}=\frac{\boldsymbol{p}}{|\boldsymbol{p}|}\Phi_{\mathrm{I}},\quad \boldsymbol{v}_p^{(2)}=\frac{\boldsymbol{p}}{|\boldsymbol{p}|}\Phi_{\mathrm{II}} \tag{7.12}$$

因此，两类特征函数和特征矢量 $\boldsymbol{p}$ 表明了接触线在 $\Sigma^{(1)}$ 、$\Sigma^{(2)}$ 上分布的疏密程度和运动方向。

从动力润滑的观点看，$\Sigma^{(1)}$ 、$\Sigma^{(2)}$ 上接触线的移动速度 $\boldsymbol{v}_r^{(1)}$、$\boldsymbol{v}_r^{(2)}$ 在接触线的法向分量的平均值是润滑界面的卷吸速度 u_e，可表示为

$$u_1 = -\frac{\boldsymbol{v}_r^{(1)} \cdot \boldsymbol{p}}{|\boldsymbol{p}|} = -\frac{\Phi_{\mathrm{I}}}{|\boldsymbol{p}|}, \quad u_2 = -\frac{\boldsymbol{v}_r^{(2)} \cdot \boldsymbol{p}}{|\boldsymbol{p}|} = -\frac{\Phi_{\mathrm{II}}}{|\boldsymbol{p}|} \tag{7.13}$$

$$u_e = \frac{u_1 + u_2}{2} = -\frac{\Phi_{\mathrm{I}} + \Phi_{\mathrm{II}}}{2|\boldsymbol{p}|} \tag{7.14}$$

相对运动速度 $\boldsymbol{v}^{(12)}$ 在接触线的法向分量，即滑动速度 u_s 为

$$u_s = \frac{\boldsymbol{v}^{(12)} \cdot \boldsymbol{p}}{|\boldsymbol{p}|} = \frac{\Phi_{\mathrm{II}} - \Phi_{\mathrm{I}}}{|\boldsymbol{p}|} \tag{7.15}$$

可见，与齿面润滑性能紧密相关的两种速度也都可以直接用 I 阶特征函数、II 阶特征函数和特征矢量 $\boldsymbol{p}$ 来表示。

有研究者把相对运动速度 $\boldsymbol{v}^{(12)}$ 与接触线切线 t-t 方向的夹角 θ_v（图 7.2）称为润滑角或卷吸角，这个角度 θ_v 对于两齿面动力润滑油膜的形成有利，越接近 90°动压润滑效果越好。但用它来衡量齿轮界面的润滑特性是不准确的，因为动压油膜的形成还受到许多其他因素的影响。

7.1.5　二次包络(反包络)中的特征函数与特征矢量 $\boldsymbol{p}^*$ 、$\boldsymbol{q}^*$

在 $\Sigma^{(1)}$ 包络形成 $\Sigma^{(2)}$ 后，再以 $\Sigma^{(2)}$ 反过来包络 $\Sigma^{(1)}$ 时，除了形成 $\Sigma^{(1)}$ 的原始曲面的一部分 $\Sigma_1^{(1)}$ 外(原 $\Sigma^{(1)}$ 曲面上的工作区)，如图 7.3 所示，根据二次作用原理，还将形成 $\Sigma^{(1)}$ 的另一部分 $\Sigma_2^{(1)}$，该部分在原曲面非工作区上方，并在 N_1-N_1 线处相切形成一个完整的曲面。

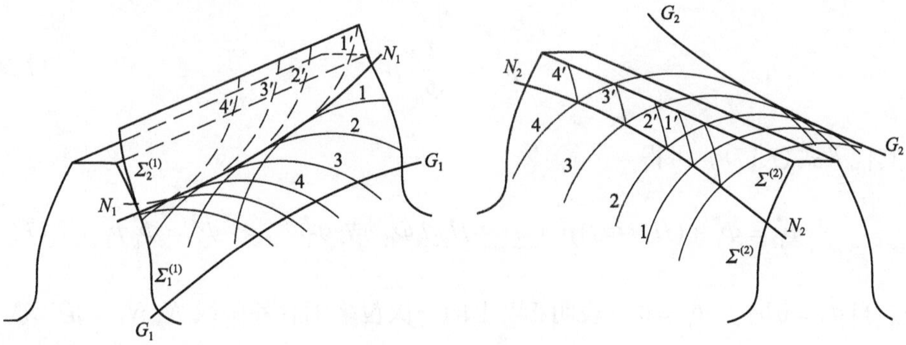

图 7.3　二次包络原理

二次包络中，由于相对运动：$\boldsymbol{v}^{(21)}=-\boldsymbol{v}^{(12)}$，对于啮合方程只是符号的变化，所以二次包络的 I 阶特征函数为

$$\Phi_{\mathrm{I}}^{*}=-\Phi_{\mathrm{I}}=\boldsymbol{n}\cdot\boldsymbol{q}^{*} \tag{7.16}$$

而 $\boldsymbol{q}^{*}=-\boldsymbol{q}$（对 $\Sigma^{(2)}$、$\Sigma^{(1)}$ 第一接触线）。

当 $\Phi_{\mathrm{I}}^{*}=-\Phi_{\mathrm{I}}=0$ 时为二次包络啮合界限线。它是一次包络啮合界限线在 $\Sigma^{(2)}$ 上的共轭曲线，表示的是 $\Sigma^{(2)}$ 上只参与一次啮合的点的集合。

二次包络的 II 阶特征函数可写为

$$\begin{cases}\Phi_{\mathrm{II}}^{*}=\Phi_{\mathrm{I}}^{*}+\boldsymbol{p}^{*}\cdot\boldsymbol{v}^{(21)}\\ \boldsymbol{p}^{*}=\boldsymbol{\omega}^{(21)}\times\boldsymbol{n}+k_{v}^{(2)}\boldsymbol{v}^{(21)}+\tau_{v}^{(2)}\boldsymbol{n}\times\boldsymbol{v}^{(21)}\end{cases} \tag{7.17}$$

可见，$\boldsymbol{p}^{*}\neq\boldsymbol{p}$。对曲面 $\Sigma^{(2)}$、$\Sigma_{1}^{(1)}$ 第一接触线，是一次包络接触线的复现，故 $\boldsymbol{p}^{*}$、$\boldsymbol{p}$ 都与其法矢平行，则

$$(\boldsymbol{p}^{*}+\boldsymbol{p})\cdot\boldsymbol{v}_{12}=k_{v}^{(1)}\boldsymbol{v}_{12}^{2}-k_{v}^{(2)}\boldsymbol{v}_{12}^{2}=K_{v}\boldsymbol{v}_{12}^{2} \tag{7.18}$$

其中，$K_{v}=k_{v}^{(1)}-k_{v}^{(2)}$ 是两曲面沿 $\boldsymbol{v}^{(12)}$ 方向的相对曲率，可得

$$K_{v}=\frac{(\boldsymbol{p}^{*}\cdot\boldsymbol{v}_{12})^{2}}{\Phi_{\mathrm{II}}\cdot\boldsymbol{v}_{12}^{2}}=\frac{(\Phi_{\mathrm{II}}-\Phi_{\mathrm{I}})^{2}}{\Phi_{\mathrm{II}}\cdot\boldsymbol{v}_{12}^{2}} \tag{7.19}$$

将式(7.19)代入式(7.18)，可得

$$(1+\boldsymbol{p}^{*}/\boldsymbol{p})\boldsymbol{p}\cdot\boldsymbol{v}_{12}=(1+\boldsymbol{p}^{*}/\boldsymbol{p})(\Phi_{\mathrm{II}}-\Phi_{\mathrm{I}})=(\Phi_{\mathrm{II}}-\Phi_{\mathrm{I}})^{2}/\Phi_{\mathrm{I}}$$

所以

$$\boldsymbol{p}^{*}=-\frac{\Phi_{\mathrm{I}}}{\Phi_{\mathrm{II}}}\boldsymbol{p} \tag{7.20}$$

将其代入式(7.17)，可得

$$\Phi_{\mathrm{II}}^{*}=\Phi_{\mathrm{I}}^{*}+(H_{t}/\Phi_{\mathrm{II}})\boldsymbol{p}\cdot\boldsymbol{v}_{12}=-H_{t}^{2}/\Phi_{\mathrm{II}}\ \text{或}\ \Phi_{\mathrm{II}}^{*}\Phi_{\mathrm{II}}=-\Phi_{\mathrm{I}}^{2}=\Phi_{\mathrm{I}}^{*}\Phi_{\mathrm{I}} \tag{7.21}$$

当 $\Phi_{\mathrm{I}}=0$ 时，$\Phi_{\mathrm{II}}=0$，表明 $\Sigma^{(1)}$ 上的一次包络啮合界限线 N_1-N_1 又是二次包络曲率干涉界线，称为双重界限线，它实际上还是 $\Sigma_{1}^{(1)}$ 和 $\Sigma_{2}^{(1)}$ 的交界线。在 $\Sigma_{1}^{(1)}$

上沿双重界限线无根切，但在媒介齿轮作用下的双重界线处可能有根切存在(边界干涉)。

参照式(7.2)～式(7.14)，可写为

$$\begin{cases}(\mathrm{d}_2\boldsymbol{r}_2/\mathrm{d}t)\cdot\boldsymbol{p}^* = \varPhi_{\mathrm{I}}^* = -H_t \\ (\mathrm{d}_1\boldsymbol{r}_1/\mathrm{d}t)\cdot\boldsymbol{p}^* = \varPhi_{\mathrm{II}}^* = -H_t^2/\varPhi_{\mathrm{II}} \\ u_2^* = -H_t^*/\boldsymbol{p}^* = -\varPhi_{\mathrm{II}}/\boldsymbol{p} = u_2 \\ u_1^* = -\varPhi_{\mathrm{II}}^*/\boldsymbol{p}^* = -H_t/\boldsymbol{p} = u_2 \\ u_e^* = u_e = -(\varPhi_{\mathrm{II}} + H_t)/(2\boldsymbol{p})\end{cases} \tag{7.22}$$

应该说明，对曲面 $\Sigma^{(2)}$ 、$\Sigma_2^{(1)}$ 的第二次接触线，$\boldsymbol{p}^*$和 $\boldsymbol{p}$ 不平行，不满足式(7.16)～式(7.22)。

通过以上分析可以看出，共轭曲面的两类特征函数与特征矢量 $\boldsymbol{p}$、$\boldsymbol{q}$ 反映了共轭曲面的内在特征和啮合性能。

(1) I 阶特征函数 $\varPhi_{\mathrm{I}}$ 与啮合界限相关联，它决定了 $\Sigma^{(1)}$ 工作区域的大小。

(2) II 阶特征函数 $\varPhi_{\mathrm{II}}$ 和特征矢量 $\boldsymbol{p}$ 的模 $|\boldsymbol{p}|$ 决定了接触点诱导法曲率、曲率干涉线，还决定了 $\Sigma^{(1)}$ 的根切和 $\Sigma^{(2)}$ 工作区域的大小。$\boldsymbol{p}$ 与 $\boldsymbol{n}$ 方向的改变相关(即曲面曲率相关)，$\boldsymbol{p}$ 是接触线法矢，也是接触线方向的反映。

(3) $\varPhi_{\mathrm{I}}/\boldsymbol{p}$ 、$\varPhi_{\mathrm{II}}/\boldsymbol{p}$ 分别是接触线在 $\Sigma^{(1)}$ 、$\Sigma^{(2)}$ 上沿 $\boldsymbol{p}$ 方向的运动速度，反映了接触线分布的疏密程度。

(4) 卷吸速度 $u_e = -(\varPhi_{\mathrm{II}} + \varPhi_{\mathrm{I}})/(2\boldsymbol{p})$ 和润滑角 θ_v 反映了共轭曲面的动力润滑性能，它们都可以用两类特征函数与特征矢量 $\boldsymbol{q}$、$\boldsymbol{p}$ 表示出来。

除了上述四点特性，齿面上的滑动率等也可以利用两类特征函数 $\varPhi$ 与特征矢量 $\boldsymbol{q}$、$\boldsymbol{p}$ 表示出来。

最后，利用图 7.3 对二次包络原理进行具体的解释。$\Sigma^{(1)}$ 上的啮合界限 N_1-N_1 线对应于 $\Sigma^{(2)}$ 上的 N_2-N_2 线不是啮合界限，也没有将 $\Sigma^{(2)}$ 分成两部分，如果在 $\Sigma^{(2)}$ 上存在啮合界限，它应该是线 G_2-G_2，对应于 $\Sigma^{(1)}$ 上的线 G_1-G_1，对齿面形成无影响。所以，第一次 $\Sigma^{(1)}$ 包络出了完整的 $\Sigma^{(2)}$ 。第二次由 $\Sigma^{(2)}$ 反过来包络 $\Sigma^{(1)}$ 时，除了包络出 N_1-N_1 线以下 $\Sigma_1^{(1)}$ 部分外，还包络出了 N_1-N_1 线以上的 $\Sigma_2^{(1)}$ 部分，这一部分齿面是由 $\Sigma^{(2)}$ 接触线 1′-4′等包络出来的。这样在齿面 $\Sigma^{(2)}$ 上就形成了两次接触。二包蜗杆是二包原理在工程上应用非常成功的例子。

7.2 曲率干涉界限点与根切

7.2.1 共轭齿廓的滑动率

一对共轭齿廓在啮合运动时，在时间 $\mathrm{d}t$ 内，接触点沿 $\boldsymbol{v}^{(12)}$ 方向在 $\Sigma^{(1)}$、$\Sigma^{(2)}$ 上的移动距离分别为

$$\Delta s_1 = \mathrm{d}_1\boldsymbol{r}^{(1)}, \quad \Delta s_2 = \mathrm{d}_2\boldsymbol{r}^{(2)}$$

在齿面 $\Sigma^{(1)}$ 上的滑动率为

$$\sigma_1 = \frac{\Delta s_1 - \Delta s_2}{\Delta s_1} = \frac{\mathrm{d}_1\boldsymbol{r}^{(1)}/\mathrm{d}t - \mathrm{d}_2\boldsymbol{r}^{(2)}/\mathrm{d}t}{\mathrm{d}_1\boldsymbol{r}^{(1)}/\mathrm{d}t} = -\frac{\boldsymbol{v}^{(12)}}{\mathrm{d}_1\boldsymbol{r}^{(1)}/\mathrm{d}t} \tag{7.23}$$

同理，在齿面 $\Sigma^{(2)}$ 上的滑动率为

$$\sigma_2 = \frac{\boldsymbol{v}^{(12)}}{\mathrm{d}_2\boldsymbol{r}^{(2)}/\mathrm{d}t}$$

由式(7.2)可得

$$\sigma_1 = -\frac{\boldsymbol{v}^{(12)}\cdot\boldsymbol{p}}{\boldsymbol{n}\cdot\boldsymbol{q}} \quad 或 \quad \sigma_1 = -\frac{\Phi_{\mathrm{II}} - \Phi_1}{\Phi_1}$$

$$\sigma_2 = \frac{\sigma_1}{\sigma_1 - \sigma_2} = \frac{\boldsymbol{v}^{(12)}\cdot\boldsymbol{p}}{\boldsymbol{n}\cdot\boldsymbol{q} + \boldsymbol{v}^{(12)}\cdot\boldsymbol{p}} = \frac{\Phi_{\mathrm{II}} - \Phi_1}{\Phi_{\mathrm{II}}} \tag{7.24}$$

7.2.2 曲率干涉界限点

曲率干涉界限点是在齿面 $\Sigma^{(1)}$ 上满足下列条件的点：

$$\begin{cases} \boldsymbol{n}\cdot\boldsymbol{v}^{(12)} = 0 \\ \boldsymbol{n}\cdot\boldsymbol{q} + \boldsymbol{v}^{(12)}\cdot\boldsymbol{p} = 0 \end{cases} \tag{7.25}$$

从式(7.8)可看出，曲率干涉点是 $K_{\mathrm{II}} \to \infty$ 的点，说明越过该点后诱导法曲率出现反转，在齿轮啮合接触时发生了齿面干涉，在加工上则出现根切。

从滑动率上来讲，此时 $\sigma_1 = 1$，$\sigma_2 \to \infty$，由式(7.24)可知

$$\begin{cases}\dfrac{\mathrm{d}_1\boldsymbol{r}^{(1)}}{\mathrm{d}t}+\boldsymbol{v}^{(12)}=0\\[2ex]\dfrac{\mathrm{d}_2\boldsymbol{r}^{(2)}}{\mathrm{d}t}=0\end{cases}\tag{7.26}$$

即在该类界限点处，两齿面的接触点在 $\Sigma^{(1)}$ 上沿齿面的移动速度与 $\boldsymbol{v}^{(12)}$ 大小相等而方向相反，在 $\Sigma^{(2)}$ 方向上相应点的移动速度为零。

7.2.3　平面啮合的根切

如果一对共轭齿廓的设计参数选择不当，在其加工时将会产生根切。以平面啮合为例对式(7.26)进行分析，设其中的函数变量为 (u,φ) 。由啮合方程 $H(u,\varphi)=\boldsymbol{n}\cdot\boldsymbol{v}^{(12)}$ 求偏微分 H_u、H_φ 可得关系式：

$$H_u\mathrm{d}u+H_\varphi\mathrm{d}\varphi=0$$

进一步分析式(7.26)可知

$$v_{x1}^{(12)}H_u-H_\varphi\frac{\mathrm{d}x_1}{\mathrm{d}u}\frac{\mathrm{d}\varphi}{\mathrm{d}t}=0\tag{7.27a}$$

或

$$v_{y1}^{(12)}H_u-H_\varphi\frac{\mathrm{d}y_1}{\mathrm{d}u}\frac{\mathrm{d}\varphi}{\mathrm{d}t}=0\tag{7.27b}$$

其中，$v_{x1}^{(12)}$、$v_{y1}^{(12)}$ 为相对运动速度 $\boldsymbol{v}^{(12)}$ 在 x_1 轴和 y_1 轴上的分量。

上述两式与式(7.26)等价，因此可以用式(7.27)来确定根切界限点。

例 7.1　确定用齿条刀具加工渐开线圆柱齿轮时的根切界限点(图 7.4)。

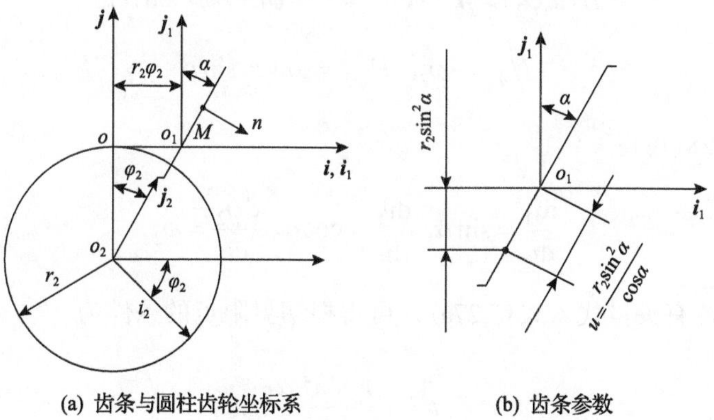

(a) 齿条与圆柱齿轮坐标系　　(b) 齿条参数

图 7.4　渐开线圆柱齿轮根切界限点的确定

解　首先选择三个坐标系(图 7.4(a))。$S(o\text{-}\boldsymbol{ij})$ 为固定坐标系，$S_1(o_1\text{-}\boldsymbol{i}_1\boldsymbol{j}_1)$ 为与齿条刀具相固连的动坐标系，$S_2(o_2\text{-}\boldsymbol{i}_2\boldsymbol{j}_2)$ 为与齿轮相固连的坐标系。

在动坐标系 S_1 中，齿条刀具齿廓的方程为

$$\boldsymbol{r}^{(1)} = u\sin\alpha\boldsymbol{i}_1 + u\cos\alpha\boldsymbol{j}_1 \tag{7.28}$$

那么法矢 $\boldsymbol{n}^{(1)}$ 的方程为

$$\boldsymbol{n}^{(1)} = \cos\alpha\boldsymbol{i}_1 - \sin\alpha\boldsymbol{j}_1$$

将各量

$$\boldsymbol{\xi} = \boldsymbol{o}_2\boldsymbol{o}_1 = r_2\varphi_2\boldsymbol{i}_1 + r_2\boldsymbol{j}_1,\quad \frac{\mathrm{d}\boldsymbol{\xi}}{\mathrm{d}t} = r_2\omega_2\boldsymbol{i}_1$$

$$\boldsymbol{\omega}^{(1)} = 0,\ \boldsymbol{\omega}^{(2)} = -\omega_2 k_1,\quad \boldsymbol{\omega}^{(12)} = \omega_2 k_1$$

代入以下相对运动速度公式：

$$\boldsymbol{v}^{(12)} = \boldsymbol{\omega}^{(12)} \times \boldsymbol{r}^{(1)} - \boldsymbol{\omega}^{(2)} \times \boldsymbol{\xi} + \frac{\mathrm{d}\varphi_2}{\mathrm{d}t} \tag{7.29}$$

可得

$$\boldsymbol{v}^{(12)} = -\omega_2 u\cos\alpha\boldsymbol{i}_1 + \omega_2(r_2\varphi_2 + u\sin\alpha)\boldsymbol{j}_1$$

故

$$v_{x1}^{(12)} = -\omega_2 u\cos\alpha,\ v_{y1}^{(12)} = \omega_2(r_2\varphi_2 + u\sin\alpha)$$

$$H(u,\varphi_2) = \boldsymbol{n}^{(1)} \cdot \boldsymbol{v}^{(12)} = -\omega_2(u + r_2\varphi_2\sin\alpha)$$

$$H_u = -\omega_2,\quad H_{\varphi 2} = -\omega_2 r_2\sin\alpha$$

由式(7.28)可得

$$\frac{\mathrm{d}x_1}{\mathrm{d}u} = \sin\alpha,\ \frac{\mathrm{d}y_1}{\mathrm{d}u} = \cos\alpha,\ \frac{\mathrm{d}\varphi_2}{\mathrm{d}t} = \omega_2$$

将以上各有关量代入式(7.27a)，可得根切界限点的条件为

$$u = -\frac{r_2\sin^2\alpha}{\cos\alpha} \tag{7.30}$$

把上述有关各量代入式(7.27b)可得

$$\varphi = \tan\alpha$$

表示了根切在齿轮上发生的位置。

为了避免根切，齿条刀具的齿顶线不得超过根切界限点(图 7.4)，即

$$h_a^* m \leqslant r_2 \sin^2\alpha$$

将$r_2 = 0.5mz_2$代入可得

$$z_2 \geqslant \frac{2h_a^*}{\sin^2\alpha} \tag{7.31}$$

这和机械原理中所得到的结论是一致的。

7.3　诱导法曲率与主曲率

诱导法曲率定义为两共轭曲面的啮合点沿同一切线方向的两曲面法曲率的差值。若已知一个曲面计算点处的主方向、主曲率以及该点处的诱导法曲率主值，即可求解与该曲面共轭的曲面的主方向和主曲率。如果两齿面相切在一条曲线上，即当两曲面做线接触传动时，沿接触线方向两曲面的 d$\boldsymbol{r}$、d$\boldsymbol{n}$、ds 都是相等的，所以两齿面分别沿这两个方向上的法曲率必然相等，故该方向上的诱导法曲率为

$$K_{\mathrm{I}} = 0$$

接触线方向是诱导法曲率的一个主方向(用符号 $\boldsymbol{e}_{\mathrm{I}}$ 表示)。另外一个主方向(用符号 $\boldsymbol{e}_{\mathrm{II}}$ 表示)的诱导法曲率的主值 K_{II} 由式(7.9)确定。

对于共轭线接触齿面，只需求出主方向$\boldsymbol{e}_{\mathrm{II}}$的诱导法曲率的主值 K_{II}，即可确定啮合点切平面内任意方向的相对曲率，从而判断齿面的接触性质。需注意，诱导法曲率主值的正负需根据公法矢的方向选取，且诱导法曲率的两个主值符号不会相反。

把两个曲面看成真实齿轮副的配对齿面，曲面一侧为轮齿实体，而曲面另一侧为齿槽空间。如果规定齿面 $\varSigma^{(2)}$ 的计算点处的法矢方向为由实体指向空间，即齿面 $\varSigma^{(1)}$ 的计算点处的法矢方向为由空间指向实体，在这种情况下，要想齿面正常啮合，则两配对齿面的诱导法曲率不能为正值($K_{\mathrm{II}} \leqslant 0$)。由于诱导法曲率的两个主值符号相同，只要保证 $K_{\mathrm{II}} \leqslant 0$，则齿面在任何方向都不会出现曲率干涉。

给定共轭接触点切平面坐标系如图 7.5 所示。曲面 $\Sigma^{(1)}$ 主方向 $(\boldsymbol{e}_f, \boldsymbol{e}_h)$，对应主值为 $(k_f,\ k_h)$；曲面 $\Sigma^{(2)}$ 主方向 $(\boldsymbol{e}_s,\ \boldsymbol{e}_q)$，对应主值为 $(k_s,\ k_q)$；σ_{12} 为计算点 M 处两齿面主方向之间的夹角；φ_v、φ_d 分别为两齿面计算点相对运动 $\boldsymbol{v}^{(12)}$ 方向与主方向 $\boldsymbol{e}_f$、$\boldsymbol{e}_s$ 之间的夹角。两个方向 $(\boldsymbol{e}_{\mathrm{I}},\boldsymbol{e}_{\mathrm{II}})$ 正交，$\boldsymbol{e}_{\mathrm{I}}$ 为接触线的切线方向(图7.2的 t-t 方向)，$\boldsymbol{e}_{\mathrm{II}}$ 为垂直接触线方向(与图7.2的 $\boldsymbol{p}$ 矢量方向一致)。φ_{I}、φ_v 分别为诱导法曲率主方向 $\boldsymbol{e}_{\mathrm{I}}$ 与主方向 $\boldsymbol{e}_f$、$\boldsymbol{e}_s$ 之间的夹角；θ_v 为 $\boldsymbol{e}_{\mathrm{I}}$ 方向到相对运动速度 $\boldsymbol{v}^{(12)}$ 方向的有向角。

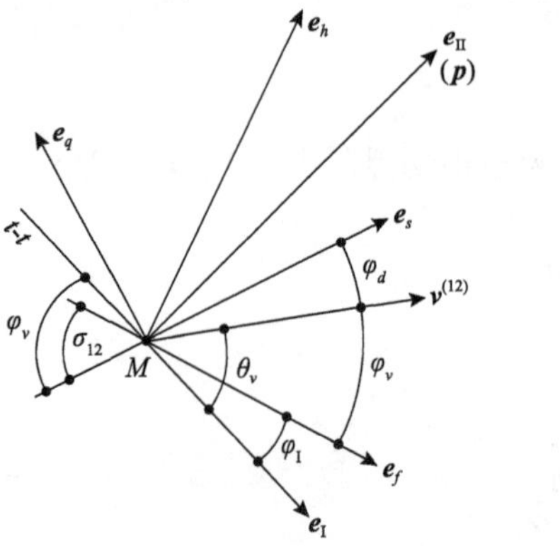

图 7.5　计算点切平面上各矢量之间的关系

面啮合点处诱导法曲率的一个主值 K_{II} 与 K_v 之间的关系为

$$K_{\mathrm{II}} = \frac{K_v}{\sin^2\theta_v} \tag{7.32}$$

因为 $\boldsymbol{e}_{\mathrm{I}}$ 与瞬时接触线在计算点处相切，但是方向指向尚有待确定：矢量 $\boldsymbol{p}$ 也在接触点处的切平面上并且与接触线的切线方向垂直，$\boldsymbol{p}$ 的计算方法前面已经给出，所以可以利用矢量 $\boldsymbol{p}$ 来定义 $\boldsymbol{e}_{\mathrm{I}}$ 的方向，即令 $\boldsymbol{e}_{\mathrm{I}}$、$\boldsymbol{p}$ 以及计算点处的单位法矢 $\boldsymbol{n}$ 组成相互垂直的右手坐标系，所以 θ_v 可由式(7.15)直接计算得出。

角度 θ_v 取值应该遵循如下规则：它的符号与 $\boldsymbol{v}^{(12)}\cdot\boldsymbol{p}$ 的符号相同，而且当 $(\boldsymbol{n}, \boldsymbol{p}, \boldsymbol{v}^{(12)})$ 为正时，θ_v 的绝对值应该为 0～π/2；当 $(\boldsymbol{n},\ \boldsymbol{p},\ \boldsymbol{v}^{(12)})$ 为负时，θ_v 的绝对值应该为 π/2～π。

利用欧拉公式，已知大轮齿面 $\Sigma^{(1)}$ 的主曲率数值，可计算出与之共轭的小轮 $\Sigma^{(2)}$ 计算点处的主曲率主方向。在诱导法曲率主值方向可得

$$\begin{cases} k_f\cos^2\varphi_{\mathrm{I}} + k_h\sin^2\varphi_{\mathrm{I}} = k_s\cos^2\varphi_s + k_q\sin^2\varphi_s \\ k_f\sin^2\varphi_{\mathrm{I}} + k_h\cos^2\varphi_{\mathrm{I}} = k_s\sin^2\varphi_s + k_q\cos^2\varphi_s + K_{\mathrm{II}} \end{cases}$$

分别对两式相加与相减可得

$$\begin{cases} k_s + k_q = k_f + k_h - K_{\mathrm{II}} \\ (k_s - k_q)\cos 2(\sigma+\varphi_{\mathrm{I}}) = (k_f - k_h)\cos 2\varphi_{\mathrm{I}} + K_{\mathrm{II}} \end{cases} \tag{7.33}$$

由式(7.8)可得

$$k_f \cos\varphi_v \boldsymbol{e}_f + k_h \sin\varphi_v \boldsymbol{e}_h + k_s \cos\varphi_d \boldsymbol{e}_s + k_q \sin\varphi_d \boldsymbol{e}_q = 0$$

上式分别点乘 $\boldsymbol{e}_s$、$\boldsymbol{e}_q$ 相加化简可得

$$(k_f + k_s + k_q)\cos\varphi_v + k_h \sin\varphi_v \sin 2\sigma = 0$$

由此可推出两曲面主方向之间的夹角为

$$\sin 2\sigma = \frac{K_{\mathrm{II}} - 2k_f - k_h}{k_h \tan\varphi_v} \tag{7.34}$$

由式(7.33)和式(7.34)可确定第二曲面的主方向主曲率。计算中涉及角度较多，应注意各量的方位。

最后要说明的是，诱导法曲率和微分几何法曲率的运算法则、概念都是相同的，适用于法曲率的定义、运算公式同样适用于诱导法曲率。

对于平面啮合，相对运动速度方向与 $\boldsymbol{p}$ 方向一致，可得

$$\tau_v = 0,\quad k_v = k_2,\quad k_1 - k_2 = K_{\mathrm{II}} = K_v$$

式(7.8)可化为

$$k_2\left(\frac{\mathrm{d}_1 \boldsymbol{r}^{(1)}}{\mathrm{d}t} - \boldsymbol{v}^{(12)}\right) = k_1 \frac{\mathrm{d}_1 \boldsymbol{r}^{(1)}}{\mathrm{d}t} - \boldsymbol{\omega}^{(12)} \times \boldsymbol{n}^{(1)} \tag{7.35}$$

例 7.2　求如图 6.9 所示的齿条刀具加工圆柱齿轮的齿根过渡曲线的曲率。

解　参考 6.3 节相关公式，将例 7.1 中有关量代入相对运动速度公式(7.29)可得

$$\boldsymbol{v}^{(12)} = \boldsymbol{i}_1 \omega_2 [b - r_0(\sin\alpha - \sin u)] + \boldsymbol{j}_1 \omega_2 (r_2 \varphi_2 + r_0 \cos u) \tag{7.36}$$

结合例 7.1 的公式，可得

$$\boldsymbol{\omega}^{(12)} \times \boldsymbol{n}^{(1)} = \omega_2 (\boldsymbol{i}_1 \sin u + \boldsymbol{j}_1 \cos u)$$

$$\frac{\mathrm{d}\boldsymbol{r}^{(1)}}{\mathrm{d}t} = -r_0 \frac{\mathrm{d}u}{\mathrm{d}t} (\boldsymbol{i}_1 \sin u + \boldsymbol{j}_1 \cos u)$$

对式(6.24)求导可得

$$\frac{\mathrm{d}u}{\mathrm{d}t} = -\frac{\sin u \cos u}{\varphi_2} \omega_2$$

将上述诸式代入式(7.36)，且 $k_1 = -1/r_0$，整理后可得

$$-\frac{1}{k_2}=r_0+\frac{(b-r_0\sin\alpha)\varphi_2}{\sin u(\varphi_2+\sin u\cos u)} \tag{7.37}$$

其中，等式左边的负号表示过渡曲线的弯曲方向与幺法矢的方向相反。

如果齿条刀具的齿顶是尖角，则应将 r_0=0 代入。

7.4 相对运动速度与主方向曲率

7.4.1 运动基本微分公式

齿轮(1)和齿轮(2)啮合，齿面 $\Sigma^{(1)}$ 和齿面 $\Sigma^{(2)}$ 连续相切接触。在空间固定(绝对)坐标系中，两齿面公共接触点 M 具有相同的运动速度，即通过齿面 $\Sigma^{(1)}$ 和齿面 $\Sigma^{(2)}$ 描述接触点 M 在空间的运动速度相同，有

$$\boldsymbol{v}_{tr}^{(1)}+\boldsymbol{v}_r^{(1)}=\boldsymbol{v}_{tr}^{(2)}+\boldsymbol{v}_r^{(2)} \tag{7.38}$$

所以

$$\boldsymbol{v}_r^{(2)}=\boldsymbol{v}_{tr}^{(1)}+\boldsymbol{v}_r^{(1)}+\boldsymbol{v}_{tr}^{(1)}-\boldsymbol{v}_{tr}^{(2)}=\boldsymbol{v}_r^{(1)}+\boldsymbol{v}^{(12)} \tag{7.39}$$

其中，$\boldsymbol{v}_r$ 和 $\boldsymbol{v}_{tr}$ 分别指接触点在齿面上的移动速度和随轮齿的牵连运动速度。

$\boldsymbol{v}^{(12)}$ 可由式(7.40)确定：

$$\boldsymbol{v}^{(12)}=\boldsymbol{\omega}^{(12)}\times\boldsymbol{r}^{(1)}-\boldsymbol{R}\times\boldsymbol{\omega}^{(2)} \tag{7.40}$$

其中，$\boldsymbol{R}$ 为由 $\Sigma^{(1)}$ 旋转轴指向 $\Sigma^{(2)}$ 旋转轴上的最短距离矢量。

两齿面在接触点 M 处的公法线具有相同的运动速度，则

$$\dot{\boldsymbol{n}}_r^{(2)}=\dot{\boldsymbol{n}}_r^{(1)}+(\boldsymbol{\omega}^{(1)}-\boldsymbol{\omega}^{(2)})\times\boldsymbol{n}=\dot{\boldsymbol{n}}_r^{(1)}+\boldsymbol{\omega}^{(12)}\times\boldsymbol{n} \tag{7.41}$$

其中，$\dot{\boldsymbol{n}}_r^{(i)}$ 是齿面上接触点处单位法矢端点相对于齿面的运动速度。

以时间 t 为变量对啮合方程求导可得

$$\frac{\mathrm{d}}{\mathrm{d}t}(\boldsymbol{n}\cdot\boldsymbol{v}^{(12)})=0 \tag{7.42}$$

则

$$(\dot{\boldsymbol{n}}_{tr}^{(2)}+\dot{\boldsymbol{n}}_r^{(2)})\cdot\boldsymbol{v}^{(12)}+\boldsymbol{n}^{(2)}\cdot\boldsymbol{v}^{(12)\prime} \tag{7.43}$$

设 $\boldsymbol{k}_2$ 为齿轮 2 旋转轴的单位矢量，则

$$\boldsymbol{\omega}^{(2)} = \omega^{(2)} \cdot \boldsymbol{k}_2 = m_{21} \cdot \omega^{(1)} \cdot \boldsymbol{k}_2 \tag{7.44}$$

其中，$m_{21}(\varphi_1) = \omega^{(2)} / \omega^{(1)}$，$\varphi_1$ 为齿轮 1 的转角。设齿轮 1 在啮合过程中匀速转动，即 $\omega^{(1)}$ 为常数，则有

$$\dot{\boldsymbol{\omega}}^{(2)} = m'_{21} \cdot \frac{\mathrm{d}\varphi_1}{\mathrm{d}t} \cdot \boldsymbol{\omega}^{(1)} \cdot \boldsymbol{k}_2 = m'_{21} \cdot (\boldsymbol{\omega}^{(1)})^2 \cdot \boldsymbol{k}_2 \tag{7.45}$$

其中，$m'_{21} = \dfrac{\partial}{\partial \varphi_1}\left[m_{21}(\varphi_1)\right]$。

由式(7.40)、式(7.45)可得

$$\begin{aligned}\frac{\mathrm{d}}{\mathrm{d}t}(\boldsymbol{v}^{(12)}) &= \frac{\mathrm{d}}{\mathrm{d}t}\left[(\boldsymbol{\omega}^{(1)} - \boldsymbol{\omega}^{(2)}) \times \boldsymbol{r}^{(1)} - \boldsymbol{R} \times \boldsymbol{\omega}^{(2)}\right] \\ &= \boldsymbol{\omega}^{(12)} \times \dot{\boldsymbol{r}}^{(1)} - \dot{\boldsymbol{\omega}}^{(2)} \times \boldsymbol{r}^{(1)} - \boldsymbol{R} \times \dot{\boldsymbol{\omega}}^{(2)} \\ &= \boldsymbol{\omega}^{(12)} \times (\boldsymbol{v}_{tr}^{(1)} + \boldsymbol{v}_r^{(1)}) - m'_{21} \cdot (\omega^{(1)})^2 \cdot \left[\boldsymbol{k}_2 \times (\boldsymbol{r}^{(1)} - \boldsymbol{R})\right]\end{aligned} \tag{7.46}$$

将式(7.46)代入式(7.43)，可得

$$\begin{aligned}&(\dot{\boldsymbol{n}}_{tr}^{(2)} + \dot{\boldsymbol{n}}_r^{(2)}) \cdot \boldsymbol{v}^{(12)} + \boldsymbol{n}^{(2)} \cdot \boldsymbol{\omega}^{(12)} \times (\boldsymbol{v}_{tr}^{(2)} + \boldsymbol{v}_r^{(2)}) \\ &-(\omega^{(1)})^2 m'_{21} \cdot (\boldsymbol{n} \times \boldsymbol{k}_2) \cdot (\boldsymbol{r}^{(1)} - \boldsymbol{R}) = 0\end{aligned} \tag{7.47}$$

其中，

$$\begin{aligned}\dot{\boldsymbol{n}}_{tr}^{(2)} \cdot \boldsymbol{v}^{(12)} &= \boldsymbol{\omega}^{(2)} \cdot (\boldsymbol{n}^{(2)} \times \boldsymbol{v}^{(12)}) \\ &= -\boldsymbol{n}^{(2)} \cdot (\boldsymbol{\omega}^{(2)} \times \boldsymbol{v}_{tr}^{(1)}) + \boldsymbol{n}^{(2)} \cdot (\boldsymbol{\omega}^{(2)} \times \boldsymbol{v}_{tr}^{(2)})\end{aligned}$$

$$\boldsymbol{n}^{(2)} \cdot \boldsymbol{\omega}^{(12)} \times \boldsymbol{v}_{tr}^{(2)} = \boldsymbol{n}^{(2)} \cdot (\boldsymbol{\omega}^{(1)} \times \boldsymbol{v}_{tr}^{(2)}) - \boldsymbol{n}^{(2)} \cdot (\boldsymbol{\omega}^{(2)} \times \boldsymbol{v}_{tr}^{(2)})$$

将以上两式代入式(7.47)，对齿面 $\Sigma^{(1)}$ 和 $\Sigma^{(2)}$ 都成立，可得

$$\begin{aligned}&\dot{\boldsymbol{n}}_r^{(i)} \cdot \boldsymbol{v}^{(12)} - \left[\boldsymbol{v}_r^{(i)} (\boldsymbol{\omega}^{(12)} \times \boldsymbol{n})\right] + \boldsymbol{n} \cdot \left[(\boldsymbol{\omega}^{(1)} \times \boldsymbol{v}_{tr}^{(2)}) - (\boldsymbol{\omega}^{(2)} \times \boldsymbol{v}_{tr}^{(1)})\right] \\ &-(\omega^{(1)})^2 m'_{21} \boldsymbol{n} \cdot \left[\boldsymbol{k}_2 \times (\boldsymbol{r}^{(1)} - \boldsymbol{R})\right] = 0, \quad i = 1, 2\end{aligned} \tag{7.48}$$

式(7.48)与式(7.1)实质上是一样的，且进一步考虑了传动比一阶导数。

7.4.2　主曲率基本方程组

考虑两齿轮的齿面 $\Sigma^{(1)}$ 和 $\Sigma^{(2)}$ 在 M 点相切接触。图 7.6 为其公切面的投影图。其中，$\boldsymbol{e}_f$ 和 $\boldsymbol{e}_h$ 是 $\Sigma^{(1)}$ 在 M 点处的两个主方向的单位矢量，k_f 和 k_h 分别为其相应的主曲率；$\boldsymbol{e}_s$ 和 $\boldsymbol{e}_q$ 是 $\Sigma^{(2)}$ 在 M 点处的两个主方向的单位矢量，k_s 和 k_q 分别为其相应

的主曲率；σ 为主方向 $\boldsymbol{e}_f$ 和 $\boldsymbol{e}_s$ 之间的夹角，由 $\boldsymbol{e}_f$ 和 $\boldsymbol{e}_s$ 逆时针方向度量。

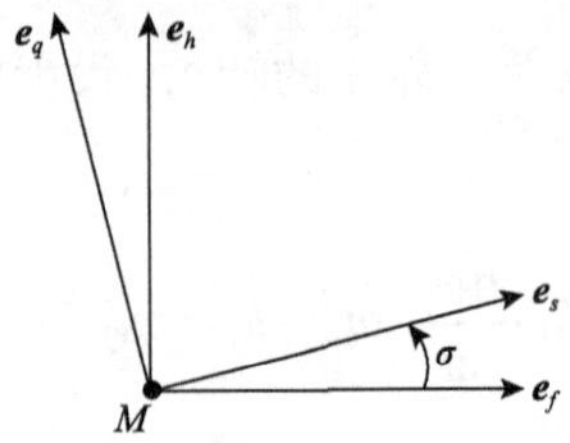

图 7.6　两齿面在 M 点处的公切面投影图

设二维坐标系 $S_a(M\text{-}\boldsymbol{e}_f\boldsymbol{e}_h)$ 和 $S_b(M\text{-}\boldsymbol{e}_s\boldsymbol{e}_q)$ 分别固连于 $\Sigma^{(1)}$ 和 $\Sigma^{(2)}$ 上，则两坐标系之间的坐标转换矩阵为

$$\boldsymbol{L}_{ba}=\begin{bmatrix}\cos\sigma & \sin\sigma\\ -\sin\sigma & \cos\sigma\end{bmatrix},\quad \boldsymbol{L}_{ab}=\begin{bmatrix}\cos\sigma & -\sin\sigma\\ \sin\sigma & \cos\sigma\end{bmatrix}$$

将矢量 $\boldsymbol{v}_r^{(1)}$ 和 $\dot{\boldsymbol{n}}_r^{(1)}$ 投影于 S_a 坐标系中，可得

$$\boldsymbol{v}_r^{(1)}=\begin{bmatrix}v_f^{(1)}\\ v_h^{(1)}\end{bmatrix},\quad \dot{\boldsymbol{n}}_r^{(1)}=\begin{bmatrix}\dot{n}_f^{(1)}\\ \dot{n}_h^{(1)}\end{bmatrix} \tag{7.49}$$

将其变换至 S_b 坐标系中，可得

$$\begin{bmatrix}v_s^{(1)}\\ v_q^{(1)}\end{bmatrix}=\boldsymbol{L}_{ba}\begin{bmatrix}v_f^{(1)}\\ v_h^{(1)}\end{bmatrix},\quad \begin{bmatrix}\dot{n}_s^{(1)}\\ \dot{n}_q^{(1)}\end{bmatrix}=\boldsymbol{L}_{ba}\begin{bmatrix}\dot{n}_f^{(1)}\\ \dot{n}_h^{(1)}\end{bmatrix} \tag{7.50}$$

同理，将矢量 $\boldsymbol{v}_r^{(2)}$ 和 $\dot{\boldsymbol{n}}_r^{(2)}$ 投影于 S_b 坐标系中，可得

$$\boldsymbol{v}_r^{(2)}=\begin{bmatrix}v_s^{(2)}\\ v_q^{(2)}\end{bmatrix},\quad \dot{\boldsymbol{n}}_r^{(2)}=\begin{bmatrix}\dot{n}_s^{(2)}\\ \dot{n}_q^{(2)}\end{bmatrix} \tag{7.51}$$

将其变换至 S_a 坐标系中，可得

$$\begin{bmatrix}v_f^{(2)}\\ v_h^{(2)}\end{bmatrix}=\boldsymbol{L}_{ab}\begin{bmatrix}v_s^{(2)}\\ v_q^{(2)}\end{bmatrix},\quad \begin{bmatrix}\dot{n}_f^{(2)}\\ \dot{n}_h^{(2)}\end{bmatrix}=\boldsymbol{L}_{ab}\begin{bmatrix}\dot{n}_s^{(2)}\\ \dot{n}_q^{(2)}\end{bmatrix} \tag{7.52}$$

将式(7.39)、式(7.41)中的所有矢量表示在同一坐标系 S_a 中，可得

$$\begin{bmatrix}v_f^{(2)}\\ v_h^{(2)}\end{bmatrix}=\begin{bmatrix}v_f^{(1)}\\ v_h^{(1)}\end{bmatrix}+\begin{bmatrix}v_f^{(12)}\\ v_h^{(12)}\end{bmatrix} \tag{7.53}$$

$$\begin{bmatrix} \dot{n}_f^{(2)} \\ \dot{n}_h^{(2)} \end{bmatrix} = \begin{bmatrix} \dot{n}_f^{(1)} \\ \dot{n}_h^{(1)} \end{bmatrix} + \begin{bmatrix} (\boldsymbol{\omega}^{(12)} \times \boldsymbol{n}) \cdot \boldsymbol{e}_f \\ (\boldsymbol{\omega}^{(12)} \times \boldsymbol{n}) \cdot \boldsymbol{e}_h \end{bmatrix} \tag{7.54}$$

将式(7.39)和式(7.41)中的所有矢量表示在同一坐标系 S_b 中，可得

$$\begin{bmatrix} v_s^{(2)} \\ v_q^{(2)} \end{bmatrix} = \begin{bmatrix} v_s^{(1)} \\ v_q^{(1)} \end{bmatrix} + \begin{bmatrix} v_s^{(12)} \\ v_q^{(12)} \end{bmatrix} \tag{7.55}$$

$$\begin{bmatrix} \dot{n}_s^{(2)} \\ \dot{n}_q^{(2)} \end{bmatrix} = \begin{bmatrix} \dot{n}_s^{(1)} \\ \dot{n}_q^{(1)} \end{bmatrix} + \begin{bmatrix} (\boldsymbol{\omega}^{(12)} \times \boldsymbol{n}) \cdot \boldsymbol{e}_s \\ (\boldsymbol{\omega}^{(12)} \times \boldsymbol{n}) \cdot \boldsymbol{e}_q \end{bmatrix} \tag{7.56}$$

应用第 3 章的罗德里格斯公式，即

$$\dot{\boldsymbol{n}}_r^{(i)} = -k_{\mathrm{I,II}}^{(i)} v_r^{(i)}, \quad i = 1, 2 \tag{7.57}$$

其中，$k_{\mathrm{I,II}}^{(i)}$ 是齿面 $\varSigma_i$ 接触点 M 的主曲率(即前述中的(k_f, k_h)和(k_s, k_q))。

用 $\boldsymbol{K}_i$(i=1, 2)表示曲面 $\varSigma^{(i)}$ 的主曲率矩阵，矢量 $\dot{\boldsymbol{n}}_r^{(1)}$、$\boldsymbol{v}_r^{(1)}$ 表示在坐标系 S_a 中，由方程(7.57)可得

$$\begin{bmatrix} \dot{n}_f^{(1)} \\ \dot{n}_h^{(1)} \end{bmatrix} = \boldsymbol{K}_1 \begin{bmatrix} v_f^{(1)} \\ v_h^{(1)} \end{bmatrix} = \begin{bmatrix} -k_f & 0 \\ 0 & -k_h \end{bmatrix} \begin{bmatrix} v_f^{(1)} \\ v_h^{(1)} \end{bmatrix} \tag{7.58}$$

与此类似，可得

$$\begin{bmatrix} \dot{n}_s^{(2)} \\ \dot{n}_q^{(2)} \end{bmatrix} = \boldsymbol{K}_2 \begin{bmatrix} v_s^{(2)} \\ v_q^{(2)} \end{bmatrix} = \begin{bmatrix} -k_s & 0 \\ 0 & -k_q \end{bmatrix} \begin{bmatrix} v_s^{(2)} \\ v_q^{(2)} \end{bmatrix} \tag{7.59}$$

对式(7.50)和式(7.58)进行变换，可得

$$\begin{bmatrix} \dot{n}_s^{(1)} \\ \dot{n}_q^{(1)} \end{bmatrix} = \boldsymbol{L}_{ba} \boldsymbol{K}_1 \boldsymbol{L}_{ab} \begin{bmatrix} v_s^{(1)} \\ v_q^{(1)} \end{bmatrix} \tag{7.60}$$

与此类似，由式(7.29)可得

$$\begin{bmatrix} \dot{n}_f^{(2)} \\ \dot{n}_h^{(2)} \end{bmatrix} = \boldsymbol{L}_{ab} \boldsymbol{K}_2 \boldsymbol{L}_{ba} \begin{bmatrix} v_f^{(2)} \\ v_h^{(2)} \end{bmatrix} \tag{7.61}$$

上述一系列推导是为了得到如下形式的线性方程组：

$$\boldsymbol{A}\boldsymbol{X}=\boldsymbol{B} \tag{7.62}$$

其中，

$$\boldsymbol{X}=(v_f^{(2)},v_h^{(2)},v_s^{(1)},v_q^{(1)})^{\mathrm{T}} \tag{7.63}$$

其中，$v_f^{(2)}=\boldsymbol{v}_r^{(2)}\cdot\boldsymbol{e}_h$，$v_h^{(2)}=\boldsymbol{v}_r^{(2)}\cdot\boldsymbol{e}_f$，$v_s^{(1)}=\boldsymbol{v}_r^{(1)}\cdot\boldsymbol{e}_s$，$v_q^{(1)}=\boldsymbol{v}_r^{(1)}\cdot\boldsymbol{e}_q$。

方程(7.63)由两个子方程组组成，其中对于$v_f^{(2)}$、$v_h^{(2)}$的线性方程组推导如下所示。

第一步：由式(7.54)和式(7.61)可得

$$\begin{bmatrix}\dot{n}_f^{(1)}\\ \dot{n}_h^{(1)}\end{bmatrix}-\begin{bmatrix}(\boldsymbol{\omega}^{(12)}\times\boldsymbol{n})\cdot\boldsymbol{e}_f\\ (\boldsymbol{\omega}^{(12)}\times\boldsymbol{n})\cdot\boldsymbol{e}_h\end{bmatrix}=\boldsymbol{L}_{ab}\boldsymbol{K}_2\boldsymbol{L}_{ba}\begin{bmatrix}v_f^{(2)}\\ v_h^{(2)}\end{bmatrix} \tag{7.64}$$

第二步：由式(7.53)和式(7.58)可得

$$\begin{bmatrix}\dot{n}_f^{(1)}\\ \dot{n}_h^{(1)}\end{bmatrix}=\boldsymbol{K}_1\begin{bmatrix}v_f^{(1)}\\ v_h^{(1)}\end{bmatrix}=\boldsymbol{K}_1\begin{bmatrix}v_f^{(2)}\\ v_h^{(2)}\end{bmatrix}-\boldsymbol{K}_1\begin{bmatrix}v_f^{(12)}\\ v_h^{(12)}\end{bmatrix} \tag{7.65}$$

第三步：由式(7.64)和式(7.65)可得

$$\left(\boldsymbol{K}_1-\boldsymbol{L}_{ab}\boldsymbol{K}_2\boldsymbol{L}_{ba}\right)\begin{bmatrix}v_f^{(2)}\\ v_h^{(2)}\end{bmatrix}=\boldsymbol{K}_1\begin{bmatrix}v_f^{(12)}\\ v_h^{(12)}\end{bmatrix}+\begin{bmatrix}(\boldsymbol{n}\times\boldsymbol{\omega}^{(12)})\cdot\boldsymbol{e}_f\\ (\boldsymbol{n}\times\boldsymbol{\omega}^{(12)})\cdot\boldsymbol{e}_h\end{bmatrix} \tag{7.66}$$

同理可推得关于$v_s^{(1)}$、$v_q^{(1)}$的线性方程组为

$$\left(\boldsymbol{L}_{ba}\boldsymbol{K}_1\boldsymbol{L}_{ab}-\boldsymbol{K}_2\right)\begin{bmatrix}v_s^{(1)}\\ v_q^{(1)}\end{bmatrix}=\boldsymbol{K}_2\begin{bmatrix}v_s^{(12)}\\ v_q^{(12)}\end{bmatrix}-\begin{bmatrix}(\boldsymbol{\omega}^{(12)}\times\boldsymbol{n})\cdot\boldsymbol{e}_s\\ (\boldsymbol{\omega}^{(12)}\times\boldsymbol{n})\cdot\boldsymbol{e}_q\end{bmatrix} \tag{7.67}$$

方程组(7.62)中的系数矩阵$\boldsymbol{A}$为一反对称矩阵，将其写成如下形式：

$$\boldsymbol{A}=\begin{bmatrix}b_{11}&b_{12}&&\\ b_{21}&b_{22}&&\\ &&b_{33}&b_{34}\\ &&b_{43}&b_{44}\end{bmatrix} \tag{7.68}$$

利用式(7.66)与式(7.68)，经若干变换后可得矩阵$\boldsymbol{A}$中各元素为

$$b_{11}=-k_f+0.5(k_s+k_q)+0.5(k_s-k_q)\cos 2\sigma$$

$$b_{12}=b_{21}=0.5(k_s-k_q)\sin 2\sigma$$

$$b_{22}=-k_h+0.5(k_s+k_q)-0.5(k_s-k_q)\cos 2\sigma$$

$$b_{34}=b_{43}=0.5(k_f-k_h)\sin 2\sigma$$

$$b_{33}=k_s-0.5(k_f+k_h)-0.5(k_f-k_h)\cos 2\sigma$$

$$b_{44}=k_q-0.5(k_f+k_h)+0.5(k_f-k_h)\cos 2\sigma$$

列矢量 $\boldsymbol{B}$ 表示为

$$\boldsymbol{B}=(b_{15},b_{25},b_{35},b_{45})^{\mathrm{T}} \tag{7.69}$$

其中，

$$b_{15}=-(\boldsymbol{\omega}^{(12)}\cdot\boldsymbol{e}_h)-k_f(\boldsymbol{v}^{(12)}\cdot\boldsymbol{e}_f)$$

$$b_{25}=(\boldsymbol{\omega}^{(12)}\cdot\boldsymbol{e}_f)-k_h(\boldsymbol{v}^{(12)}\cdot\boldsymbol{e}_h)$$

$$b_{35}=-(\boldsymbol{\omega}^{(12)}\cdot\boldsymbol{e}_q)-k_s(\boldsymbol{v}^{(12)}\cdot\boldsymbol{e}_s)$$

$$b_{45}=(\boldsymbol{\omega}^{(12)}\cdot\boldsymbol{e}_s)-k_q(\boldsymbol{v}^{(12)}\cdot\boldsymbol{e}_q)$$

对于接触做相对运动的两齿面 $\varSigma^{(1)}$ 和 $\varSigma^{(2)}$，主方向与主曲率之间的关系分为如下三种情况。

第一种情况，对齿面 $\varSigma^{(1)}$ 和 $\varSigma^{(2)}$ 进行线接触，接触点 M 始终位于瞬时切线上，齿面的主曲率 k_f、k_h 与 M 点的运动参数已知，那么齿面 $\varSigma^{(2)}$ 相应点的主曲率 k_s、k_q 与 σ 可按下述方法确定。

(1) 对式(7.47)取 i=1 进行变换，先将 $\boldsymbol{v}^{(12)}\cdot\dot{\boldsymbol{n}}_r^{(1)}$ 表示在坐标系 S_a 中，可得

$$\boldsymbol{v}^{(12)}\cdot\dot{\boldsymbol{n}}_r^{(1)}=\begin{bmatrix}v_f^{(12)}\\ v_h^{(12)}\end{bmatrix}^{\mathrm{T}}\begin{bmatrix}\dot{n}_f^{(1)}\\ \dot{n}_h^{(1)}\end{bmatrix} \tag{7.70}$$

将式(7.68)代入可得

$$\boldsymbol{v}^{(12)}\cdot\dot{\boldsymbol{n}}_r^{(1)}=\begin{bmatrix}v_f^{(12)}\\ v_h^{(12)}\end{bmatrix}^{\mathrm{T}}\boldsymbol{K}_1\begin{bmatrix}v_f^{(1)}\\ v_h^{(1)}\end{bmatrix} \tag{7.71}$$

利用式(7.52)对式(7.71)进行变换，可得

$$\begin{aligned}\boldsymbol{v}^{(12)}\cdot\dot{\boldsymbol{n}}_r^{(1)}&=\begin{bmatrix}v_f^{(12)}\\ v_h^{(12)}\end{bmatrix}^{\mathrm{T}}\boldsymbol{K}_1\begin{bmatrix}v_f^{(2)}\\ v_h^{(2)}\end{bmatrix}-\begin{bmatrix}v_f^{(12)}\\ v_h^{(12)}\end{bmatrix}^{\mathrm{T}}\boldsymbol{K}_1\begin{bmatrix}v_f^{(12)}\\ v_h^{(12)}\end{bmatrix}\\&=\begin{bmatrix}v_f^{(12)}\\ v_h^{(12)}\end{bmatrix}^{\mathrm{T}}\boldsymbol{K}_1\begin{bmatrix}v_f^{(2)}\\ v_h^{(2)}\end{bmatrix}+k_f(v_f^{(12)})^2+k_h(v_h^{(12)})^2\end{aligned}\tag{7.72}$$

(2) 在坐标系 S_a 中表示为

$$-\boldsymbol{v}_r^{(1)}\cdot(\boldsymbol{\omega}^{(12)}\times\boldsymbol{n})=\begin{bmatrix}(\boldsymbol{n}\times\boldsymbol{\omega}^{(12)})\cdot\boldsymbol{e}_f\\ (\boldsymbol{n}\times\boldsymbol{\omega}^{(12)})\cdot\boldsymbol{e}_h\end{bmatrix}^{\mathrm{T}}\begin{bmatrix}v_f^{(1)}\\ v_h^{(1)}\end{bmatrix}\tag{7.73}$$

利用式(7.53)对式(7.73)进行变换，可得

$$-\boldsymbol{v}_r^{(1)}\cdot(\boldsymbol{\omega}^{(12)}\times\boldsymbol{n})=\begin{bmatrix}(\boldsymbol{n}\times\boldsymbol{\omega}^{(12)})\cdot\boldsymbol{e}_f\\ (\boldsymbol{n}\times\boldsymbol{\omega}^{(12)})\cdot\boldsymbol{e}_h\end{bmatrix}^{\mathrm{T}}\begin{bmatrix}v_f^{(2)}\\ v_h^{(2)}\end{bmatrix}-(\boldsymbol{n}\times\boldsymbol{\omega}^{(12)})\cdot\boldsymbol{v}^{(12)}\tag{7.74}$$

(3) 利用式(7.53)与式(7.74)，可将式(7.48)写为

$$\begin{aligned}&\left\{\begin{bmatrix}v_f^{(12)}\\ v_h^{(12)}\end{bmatrix}^{\mathrm{T}}\boldsymbol{K}_1+\begin{bmatrix}(\boldsymbol{n}\times\boldsymbol{\omega}^{(12)})\cdot\boldsymbol{e}_f\\ (\boldsymbol{n}\times\boldsymbol{\omega}^{(12)})\cdot\boldsymbol{e}_h\end{bmatrix}^{\mathrm{T}}\right\}\begin{bmatrix}v_f^{(2)}\\ v_h^{(2)}\end{bmatrix}=-\boldsymbol{n}\cdot\left[(\boldsymbol{\omega}^{(1)}\times\boldsymbol{v}_{tr}^{(2)})-(\boldsymbol{\omega}^{(2)}\times\boldsymbol{v}_{tr}^{(1)})\right]\\&-(\omega^{(1)})^2m'_{21}\cdot(\boldsymbol{n}\times\boldsymbol{k}_2)\cdot(\boldsymbol{r}^{(1)}-\boldsymbol{R})+(\boldsymbol{n}\times\boldsymbol{\omega}^{(12)})\cdot\boldsymbol{v}^{(12)}-k_f(v_f^{(12)})^2-k_h(v_h^{(12)})^2\end{aligned}\tag{7.75}$$

(4) 由式(7.62)和式(7.75)，可以得到如下的关于 $v_f^{(2)}$、$v_h^{(2)}$ 的三个线性方程组：

$$t_{i1}v_f^{(2)}+t_{i2}v_h^{(2)}=t_{i3},\quad i=1,2,3\tag{7.76}$$

其中，

$$t_{11}=b_{11},\quad t_{12}=t_{21}=b_{12},\quad t_{22}=b_{22},\quad t_{13}=t_{31}=b_{15},\quad t_{23}=t_{32}=b_{25}$$

$$\begin{aligned}t_{33}=&-\boldsymbol{n}\cdot\left[(\boldsymbol{\omega}^{(1)}\times\boldsymbol{v}_{tr}^{(2)})-(\boldsymbol{\omega}^{(2)}\times\boldsymbol{v}_{tr}^{(1)})\right]\\&-m'_{21}\cdot(\boldsymbol{n}\cdot\boldsymbol{v}_{tr}^{(2)})\cdot(\omega^{(1)})^2/\omega^{(2)}+(\boldsymbol{n}\times\boldsymbol{\omega}^{(12)})\cdot\boldsymbol{v}^{(12)}-k_f(v_f^{(12)})^2-k_h(v_h^{(12)})^2\end{aligned}$$

另外，上式还可化为

$$\begin{aligned}t_{33}=&-\boldsymbol{n}\cdot\left[(\boldsymbol{\omega}^{(1)}\times\boldsymbol{v}_{tr}^{(2)})-(\boldsymbol{\omega}^{(2)}\times\boldsymbol{v}_{tr}^{(1)})\right]+(\boldsymbol{n}\times\boldsymbol{\omega}^{(12)})\cdot\boldsymbol{v}^{(12)}\\&-k_f(v_f^{(12)})^2-k_h(v_h^{(12)})^2+(\omega^{(1)})^2m'_{21}(\boldsymbol{n}\times\boldsymbol{k}_2)\cdot(\boldsymbol{r}^{(1)}-\boldsymbol{R})\end{aligned}\tag{7.77}$$

其中，$v_f^{(12)}$、$v_h^{(12)}$ 分别表示相对运动速度 $\boldsymbol{v}^{(12)}$ 在两个主方向 $\boldsymbol{e}_f$、$\boldsymbol{e}_h$ 上的分量，对于恒定传动比，t_{33} 最后一项为零。

基本方程组(7.76)建立了两齿面的主曲率、主方向之间的关系。当两齿面处于线接触的状态时，接触点相对于齿面运动速度 $\boldsymbol{v}_r^{(2)}$ 的方向是不定的，也就是说以 $v_f^{(2)}$、$v_h^{(2)}$ 为未知量的方程组(7.76)的解是不唯一的，即方程组(7.76)的增广矩阵 $\left[t_{(i,j=3\times3)}\right]$ 的秩小于 2，由此可得

$$\begin{cases} t_{12}^2 = t_{11} \cdot t_{22} \\ t_{11} \cdot t_{23} = t_{12} \cdot t_{13} \\ t_{12} \cdot t_{33} = t_{13} \cdot t_{23} \end{cases} \tag{7.78}$$

式(7.78)等效于

$$\begin{cases} t_{11} = t_{13}^2 / t_{33} \\ t_{12} = t_{13} \cdot t_{23} / t_{33} \\ t_{22} = t_{23}^2 / t_{33} \end{cases} \tag{7.79}$$

当齿面 $\Sigma^{(1)}$ 上 M 点处的主曲率 k_f 和 k_h 已知时，由式(7.79)可以得出齿面 $\Sigma^{(2)}$ 上点 M 处的主曲率，其公式为

$$\begin{aligned} \tan 2\sigma &= \frac{2t_{13} \cdot t_{23}}{t_{23}^2 - t_{13}^2 - (k_f - k_h) \cdot t_{33}} \\ k_s - k_q &= \frac{2t_{13} \cdot t_{23}}{t_{33} \cdot \sin 2\sigma} \\ k_s + k_q &= (k_f + k_h) - \frac{t_{13}^2 + t_{23}^2}{t_{33}} \end{aligned} \tag{7.80}$$

上述计算方法与 7.3 节的方法相比，进一步考虑了变传动比共轭齿面曲率之间的关系。当齿面 $\Sigma^{(1)}$ 上点 M 处的主方向 $\boldsymbol{e}_f$ 和 $\boldsymbol{e}_h$ 已知，且 σ 也已计算出来后，齿面 $\Sigma^{(2)}$ 上点 M 处的主方向 $\boldsymbol{e}_s$ 和 $\boldsymbol{e}_q$ 分别为

$$\begin{aligned} \boldsymbol{e}_s &= \cos\sigma \cdot \boldsymbol{e}_f - \sin\sigma \cdot \boldsymbol{e}_h \\ \boldsymbol{e}_q &= \sin\sigma \cdot \boldsymbol{e}_f + \cos\sigma \cdot \boldsymbol{e}_h \end{aligned} \tag{7.81}$$

第二种情况，齿面 $\Sigma^{(1)}$ 和 $\Sigma^{(2)}$ 也为线接触，当齿面 $\Sigma^{(2)}$ 的接触点 M 主曲率 k_s 和 k_q 已知时，求齿面 $\Sigma^{(1)}$ 相应点的主曲率 k_f 和 k_h 及主方向夹角 σ 。与上述推导类似，可得

$$a_{i1}v_s^{(1)}+a_{i2}v_q^{(1)}=a_{i3},\quad i=1,\ 2,\ 3 \tag{7.82}$$

其中，

$$\begin{aligned}
&a_{11}=b_{11}\\
&a_{12}=a_{21}=b_{12}\\
&a_{22}=b_{22}\\
&a_{13}=a_{31}=-k_s v_s^{(12)}-\boldsymbol{\omega}^{(12)}\cdot(\boldsymbol{n}\times\boldsymbol{e}_s)\\
&a_{23}=a_{32}=-k_q v_q^{(12)}-\boldsymbol{\omega}^{(12)}\cdot(\boldsymbol{n}\times\boldsymbol{e}_q)\\
&a_{33}=-\boldsymbol{n}\cdot\left[(\boldsymbol{\omega}^{(1)}\times\boldsymbol{v}_{tr}^{(2)})-(\boldsymbol{\omega}^{(2)}\times\boldsymbol{v}_{tr}^{(1)})\right]+(\boldsymbol{\omega}^{(1)})^2 m_{21}'(\boldsymbol{n}\times\boldsymbol{k}_2)\cdot(\boldsymbol{r}^{(1)}-\boldsymbol{E})\\
&\qquad -\boldsymbol{n}\cdot(\boldsymbol{\omega}^{(12)}\times\boldsymbol{v}^{(12)})+k_s(v_s^{(12)})^2+k_q(v_q^{(12)})^2
\end{aligned} \tag{7.83}$$

$$\begin{aligned}
&\tan 2\sigma=\frac{2a_{13}\cdot a_{23}}{a_{23}^2-a_{13}^2+(k_s-k_q)\cdot a_{33}}\\
&k_f-k_h=\frac{2a_{13}\cdot a_{23}}{a_{33}\cdot\sin 2\sigma}\\
&k_f+k_h=k_s+k_q-\frac{a_{13}^2+a_{23}^2}{a_{33}}
\end{aligned} \tag{7.84}$$

当齿面 $\Sigma^{(2)}$ 上点 M 处的主方向 $\boldsymbol{e}_s$ 和 $\boldsymbol{e}_q$ 已知，且主方向夹角 σ 也已计算出来后，齿面 $\Sigma^{(1)}$ 上点 M 处的主方向 $\boldsymbol{e}_f$ 和 $\boldsymbol{e}_h$ 分别为

$$\begin{aligned}
&\boldsymbol{e}_f=\cos\sigma\cdot\boldsymbol{e}_s-\sin\sigma\cdot\boldsymbol{e}_q\\
&\boldsymbol{e}_h=\sin\sigma\cdot\boldsymbol{e}_s+\cos\sigma\cdot\boldsymbol{e}_q
\end{aligned} \tag{7.85}$$

上述诱导曲率参数的求解主要依据相对运动速度矢量，可称为相对速度法，由 Litvin 教授提出。

第三种情况，齿面 $\Sigma^{(1)}$ 和 $\Sigma^{(2)}$ 每一瞬时作点接触，对于 k_f 和 k_h、k_s 和 k_q 及主方向夹角 σ 之间的关系在 7.5 节专门讨论。

7.5　点接触齿面间曲率综合

7.5.1　局部综合法的基本原理

局部综合法由 Litvin 教授提出，用于研究准共轭齿轮副传动，其目的是在指定的接触点邻域内达到最佳的啮合质量。Litvin 教授与 Gutman 教授把局部综合法

应用于弧齿锥齿轮和准双曲面齿轮的加工参数计算，明确提出了通过预置抛物线型的传动误差函数来控制边缘接触，“吸收”安装偏差，从而降低振动与噪声。

局部综合法的基本原理如下所示。

(1) 假设大轮齿面已知，在大轮齿面上选取一参考点，计算出参考点处的二阶几何参数(即主曲率和主方向)。

(2) 预置参考点处的三个二阶接触参数：①传动比函数的一阶导数；②接触迹线的切线方向；③瞬时接触椭圆的长半轴长度。

(3) 求出小轮参考点处的二阶几何参数，在此基础上确定小轮的拓扑结构和加工参数。

通过上述过程，可实现齿面在参考点邻域内一阶和二阶接触参数的控制。局部综合法应用不仅仅局限于弧齿锥齿轮和准双曲面齿轮的修形与加工参数计算，在其他齿轮上也可以应用。

7.5.2　点接触运动综合

当两齿面处于点接触的状态时，接触点相对于齿面运动速度 $\boldsymbol{v}_r^{(1)}$ 的方向是确定的，也就是说，以 $\boldsymbol{v}_s^{(1)}$ 和 $\boldsymbol{v}_q^{(1)}$ 为未知量的方程组(7.82)的解是唯一的，即方程组(7.82)的增广矩阵的秩等于 2，由此可得

$$\begin{vmatrix} a_{11} & a_{12} & a_{13} \\ a_{21} & a_{22} & a_{23} \\ a_{31} & a_{32} & a_{33} \end{vmatrix} = 0 \tag{7.86}$$

则

$$f\left(k_s, k_q, k_f, k_h, \sigma, m'_{21}\right) = 0 \tag{7.87}$$

欲求接触点 M 处的 k_f 和 k_h 及主方向夹角 σ，需要补充一些辅助条件。为此，可以在点 M 处预置如下三个二阶接触参数。

1. 预置传动比的一阶导数

对于理想的完全共轭的齿轮副，其传动比为一常数。设小轮、大轮的转角分别为 φ_1 和 φ_2，齿数分别为 z_1 和 z_2，则大轮(小轮)转角函数 $\varphi_2(\varphi_1)$ 是线性的，可表示为

$$\varphi_2 = \varphi_1 \frac{z_1}{z_2} \tag{7.88}$$

而对于局部点接触的不完全共轭的齿轮副，其传动比是变化的。相对于定比传动，

齿轮副存在着传动误差。传动误差函数 $\mathrm{TE}(\varphi_1)$ 定义为

$$\mathrm{TE}(\varphi_1) = (\varphi_2 - \varphi_2^0) - \frac{z_1}{z_2}(\varphi_1 - \varphi_1^0) \tag{7.89}$$

其中，φ_1^0 和 φ_2^0 分别是两齿轮在参考点啮合时的小轮、大轮的初始转角。

由式(7.88)和式(7.89)可知，传动误差是指小轮匀速回转时大轮的实际转角与理论上理想转角之间的差值。

这里，将函数 $\varphi_2(\varphi_1)$ 表示为

$$\varphi_2 - \varphi_2^0 = F(\varphi_1 - \varphi_1^0) \tag{7.90}$$

将式(7.90)进行泰勒级数展开至二阶，可得

$$\begin{aligned} F(\varphi_1 - \varphi_1^0) &= \frac{\partial F}{\partial \varphi_1}(\varphi_1 - \varphi_1^0) + \frac{1}{2}\frac{\partial^2 F}{\partial \varphi_1^2}(\varphi_1 - \varphi_1^0)^2 \\ &= m_{21}(\varphi_1 - \varphi_1^0) + \frac{1}{2}m_{21}'(\varphi_1 - \varphi_1^0)^2 \end{aligned} \tag{7.91}$$

这里(即在参考点啮合时)的 m_{21} 等于 z_1/z_2。

对比式(7.89)和式(7.91)，可知传动误差为

$$\mathrm{TE}(\varphi_1) = \frac{1}{2}m_{21}'(\varphi_1 - \varphi_1^0)^2 \tag{7.92}$$

由式(7.92)确定的传动误差函数为一抛物线型。预置 m_{21}' 为负值，可得到一种凸的抛物线型的传动误差曲线，此时，大轮的实际转角滞后于理论上的理想值。此外，控制 m_{21}' 的绝对值大小，可在参考点邻域内控制传动误差的幅值。

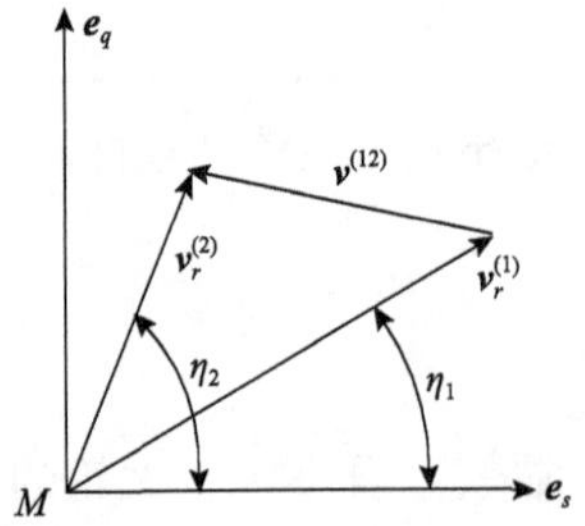

图 7.7　接触迹线在 M 点处的切线方向

2. 预置接触迹线的切线方向

如图 7.7 所示，接触点的相对齿面的移动速度为 $v_r^{(1)}$ 和 $v_r^{(2)}$，η_1 和 η_2 分别为 $v_r^{(1)}$ 和 $v_r^{(2)}$ 与 e_s 所成的夹角，存在关系式：

$$v_r^{(2)} = v_r^{(1)} + v^{(12)} \tag{7.93}$$

接触点 M 的相对移动速度 $v_r^{(1)}$ 和 $v_r^{(2)}$ 的方向分别是齿面 $\Sigma^{(1)}$ 和齿面 $\Sigma^{(2)}$ 上接触迹线在 M 点处的切线方向。

将式(7.93)分解到 e_s、e_q 方向的速度大小表示为

$$v_s^{(2)} = v_s^{(1)} + v_s^{(12)},\quad v_q^{(2)} = v_q^{(1)} + v_q^{(12)} \tag{7.94}$$

又由图 7.7 可得

$$v_q^{(i)} = v_s^{(i)} \tan\eta_i, \quad i=1,\ 2 \tag{7.95}$$

将方程组(7.82)的第三个方程和式(7.95)联立，可得

$$\tan\eta_1 = \frac{-a_{31}v_q^{(12)} + (a_{33} + a_{31}v_s^{(12)})\tan\eta_2}{a_{33} + a_{32}(v_q^{(12)} - v_s^{(12)}\tan\eta_2)} \tag{7.96}$$

$$v_s^{(1)} = \frac{a_{33}}{a_{13} + a_{23}\tan\eta_1}, \quad v_q^{(1)} = \frac{a_{33}\tan\eta_1}{a_{13} + a_{23}\tan\eta_1} \tag{7.97}$$

预置η_2的值，即给定齿面上 M 点处的接触迹线的切线方向，可以由式(7.96)和式(7.97)求得η_1、$v_s^{(1)}$、$v_s^{(2)}$。

3. 预置瞬时接触椭圆长半轴长度

理论上作点接触齿面时，在载荷作用下，由于发生弹性变形，两齿面由一点接触扩展为一小块面积接触。该接触面在两齿面公切面上的投影为一椭圆。设齿面弹性接触变形量为δ(工程经验取 0.004～0.006mm)，接触椭圆的长半轴长度为a，短半轴长度为b，则有

$$a = 2\sqrt{\left|\frac{\delta}{k_A}\right|}, \quad k_A = K_1 - K_2 - H \tag{7.98}$$

$$b = 2\sqrt{\left|\frac{\delta}{k_B}\right|}, \quad k_B = K_1 - K_2 + H \tag{7.99}$$

其中，$K_1=k_f+k_h$；$K_2=k_s+k_q$；$H=\sqrt{g_1^2 - 2g_1g_2\cos 2\sigma + g_2^2}$，$g_1=k_f-k_h$，$g_2=k_s-k_q$。

由式(7.82)可得

$$\begin{cases} a_{11} + a_{22} = K_1 - K_2 = K_\Sigma \\ a_{11} - a_{22} = g_2 - g_1\cos 2\sigma \\ (a_{11} - a_{22})^2 + 4a_{12}^2 = H^2 \end{cases} \tag{7.100}$$

由式(7.98)和式(7.99)可得

$$(a_{11} + a_{22} + k_A)^2 = (a_{11} - a_{22})^2 + 4a_{12}^2 \tag{7.101}$$

下面考虑以a_{11}、a_{12}和a_{22}为未知量的方程组，它是由方程组(7.82)的前两个

方程和式(7.100)的第一个方程组成：

$$\begin{cases} v_s^{(1)}a_{11}+v_q^{(1)}a_{12}=a_{13} \\ v_s^{(1)}a_{21}+v_q^{(1)}a_{22}=a_{23} \\ a_{11}+a_{22}=K_\Sigma \end{cases} \tag{7.102}$$

解此方程组，可以得到由 a_{13}、a_{23}、K_Σ、$v_s^{(1)}$ 和 $v_q^{(1)}$ 所表示的 a_{11}、a_{12} 和 a_{22}。将解得的 a_{11}、a_{12} 和 a_{22} 代入方程(7.100)，可得

$$K_\Sigma=\frac{0.25k_A^2-n_1^2-n_2^2}{0.5k_A-n_1\cos 2\eta_2-n_2\sin 2\eta_1} \tag{7.103}$$

其中，$|k_A|=\dfrac{4\delta}{a^2}$ $n_1=\dfrac{a_{13}^2-a_{23}^2\tan^2\eta_1}{(1+\tan^2\eta_1)a_{33}}$ $n_2=\dfrac{(a_{13}\tan\eta_1+a_{23})(a_{13}+a_{23}\tan\eta_1)}{(1+\tan^2\eta_1)a_{33}}$。

在此基础上，可进一步推出

$$k_f=0.5(K_1+g_1),\quad k_h=0.5(K_1-g_1) \tag{7.104}$$

其中，

$$g_1=\frac{2a_{12}}{\sin 2\sigma}=\frac{2n_2-K_\Sigma\sin 2\eta_1}{\sin 2\sigma}$$

$$\tan 2\sigma=\frac{2a_{12}}{g_2-(a_{11}-a_{22})}=\frac{2n_2-K_\Sigma\sin 2\eta_1}{g_2-2n_1+K_\Sigma\cos 2\eta_1}$$

预置 a 的值，可以由上述公式求得齿面 $\Sigma^{(1)}$ 上点 M 处的主曲率 k_f 和 k_h 以及角 σ。在计算出 σ 后，齿面 $\Sigma^{(1)}$ 上点 M 处的主方向 $\boldsymbol{e}_f$ 和 $\boldsymbol{e}_h$ 可由式(7.85)得出。

局部综合法通过预置参考点处的 m_{21}'、η_2 和 a 值，可以预控参考点处及其邻域内的接触性能。当然，这些经过局部综合得出的参考点处的主方向 $\boldsymbol{e}_f$ 和 $\boldsymbol{e}_h$、主曲率 k_f 和 k_h，还必须通过正确设计小轮齿面的拓扑结构或加工参数加以实现。

7.6　点接触曲面的综合曲率与齿面的曲率干涉

7.6.1　点接触曲面的综合曲率

设两曲面在 M 点处相切(图 7.8)，$\Sigma^{(1)}$ 的主方向主曲率为 $(\boldsymbol{e}_f,\boldsymbol{e}_h;k_f,k_h)$；$\Sigma^{(2)}$ 的主方向主曲率为 $(\boldsymbol{e}_s,\boldsymbol{e}_q;k_s,k_q)$，又设 $\boldsymbol{e}_f$ 到 $\boldsymbol{e}_s$ 的有向角为 σ_{12}，而且两个曲面在

切点 M 的法线矢量 $\boldsymbol{n}$ 方向相同。

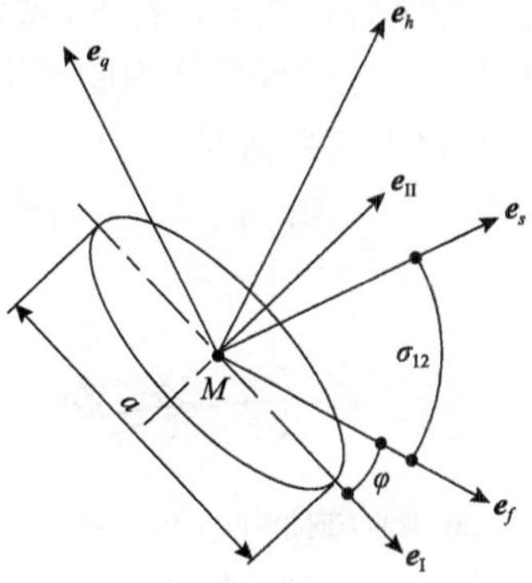

图 7.8　点接触椭圆形位参数

在切平面任意方向，$\Sigma^{(1)}$ 的法曲率为

$$k_{1N}=k_f\cos^2\varphi+k_h\sin^2\varphi=0.5(K_1+g_1\cos 2\varphi)$$

在同一方向，$\Sigma^{(2)}$ 的法曲率为

$$k_{2N}=k_s\cos^2(\varphi-\sigma)+k_q\sin^2(\varphi-\sigma)=0.5[K_2+g_2\cos 2(\varphi-\sigma)]$$

曲面在切点沿同一个方向的法曲率之差称为综合曲率(或称为差曲率，以示与线接触共轭曲面诱导法曲率的区别)，即

$$K_N=k_{1N}-k_{2N}=K_1-K_2+(g_1-g_2\cos 2\sigma)\cos 2\varphi-g_2\sin 2\varphi\sin 2\sigma$$

对上式求极值，令 $\mathrm{d}K_N(\varphi)=0$，可得

$$\tan 2\varphi=\frac{g_2\sin 2\sigma}{g_1-g_2\cos 2\sigma} \tag{7.105}$$

于是可得两个综合曲率主值方向为 φ_1、$\varphi_1+\pi/2$，主曲率为

$$\begin{cases}k_A=K_1-K_2-H\\k_B=K_1-K_2+H\end{cases}$$

这一结果解释了图 7.8 中瞬时接触椭圆产生的原理。

7.6.2　齿面的曲率干涉

两个轮齿齿面的一侧是轮齿的实体，另一侧是齿槽(空域)。如果规定在接触

点 M 的公法线矢量 $\boldsymbol{n}$ 的方向是由齿轮 1 的实体指向空域，则它们的综合曲率 K_N 必须是负值，两齿面才能正常地啮合；反之，若 K_N 是正的，则齿轮 1、齿轮 2 的实体会发生干涉，无法正常啮合，这种现象称为曲率干涉。如图 7.9 所示，在切点 M 的任意一个法截面中，分以下三种情况。

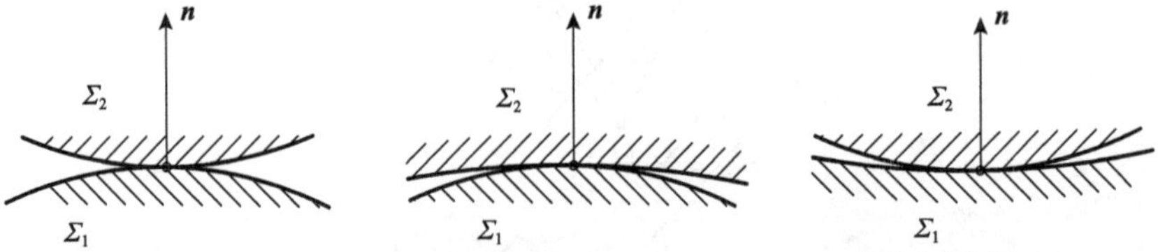

(a) 弯曲方向相反($k_{1N}<0, k_{2N}>0$)　(b) 弯曲方向相同($k_{1N}<0, k_{2N}<0$)　(c) 弯曲方向相同($k_{1N}>0, k_{2N}>0$)

图 7.9　点接触曲率不干涉

(1) 齿轮 1、齿轮 2 的弯曲方向相反，实体不发生干涉。按照选定的法线矢量 $\boldsymbol{n}$ 的方向，此时 k_{1N} 是负的，k_{2N} 是正的，所以 K_N 是负的。

(2) 齿轮 1、齿轮 2 的弯曲方向相同，k_{1N}、k_{2N} 均为负值。若 $|k_{1N}|>|k_{2N}|$，K_N 为负值，则不发生曲率干涉；反之，则发生干涉。

(3) 齿轮 1、齿轮 2 的弯曲方向相同，但 k_{1N}、k_{1N} 均为正值，显然，若 $k_{1N}<k_{2N}$，K_N 为负值，则不发生曲率干涉；反之，则发生干涉。

从上面三种情况可以看出，不发生曲率干涉，综合曲率 K_N 必须是负的。这个结论对于 M 点任意方向的法截面都适用，因此，点接触的两齿面在任意方向综合曲率都必须是负的。它的两个主值 k_A、k_B 当然也是负的。

对于线接触齿面，除了其中一个方向 $K_{\mathrm{I}}=0$ 外，其他方向也都是一样的，K_N 也必须是负的。

本节所得结论与法矢方向选取有关，使用时应注意观察反向，如果法矢反向曲率参数符合都将发生变化。

7.7　共轭曲面主方向主值的数值微分法

数值微分法是在建立微分几何关于主方向、主曲率定义的基础上，通过求微分直接求解共轭齿面曲率参数。利用第一、二基本量，在精度允许范围内求数值微分，直接计算主方向($\boldsymbol{e}_1$、$\boldsymbol{e}_2$)和主曲率(k_1、k_2)。除了使用啮合方程消元，不必考虑曲面之间的其他关系。

将齿面表示为曲纹坐标网的形式(图 7.10)：$\boldsymbol{r}(u,\theta)$，在 u- 曲线和 θ- 曲线上的偏导矢记作 $\boldsymbol{r}_u$、$\boldsymbol{r}_\theta$。在曲面上取一点 M，该点处的切矢量为 $\boldsymbol{r}_u$、基矢量为 $\boldsymbol{r}_\theta$，k_n 为过 M 点某一方向 $\mathrm{d}u/\mathrm{d}\theta$ ($\mathrm{d}\boldsymbol{r}=\boldsymbol{r}_u\mathrm{d}u+\boldsymbol{r}_\theta\mathrm{d}\theta$) 上对应的法曲率。

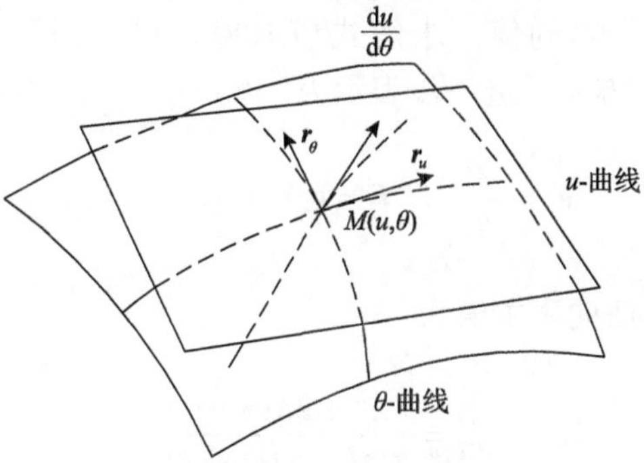

图 7.10　曲面切平面中的切方向

假设已经给定齿面 $\Sigma^{(1)}$ 的矢量方程 $\boldsymbol{r}^{(1)}(u,\theta)$ 、法矢 $\boldsymbol{n}^{(1)}(u,\theta)$ ，由啮合方程(6.16)和坐标变换，得到了曲面 $\Sigma^{(2)}$ 的方程 $\boldsymbol{r}^{(2)}(u,\theta)$ 、法矢 $\boldsymbol{n}^{(2)}(u,\theta)$ 。

对于接触点 $M(u,\theta)$，在两个参数坐标方向分别给定微分增量 Δu 、$\Delta\theta$ ，求对应 $(u+\Delta u,\theta)$ 点的增量径矢 $\boldsymbol{r}^{(1)}(u+\Delta u,\theta)$、法矢 $\boldsymbol{n}^{(1)}(u+\Delta u,\theta)$，计算共轭曲面 $\Sigma^{(2)}$ 的径矢 $\boldsymbol{r}^{(2)}(u+\Delta u,\theta)$ 、法矢 $\boldsymbol{n}^{(2)}(u+\Delta u,\theta)$ ，由微分增量求相应的偏导 $\boldsymbol{r}_u^{(2)}$ 、$\boldsymbol{n}_u^{(2)}$ 为

$$\begin{cases} \boldsymbol{r}_u^{(2)} = \dfrac{\mathrm{d}\boldsymbol{r}^{(2)}}{\mathrm{d}u} = \dfrac{\boldsymbol{r}^{(2)}(u+\Delta u,\theta) - \boldsymbol{r}^{(2)}(u+\Delta u,\theta)}{\Delta u} \\ \boldsymbol{n}_u^{(2)} = \dfrac{\mathrm{d}\boldsymbol{n}^{(2)}}{\mathrm{d}u} = \dfrac{\boldsymbol{n}^{(2)}(u+\Delta u,\theta) - \boldsymbol{n}^{(2)}(u+\Delta u,\theta)}{\Delta u} \end{cases} \tag{7.106}$$

同理，求参数 θ 方向的偏导，$\boldsymbol{r}_\theta^{(2)}$ 、$\boldsymbol{n}_\theta^{(2)}$ 为

$$\begin{cases} \boldsymbol{r}_\theta^{(2)} = \dfrac{\mathrm{d}\boldsymbol{r}^{(2)}}{\mathrm{d}\theta} = \dfrac{\boldsymbol{r}^{(2)}(u,\theta+\Delta\theta) - \boldsymbol{r}^{(2)}(u,\theta)}{\Delta\theta} \\ \boldsymbol{n}_\theta^{(2)} = \dfrac{\mathrm{d}\boldsymbol{n}^{(2)}}{\mathrm{d}\theta} = \dfrac{\boldsymbol{n}^{(2)}(u,\theta+\Delta\theta) - \boldsymbol{n}^{(2)}(u,\theta)}{\Delta\theta} \end{cases} \tag{7.107}$$

利用式(7.106)和式(7.107)计算曲面 $\Sigma^{(2)}$ 的第一、二基本量为

$$E = \boldsymbol{r}_u^{(2)} \cdot \boldsymbol{r}_u^{(2)},\quad F = \boldsymbol{r}_u^{(2)} \cdot \boldsymbol{r}_\theta^{(2)},\quad G = \boldsymbol{r}_\theta^{(2)} \cdot \boldsymbol{r}_\theta^{(2)}$$
$$L = -\boldsymbol{n}_u^{(2)} \cdot \boldsymbol{r}_u^{(2)},\quad M = -\boldsymbol{n}_u^{(2)} \cdot \boldsymbol{r}_\theta^{(2)},\quad N = -\boldsymbol{n}_\theta^{(2)} \cdot \boldsymbol{r}_\theta^{(2)}$$

根据式(3.46)可求出计算点处的主方向，则

$$(EM - FL)\lambda^2 + (EN - GL)\lambda + (FN - GM) = 0 \tag{7.108}$$

主方向为$\lambda = \mathrm{d}u / \mathrm{d}\theta$的值。求解式(7.108)，可得到两个解(当然解存在的话)λ_1、λ_2，即两个主方向。进一步表示为

$$\boldsymbol{e}_i = \frac{\boldsymbol{T}_i}{|\boldsymbol{T}_i|},\quad \boldsymbol{T}_i = \boldsymbol{r}_u \lambda_i + \boldsymbol{r}_\theta,\quad i = 1,\ 2 \tag{7.109}$$

上述主方向对应法曲率主值为

$$k_i = \frac{L\lambda_i^2 + 2M\lambda_i + N}{E\lambda_i^2 + 2F\lambda_i + G} \tag{7.110}$$

如果只要法曲率的主值，也可以利用式(3.54)求得，即

$$(EG - F^2)k_i^2 - (LG - 2MF + NE)k_i + (LN - M^2) = 0 \tag{7.111}$$

由式(7.111)可以确定两个实根，即主曲率k_1、k_2。

给定共轭齿面中的一个齿面与两齿面之间的相对运动关系，求解另一共轭曲面，是共轭曲面原理的一个基本问题。上述给出的三种方法求解结果是一致的，但精度上略有差异。前面两种方法涉及的矢量、角度多，计算中有关角度数值的符号要特别注意，极易出现方向错误。数值微分法无须引入额外的参数值，计算过程易于程序化，但计算精度取决于选取的微分增量大小。

7.8　等距共轭齿面几何

关于等距曲面的有关概念可以参考4.7节。设有两个互为等距的齿面Σ与Σ_h，Σ的方程为

$$\boldsymbol{r} = \boldsymbol{r}(u, v)$$

则其等距齿面Σ_h的方程为

$$\boldsymbol{R} = \boldsymbol{r} + h \cdot \boldsymbol{n} \tag{7.112}$$

其中，$\boldsymbol{n}$为Σ的单位法矢；h为等距参数。

Σ与Σ_h在对应点处有相同的主方向，相应的主曲率为

$$k = \frac{1}{\rho},\quad k_h = \frac{1}{\rho - h} \tag{7.113}$$

如果$\Sigma_0^{(1)}$、$\Sigma_0^{(2)}$为一对共轭齿面，它们对应的等距曲面为$\Sigma_h^{(1)}$、$\Sigma_h^{(2)}$，在同样的共轭运动条件下它们也互为共轭齿面，称$\Sigma_0^{(1)}$、$\Sigma_0^{(2)}$为$\Sigma_h^{(1)}$、$\Sigma_h^{(2)}$的等距共

轭齿面。

等距共轭齿面有相同的啮合界限函数。令 $\Sigma_0^{(1)}$ 、$\Sigma_0^{(2)}$ 的啮合界限函数为 $\Phi_{0\mathrm{I}}$ ，$\Sigma_h^{(1)}$ 、$\Sigma_h^{(2)}$ 的啮合界限函数为

$$\Phi_{h\mathrm{I}} = \Phi_{0\mathrm{I}}$$

它们的曲率干涉函数关系为

$$\Phi_{h\mathrm{II}} = \Phi_{0\mathrm{II}} + h(\lambda\lambda_h + \mu\mu_h) \tag{7.114}$$

其中，$\Phi_{h\mathrm{II}}$ 为 $\Sigma_h^{(1)}$ 、$\Sigma_h^{(2)}$ 的曲率干涉函数；$\Phi_{0\mathrm{II}}$ 为 $\Sigma^{(1)}$ 、$\Sigma^{(2)}$ 的曲率干涉函数；

$$\lambda_h = \frac{\rho_1}{\rho_1 - h}\lambda\text{，}\quad \mu_h = \frac{\rho_1}{\rho_1 - h}\mu \tag{7.115}$$

而

$$\rho_1 = \frac{1}{k_1^{(1)}},\quad \rho_2 = \frac{1}{k_2^{(2)}} \tag{7.116}$$

其中，$k_1^{(1)}$ 、$k_2^{(2)}$ 为齿面 $\Sigma_h^{(1)}$ 、$\Sigma_h^{(2)}$ 的主曲率。

7.9　综合实例——准双曲面齿轮运动特性分析

7.9.1　大轮齿面几何

1. 齿面矢量

建立如图 7.11 所示的坐标系，正交标架 P-$\boldsymbol{ijk}$ 以节点 P 为坐标原点，$\boldsymbol{j}$ 方向与相对运动速度方向一致，$\boldsymbol{i}$ 在节平面内，$\boldsymbol{k}$ 与节垂线 kk'方向一致(垂直于节平面)；大轮刀盘标架 o_c-$\boldsymbol{i}_c\boldsymbol{j}_c\boldsymbol{k}_c$，刀尖平面与根锥平面相切。

大轮的刀盘方程和法矢为

$$\boldsymbol{r}_{c2} = \begin{bmatrix} r_u\cos\theta \\ r_u\sin\theta \\ u\cos\alpha \end{bmatrix}$$

$$\boldsymbol{n}_c = \begin{bmatrix} -\cos\alpha\cos\theta \\ \cos\alpha\sin\theta \\ \sin\alpha \end{bmatrix} \tag{7.117}$$

其中，$r_u = r_0 - u\sin\alpha$，r_0 为刀尖成形半径。

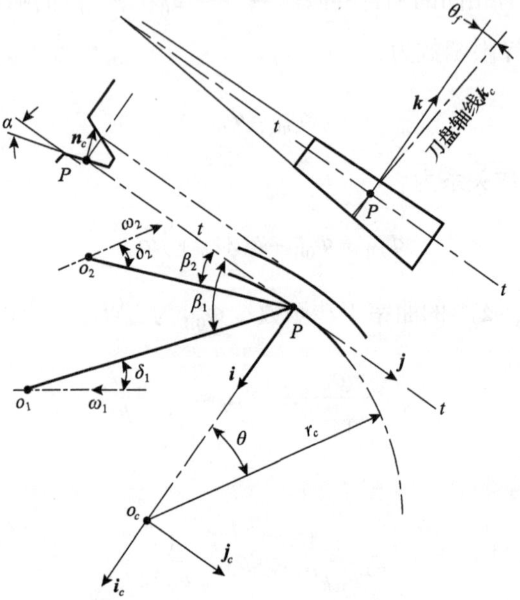

图 7.11　刀盘与节平面坐标系

在 P-$\boldsymbol{ijk}$ 标架把齿面表示成距离节锥顶点的径矢为

$$\boldsymbol{r}_2 = \begin{bmatrix} r_0 - r_u\cos\theta - R_2\sin\beta_2 \\ r_u\sin\theta\cos\theta_f + u\cos\alpha\sin\theta_f + R_2\cos\beta_2 \\ -r_u\sin\theta\sin\theta_f + u\cos\alpha\cos\theta_f - h_f \end{bmatrix} \tag{7.118a}$$

$$\boldsymbol{n}_2 = \begin{bmatrix} -\cos\alpha\cos\theta \\ \cos\alpha\sin\theta\cos\theta_f + \sin\alpha\sin\theta_f \\ -\cos\alpha\sin\theta\sin\theta_f + \sin\alpha\cos\theta_f \end{bmatrix} \tag{7.118b}$$

利用矢量旋转公式得到齿面以旋转角度 φ 为变量的运动矢量方程为

$$\begin{aligned} \boldsymbol{r}_m^{(2)} &= [\boldsymbol{r}_2 - (\boldsymbol{g}\cdot\boldsymbol{r}_2)\boldsymbol{g}]\cos\varphi + (\boldsymbol{g}\times\boldsymbol{r}_2)\sin\varphi \\ \boldsymbol{n}_m^{(2)} &= [\boldsymbol{n}_2 - (\boldsymbol{g}\cdot\boldsymbol{n}_2)\boldsymbol{g}]\cos\varphi + (\boldsymbol{g}\times\boldsymbol{n}_2)\sin\varphi \end{aligned} \tag{7.119}$$

其中，$\boldsymbol{g} = (-\cos\delta_2\sin\beta_2, \cos\delta_2\cos\beta_2, \sin\delta_2)^{\mathrm{T}}$ 为大轮轴线单位矢量（参数含义见图 7.9）。

2. 齿面曲率参数

由欧拉公式、贝朗特公式可得接触点处的相对运动 $\boldsymbol{v}^{(21)}$ 方向大轮的法曲率和挠率分别为

$$k_v^{(2)} = H + Q\cos 2\varphi_v \text{，} \quad \tau_v^{(2)} = -Q\sin 2\varphi_v \tag{7.120}$$

其中，φ_v 表示相对运动速度方向与主方向的夹角。在节点 P 位置，$\varphi_v = \theta_f$(大轮齿根角)。$H = (k_e + k_f)/2$，$Q = (k_e - k_f)/2$，刀盘主曲率分别为

$$k_e = \frac{\cos\alpha}{r_u} \text{，} \quad k_f = 0 \tag{7.121}$$

3. 运动参数

在 $\boldsymbol{P}\text{-}\boldsymbol{ijk}$ 标架内表示两个齿轮的角速度：

$$\boldsymbol{\omega}^{(2)} = |\omega_2| \begin{bmatrix} -\cos\delta_2 \sin\beta_2 \\ \cos\delta_2 \cos\beta_2 \\ -\sin\delta_2 \end{bmatrix} \text{，} \quad \boldsymbol{\omega}^{(1)} = |\omega_1| \begin{bmatrix} -\cos\delta_1 \sin\beta_1 \\ \cos\delta_1 \cos\beta_1 \\ -\sin\delta_1 \end{bmatrix} \tag{7.122}$$

齿面上接触线任意点的相对运动速度为

$$\boldsymbol{v}^{(21)} = \boldsymbol{v}_0^{(21)} + \boldsymbol{\omega}^{(21)} \times \boldsymbol{r}_m^{(2)} \tag{7.123}$$

再利用啮合方程求转角 φ 值：

$$f(\theta, u, \varphi) = n_m^{(2)} \cdot \boldsymbol{v}^{(21)} \tag{7.124}$$

7.9.2　齿面接触运动特性分析

齿轮啮合运动的滑滚比是弹流动力润滑(elastohydrodynamic lubrication，EHL)的一个重要参数，能够在一定程度上衡量啮合界面的 EHL 性能。它定义为滑动速度与卷吸速度的比值：

$$s_r = \frac{u_s}{u_e} \tag{7.125}$$

啮合界面的诱导法曲率主值能够反映接触应力的大小，所以它既是一个力学参数，也是润滑学参数。以综合曲率半径来表示，即

$$r_{\mathrm{II}} = \frac{1}{K_{\mathrm{II}}} = \frac{\Phi_{\mathrm{II}}}{p^2} \tag{7.126}$$

针对一对准双曲面齿轮，齿数比为 6/39，节圆直径为 230.0mm，偏置距为 35.0mm，根线倾斜，刀盘半径为 95.2mm，其几何参数如表 7.1 所示。小轮转速取 1(无量纲)，计算相关啮合运动参数，得到如图 7.12 所示的计算结果。

表 7.1 齿轮几何参数

参数	大轮	小轮
小轮齿面宽/mm	40.0	47.403
压力角正面/反面/(°)	14.841/–23.159	
外径/mm	230.287	65.338
节锥角/(°)	78.833	10.441
面锥角/(°)	78.714	15.765
根锥角/(°)	72.901	10.525
法向弧齿厚/mm	4.681	8.76
节锥距/mm	97.172	110.129
螺旋角/(°)	28.987	50.0
轮冠到交叉点的距离/mm	23.066	110.847
中点齿根高/mm	7.641	1.718
中点全齿高/mm	8.423	

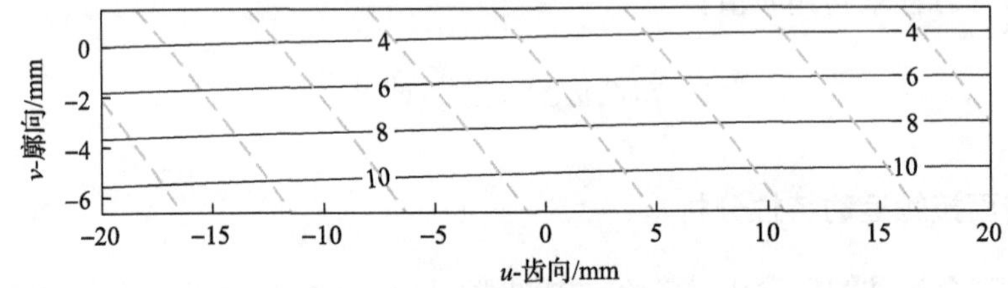

(a) 滑动速度u_s

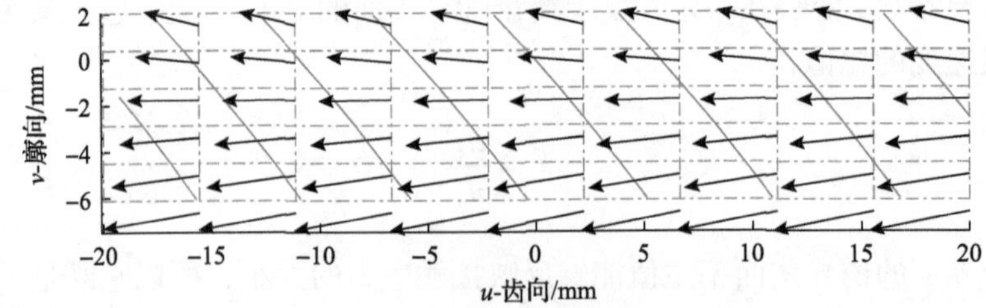

(b) 相对运动矢量v_{21}

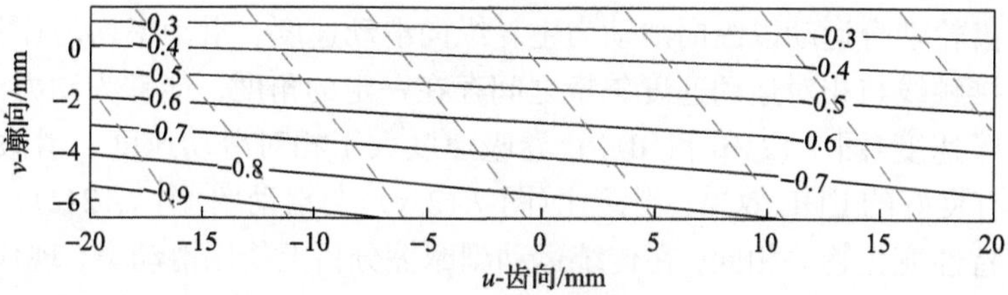

(c) 齿面滑动率σ

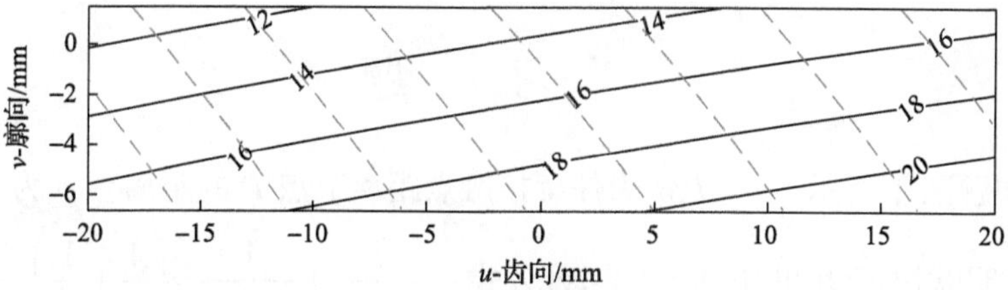

(d) 卷吸速度u_e

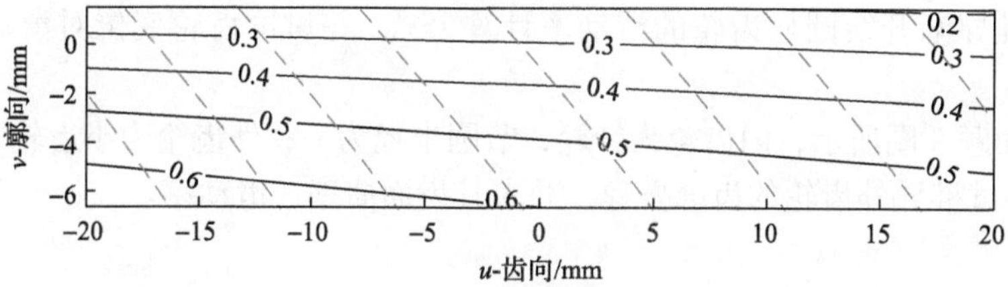

(e) 滑滚比s_r

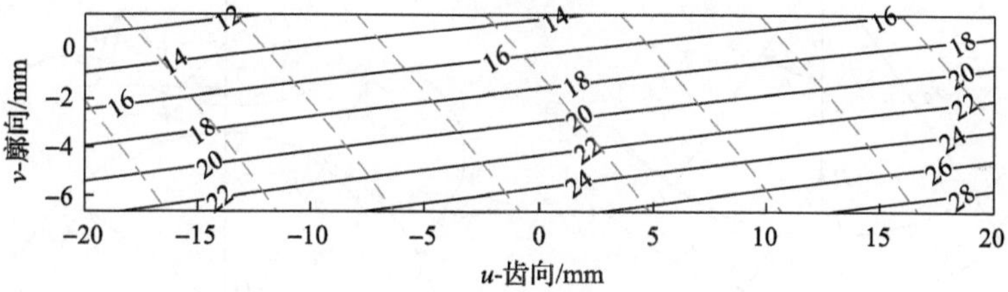

(f) 综合曲率半径r_{II}

图 7.12　准双曲面齿轮啮合特性

相关啮合运动参数计算流程如下。

(1)计算齿面几何(式(7.117)～式(7.119))；

(2)计算曲率参数(式(7.120)和式(7.121))；

(3)计算相对运动速度(式(7.123))，再求其方向角φ_v；

(4)计算啮合运动转角φ(式(7.124))；

(5)计算两类特征函数$\varPhi_{\mathrm{I}}$、$\varPhi_{\mathrm{II}}$及特征矢量$\boldsymbol{q}$、$\boldsymbol{p}$(式(7.4)～式(7.9))；

(6)计算齿面滑动速度u_s(式(7.15))、滑滚比s_r(式(7.125))、综合曲率半径r_{II}(式 7.126))。

由图 7.12(a)和(c)可知，齿面远离啮合界限、曲率干涉界限和动力润滑死点。

准双曲面齿轮啮合运动以纵向滑动为主，纵向滑动速度、滑动率均匀(图 7.12(a)和(c))；接触线与相对运动速度矢量之间存在一定的角度，能够为动力润滑提供较大的卷吸速度(图 7.12(b)和(d))；卷吸速度大于相对滑动速度，滑滚比在 0.7 以下，具有良好的 EHL 效果；滑滚比(图 7.12(e))与滑动率(图 7.12(c))所反映的齿面摩擦特性变化趋势相同，在传统运动副摩擦分析上使用滑动率，现代 EHL 分析上采用滑滚比。

习　　题

1. 如题图 1 所示，$r=PM$ 为任意接触点距离节点 P 的距离，ρ 为齿廓曲率半径。证明欧拉-萨瓦里(Euler-Savary)公式：$\dfrac{1}{\rho_1-r}+\dfrac{1}{\rho_2+r}=\left(\dfrac{1}{r_1}+\dfrac{1}{r_2}\right)\dfrac{1}{\sin\alpha}$。

2. 推导渐开线圆柱齿轮的滑动率计算公式，并讨论齿轮变位对滑动率有何影响?

3. 如题 3 图所示，内齿轮为针轮，节圆半径为 r_1；外齿轮为小齿轮，节圆半径为 r_2。试推导外齿轮的齿廓方程，并求其齿面曲率、滑动率。

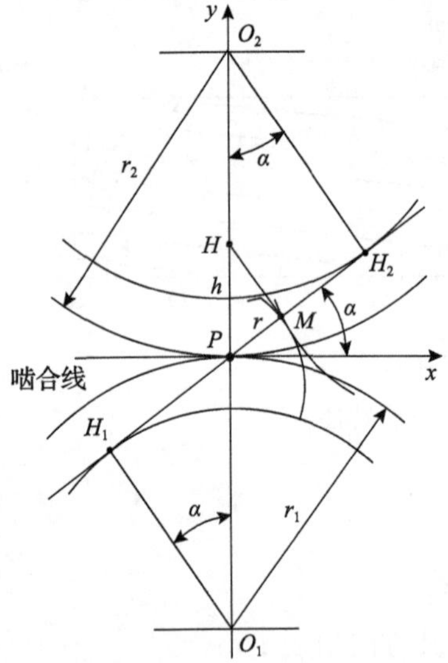

题 1 图

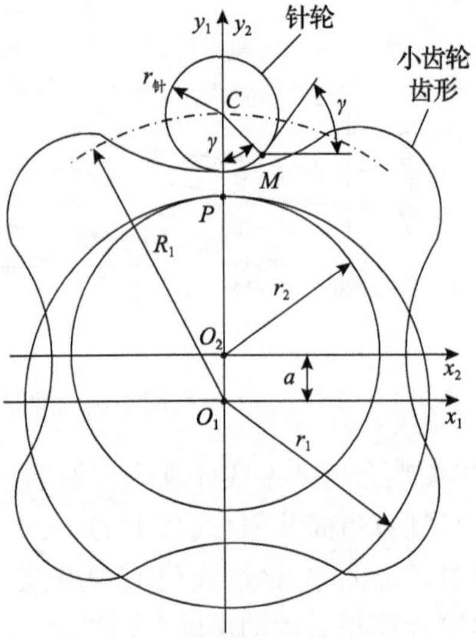

题 3 图

4. 根据 6.6 节所述弧齿锥齿轮加工原理，计算弧齿锥齿轮齿面中点处的主方向主曲率。

5. 题 5 图为准双曲面齿轮齿线与法截面齿廓。轴线夹角 $\Sigma=90°$，H_i 为节锥顶点，β_i 为螺旋角，r_i 为节点半径，$R_i=PH_i$，$r_i=R_i\cos\delta_i$，$i=1,2$。

(1)利用啮合方程推导准双曲面齿轮传动比：

$$u_G = \frac{\omega_1}{\omega_2} = \frac{r_2 \cos \beta_2}{r_1 \cos \beta_1} = \frac{z_2}{z_1}$$

(2)利用 I 阶特征函数证明其极限压力角关系式为

$$\tan \alpha_{\lim} = \frac{R_2 \sin \beta_2 - R_1 \sin \beta_1}{R_2 \tan \delta_2 + R_1 \tan \delta_1}$$

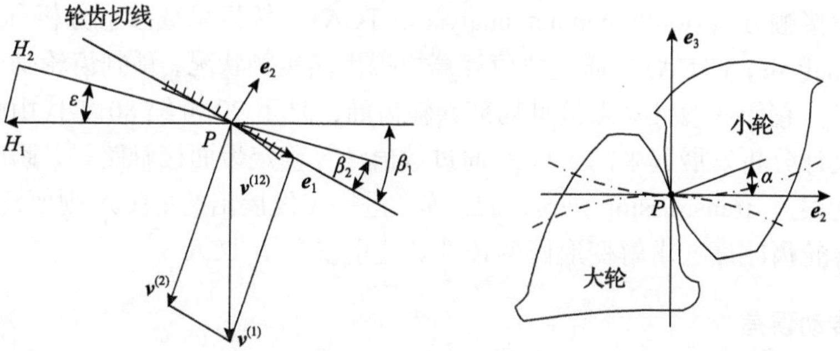

题 5 图　准双曲面齿轮啮合传动

第 8 章　齿面拓扑及啮合性能仿真

8.1　轮齿接触分析

轮齿接触分析(tooth contact analysis，TCA)、轮齿承载接触分析(load tooth contact analysis，LTCA)是通过数值计算模拟齿面接触状况，预判齿轮啮合性能的重要手段。它们一般针对点接触局部共轭齿面，是于 20 世纪 80 年代由弧齿锥齿轮齿面设计分析发展起来的。TCA 通过数值计算确定齿面接触路径、瞬时接触椭圆、传动误差(transmission error，TE)等，进一步发展出的 LTCA 则要复杂很多，需要计算轮齿刚度，求解变形协调条件。这里仅介绍 TCA。

8.1.1　传动误差

理想的齿轮副传动是共轭的，即小轮(主动)与大轮(被动)按固定传动比 k 连续稳定地传动，如图 8.1 所示的直线，此时没有传动误差。但实际上由于多种因素的影响，如制造误差、安装误差、承载变形等，齿轮副通常不能按此规律传动，即出现了传动误差。

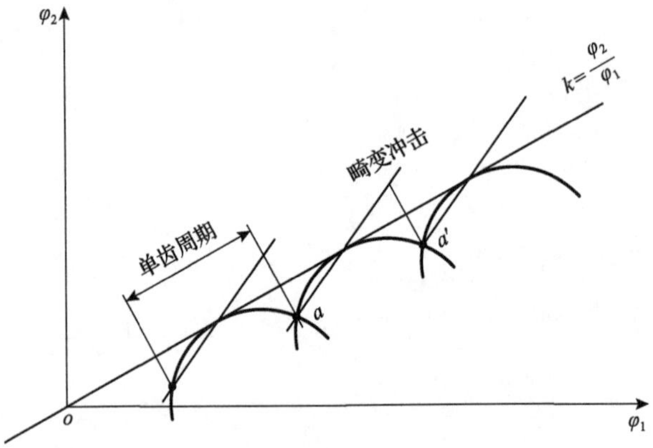

图 8.1　不同传动误差特性

传动误差即给定主动齿轮的角位移，被动齿轮产生的实际角位移与理论角位移之差，表达式为

$$\mathrm{TE}(\varphi_1) = (\varphi_2 - \varphi_2^0) - \frac{z_1}{z_2}(\varphi_1 - \varphi_1^0) \tag{8.1}$$

其中，φ_1^0、φ_2^0分别是齿轮副在基点啮合时的小轮、大轮的初始相位角。传动误差单位可以采用角位移或法向位移。

如果图 8.1 的横轴表示小轮转角，纵轴表示大轮转角，则无传动误差状态可以理解为大轮速度无波动，做平稳的直线运动。但一旦出现承载变形或畸变，齿面在 a-a' 点做转换时是不连续的，交替如锯齿，载荷也会在齿面上向齿顶、齿根或某一端集中，出现冲击，因此完全共轭的齿轮副缺乏误差容忍性、变形协调能力，任何制造、安装误差和承载变形都会引起冲击，甚至因载荷集中造成轮齿破坏。典型的修形齿面或称局部共轭齿面，例如，弧齿锥齿轮和准双曲面齿轮的点接触特性克服了以上不足，这类齿面除了基点局部保持了共轭特性外，其余部分均偏离了原理论齿面，这种偏离称为失配，齿面间的相对滚动也因失配产生了运动误差(即传动误差)。这种运动误差，多数情况下为图 8.1 所示的抛物线形式。它的存在在很大程度上能吸收各种几何条件下的未知误差，譬如，图 8.1 的线性误差与抛物线叠加后，合成的误差仍为抛物线型，只是抛物线的对称性发生了一些改变，而接触迹点(区域)不会跑出齿面，传动仍然连续，在 a - a' 点转换时平稳了很多。

8.1.2　轮齿接触分析的原理

在齿轮啮合过程中，两齿面连续相切接触，任一时刻两齿面都有公共接触点，且公共接触点处都存在公法线。即在同一坐标系，凡是接触点必然满足大、小轮径矢、单位法矢相等：

$$
\begin{aligned}
\boldsymbol{r}^{(1)}(u_1,\theta_1,\varphi_1) &= \boldsymbol{M}_{(12)}\boldsymbol{r}^{(2)}(u_2,\theta_2,\varphi_2) \\
\boldsymbol{n}^{(1)}(u_1,\theta_1,\varphi_1) &= \boldsymbol{T}_{(12)}\boldsymbol{n}^{(2)}(u_2,\theta_2,\varphi_2) \\
\boldsymbol{n}^{(1)}\boldsymbol{v}^{(12)} &= 0
\end{aligned}
\tag{8.2}
$$

式(8.2)中有 6 个未知量：u_i、θ_i、φ_i $(i=1,2)$，6 个独立方程，可求出共轭啮合点 P_0，该点是齿面修形的基点。小轮初始相位角为 φ_1^0、大轮的初始相位角为 φ_2^0。其他接触迹点同样符合啮合方程，但由于传动比是未知的，代入会使啮合方程变得更加复杂，不利于求解。因此，除了基点 P 外，其他点求解不使用啮合方程。求解 P 对应的 φ_1^0 角，利用式(8.2)的 5 个标量方程，遍历 $\varphi_1[\varphi_1^0-c,\varphi_1^0+c']$ 全齿面啮合区间，求解每个接触点，对应大轮实际转角 φ_2，由式(8.1)可计算出传动误差，用 $\Delta\varphi_2$ 表示。

以弧齿锥齿轮为例所做的 TCA 结果如图 8.2 所示。接触迹点构成了齿面接触路径(图 8.2(a))。再分别计算相应的主曲率与主方向，可确定瞬时接触线或接触椭圆的大小和方向。例如，假定齿面涂色层厚度为0.00635mm，则瞬时接触线长度如图 8.2(a)所示。无载荷时，齿面分别在 a、a' 进入啮合与退出啮合，为一个齿的基本啮合周期。a 与 a' 中间接触线构成了齿面空载接触印痕，外面的虚线部分只有在加载时才会逐渐接触。对应的传动误差曲线如图 8.2(b) 所示，呈抛物线形，其大小和形状完全由齿面修形的几何结构决定，为了与承载传动误差(loaded TE，LTE)和其他误差因素区别，称其为修形传动误差(modification TE，MTE)，无特别说明时传动误差都是指修形传动误差。

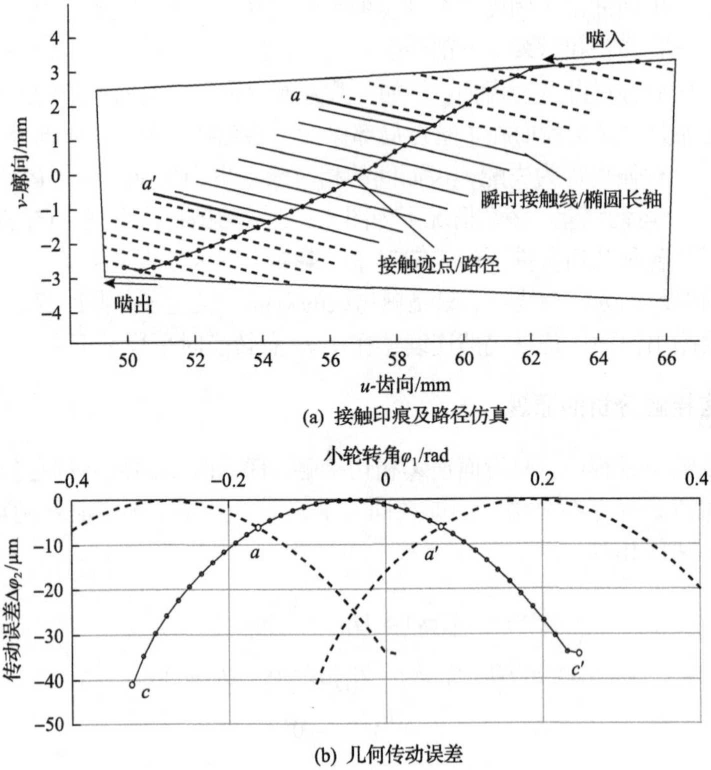

(a) 接触印痕及路径仿真

(b) 几何传动误差

图 8.2　轮齿接触分析示意图

从 TCA 结果可以观察齿面接触特性，即接触路径的倾斜方向、接触椭圆长轴的长度与方向、传动误差曲线的形状与幅值、重合度等。

8.1.3　轮齿承载接触分析的原理

LTCA 综合考虑了齿轮加载后轮齿弯曲、剪切、压缩、接触变形的情况，还可以进一步考虑齿轮安装误差以及轴、轴承、箱体等支撑变形的影响。对于任意瞬时位置 φ_1，承载传动误差为

$$\mathrm{LTE}(\varphi_1)=\delta(\varphi_1)+\mathrm{TE}(\varphi_1) \tag{8.3}$$

其中，$\delta(\varphi_1)$ 为任意啮合转角位置的轮齿综合变形量。

图 8.3 为某对齿轮副的承载接触分析图。波浪线为不同载荷下的 LTE，其波动程度反映了齿轮副动态性能，通常中轻载荷修形传动误差波动最小，如图 8.3(a)中 T_2=100N·m 载荷。图 8.3(b)表示齿面上的载荷分布情况，载荷主要向中部集中，这是齿面修形的优势。图 8.3(c)表示载荷在齿间的分担比，很明显处于中间啮合位置时齿面分担载荷最多，在重合度大于 2 的情况下，由于多齿分担载荷，理论上载荷分担比必定小于 1.0。

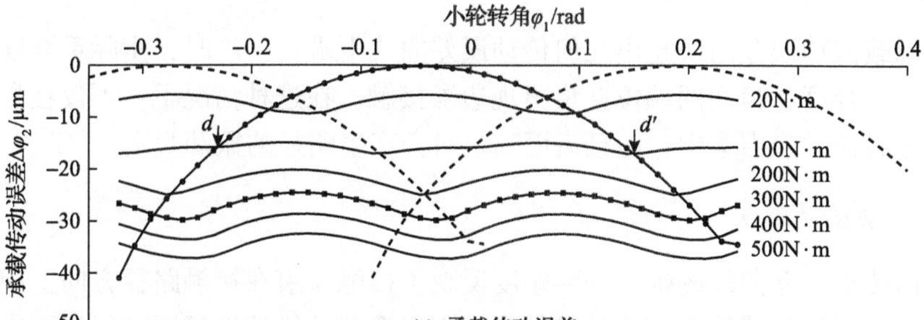

(a) 承载传动误差

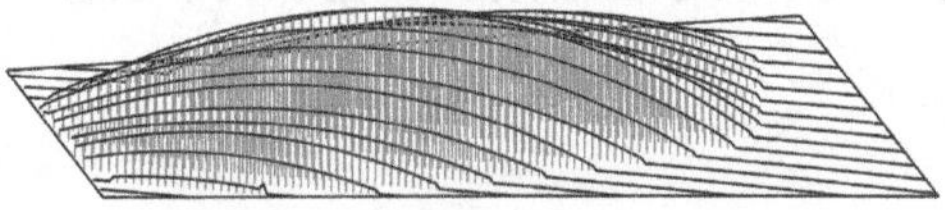

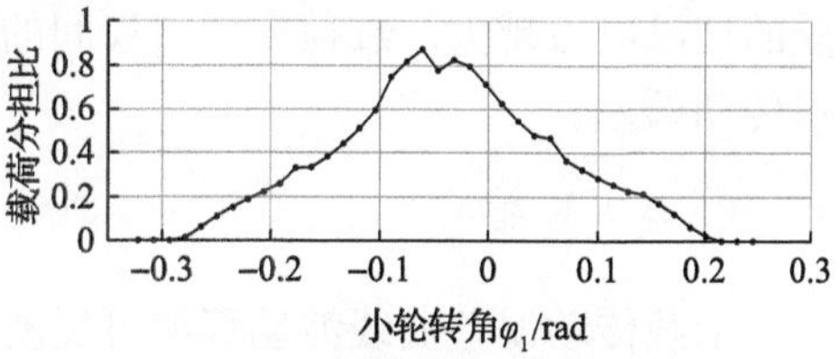

(b) 齿面载荷分布(T_2=300N·m)　　(c) 载荷分担比(T_2=300N·m)

图 8.3 某对齿轮副的 LTCA 图

8.1.4 接触特性分析

1. 接触印痕

无载荷时 a - a' 段为齿面实际接触部分，这一段的瞬时接触椭圆将会留下接触印痕。在载荷作用下，随着齿面变形扩大，在接触面积扩大的同时，齿轮实际接触齿对数也会增加，实际接触印痕、齿对数可由 LTCA 计算得到。

2. 重合度

通常机械原理所表述的重合度是轮齿的设计重合度，由端面和纵向重合度两部分组成。齿面修形会改变轮齿重合度的构成，但对总的重合度影响不大。

齿面重合度为几何传动误差曲线开口距离$|cc'|$与啮合周期 T(相邻齿几何传动误差曲线的距离，$T = 360°/z_1$)之比，即 $\varepsilon' = |cc'|/T$，这一部分轮齿不会发生边缘接触，或称有效重合度。

实际重合度由轮齿承载变形大小决定，反映在传动误差上就是 LTE 曲线所对

应的图 8.3(a)纵坐标的位置。此时，LTE 曲线会与几何传动误差曲线有两个交点，这两个交点之间的距离$|dd'|$与啮合周期 T 的比值，即为实际重合度ε。在载荷作用下实际重合度要达到轮齿设计重合度，则修形传动误差要达到c、c'点位置，例如图 8.3 中载荷 T_2=500N·m，这是一种满载状态。如果载荷再继续增加，将出现严重的边缘接触。

3. 边缘接触

当承载传动误差曲线超出几何传动误差曲线下端c、c'时，实际重合度超出齿面有效重合度，齿面两端位置将出现边缘接触。在这种情况下，不仅在齿面边缘会产生载荷、应力集中，而且齿面啮入时会产生明显的振动激励。

4. 传动误差形状

几何传动误差曲线的幅值和陡峭度反映了接触印痕在接触路径方向上相对于制造安装误差的敏感性，幅值越大越陡峭则对误差的敏感性越弱，但齿面中部承受的接触应力越大。载荷在两对齿间的分配既取决于齿对刚度，也取决于预置修形传动误差。

5. 动态性能

承载传动误差曲线波动程度可反映出齿轮副的动态性能，波动幅值越大，振动越大，噪声越大；波动幅值越小，传动越平稳。传动误差转换点a、a'处的幅值和夹角对承载传动误差波动和传动平稳性影响较大。

6. 接触路径的对角性

一般情况下，接触路径的倾斜(内对角)对改善齿面接触性能有利，主要体现在提高了齿面利用率，扩大了齿面有效重合度，减少了可能的边缘接触。

8.2 弧齿锥齿轮接触分析

以表 8.1 锥齿轮为例，小轮凹面/大轮凸面的加工参数如表 8.2 所示。6.6 节求解了大轮的数字齿面，本节求解小轮的数字齿面，置于同一坐标系即可以进行 TCA。下面求解仅以小轮凹面为例。

8.2.1 小轮产成模型

根据小轮产成原理，建立如图 8.4 所示的坐标系来描述小轮的产成过程。刀盘坐标系$S_t(o_t\text{-}x_ty_tz_t)$的原点$o_t$为刀盘中心，$x_to_ty_t$为刀尖平面(与机床平面重合)，

表 8.1　锥齿轮几何参数

参数	小轮	大轮
齿数 z	16	27
大端端面模数 m_n/mm	4.25	
齿宽 b/mm	17	
轴交角/(°)	90	
轮齿旋向	左旋	右旋
法向压力角 α_n/(°)	20	
中点螺旋角 β/(°)	35	
齿顶高系数	0.85	
顶隙系数	0.188	
齿高变位系数	0.252	–0.252
切向变位系数	0.005	–0.005

表 8.2　小轮凹面/大轮凸面的加工参数

参数	小轮凹面	大轮凸面
轮坯安装角/(°)	27.7832	54.6499
床位/mm	–0.2452	0
垂直轮位/mm	–0.3048	0
水平轮位/mm	0.5251	0
角向刀位/(°)	83.35	76.9344
径向刀位/mm	65.57747	64.0783
刀盘半径/mm	77.724	77.4
滚比	1.9786	1.1585
刀具压力角/(°)	16	21.25

并与摇台坐标系 $S_p(o_p\text{-}x_p y_p z_p)$ 固连，且各坐标轴对应平行。o_t 在坐标系 S_p 的极坐标 (q_1, S_{r1}) 为角向刀位和径向刀位。S_p 初始位置与机床坐标系 $S_{m1}(o_{m1}\text{-}x_{m1}y_{m1}z_{m1})$ 重合，其任意瞬时相对于 S_p 转角 φ_p，则小轮对应产成的转角为 φ_1，即 $\varphi_1=\varphi_p m_{p1}$。其余参数 γ_{m1} 为轮坯安装角(等于小轮根锥角)，$X_{b1}=|o'_m o'_d|$ 为床位，$E_{m1}=|o_{m1}o'_m|$ 为垂直轮位，$X_{d1}=|o'_d o_1|$ 为轴向轮位修正值。

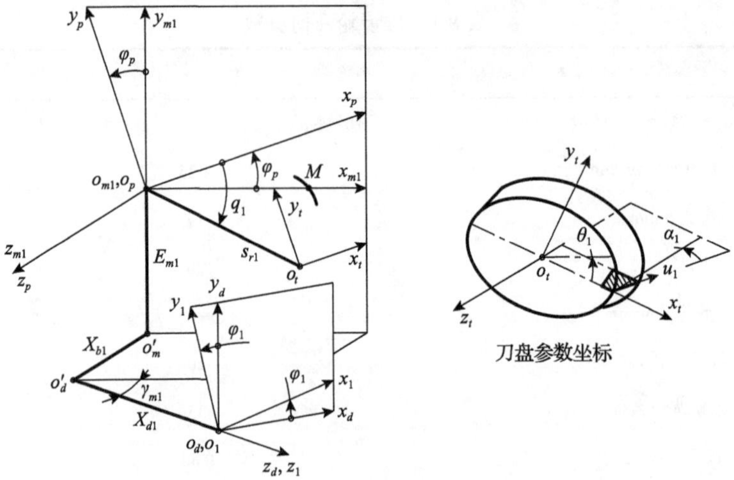

图 8.4　锥齿轮小轮加工坐标系

小轮产形轮的方程可描述为

$$\boldsymbol{r}_p = \begin{bmatrix} (r_t + u_1 \sin\alpha_1)\cos\theta_1 + S_{r1}\cos q_1 \\ (r_t + u_1 \sin\alpha_1)\sin\theta_1 - S_{r1}\sin q_1 \\ -u_1 \cos\alpha_1 \end{bmatrix} \tag{8.4}$$

$$\boldsymbol{n}_p = \begin{bmatrix} -\cos\alpha_1 \cos\theta_1 \\ -\cos\alpha_1 \sin\theta_1 \\ -\sin\alpha_1 \end{bmatrix} \tag{8.5}$$

其中，u_1 和 θ_1 为曲面参数；r_t 为刀尖半径；α_1 为刀盘齿形角(外刀取正，内刀取负)。

图 8.4 坐标系中的相应参数与 $\boldsymbol{r}_p$、$\boldsymbol{n}_p$ 的坐标分量可由啮合方程推出：

$$\begin{cases} U\cos\varphi_p - V\sin\varphi_p = W \\ U = n_{px}E_{m1}\sin\gamma_{m1} + (n_{py}d_t - n_{pz}y_p)\cos\gamma_{m1} \\ V = (n_{pz}x_p - n_{px}d_t)\cos\gamma_{m1} + n_{py}E_{m1}\sin\gamma_{m1} \\ W = (n_{px}y_p - n_{py}x_p)m_t + n_{pz}E_{m1}\cos\gamma_{m1} \\ m_t = m_{1p} - \sin\gamma_{m1},\quad d_t = z_p - X_{d1} \end{cases} \tag{8.6}$$

完成相应 S_p 坐标系到 S_1 的 $\boldsymbol{M}_{1p}$ 齐次坐标变化、$\boldsymbol{L}_{1p}$ 旋转坐标变换后可确定小轮齿面 $\varSigma_p$ 的方程为

$$\begin{aligned} \boldsymbol{r}_s(u_1,\theta_1,\varphi_1) &= \boldsymbol{M}_{1p}\cdot\boldsymbol{r}_p(u_1,\theta_1) \\ \boldsymbol{n}_s(\theta_1,\varphi_1) &= \boldsymbol{L}_{1p}\cdot\boldsymbol{n}_p(\theta_1) \end{aligned} \tag{8.7}$$

其中，

$$\boldsymbol{L}_{1p}=\boldsymbol{L}_{1d}\cdot\boldsymbol{L}_{dm}\cdot\boldsymbol{L}_{mp},\quad \boldsymbol{M}_{1p}=\boldsymbol{M}_{1d}\cdot\boldsymbol{M}_{dm}\cdot\boldsymbol{M}_{mp}$$

$$\boldsymbol{L}_{1d}=\begin{bmatrix}\cos\varphi_1 & \sin\varphi_1 & 0\\ -\sin\varphi_1 & \cos\varphi_1 & 0\\ 0 & 0 & 1\end{bmatrix},\quad \boldsymbol{L}_{dm}=\begin{bmatrix}\sin\gamma_{m1} & 0 & -\cos\gamma_{m1}\\ 0 & 1 & 0\\ \cos\gamma_{m1} & 0 & \sin\gamma_{m1}\end{bmatrix},\quad \boldsymbol{L}_{mp}=\begin{bmatrix}\cos\varphi_p & -\sin\varphi_p & 0\\ \sin\varphi_p & \cos\varphi_p & 0\\ 0 & 0 & 1\end{bmatrix}$$

$$\boldsymbol{M}_{1d}=\begin{bmatrix}\boldsymbol{L}_{1d} & \\ & 1\end{bmatrix},\quad \boldsymbol{M}_{mp}=\begin{bmatrix}\boldsymbol{L}_{mp} & \\ & 1\end{bmatrix},\quad \boldsymbol{M}_{dm}=\begin{bmatrix}\boldsymbol{L}_{dm} & \begin{matrix}X_{b1}\cos\gamma_{m1}\\ E_{m1}\\ -X_{b1}\sin\gamma_{m1}-X_{d1}\end{matrix}\\ & 1\end{bmatrix}$$

8.2.2 TCA 流程

根据前述 TCA 原理(式(8.2))，可以直接借助计算机对 5 个非线性方程组进行求解，也可以采用逐渐降维的方法计算，依次求解。如果齿面过于复杂则啮合方程难以化简，可以采用 8 个非线性方程组求解，其中仅式(8.2)需补充三个啮合方程。

(1)大轮产成啮合方程：$f_{g2}(u_2,\theta_2,\varphi_g)=0$，见式(6.49)；

(2)小轮产成啮合方程：$f_{p1}(u_1,\theta_1,\varphi_p)=0$，见式(8.6)；

(3)大小轮啮合方程：$f_{12}(u_1,\theta_1,u_2,\theta_2,\varphi_2)=0$，形式为

$$\begin{cases}U\cos\varphi_2-V\sin\varphi_2=W\\ U=n_{2y}(z_2-G)-n_{2z}y_2\\ V=n_{2z}x_2-n_{2x}z_t\\ W=(n_{2x}y_2-n_{2y}x_2)m_{21}\end{cases}\tag{8.8}$$

这些方程的 8 个未知量(u_1，θ_1，u_2，θ_2，φ_p，φ_g，φ_1，φ_2)可以求解，但计算效率较低，优点是对啮合方程不需要做过多化简。

参考 5.3.4 节的空间啮合坐标系(图 5.14)与坐标变换矩阵，建立如图 8.5 所示的大小轮啮合坐标系，把坐标参数都变换到固定坐标系 S_0 中，即

$$\boldsymbol{r}_0^{(1)}(u_1,\theta_1,\varphi_1)=\boldsymbol{M}_{01}\cdot\boldsymbol{r}^{(1)},\quad \boldsymbol{n}_0^{(1)}(\theta_1,\varphi_1)=\boldsymbol{L}_{01}\cdot\boldsymbol{n}^{(1)}\tag{8.9}$$

$$\boldsymbol{r}_0^{(2)}(u_2,\theta_2,\varphi_2)=\boldsymbol{M}_{02}\cdot\boldsymbol{r}^{(2)},\quad \boldsymbol{n}_0^{(2)}(\theta_2,\varphi_2)=\boldsymbol{L}_{02}\cdot\boldsymbol{n}^{(2)}\tag{8.10}$$

大轮在 S_0 坐标系中的安装应是节锥顶点向外，如图 8.5 所示。同时把大轮旋转到

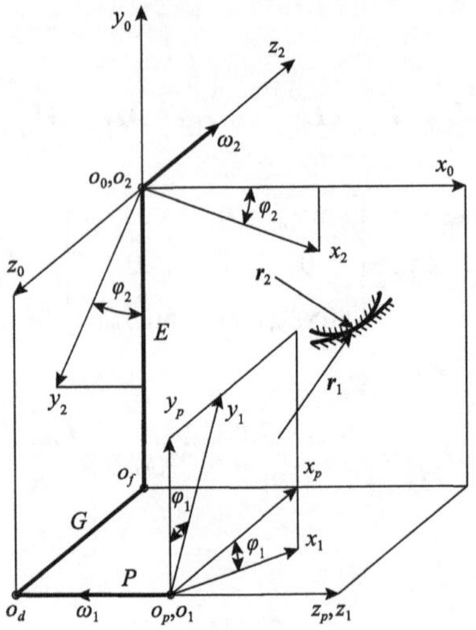

图 8.5　锥齿轮安装坐标系

与小轮对齿的位置，直接把大轮矢量替换为

$$\boldsymbol{r}^{(2)}=(x_2,-y_2,-z_2)^{\mathrm{T}}$$

$$\boldsymbol{n}^{(2)}=(n_{2x},-n_{2y},-n_{2z})^{\mathrm{T}}$$

其他变化矩阵为

$$\boldsymbol{M}_{02}=\begin{bmatrix}\cos\varphi_2 & \sin\varphi_2 & 0\\ -\sin\varphi_2 & \cos\varphi_2 & 0\\ 0 & 0 & 1\end{bmatrix}$$

$$\boldsymbol{M}_{01}=\begin{bmatrix}0 & 0 & 1\\ -\sin\varphi_1 & \cos\varphi_1 & 0\\ -\cos\varphi_1 & -\sin\varphi_1 & 0\end{bmatrix}$$

为便于观察齿轮的旋转方向，定义正车面旋转方向为正(小轮凹面驱动大轮凸面)。如果考虑安装距误差，则小轮的矢量应为 $\boldsymbol{r}_0^{(1)}+(P,-E,G)^{\mathrm{T}}$ 。

1. 确定基点

基点是修形的参考点、传动误差零点、共轭啮合点，是大小轮初始啮合点。求解啮合基点的方程为

$$\begin{cases}\boldsymbol{r}_0^{(1)}-\boldsymbol{r}_0^{(2)}=0\\ \boldsymbol{n}_0^{(1)}-\boldsymbol{n}_0^{(2)}=0\\ f_{12}(u_2,\theta_2,\varphi_2)=0\end{cases}\tag{8.11}$$

将式(8.8)～式(8.10)代入式(8.11)，构成 6 个方程，对 6 个未知量($u_2,\theta_2,u_1,\theta_1,\varphi_1,\varphi_2$)进行求解。初始值可令$\varphi_2=0,\varphi_1=0$，($u_1,u_2$)根据中点工作齿高确定：$u_1=u_2=0.5h/\cos\alpha$,($\theta_2,\theta_1$)根据刀盘切齿节点大致确定为($\beta_2,\ q_1-\beta_1$)。一般这时的初始点已经非常接近真实解了。求出的(φ_2^0,φ_1^0)就是传动误差式(8.1)的初始安装角。TCA 变量求解结果如表 8.3 所示。初始对齿安装角为(φ_2^0,φ_1^0)=(0.00032, 0.07066)。

表 8.3　TCA 变量求解结果

	($u_2,\theta_2;u_1,\theta_1;\varphi_1,\varphi_2$)	x_2,y_2,z_2	$\boldsymbol{e}_1;\boldsymbol{f}_1;\sigma,\sigma_1,\sigma_p$	$k_{e1},k_{e2};k_{f1},k_{f2};a,b$
迹点(9)	5.27095, 0.61737; 2.73128, 0.88485; –0.07081, –0.19066	49.14427, –2.83096, –28.89294	0.5111, –0.4655, 0.7225; 0.6158, –0.5408, –0.573; 1.4177, 0.0223, 0.7411	0.02691, 0.01233; 0.01169, –0.0730; 3.04159, 0.35846
基点(11)	4.26175, 0.59115; 3.46052, 0.91053; 0.00032, –0.07066	47.50363, –1.42947, –28.82735	0.5439, 0.4408, 0.714; 0.6320, 0.5209, –0.5737; 1.4063, 0.030, 0.7456	0.02811, 0.01216; 0.01157, –0.05923; 3.02756, 0.38361
迹点(15)	3.27687, 0.56513; 4.17586, 0.93608; 0.07134, 0.04934	45.85864, –0.13666, –28.70235	0.5755, –0.4152, 0.7046; 0.6477, –0.5008, –0.5742; 1.3937, 0.0386, 0.7504	0.02925, 0.01198; 0.01145, –0.04977; 3.00894, 0.40356

2. 接触迹点求解

初步确定小轮啮合区间$\varphi_1\in(\varphi_1^0-c,\varphi_1^0+c')$，转角范围为[0.51066, 0.2093]。将上述求出的基点参数作为初始点，按照一定的步长序列对以下 5 个方程(位置矢量代表 3 个标量方程，单位矢量代表 2 个标量方程)进行迭代求解：

$$\begin{cases}\boldsymbol{r}_0^{(1)}-\boldsymbol{r}_0^{(2)}=0\\ \boldsymbol{n}_0^{(1)}-\boldsymbol{n}_0^{(2)}=0\end{cases}\tag{8.12}$$

将解出的φ_2代入式(8.1)可确定传动误差。

图 8.6 给出 19 个点的计算结果，平移后得到相邻两齿的传动误差，观察重叠部分大小，可判断其重合度。所有迹点$r_i(x_i,y_i,z_i)$构成了齿面上的接触路径(图 8.7)。表 8.3 给出了其中三个点的完整求解数据。

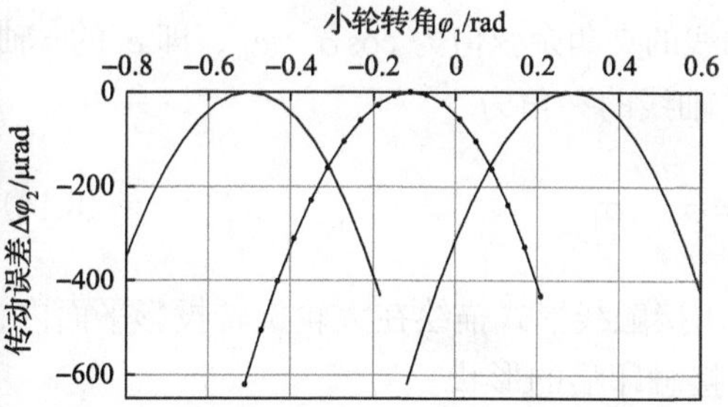

图 8.6　传动误差图

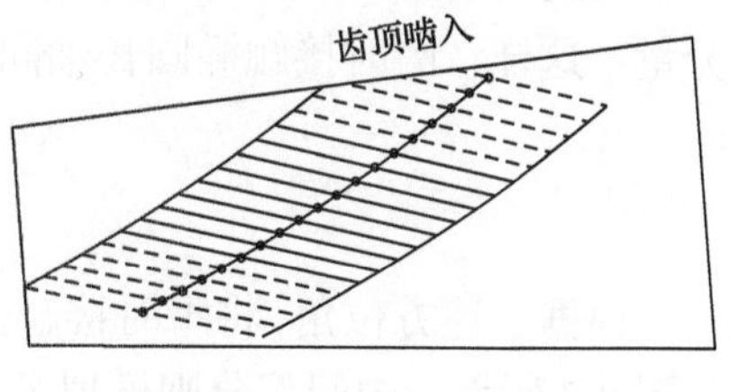

图 8.7　大轮凸面接触印痕仿真

3. 接触迹点曲率参数

利用第 7 章曲率求解方法的任何一种均可，这里采用数值方法。利用式(7.105)～式(7.110)对式(8.9)、式(8.10)求微分，得到大小轮曲率参数：(k_{e1}, k_{e2})、(k_{f1}, k_{f2})，把对应的主方向表示为$(\boldsymbol{e}_1, \boldsymbol{e}_2)$、$(\boldsymbol{f}_1, \boldsymbol{f}_2)$，两个主方向之间的夹角表示为$\cos\sigma = \boldsymbol{e}_1 \cdot \boldsymbol{f}_1$，$\sin\sigma = \boldsymbol{e}_2 \cdot \boldsymbol{f}_1$，如图 8.8 所示。

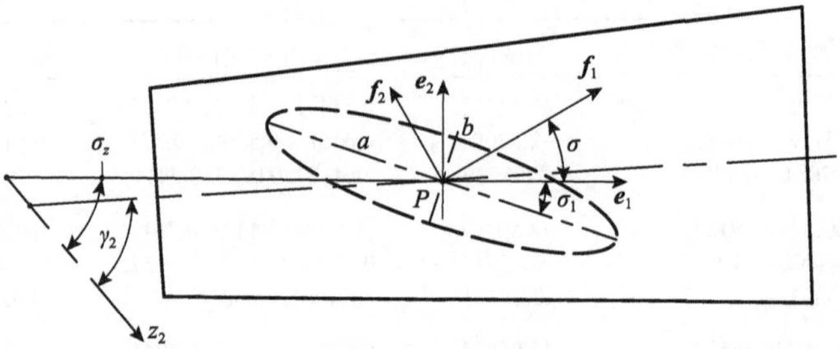

图 8.8　瞬时接触椭圆方位角

设迹点椭圆的长半轴长度为 a，短半轴长度为 b，则有

$$a = 2\sqrt{\frac{\delta}{A}}，A = K_1 - K_2 - \sqrt{g_1^2 - 2g_1g_2\cos 2\sigma + g_2^2} \tag{8.13}$$

$$b = 2\sqrt{\frac{\delta}{B}}，B = K_1 - K_2 + \sqrt{g_1^2 - 2g_1g_2\cos 2\sigma + g_2^2} \tag{8.14}$$

其中，$K_1=k_{e1}+k_{e2}$；$K_2=k_{f1}+k_{f2}$；$g_1= k_{e1}-k_{e2}$；$g_2= k_{f1}-k_{f2}$；δ 为齿面的弹性变形量(通常按工程经验取 0.004～0.0064mm)。

瞬时接触椭圆倾斜程度用其长轴同第 I 主方向 $\boldsymbol{e}_1$ 的夹角 σ_1 表示为

$$\tan 2\sigma_1 = \frac{g_2 \sin 2\sigma}{g_1 - g_2\cos 2\sigma} \tag{8.15}$$

在旋转投影平面内 $\boldsymbol{e}_1$ 方向与大轮轴线的夹角余弦值为 $\cos\sigma_z = e_{1z}$，即 $\boldsymbol{e}_1$ 的 z 轴分量。这样，瞬时接触椭圆长轴同齿轮轴线的夹角为

$$\sigma_p = \sigma_z - \sigma_1 \tag{8.16}$$

根据上述方位角，将瞬时接触椭圆用接触线形式描绘在大轮旋转投影平面内，如图 8.7 所示。中间部分则模拟了齿面接触印痕的形状。

8.3　齿面修形与 ease-off 差齿面

8.3.1　齿面修形的作用

在齿轮副承载下，齿面形状和齿距位置都会发生变化，对齿面进行修形后会形成局部点接触，并预置传动误差，从而能够明显改善齿面实际的啮合状况。其作用包括：吸收齿轮副安装误差与承载变形；避免边缘接触，减少啮入啮出冲击；改善齿面载荷分布，避免偏载和应力集中；改善齿面润滑状况，减小齿面摩擦等。

8.3.2　ease-off 差齿面拓扑与齿面修形的关系

ease-off 曲面是一种反映齿面失配量的拓扑曲面。通常以齿面的失配间隙 δ 为变量，在齿面旋转投影坐标 (u,v) 上映射(图 8.9)为

$$\delta(u,v)=[\boldsymbol{r}_s(u,v)-\boldsymbol{r}_i(u,v)]\cdot\boldsymbol{n}_s(u,v) \tag{8.17}$$

其中，$\boldsymbol{r}_s(u,v)$、$\boldsymbol{r}_i(u,v)$ 分别为标准齿面与实际修形齿面的矢量方程；$\boldsymbol{n}_s(u,v)$ 为 $\boldsymbol{r}_s(u,v)$ 坐标点对应的单位法矢，方向定义指向齿面空域。$\delta(u,v)$ 为正表示齿面对应点存在间隙，为负表示齿面有干涉。

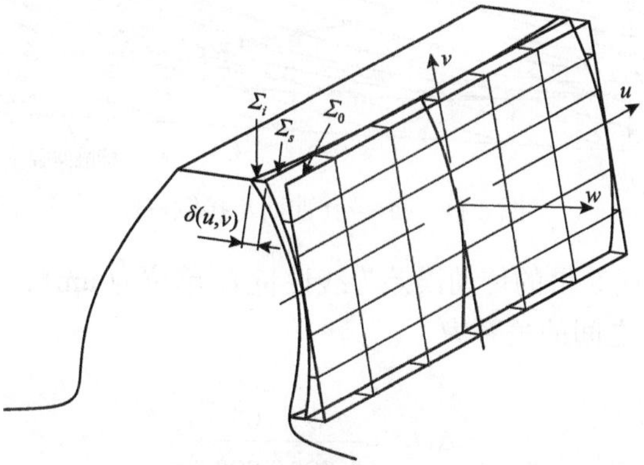

图 8.9　齿面修形后的偏差

齿面在不同方向的修形量都会在 ease-off 曲面上得到反映。例如，齿向鼓形修形结构，呈现的 ease-off 曲面如图 8.10(a)所示，廓向鼓形 ease-off 曲面如图 8.10(b)所示，对角修形 ease-off 曲面如图 8.10(c)所示。齿面三维修形都可以看成这三种 ease-off 曲面综合的结果。

由 ease-off 曲面可以推出前述 TCA 所获得的轮齿接触特性参数，如图 8.11 所示，接触路径、传动误差、差曲率线都是 ease-off 曲面某一个确定方向曲线的反映。差曲率线直观反映了接触线方向的啮合间隙，以及接触迹点在该主方向的综

合曲率(或称差曲率)。

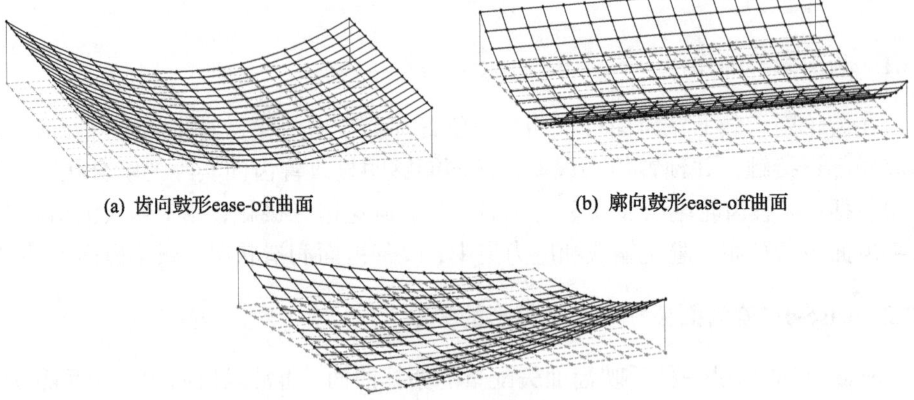

(a) 齿向鼓形ease-off曲面　(b) 廓向鼓形ease-off曲面

(c) 对角修形ease-off曲面

图 8.10　ease-off 曲面呈现的修形关系

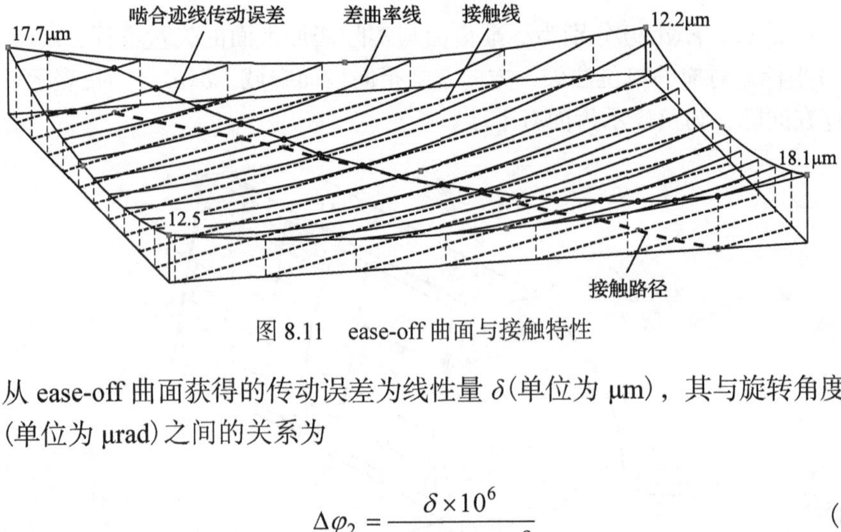

图 8.11　ease-off 曲面与接触特性

从 ease-off 曲面获得的传动误差为线性量 δ(单位为 μm)，其与旋转角度误差 $\Delta\varphi_2$ (单位为 μrad)之间的关系为

$$\Delta\varphi_2 = \frac{\delta \times 10^6}{r_0 \cos\alpha \cos\beta} \tag{8.18}$$

其中，r_0 为接触点的回转半径。

8.3.3　三面等切共轭原理

如图 8.12 所示，曲面 $\varSigma_2$、$\varSigma_0$、$\varSigma_1$ 在总体坐标系下分别以角速度 $\boldsymbol{\omega}_2$、$\boldsymbol{\omega}_0$、$\boldsymbol{\omega}_1$ 沿各自轴线做回转运动，固定点 o_2、o_0、o_1 位于 3 根回转轴线上。运动曲面 $\varSigma_2$、$\varSigma_0$ 在 M 点切触传动，运动曲面 $\varSigma_0$、$\varSigma_1$ 也在 M 点切触传动。设曲面 $\varSigma_2$ 上 M 点的径矢为 $\boldsymbol{r}_2$，曲面 $\varSigma_0$ 上 M 点的径矢为 $\boldsymbol{r}_0$，曲面 $\varSigma_1$ 上 M 点的径矢为 $\boldsymbol{r}_1$。M 点处的三

个曲面两两相切，三个曲面的公共法矢记为 $\boldsymbol{n}$。

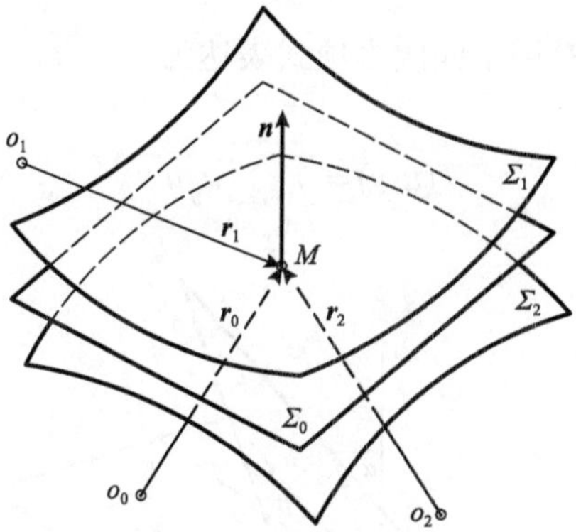

图 8.12　三曲面等切共轭

为了满足连续啮合条件，运动过程中运动曲面 Σ_2 与 Σ_0 在接触位置应满足

$$(\boldsymbol{\omega}_2\times\boldsymbol{r}_2-\boldsymbol{\omega}_0\times\boldsymbol{r}_0)\cdot\boldsymbol{n}=0 \tag{8.19}$$

同理，运动曲面 Σ_2 与 Σ_1 在同一个接触位置应满足

$$(\boldsymbol{\omega}_0\times\boldsymbol{r}_0-\boldsymbol{\omega}_1\times\boldsymbol{r}_1)\cdot\boldsymbol{n}=0 \tag{8.20}$$

联立式(8.19)和式(8.20)可得

$$(\boldsymbol{\omega}_2\times\boldsymbol{r}_2-\boldsymbol{\omega}_1\times\boldsymbol{r}_1)\cdot\boldsymbol{n}=0 \tag{8.21}$$

曲面 Σ_2 与 Σ_1 在 M 点处相切且法线方向速度相等，即两曲面相切并能持续啮合，根据共轭判定条件可得 Σ_2 与 Σ_1 共轭。如果 Σ_0 为刀具曲面，则与刀具曲面分别共轭的曲面 Σ_2 和曲面 Σ_1 亦共轭，即间接共轭，形象地称为“等切共轭”。这在齿轮加工上称为间接展成法。本节 ease-off 曲面的建立与解析方法均出于这一思想。

8.4　多项式曲面拓扑修形的接触仿真

对齿面修形构建修形曲面的方法有两种：一种是直接“剥离”齿面，另一种是通过修形刀具，其实质都是在原来的曲面基础上构建密切曲面。下面以齿条产形为例构建 ease-off 曲面。

8.4.1　齿条等切产形与 ease-off 曲面构建

基于齿条-圆柱齿轮等切共轭映射原理，并利用四阶多项式拓扑修形，建立齿条-圆柱齿轮 ease-off 差齿面。

1. 齿条产形面方程

齿条产形面(图 8.13)用于四次多项式表达为

$$f(u,v)=\sum_{i=0}^{4}\sum_{j=0}^{4-i}a_{ij}u^i v^j \tag{8.22}$$

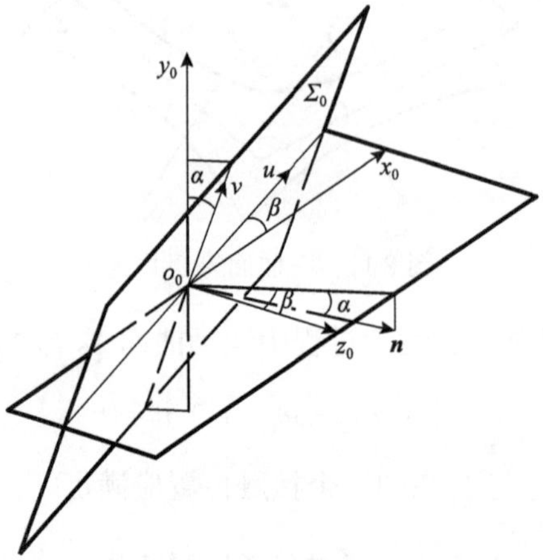

图 8.13 齿条产形面坐标系

式(8.22)完整展开为 15 项，取其中的 7 项作为齿条拓扑面(u 为齿向、v 为齿廓方向)，则可以构建一个双峰抛物面为

$$w(u,v)=a_0+a_{02}v^2+a_{04}v^4+a_{20}u^2+a_{40}u^4+a_{11}uv+a_{22}u^2v^2 \tag{8.23}$$

其中，系数 a_{02}、a_{04} 用于控制 v 方向曲面的形状；a_{20}、a_{40} 用于控制 u 方向曲面的形状；a_{11}、a_{22} 用于控制曲面的扭转程度与方向。

当将式(8.22)作为齿条面时，o_0 点作为齿条产成圆柱齿轮的节点。利用矢量旋转变换，绕 x_0 旋转 α 压力角，绕 y_0 旋转 β 螺旋角，如图 8.13 所示。在 S_0 坐标系，斜齿条方程为

$$(x_0,y_0,z_0)^{\mathrm{T}}=\boldsymbol{T}(\alpha,\beta)(u,v,w)^{\mathrm{T}} \tag{8.24}$$

其中，坐标变化矩阵 $\boldsymbol{T}(\alpha,\beta)=\begin{bmatrix}\cos\beta & \sin\alpha\sin\beta & \cos\alpha\sin\beta\\ 0 & \cos\alpha & -\sin\alpha\\ -\sin\beta & \sin\alpha\cos\beta & \cos\alpha\cos\beta\end{bmatrix}$。

当多项式(8.23)系数取不同的值时，圆柱齿轮将产生不同的拓扑修形效果。

建立齿面产成坐标系，如图 8.14 所示，S_0 为齿条坐标系，S_d 为固定坐标系，S_1 为齿轮坐标系。

通过求解齿条与齿面啮合方程可得圆柱齿轮啮合转角为

$$\varphi(u,v)=\frac{n_z y_0-n_y z_0}{n_y r_1}$$

其中，r_1 为展成齿轮的节圆半径；法矢 $\boldsymbol{n}_0$ 分量 n_y、n_z 可由式(8.24)确定。

通过坐标变换可求出圆柱齿轮位矢方程与法矢为

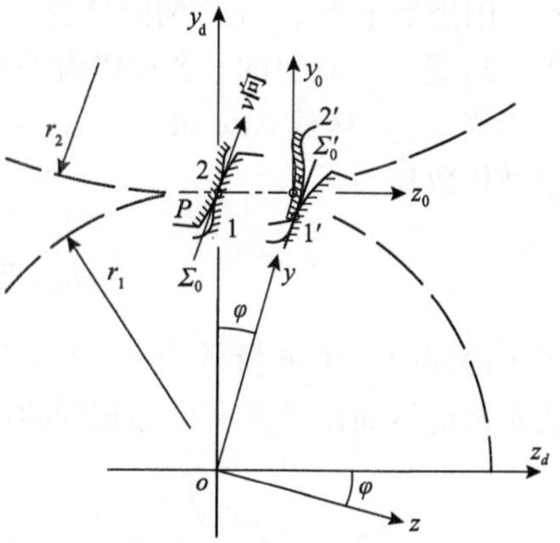

图 8.14　齿面产成坐标系

$$\boldsymbol{r}_{(1,s)}=\boldsymbol{M}_{1d}\boldsymbol{r}_d,\quad \boldsymbol{n}_{(1,s)}=\boldsymbol{M}_{1d}\boldsymbol{n}_0,\quad \boldsymbol{r}_d=\left(x_0,y_0+r_0,z_0+r_1\varphi\right)^{\mathrm{T}} \tag{8.25}$$

其中，$\boldsymbol{M}_{1d}$ 为 S_d 到 S_1 的坐标变换矩阵，即

$$\boldsymbol{M}_{1d}=\begin{bmatrix}1 & 0 & 0\\ 0 & \cos\varphi & \sin\varphi\\ 0 & -\sin\varphi & \cos\varphi\end{bmatrix}$$

当式(8.23)取为平面时，得到标准渐开线圆柱齿轮方程 $\boldsymbol{r}_s(u,v)$；取不同的控形参数，则得到不同拓扑修形齿面 $\boldsymbol{r}_1(u,v)$。

2. ease-off 差曲面的构建

标准渐开线齿面 Σ_s 与修形齿面 Σ_i (i=1, 2 代表小轮与大轮)对应点法向的分离误差(修形梯度量)为

$$z_{d(i)}=f_{(i)}(u,v)=(\boldsymbol{r}_s-\boldsymbol{r}_i)\cdot\boldsymbol{n}_s \tag{8.26}$$

如图 8.15 所示，修形齿面 Σ_i 和标准渐开线齿面 Σ_s 映射为 ease-off$_{(i)}$差曲面。

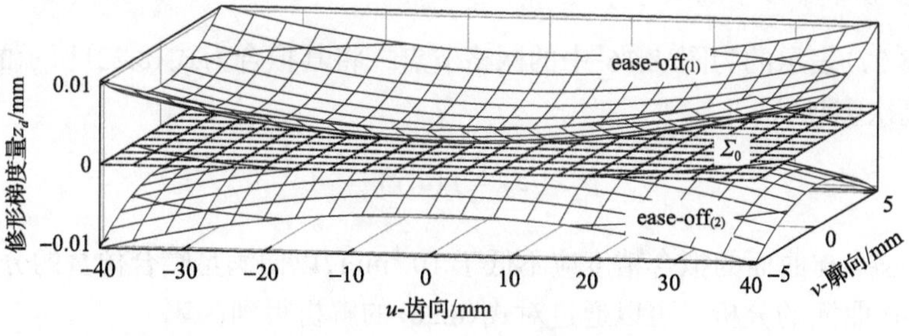

图 8.15　ease-off 曲面映射关系

因齿条平面 Σ_0 左右两侧分别与小轮 Σ_1、大轮 Σ_2 相切，三者公切啮合关系 Σ_1-Σ_0-Σ_2 是一一映射的。所以以齿条平面 Σ_1 为坐标平面 (u, v) 进行映射，绘制网格点的离差 z_d，构建 ease-off$_{(1)}$与 ease-off$_{(2)}$的映射关系。由等切共轭关系对应点可直接做代数和为

$$z_{d(i,j)} = f_1(u,v) + f_2(u,v) \tag{8.27}$$

即可得到如图 8.16 所示的大、小轮共轭 ease-off 差齿面，其等值线一般呈椭圆形，表示相应齿面修形梯度量 z_d 相同的位置。

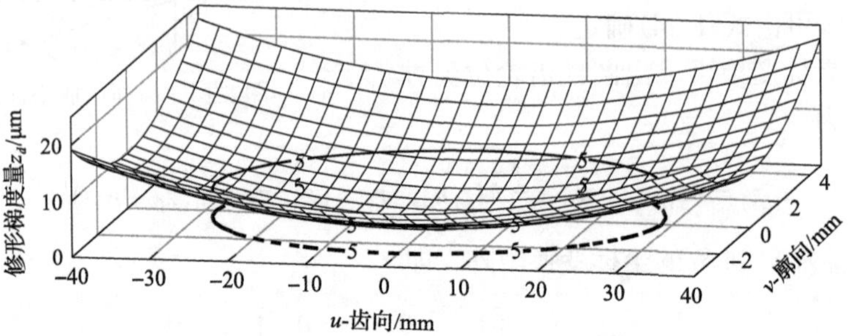

图 8.16　ease-off 差齿面

上述根据等切共轭原理构建 ease-off 曲面，无须求解小、大轮之间的共轭啮合方程，就可直接建立啮合场与投影面之间的等距映射关系。

8.4.2　差齿面 ease-off 啮合信息解析

在 ease-off 曲面上对应接触迹点的接触线方向的法曲率直接表示了齿面接触点的差曲率，这为 TCA/LTCA 提供了数据计算的便利性，避免求解如式(8.1)复杂的非线性方程组。

原 TCA 方法的一些概念不足以表达 ease-off 三维曲面拓扑特征，因此引入等差线、差曲率线、差程线等一些新的概念。

1. 修形梯度与等差线

式(8.27)表示的为图 8.16 中的网格节点，将其拟合为式(8.22)所示的二元四次或更高次多项式：

$$z_d = f(u,v) \tag{8.28}$$

该式对 ease-off 曲面的拟合精度应不低于 10^{-6}mm，以便满足啮合仿真的分析要求。对 ease-off 曲面的分析，可以通过对式(8.28)的解析得到。

ease-off 曲面直观呈现了齿面各个方向的修形梯度，如图 8.17 所示。当给定

ease-off 曲面上 z_n 某一值时，则由式(8.28)可确定一条等值线——等差线，其方程为

$$f_l(u,v)-z_n=0 \text{ 或 } u=v(z_n) \tag{8.29}$$

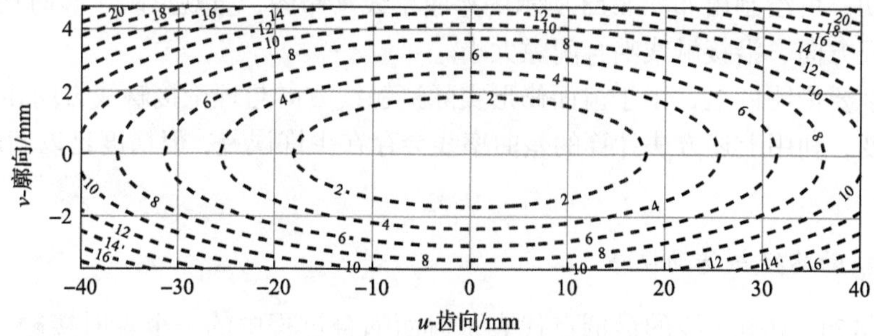

图 8.17　ease-off 修形梯度(单位：μm)

等差线反映了齿面修形的梯度(图 8.16、图 8.17 椭圆)，决定了未来承载下齿面接触印痕的大小、载荷分布、接触应力/应变变化趋势。

2. 差曲率线与啮合间隙

由式(8.25)可以知道，任意一个转角 φ_i 值，对应一系列 (u_i, v_i) 值，代入式(8.28)可得到一系列 $z_{d(i)}$，代表了 ease-off 曲面上一条瞬时接触线 s，简称差曲率线，如图 8.18 所示。其切方向即瞬时接触椭圆长轴方向。差曲率线反映了齿面修形后由线接触转变为点接触的特征。差曲率线通常呈抛物线型：

$$z_{d(s)}=\frac{1}{2}k_s s^2 \tag{8.30}$$

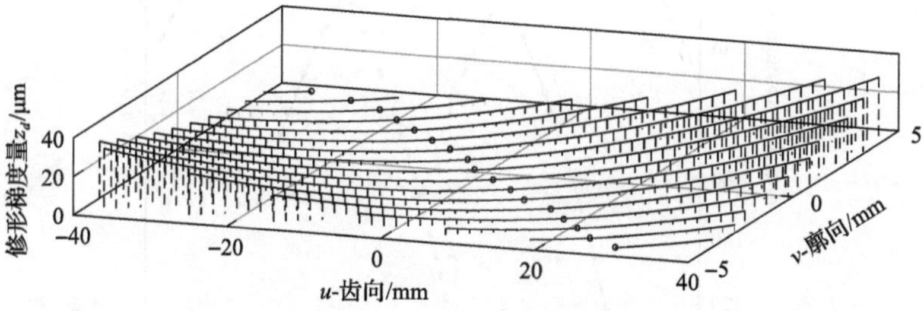

图 8.18　差曲率线与啮合间隙

接触线方向角 θ 可由公式 $\tan\theta=\mathrm{d}v/\mathrm{d}u$ 求出，其对应的综合曲率为接触线的差曲率 k_s。

重复上述过程可以得到若干差曲率线序列形成的曲线族，表示为

$$z_{d(j)} = z_d(u_{(i,j)}, \varphi_j),\ \ u_{(i,j)} = u(v, \varphi_j) \tag{8.31}$$

其中，j 为瞬时接触线序列；i 为接触线上点的序列。

将式(8.31)中一系列的差曲率线的脊点(极值点，也是齿面的接触迹点)与投影面相切，可绘制出如图 8.18 所示的差曲率线瀑布图，直观反映了瞬时接触点、接触路径方向、沿接触线啮合间隙大小。

特别要说明的是，由于齿面修形实际接触线方向与理论接触线方向相比会有少许改变，利用上述方法计算的差曲率线会存在少许误差，但精度足以满足 TCA 的要求。

3. 接触路径与传动误差

式(8.31)中抛物线的最低点代表了齿面啮合过程中的一个瞬时接触点(简称迹点)，一系列迹点在 ease-off 曲面上构成了一条曲线——啮合迹线，其方程为

$$z_{d(t)} = z_d(u(\varphi), v(\varphi))$$

啮合迹线投影到齿面上就是齿面的接触路径，它们的离差就是传动误差。接触路径方向角 σ 可由 $\mathrm{d}u:\mathrm{d}v$ 表示。啮合迹线通常也呈抛物线型，设其弧长参数为 t，法曲率为 k_t，则

$$z_{d(t)} = \frac{1}{2}k_t t^2,\ \ \tan\sigma = \frac{\mathrm{d}v}{\mathrm{d}u} \tag{8.32}$$

图 8.19 中给出的传动误差代表相邻三齿交替啮合的过程。

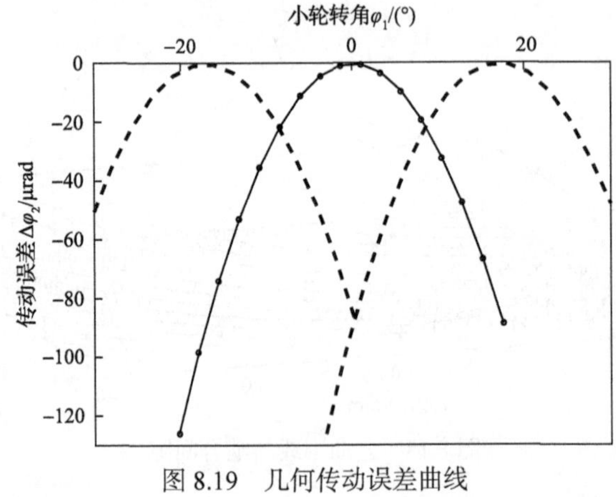

图 8.19　几何传动误差曲线

4. 瞬时接触椭圆参数

ease-off 曲面表达不足的是瞬时接触椭圆短轴方向的曲率 k_s(图 8.20)。瞬时接

触椭圆通常为狭长形状，两个方向的曲率半径比值接近 1∶10，短轴方向对齿面接触特性影响较小。一般可以由齿面相应方向的诱导法曲率代替，或用其他方法简单化处理。

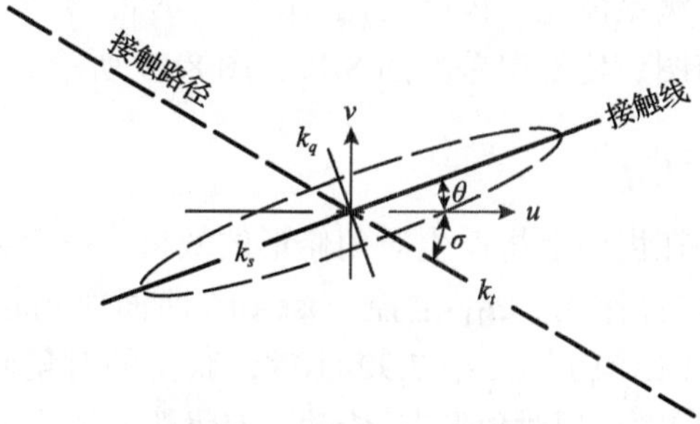

图 8.20　瞬时接触椭圆参数

由于 ease-off 曲面上两个方向的差曲率已知：接触线(contact line)方向 k_s、接触路径(contact path)方向 k_t，同时考虑齿面本身的诱导法曲率 K_{II}(式(7.9))，该值是瞬时接触椭圆短轴的主要成分。可确定瞬时接触椭圆短轴方向的差曲率为

$$k_q = k_t \sin^{-2}(\theta+\sigma) - k_s \tan^{-2}(\theta+\sigma) + K_{\text{II}} \tag{8.33}$$

8.4.3　齿面拓扑的“形与性”

这里对式(8.23)的多项式，选取四种情况进行“形-性”分析。四种曲面类型如表 8.4 所示。

表 8.4　曲面控形参数

序号	曲面类型	控形参数
1	二阶抛物面	a_{02}、a_{20}
2	扭转抛物面	a_{02}、a_{11}、a_{20}
3	四阶抛物面	a_{04}、a_{22}、a_{40}
4	四阶双峰抛物面	a_0、a_{02}、a_{04}、a_{20}

齿轮参数：大小轮齿数 z_2=62、z_1=21，法向压力角 α_n=20°，螺旋角 β=13°，大端端面模数 m_n=5mm，齿宽 b=80mm，法向变位系数 x_{n1}=0.3，x_{n2}=0.12。

1. 二阶抛物面拓扑

齿轮齿向与齿廓为二阶抛物面修形，其控形参数为 a_{02}、a_{20}。齿面接触印痕按齿廓、齿宽占比 80%设计，控形参数取值如下。

齿廓方向：$a_{02}=4z_d/h^2$，h 为齿高；齿宽方向：$a_{20}=4z_d/b^2$，b 为齿宽。

根据需要，可以把总的修形梯度量 z_d 分配到两个齿面，取 $a_{02}=2.89\times10^{-4}$，$a_{20}=3.04\times10^{-6}$，计算后获得 ease-off 曲面如图 8.16 所示，椭圆表示齿面接触仿真印痕的形状与大小，满足齿宽、齿高占比 70%～80%的要求。进一步解析出等差线梯度、差曲率瀑布图、传动误差如图 8.17～图 8.19 所示。

2. 扭转抛物面拓扑

扭转抛物面拓扑在齿面上将产生对角修形的效果。三个系数 a_{02}、a_{11}、a_{20} 在控形上存在一定的耦合作用，a_{11} 主控 ease-off 曲面对角扭转量、差程量，取 $a_{02}=2.02\times10^{-4}$，$a_{20}=2.13\times10^{-6}$，$a_{11}=7.90\times10^{-6}$，获得的对角修形 ease-off 曲面如图 8.21 所示，其色差梯度呈现对角形态，传动误差仍然保持二阶抛物线型(图 8.22)。与对称抛物面相比，对角修形是一种更先进的齿面修形方式，能够更加灵活地控制接触路径、接触线、传动误差等几何特性，对改善齿轮动态啮合性能有利。

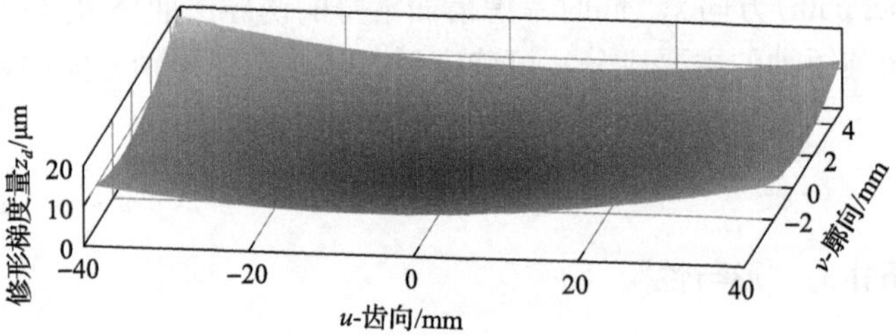

图 8.21　对角修形 ease-off 曲面

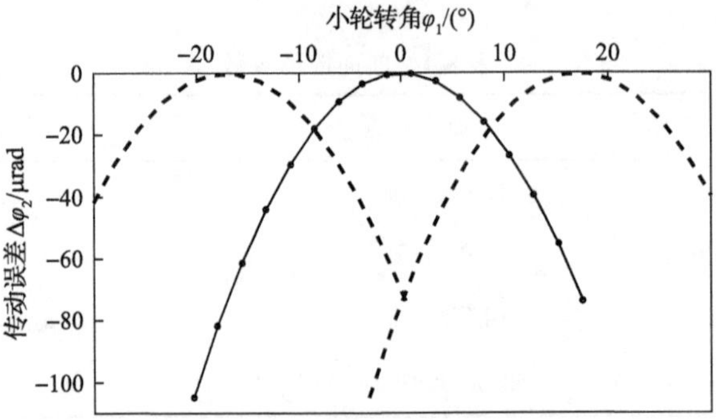

图 8.22　对角修形传动误差

3. 四阶抛物面拓扑

齿轮齿向、齿廓两个方向都采用四阶抛物线修形，式(8.23)中控形系数 a_{04}、a_{22}、a_{40} 分别取为

$$a_{04}=6.40\times10^{-9}，a_{22}=0.0，a_{40}=3.40\times10^{-5}$$

四阶抛物面修形 ease-off 曲面结构如图 8.23 所示。修形后齿面中部差曲率比二阶小，靠近齿面边界陡峭，类似于在抛物线修形的基础上附加了修缘。接触区扩展呈长方形，外部修形梯度急剧扩大。传动误差(图 8.24)呈平顶形状。四阶抛物线修形对于保持齿面高接触刚度、低传动误差与低误差敏感性有利。

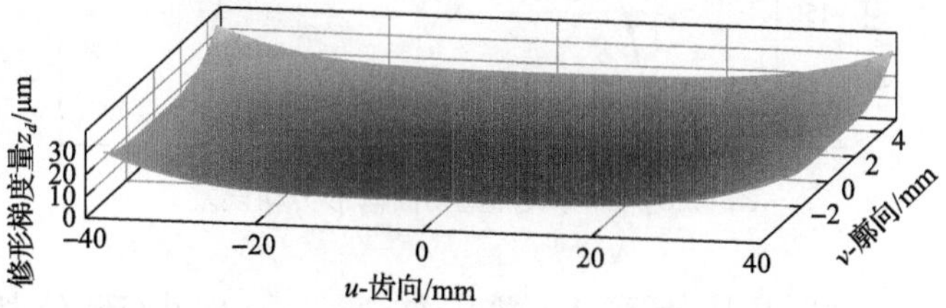

图 8.23　四阶抛物线修形 ease-off 曲面

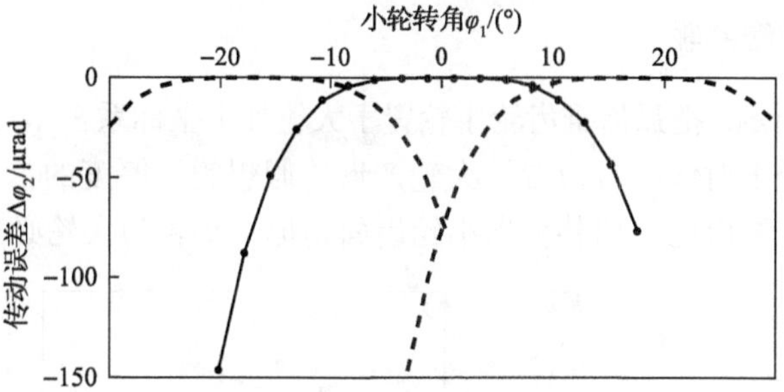

图 8.24　四阶抛物线修形传动误差

4. 四阶双峰抛物面拓扑

在平顶四阶抛物线修形基础上，进一步发展四阶双峰抛物线修形，称为高级运动误差曲线。

齿廓控形参数：a_0=6.21×10^{-4}、a_{02}=4.79×10^{-4}、a_{04}=2.29×10^{-5}。a_{02}控制双峰中凹量的大小，a_{04}控制抛物线的陡峭程度。

齿长方向为二次抛物线修形，控形参数：a_{20}=3.04×10^{-6}。

四阶双峰抛物面修形 ease-off 曲面结构呈 8 字形(图 8.25)，传动误差曲线少量中凹(图 8.26)，与预期的高阶运动误差曲线效果一致。

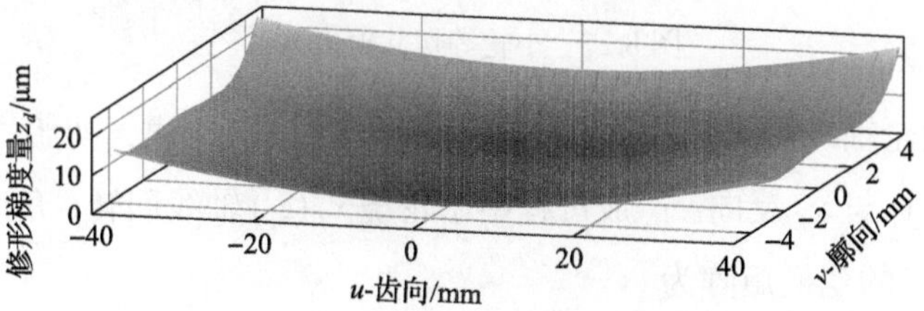

图 8.25　四阶双峰抛物面修形 ease-off 曲面

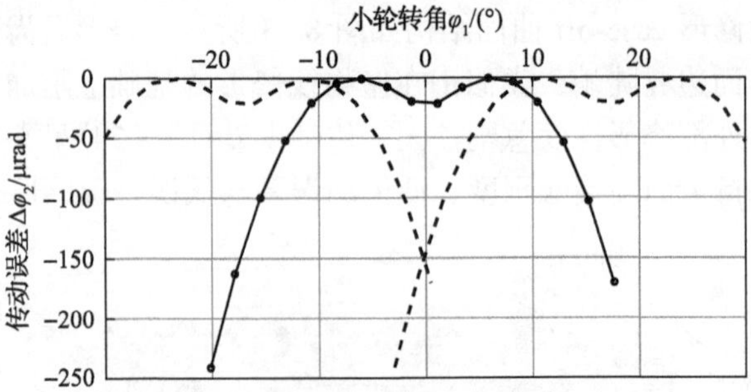

图 8.26　四阶双峰抛物面修形传动误差

8.5　等切共轭弧齿锥齿轮 ease-off 曲面分析

8.5.1　等刀盘切触共轭

如图 8.27 所示，把弧齿锥齿轮小轮置于大轮加工坐标系 $S_{m2}(o_{m2}\text{-}x_{m2}y_{m2}z_{m2})$，使小轮与大轮处于对偶啮合位置，大轮产形轮假想为无厚度的盘刀在切削大轮的同时，也按小轮的齿比等切共轭出小轮齿面，那么小轮与大轮必然也是共轭的。

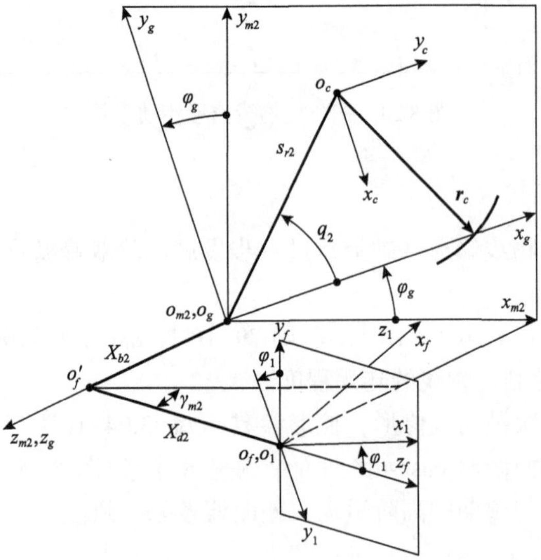

图 8.27　小轮等切共轭坐标系

小轮与大轮轴线交叉于 o_f 点，小轮轴线与 x_f 同向共线，初始位置 x_1 与 z_f 同向共线，此时 y_1 与 y_f 反向。产成过程中小轮绕 $x_f(z_1)$ 轴线回转，角度 $\varphi_1=m_{g1}\varphi_g$。坐标系 S_f 与 S_1 的变换矩阵为

$$\boldsymbol{M}_{1f}=\begin{bmatrix}0 & \sin\varphi_1 & \cos\varphi_1\\ 0 & -\cos\varphi_1 & \sin\varphi_1\\ 1 & 0 & 0\end{bmatrix}$$

这时，小轮在坐标系 S_{m2} 中的角速度矢量为

$$\boldsymbol{\omega}_1=m_{g1}\begin{bmatrix}-\sin\gamma_{m2} & 0 & \cos\gamma_{m2}\end{bmatrix}^{\mathrm{T}}$$

其中，小轮与产形轮的滚比为 $m_{g1}=\dfrac{\omega_1}{\omega_g}=m_{g2}\dfrac{z_2}{z_1}$。

小轮与产形轮的啮合方程为

$$\begin{cases}U\cos\varphi_g-V\sin\varphi_g=W\\ U=(n_{gy}z_t-n_z y_g)\sin\gamma_{m2}+n_{gy}X_d\\ V=(n_{gz}x_g-n_{gx}z_t)\sin\gamma_{m2}-n_{gx}X_d\\ W=(n_{gy}x_g-n_{gz}y_g)m_t+n_{pz}E_{m1}\cos\gamma_{m1}\\ m_t=m_{1g}-\cos\gamma_{m2},\ z_t=z_g-X_b\end{cases}\tag{8.34}$$

利用上述啮合方程求解出转角 φ_g，再利用坐标变化矩阵可得到共轭小轮齿面方程：

$$\boldsymbol{r}_{c1}(u_2,\theta_2)=\boldsymbol{M}_{1g}\cdot\boldsymbol{r}_g(u_2,\theta_2,\varphi_g),\quad \boldsymbol{M}_{1g}=\boldsymbol{M}_{1f}\boldsymbol{M}_{ff'}\boldsymbol{M}_{f'm}\boldsymbol{M}_{mg}\tag{8.35}$$

8.5.2　ease-off 曲面建立与解析

1. 共轭小轮和实际加工小轮对应点计算

如图 8.28 所示，在小轮坐标系下，实际曲面 Σ_1 和共轭曲面 Σ_c 存在误差。对共轭小轮齿面 $\boldsymbol{r}_c(u_2,\theta_2)$，按一定数量的网格点 $\boldsymbol{R}_c(i,j)=(x_{Rc}(i,j),\ y_{Rc}(i,j),\ z_{Rc}(i,j))$ $(i=0,1,2,\cdots,l;\ j=0,1,\cdots,n)$ 遍历计算一系列参数 (u_2,θ_2)，再利用旋转投影坐标关系：

$$\begin{cases}z_{r1}=z_{Rc}(i,j)\\ \sqrt{x_{r1}^2+y_{r1}^2}=\sqrt{x_{Rc}^2(i,j)+y_{Rc}^2(i,j)}\end{cases}\tag{8.36}$$

对于每一个参数 (u_2,θ_2)，都可以求出与之对应的 (u_1,θ_1) 值。将 (u_1,θ_1) 代入 $\boldsymbol{r}_1(u_1,\theta_1)$ 求出一系列与 $\boldsymbol{R}_c(i,j)$ 对应的点 $\boldsymbol{R}_1(i,j)=(x_{R1}(i,j),y_{R1}(i,j),z_{R1}(i,j))$。$\boldsymbol{R}_c(i,j)$ 与 $\boldsymbol{R}_1(i,j)$ 之间的转角误差为 $\Delta\varphi_1(i,j)$，根据旋转投影关系，有

$$y_{R1}(i,j)\cos\Delta\varphi_1(i,j)+x_{R1}(i,j)\sin\Delta\varphi_1(i,j)=y_{Rc}(i,j)\tag{8.37}$$

由式(8.37)可求出 $\Delta\varphi_1(i,j)$。

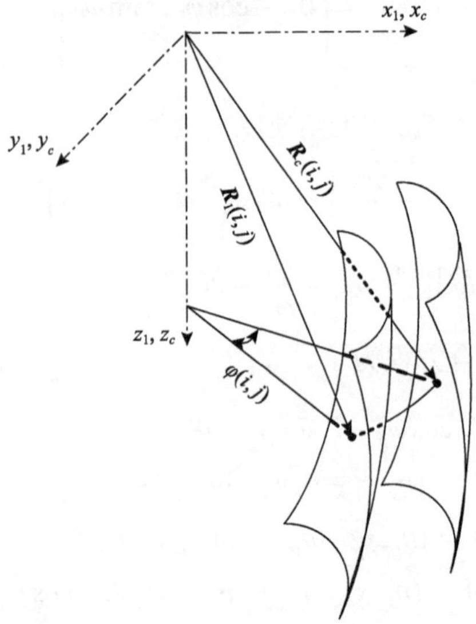

图 8.28　实际和共轭小轮转角差值

2. 建立 ease-off 曲面

在共轭小轮齿面的旋转投影中，A_m 为中点锥距，δ_1 为小轮分锥角。在二维投影平面下，新建直角坐标系 $o\text{-}xy$，其坐标原点为分锥线和中点锥距交叉点。

在 $o\text{-}xy$ 坐标系下，齿面点在投影面中的坐标为

$$\begin{cases} x = z_{Rc}\cos\delta_1 + \sqrt{x_{Rc}^2 + y_{Rc}^2}\sin\delta_1 - A_m \\ y = z_{Rc}\sin\delta_1 + \sqrt{x_{Rc}^2 + y_{Rc}^2}\cos\delta_1 \end{cases} \tag{8.38}$$

利用旋转投影的方法建立共轭小轮齿面点与其在投影面内坐标点的映射关系。每个 (x, y) 对应的误差为转角误差，取转角误差最小值 $\Delta\varphi_0 = \min[\Delta\varphi_1(i,j)]$。将实际齿面绕 z_1/z_c 轴逆时针旋转 $\Delta\varphi_0$，则共轭齿面和实际齿面在极值点处贴合。剩余的转角误差 $\Delta\phi_1(i,j) = \Delta\varphi_1(i,j) - \Delta\varphi_0$ 即反映了 ease-off 曲面误差。

如果利用数值曲面拟合的方法，则根据 $[x, y, \Delta\varphi_1(i,j)]$ 可以拟合出一个三维四阶曲面为

$$\Delta\varphi_1(x,y) = \sum_{i=0}^{4}\sum_{j=0}^{4-i} a_{ij}x^i y^j \tag{8.39}$$

求式(8.39) $\Delta\varphi_1(x,y)$ 的极值点 $\Delta\varphi_0$。由于旋转后曲面形状不变，多项式系数

a_{ij} 不变，相当于整体减少了误差 $\Delta\varphi_0$，则 ease-off 误差曲面为

$$\Delta\phi_1(x,y)=\Delta\varphi_1(x,y)-\Delta\varphi_0=-\Delta\varphi_0+\sum_{i=0}^{4}\sum_{j=0}^{4-i}a_{ij}x^iy^j \tag{8.40}$$

已知小轮的转角误差，可推出大轮的转角误差为

$$\Delta\phi_2(x,y)=z_1\Delta\phi_1(x,y)/z_2 \tag{8.41}$$

根据式(8.41)可以得到大轮的旋转误差曲面。是利用角度还是利用法线方向线性误差表示 ease-off 曲面，可视具体情况而定。它们的弧长为

$$\delta(x,y)=\sqrt{x_{rc}^2+y_{rc}^2}\,\Delta\phi_1(x,y) \tag{8.42}$$

已经非常接近法线方向的误差了。从 LTCA 便利性考虑，还是使用法线方向的误差(式(8.17))。图 8.29 为表 8.1 锥齿轮实例建立的 ease-off 曲面。

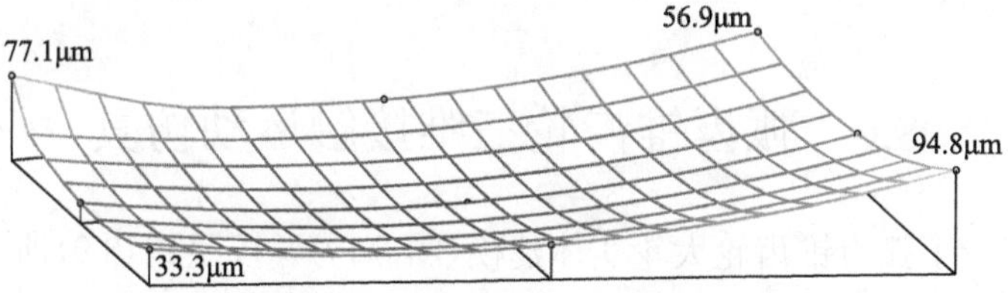

图 8.29 锥齿轮 ease-off 曲面

3. *差曲率线与传动误差解析*

对于 $\boldsymbol{r}_c=\boldsymbol{r}_c(u_2,\theta_2)$，遍历 $\varphi_{(g,i)}$ 可在 ease-off 曲面上得到一族空间曲线——差曲率线，记为 $\boldsymbol{C}_i(u_2,\theta_2)=0$。如图 8.30 所示，该曲线族即为共轭小轮与大轮的序列接触线。差曲率线的曲率为齿面实际接触点综合曲率的真实反映。

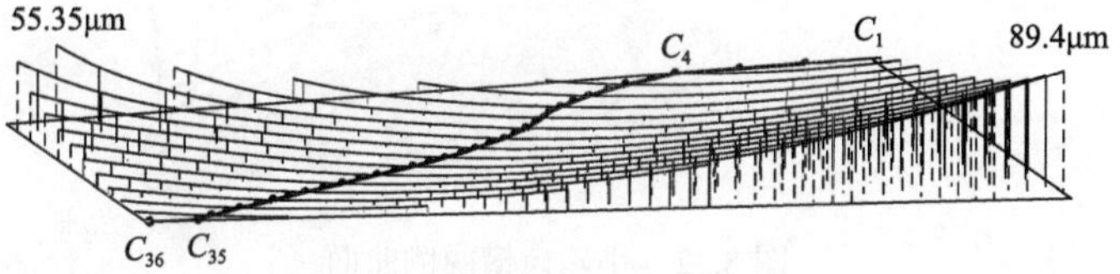

图 8.30 接触路径与差曲率线

在整个啮合过程中，齿轮从点 C_1 啮入(起始角为 $\varphi_{c,1}$)、C_{36} 点啮出(终止角为 $\varphi_{c,36}$)。在刚刚啮入(C_1-C_4)和快要啮出(C_{35}-C_{36})时，差曲率线的极值点在边界，为边缘接触。

将差曲率线 $\delta_i(x,y)$ 的极值点记为 $\delta_{0,i}$，使 $z_{di}(x,y)=\delta_i(x,y)\cdot\delta_{0,i}$，使每个极值点处于零平面内。在投影平面内画出差曲率线，极值点是齿面的接触迹点，连接

这些迹点将形成齿面啮合运动的接触路径。极值点的 ease-off 误差即传动误差，如图 8.31 所示。图中的传动误差为齿面法线方向，利用式(8.18)可转换为角度量表示。

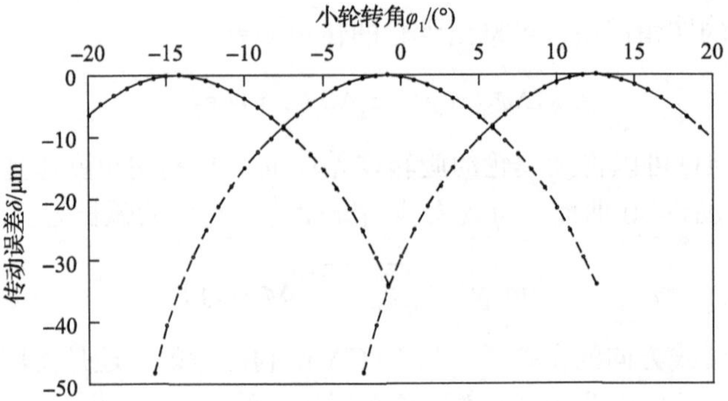

图 8.31　解析传动误差曲线

8.6　弧齿锥齿轮三维接触运动仿真

6.6 节完成了弧齿锥齿轮大轮实体建模(图 6.17)。按照式(8.9)所示数理模型，计算小轮的齿面片。由于小轮为单面法加工，在小轮建模时应注意调整两齿面的齿距，规划出小轮齿槽两侧曲面，如图 8.32 所示。再建立完成小轮三维模型，按标准安装距装配可进行三维运动仿真。

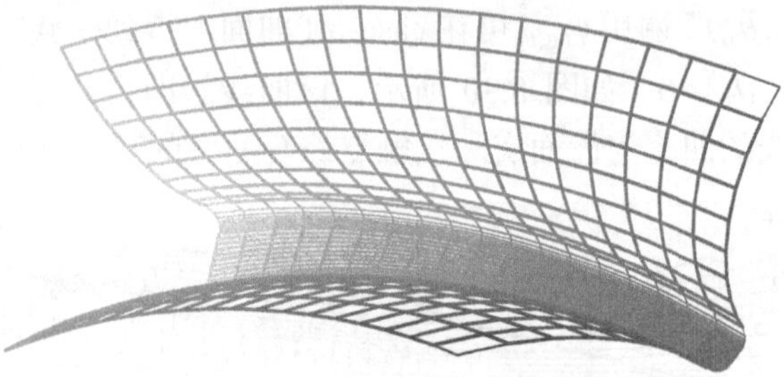

图 8.32　小轮齿槽两侧曲面

8.6.1　齿轮模型装配

以大小轮节锥交点为全局坐标系原点，将生成的齿轮三维模型进行装配。大轮轴线与全局坐标系 z 轴重合，大轮几何实体在 z 轴正半轴区域内；小轮轴线与全局坐标系 y 轴重合，小轮几何实体在 y 轴正半轴区域内。装配后的三维模型如图 8.33 所示，可观察到齿面接触部分瞬时接触区。

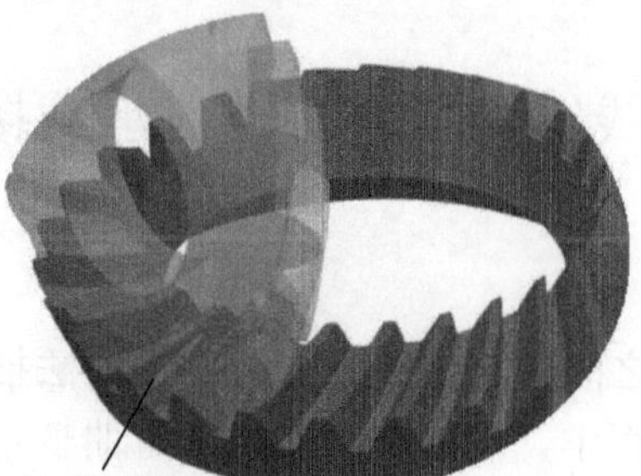

图 8.33　锥齿轮三维装配体

8.6.2　模拟滚检

将大轮与小轮齿面之间的法向距离按干涉量 0.0064mm 设置(一般认为齿面红丹粉涂色厚度为 0.004～0.0064mm)。为了便于观看齿面接触状况，将齿轮模型设置为相差较大的颜色，并将小轮设置为半透明状态。在 UG 软件的运动模块下分别设置连杆、运动副、齿轮耦合副等参数，求解后即可观察到齿轮副模拟滚检时齿面的接触状态。可以观察到两对齿同时接触，说明该啮合位置重叠系数为 2。

图 8.34 为实际滚动检查齿面接触印痕。可以发现大轮凸面接触区位于齿面中部靠近小端，无边缘接触现象，接触印痕大小、位置较理想，与图 8.33 运动仿真得到的瞬时接触区位置印痕大体一致，符合 ease-off 曲面修形特性。

图 8.34　实际滚动检查齿面接触印痕

运动接触区仿真只是实际接触印痕的大致反映。它们存在较大差别，图 8.33 运动接触仿真所反映的只是某一瞬时齿面的接触状况，即接触椭圆大小，其由干涉量确定。而实际滚动检查接触印痕是齿面滚动中每一瞬时留下的接触印记，反映的是一个啮合周期，如图 8.2 所示的 *a*-*a*′ 区段，其大小取决于涂色层厚度。

8.7　摆线针轮啮合特性与承载接触分析

8.7.1　摆线轮齿廓方程

利用摆线轮与针轮之间的共轭关系，采用包络法推导摆线轮的理论齿廓方程。在摆线针轮转动过程中，摆线轮一方面随着曲柄轴公转，另一方面绕着自身轴线自转。根据相对运动原理，采用反转法，即给整个机构一个与曲柄轴转速大小相等、方向相反的角速度 ω_H 后，摆线轮与针轮的相对运动关系保持不变，整个机构由行星机构转化为定轴机构。在转化机构中，摆线轮与针轮为内啮合传动。

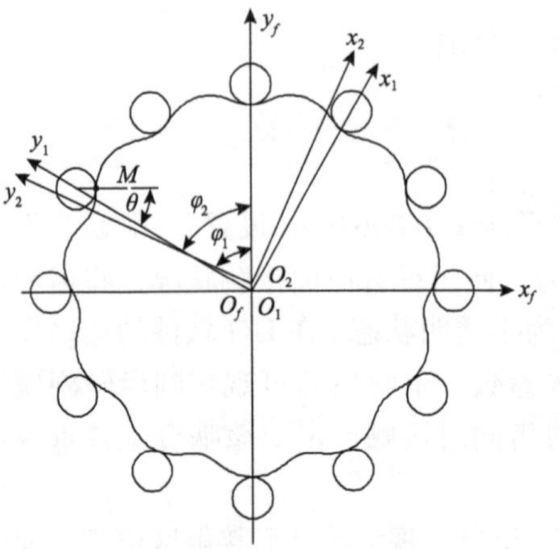

图 8.35　摆线齿廓生成坐标系

建立如图 8.35 所示的坐标系。图中，坐标系 $S_f(O_f\text{-}x_f y_f z_f)$ 与机架固连，为固定坐标系，O_f 为坐标原点；坐标系 $S_1(O_1\text{-}x_1y_1z_1)$ 和 $S_2(O_2\text{-}x_2y_2z_2)$ 分别与针轮和摆线轮固连，为动坐标系，O_1、O_2 为针轮和摆线轮的转动中心；O_1 与 O_f 重合，O_1 与 O_2 的距离为偏心距 e，M 点为啮合接触点，θ 为 M 点在针齿上的角度参数，φ_1、φ_2 为针轮和摆线轮相对于转臂 O_1O_2 的转角。

定轴轮系传动比计算公式为

$$i_{12}=\frac{\omega_1}{\omega_2}=\frac{\varphi_1}{\varphi_2}=\frac{z_c}{z_p} \tag{8.43}$$

其中，z_c、z_p 分别为摆线轮和针轮的齿数。

针轮齿廓在坐标系 S_1 中的位置矢量为

$$\boldsymbol{r}_1(\theta)=\begin{bmatrix} r_p+r_{rp}\sin\theta \\ r_p-r_{rp}\cos\theta \\ 0 \\ 1 \end{bmatrix} \tag{8.44}$$

其中，r_p 为针轮分布圆半径；r_{rp} 为针齿半径。

理论上摆线齿廓在坐标系 S_2 中的位置矢量为

$$\boldsymbol{r}_2(\theta,\varphi_1)=\boldsymbol{M}_{2f}(\varphi_2)\boldsymbol{M}_{f1}(\varphi_1)\boldsymbol{r}_1(\theta)=\begin{bmatrix}-r_p\sin\dfrac{\varphi_1}{z_c}-r_{rp}\sin\left(\theta-\dfrac{\varphi_1}{z_c}\right)+e\sin\dfrac{z_p\varphi_1}{z_c}\\ r_p\cos\dfrac{\varphi_1}{z_c}-r_{rp}\cos\left(\theta-\dfrac{\varphi_1}{z_c}\right)-e\cos\dfrac{z_p\varphi_1}{z_c}\\ 0\\ 1\end{bmatrix}\tag{8.45}$$

其中，$\theta=\arctan2(k_1\sin\varphi_1,1-k_1\cos\varphi_1)$，根据啮合方程推导得来；$\boldsymbol{M}_{2f}$、$\boldsymbol{M}_{f1}$分别为坐标系 S_f到 S_2、S_1到 S_f的坐标变换矩阵。当$\varphi_1=(0,2\pi)$时，根据包络法推导得来的理论齿廓方程为一个摆线齿的齿廓曲线，此处令 $\varphi_1=z_c\cdot\alpha,\alpha=(0,2\pi)$，由此可得摆线轮的标准齿廓方程为

$$\boldsymbol{r}_2(\alpha)=\begin{bmatrix}-r_p\sin\alpha-r_{rp}\sin(\theta-\alpha)+e\sin(z_p\alpha)\\ r_p\cos\alpha-r_{rp}\cos(\theta-\alpha)-e\cos(z_p\alpha)\\ 0\\ 1\end{bmatrix}\tag{8.46}$$

在实际摆线针轮传动中，为了补偿制造误差、安装误差并保证充足的润滑，需要对摆线齿廓进行修形，从而产生必要的侧隙。这里给出包含等距修形、移距修形的摆线轮齿廓方程为

$$\begin{cases}x_2=-(r_p+\Delta r_p)\sin\alpha-(r_{rp}+\Delta r_{rp})\sin(\theta_c-\alpha)+e\sin(z_p\alpha)\\ y_2=(r_p+\Delta r_p)\cos\alpha-(r_{rp}+\Delta r_{rp})\cos(\theta_c-\alpha)-e\cos(z_p\alpha)\end{cases}\tag{8.47}$$

其中，$\theta_c=\arctan2\big(k_1\sin(z_c\alpha),1-k_1\cos(z_c\alpha)\big)$，$1-k_1\cos(z_c\alpha)$中下角标 1 表示坐标系 S_1，α 为摆线轮的齿廓参数，$k_1=ez_p/(r_p+\Delta r_p)$；$\Delta r_p$ 为移距修形量；Δr_{rp} 为等距修形量。

8.7.2　齿面接触分析

1. 啮合坐标系

根据摆线针轮的工作原理，摆线针轮的位置关系如图 8.36 所示。图中，β_i 为针轮齿廓参数，α_i 为摆线轮齿廓参数，θ_{bi} 为第 i 个针齿中心与转臂 y_f的夹角，λ_i 为过接触点 M 的公法线与转臂 y_f的夹角。由于齿廓修形，在初始安装位置($\varphi_1=0$,

$\varphi_2=0$)，摆线与针轮不接触，各齿对处均存在间隙。假设摆线轮不动($\varphi_2=0$)，转动针齿，现计算每一个针齿进入啮合需要的旋转角度 φ_i。其中转角最小者 $\gamma_{\min}=\min(\varphi_i)$ 首先啮合，如图 8.36 所示第 2 个针齿与摆线轮齿廓接触，作为初始啮合角。

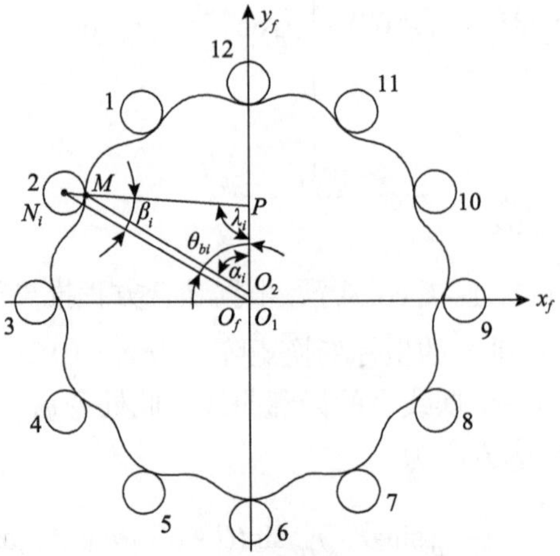

图 8.36　摆线针轮接触分析坐标系

第 i 个针齿齿廓上接触点 M 在针轮坐标系 S_1 中的齿面矢量 $\boldsymbol{r}_1$ 和单位法矢 $\boldsymbol{n}_1$ 为

$$\boldsymbol{r}_1(\beta_i)=\begin{bmatrix} r_{rp}\sin\beta_i\cos\left(\dfrac{2\pi i}{z_p}\right)-\sin\left(\dfrac{2\pi i}{z_p}\right)(-r_{rp}\cos\beta_i+r_p) \\ r_{rp}\sin\beta_i\sin\left(\dfrac{2\pi i}{z_p}\right)-\cos\left(\dfrac{2\pi i}{z_p}\right)(-r_{rp}\cos\beta_i+r_p) \\ 0 \\ 1 \end{bmatrix} \tag{8.48}$$

$$\boldsymbol{n}_1(\beta_i)=\frac{\dfrac{\partial \boldsymbol{r}_1}{\partial\beta_i}\times\boldsymbol{K}}{\left|\dfrac{\partial \boldsymbol{r}_1}{\partial\beta_i}\times\boldsymbol{K}\right|},\quad \boldsymbol{K}=[0,0,1]^{\mathrm{T}} \tag{8.49}$$

把摆线轮齿廓接触点 M 的齿面矢量 $\boldsymbol{r}_2$ 和单位法矢 $\boldsymbol{n}_2$(坐标系 S_2 中)修正为

$$\boldsymbol{r}_2(\alpha_i)=\begin{bmatrix} -(r_p+\Delta r_p)\sin\alpha_i-(r_{rp}+\Delta r_{rp})\sin(\theta_c-\alpha_i)+e\sin(z_p\ \alpha_i) \\ (r_p+\Delta r_p)\cos\alpha_i-(r_{rp}+\Delta r_{rp})\cos(\theta_c-\alpha_i)-e\cos(z_p\ \alpha_i) \\ 0 \\ 1 \end{bmatrix} \tag{8.50}$$

$$\boldsymbol{n}_2(\alpha_i)=\frac{\dfrac{\partial \boldsymbol{r}_2}{\partial \alpha_i}\times \boldsymbol{K}}{\left|\dfrac{\partial \boldsymbol{r}_2}{\partial \alpha_i}\times \boldsymbol{K}\right|} \tag{8.51}$$

将针齿齿面矢量 $\boldsymbol{r}_1$、单位法矢 $\boldsymbol{n}_1$ 及摆线轮齿面矢量 $\boldsymbol{r}_2$、单位法矢 $\boldsymbol{n}_2$ 分别变换到固定坐标系 S_f 中为

$$\begin{cases}\boldsymbol{r}_{f1}(\beta_i,\varphi_1)=\boldsymbol{M}_{f1}(\varphi_1)\boldsymbol{r}_1(\beta_i)\\ \boldsymbol{n}_{f1}(\beta_i,\varphi_1)=\boldsymbol{M}_{f1}(\varphi_1)\boldsymbol{n}_1(\beta_i)\end{cases} \tag{8.52}$$

$$\begin{cases}\boldsymbol{r}_{f2}(\alpha_i,\varphi_2)=\boldsymbol{M}_{f2}(\varphi_2)\boldsymbol{r}_2(\alpha_i)\\ \boldsymbol{n}_{f2}(\alpha_i,\varphi_2)=\boldsymbol{M}_{f2}(\varphi_2)\boldsymbol{n}_2(\alpha_i)\end{cases} \tag{8.53}$$

其中，$\boldsymbol{M}_{f1}$ 为针轮坐标系 S_1 到固定坐标系 S_f 的转换矩阵；$\boldsymbol{M}_{f2}$ 为摆线轮坐标系 S_2 到固定坐标系 S_f 的转换矩阵，表达式为

$$\boldsymbol{M}_{f1}(\varphi_1)=\begin{bmatrix}\cos\varphi_1 & -\sin\varphi_1 & 0 & 0\\ \sin\varphi_1 & \cos\varphi_1 & 0 & 0\\ 0 & 0 & 1 & 0\\ 0 & 0 & 0 & 1\end{bmatrix}$$

$$\boldsymbol{M}_{f2}(\varphi_2)=\begin{bmatrix}\cos\varphi_2 & -\sin\varphi_2 & 0 & 0\\ \sin\varphi_2 & \cos\varphi_2 & 0 & e\\ 0 & 0 & 1 & 0\\ 0 & 0 & 0 & 1\end{bmatrix}$$

对于任意瞬时，摆线轮和针轮接触的几何条件是位置矢量和单位法矢相等，即

$$\begin{cases}\boldsymbol{r}_{f1}(\beta_i,\varphi_1)=\boldsymbol{r}_{f2}(\alpha_i,\varphi_2)\\ \boldsymbol{n}_{f1}(\beta_i,\varphi_1)=\boldsymbol{n}_{f2}(\alpha_i,\varphi_2)\end{cases} \tag{8.54}$$

式(8.54)为 TCA 几何协调方程，其中含有三个标量方程，摆线针轮啮合点的位置参数为$(\beta_i,\varphi_1,i,\alpha_i,\varphi_2)$，当给定 φ_1、i 两个参数时，可解出另外三个未知量。把如图 8.36 所示的角度位置作为迭代的初始值：

$$\begin{cases}\varphi_2^0 = \varphi_1 \dfrac{z_p}{z_c} \\ \alpha_i^0 = \dfrac{2\pi i - \theta_{bi}}{z_c} \\ \beta_i^0 = \pi - \lambda_i \mp \theta_{bi}\end{cases} \tag{8.55}$$

其中，$\lambda_i = \arccos\left[\dfrac{(r_p s_1)^2 + (az_p)^2 - r_p^2}{2(r_p s_1)(az_p)}\right]$，$s_1 = \sqrt{1 + k_1^2 - 2k_1\cos(\theta_{bi})}$；$\theta_{bi} = \dfrac{2\pi i}{z_p} + \varphi_1$（当 $0<\theta_{bi} \leqslant \pi$ 时取负，$\pi<\theta_{bi} \leqslant 2\pi$ 时取正）。

以初始啮合角 $\gamma_{\min}$ 作为起始点，令 $\varphi_1 = \gamma_{\min} \pm \Delta\varphi$，遍历计算一系列啮合点，可获得在每一瞬时针轮转角 φ_1 所对应的摆线轮转角 φ_2，计算摆线针轮的几何传动误差。

以表 8.5 所示等移距修形摆线针轮设计参数为例，计算得到的部分传动误差曲线如图 8.37 所示，无载荷状态下摆线针轮只有一对齿参与啮合，传动误差曲线的第一级交叉点为–0.018″，交点以下部分不参与啮合，针齿从啮入到啮出的区间为(–0.03894,0.1179) rad，啮合周期 T=0.1571rad。

表 8.5　等移距修形摆线针轮设计参数

参数	数值	参数	数值
摆线轮齿数 z_c	39	移距修形 Δr_p /mm	0.03
针轮齿数 z_p	40	摆线轮齿宽 b/mm	10
针轮分布圆半径 r_p/mm	5	针轮齿宽 b_p/mm	22
针轮泊松比 μ_1	0.3	摆线轮泊松比 μ_2	0.3
针齿半径 r_{rp}/mm	3	针轮弹性模量 E_1/GPa	206
偏心距 e/mm	1.3	摆线轮弹性模量 E_2/GPa	206
等距修形 Δr_{rp} /mm	0.05	转矩 T_c/(N·m)	400

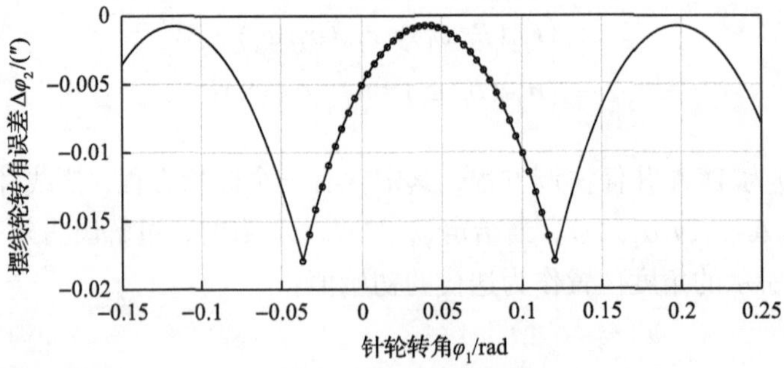

图 8.37　空载传动误差曲线

2. 啮合参数计算

修形摆线轮齿廓不再与针轮齿廓各点都共轭，瞬时传动比随转角的变化而变化，节点 P 也随转角不断变化，因此标准的力臂与侧隙计算公式不再适用于修形后的摆线针轮传动。修形后接触力臂的计算公式为

$$L_i(\alpha_i)=\frac{\left|-n_{cx}e+n_{cx}r_{cy}-n_{cy}r_{cx}\right|}{\sqrt{n_{cx}^2+n_{cy}^2}} \tag{8.56}$$

其中，(n_{cx},n_{cy}) 为摆线针轮齿廓的公法线方向；(r_{cx},r_{cy}) 为摆线轮齿廓上一点坐标。

将摆线针轮实际齿廓沿公法线方向的距离定义为啮合间隙，用几何分析和 TCA 相结合的方法，获得任意啮合位置啮合间隙 d_i 为

$$d_i=\sqrt{(x_{1i}-x_{2i})^2+(y_{1i}-y_{2i})^2}-r_{rp} \tag{8.57}$$

其中，x_{1i}、y_{1i} 为第 i 个针齿中心的坐标；x_{2i}、y_{2i} 为与相应针齿啮合的摆线轮齿廓上的坐标。

给定任意针轮转角 $\varphi_1=-0.03972$，啮合间隙及力臂变化如图 8.38 所示，可见啮合间隙与力臂近似呈反比例关系，当前啮合齿处(4 号)力臂最大。对当前位置的啮合间隙进行升序排序，确定潜在啮合顺序。

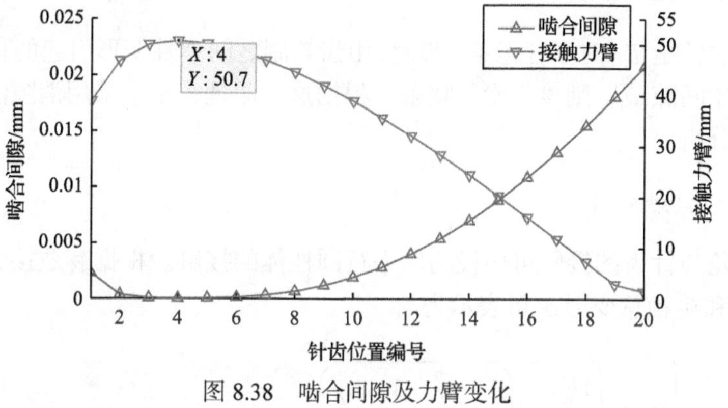

图 8.38　啮合间隙及力臂变化

确定了任意啮合点的齿廓参数，便可计算当前啮合位置及潜在啮合位置的摆线轮齿廓曲率半径 ρ_{2i}，即

$$\rho_{2i}=(r_p+\Delta r_p)\frac{(1+k_1^2-2k_1\cos(z_c\alpha)^{1.5}}{k_1(z_p+1)\cos(z_c\alpha)-(1+z_pk_1^2)}+r_{rp}+\Delta r_{rp} \tag{8.58}$$

摆线针轮啮合点的综合曲率半径 ρ_i 为

$$\rho_i = \frac{1}{\dfrac{1}{\rho_{2i}} \pm \dfrac{1}{r_{rp}}} = \frac{\rho_{2i} r_{rp}}{\rho_{2i} \pm r_{rp}} \tag{8.59}$$

其中，当摆线轮齿面为凸面时取正，为外接触；当摆线轮齿面为凹面时取负，为内接触。

摆线轮齿廓的曲率半径与摆线针轮啮合点的综合曲率半径如图 8.39 所示。当曲率半径 $\rho_{2i} > 0$ 时，曲线内凹；当 $\rho_{2i} < 0$ 时，曲线外凸。

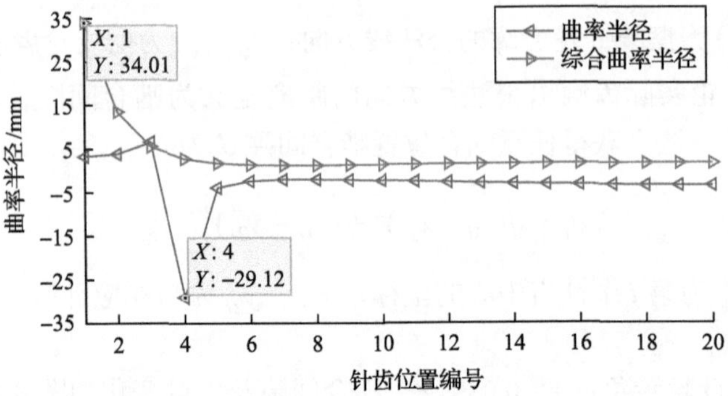

图 8.39　摆线轮齿廓的曲率半径与摆线针轮啮合点的综合曲率半径曲线

8.7.3　摆线针轮承载接触分析

若施加转矩 T_c，对于任意第 i 齿对，由齿轮副之间弹性变形引起的相对位移 δ_i 超过其初始间隙 d_i，则该齿参与接触。根据这一原理，本节采用消隙法进行轮齿承载接触分析。

1. 赫兹接触分析

摆线轮与针齿的接触可假设为两平行圆柱体的接触。根据赫兹接触理论，接触半宽 a_i 和接触总变形 δ_i 可表示为

$$\begin{cases} a_i = \sqrt{\dfrac{4F_i|\rho_i|}{\pi b}\left(\dfrac{1-\mu_1^2}{E_1} + \dfrac{1-\mu_2^2}{E_2}\right)} \\ \delta_i = \dfrac{2F_i}{\pi b}\left[\dfrac{1-\mu_2^2}{E_2}\left(\ln\dfrac{4|\rho_{2i}|}{a_i} - 0.5\right) + \dfrac{1-\mu_1^2}{E_1}\left(\ln\dfrac{4r_{rp}}{a_i} - 0.5\right)\right] \end{cases} \tag{8.60}$$

其中，b 为摆线轮齿宽；F_i 为法向接触力；μ_1、μ_2 分别为针轮和摆线轮的泊松比；E_1、E_2 为分别针轮和摆线轮的弹性模量。

2. 静力平衡及变形协调条件

当摆线针轮承载传动时，假设一片摆线轮有 n 个齿参与啮合，则 n 个齿产生的力矩之和应满足静力平衡条件，尽管每个齿啮合点受力产生的变形量不同，但摆线针轮相对角位移 s_i 处处相等，该值即承载传动误差。因此，可确定变形量 δ_i、啮合间隙 d_i 和力臂 L_i 的协调方程为

$$\begin{cases} T_c = 2\sum_{i=1}^{n} F_i L_i \\ s_i = \dfrac{\delta_i + d_i}{L_i} \end{cases} \tag{8.61}$$

3. 消隙法接触力与接触齿对数的确定

修形后因摆线针轮齿对存在大小不等的啮合间隙，按照初始啮合间隙的大小进行排序，即确定了潜在啮合齿对的接触顺序，当初始啮合齿产生的接触变形 δ_1 大于邻近齿的啮合间隙 d_2 时，第二个齿参与啮合，以此类推直到接触的齿对数产生的力矩等于负载力矩，满足静力平衡方程(8.61)。

1)瞬态 LTCA

接续 TCA 结果，增加驱动力矩，初始啮合 4 号针齿接触点产生弹性变形，当变形量大于 5 号针齿与摆线轮对应齿廓点的初始啮合间隙时，5 号针齿进入啮合，直至多齿进入啮合达到平衡。由图 8.40 分布曲线可知，当摆线轮承受的负载力矩为 400N·m 时，有 8 个针齿参与啮合共同推动摆线轮运动；接触力与变形近似呈正比例关系，4 号齿虽有最大接触变形，但啮合力并非最大，由此可知啮合接触力不仅与变形量有关，还与该啮合点的曲率半径有关。

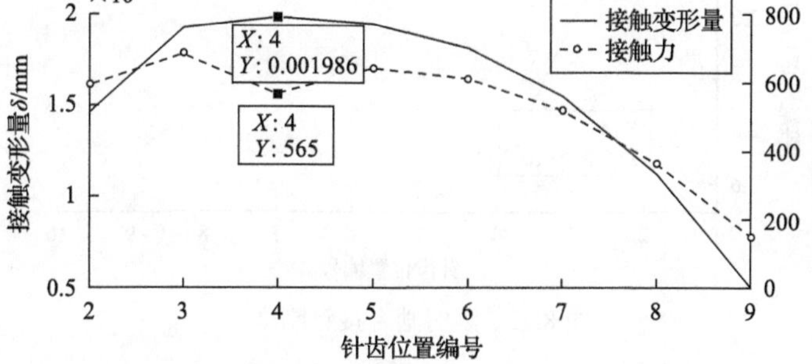

图 8.40　瞬时接触力及接触变形量(T_2=400N·m)

根据赫兹接触理论，摆线轮与针齿啮合的接触应力为

$$\sigma = \frac{2F}{\pi ab} \tag{8.62}$$

由图 8.41 可知，6 号针齿啮合位置受最大啮合接触应力，其幅值为 1299MPa，表明接触应力不仅与接触力有关，还与该点的啮合接触半宽有关。

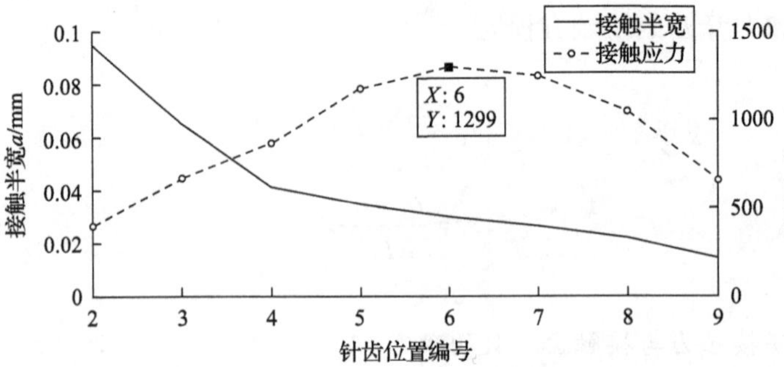

图 8.41　瞬时啮合接触半宽与接触应力

非线性接触刚度 k_n 的计算公式为

$$k_n = \frac{F}{\delta} = \frac{\pi b}{2\left[\frac{1-\mu_1^2}{E_1}\left(\ln\frac{4|\rho_1|}{a} - 0.5\right) + \frac{1-\mu_2^2}{E_2}\left(\ln\frac{4\rho_2}{a} - 0.5\right)\right]} \tag{8.63}$$

对照图 8.39、图 8.41 和图 8.42 可知，接触刚度与瞬时啮合点的曲率半径和赫兹接触半宽有关，有些文献在进行承载接触分析时忽略曲率半径的影响，这显然是不合适的。

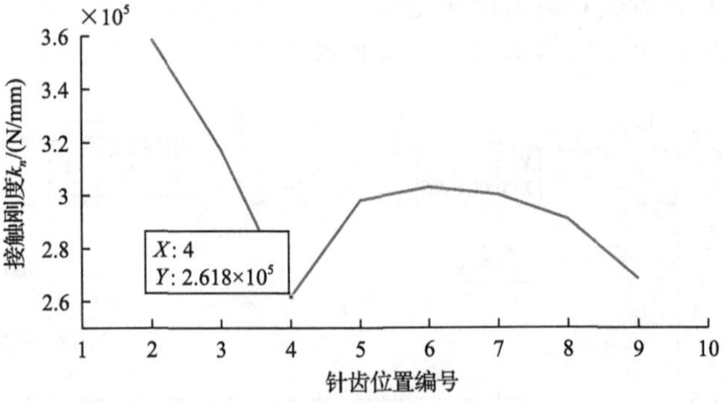

图 8.42　瞬时啮合接触刚度

2) 全啮合周期 LTCA 分析结果

4 号针齿从啮入到啮出的承载接触分析结果如图 8.43 所示。在一个啮合区间，接触力先减小后增大，在 $\varphi_1 = -0.01495\text{rad}$ 处接触力最小为 402N，在该位置摆线轮齿廓由凸转凹，摆线轮曲率半径突变，极值为 488.3mm(认为是平点)，接触刚度与接触力曲线规律一致，接触刚度与接触力近似呈线性关系。在啮合区间，接触应力变化规律较复杂，不仅与该点的啮合力有关，还与该啮合位置的曲率半径、接触半宽有关。

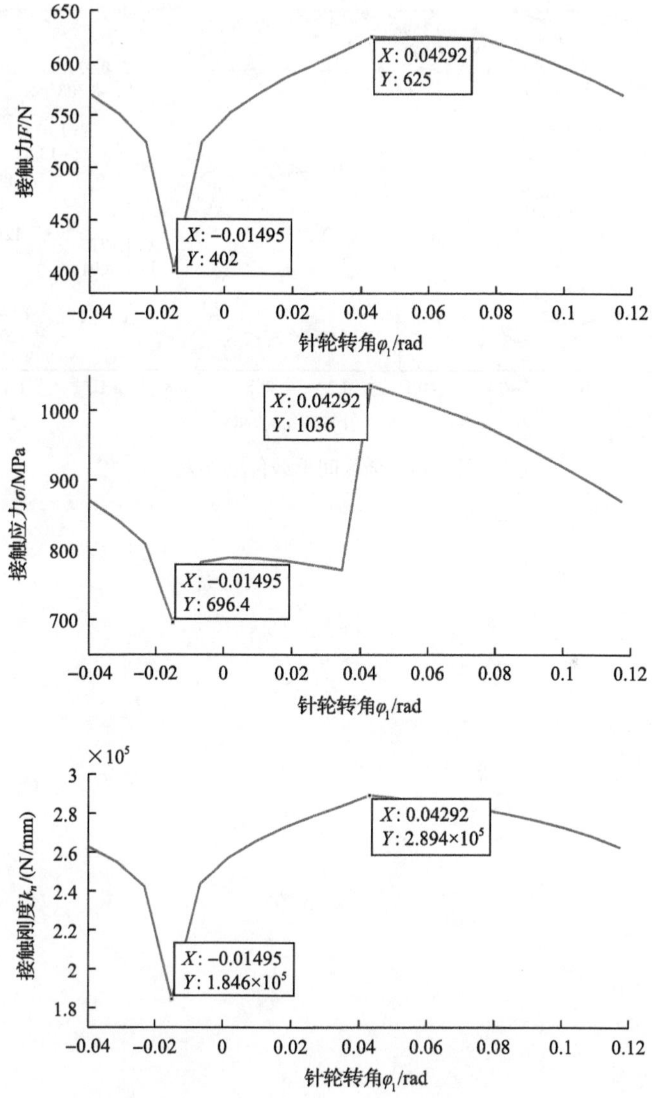

图 8.43　全区间 LTCA 分析结果

图 8.44 分析了全区间承载传动误差。随着载荷的增大，齿轮副的承载传动误差逐渐增大，但波动幅度都在 1.35″之内，且当 T_C=200N·m 时，承载传动误差波动幅值最小，仅为 0.2″。

随着载荷的逐渐增大，轮齿的接触变形变大，重合度随之增加；当载荷为2000N·m 时，轮齿变形引起的角位移误差达到了 27.34″，但重合度也达到了11.556，此时至少有 11 对齿参与啮合。因此，高刚性、高重合度是摆线针轮减速器的一大特点。

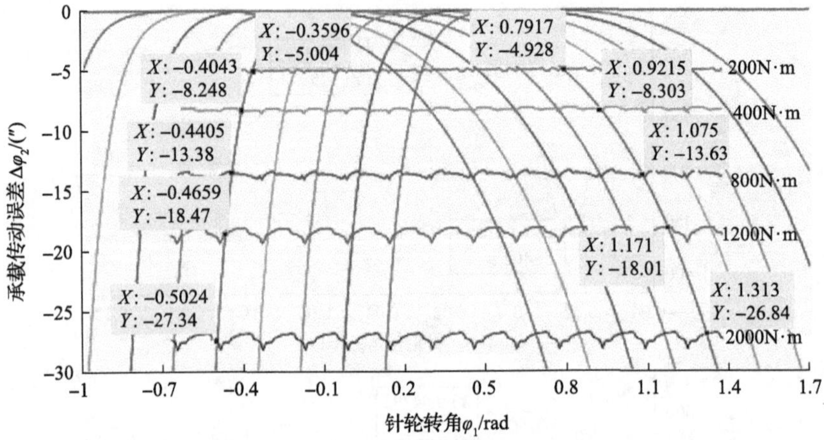

图 8.44　全区间承载传动误差

参考文献

曹雪梅, 邓效忠, 聂少武. 2015. 基于共轭齿面修正的航空弧齿锥齿轮高阶传动误差齿面拓扑结构设计[J]. 航空动力学报, 30(1): 195-200.

曹雪梅, 杨博会, 邓效忠, 等. 2017. 齿轮轮齿接触分析的分解算法[J]. 航空动力学报, 32(9): 2299-2304.

曹雪梅, 张华, 方宗德. 2009. 航空弧齿锥齿轮承载传动误差的分析与设计[J]. 航空动力学报, 24(11): 2618-2624.

邓效忠, 魏冰阳. 2012. 锥齿轮设计的新方法[M]. 北京: 科学出版社.

方宗德, 刘涛, 邓效忠. 2002. 基于传动误差设计的弧齿锥齿轮啮合分析[J]. 航空学报, 23(3): 226-230.

贾小文, 贺秀良, 范海英. 2020. 利用 Igor Pro 对最速降线问题进行数值求解[J]. 大学物理, 39(12): 13-19, 31.

李远庆. 2018. 泛摆线齿轮的“最速降线”效应[J]. 机械传动, 42(3): 6-8, 12.

梁帅锋, 邓效忠, 李天兴, 等. 2017. 机器人 RV 减速器摆线针轮传动轮齿接触分析[J]. 机械传动, 41(11): 17-22.

梅向明, 黄敬之. 2019. 微分几何[M]. 5 版. 北京: 高等教育出版社.

聂少武, 蒋闯, 邓效忠, 等. 2019. Ease-off 拓扑修正的准双曲面齿轮齿面修形方法[J]. 中国机械工程, 30(22): 2709-2715, 2740.

彭家贵, 陈卿. 2002. 微分几何[M]. 北京: 高等教育出版社.

王会良, 邓效忠, 魏冰阳. 2017. 渐开线齿面拓扑修形磨削技术[M]. 北京: 电子工业出版社.

魏冰阳, 曹雪梅, 邓效忠. 2020. 基于多项式拓扑修形的差齿面啮合仿真与解析[J]. 西北工业大学学报, 38(4): 897-903.

魏冰阳, 邓效忠, 仝昂鑫, 等. 2016. 曲面综合法弧齿锥齿轮加工参数计算[J]. 机械工程学报, 52(1): 20-25.

魏冰阳, 方宗德, 周彦伟, 等. 2003a. 基于变性法的高阶传动误差设计与分析[J]. 西北工业大学学报, (6): 757-760.

魏冰阳, 王振, 杨建军, 等. 2021a. Ease-off 拓扑修形齿面拟赫兹接触与摩擦特性分析[J]. 机械工程学报, 57(1): 61-67.

魏冰阳, 杨建军, 聂少武. 2019. 差曲面拓扑的齿轮啮合刚度计算与承载接触分析[J]. 航空动力学报, 34(12): 2745-2752.

魏冰阳, 杨建军, 仝昂鑫, 等. 2017a. 基于等距 Ease-off 曲面的轮齿啮合仿真分析[J]. 航空动力学报, 32(5): 1259-1265.

魏冰阳, 张辉, 陈金瑞, 等. 2013. 等距曲面理论及其在螺旋锥齿轮齿面误差检测中的应用[J].

河南科技大学学报(自然科学版), 34(6): 19-22, 4.
魏冰阳, 张金良. 2002. AGW482 滚刀磨床砂轮修形原理的研究及应用[J]. 机床与液压, (4): 235-236.
魏冰阳, 张柯, 张波, 等. 2021b. 基于两类特征函数的准双曲面齿轮运动特性分析[J]. 机械传动, 45(1): 23-28.
魏冰阳, 周伟光, 杨建军. 2017b. 高减速比准双曲面齿轮的几何演变[J]. 河南科技大学学报(自然科学版),38(3): 19-24, 4.
魏冰阳, 周彦伟, 方宗德, 等. 2003b. 弧齿锥齿轮几何传动误差的设计与分析[J]. 现代制造工程, (7): 10-12.
吴聪, 李大庆, 魏冰阳. 2012. 小轮双向修形参数对面齿轮副啮合性能的影响[J]. 航空动力学报, 27(11): 2629-2634.
吴序堂. 2009. 齿轮啮合原理[M]. 西安: 西安交通大学出版社.
解树青. 2000. 最速降线的求解方法[J]. 滨州教育学院学报, (2): 74-75.
杨婧钊, 邓效忠, 李天兴, 等. 2018. RV 减速器摆线针轮传动的精确啮合间隙计算[J]. 机械传动, 42(3): 1-5.
张波, 魏冰阳, 刘大可. 2020. 基于等切共轭的弧齿锥齿轮差曲面建立与解析[J]. 中国机械工程, 31(4): 459-464.
赵超飞, 魏冰阳. 2018. 直廓环面蜗杆-圆柱斜齿轮传动的几何建模与接触特性分析[J]. 机械传动, 42(11): 123-126.
钟国华, 刘红旗, 梁桂明, 等. 1996. 反映共轭曲面啮合性能的特征函数[J]. 洛阳工学院学报, (4): 37-41.
周伟光, 魏冰阳, 欧阳鸿飞, 等. 2017. 共轭曲面曲率参数的求解方法及其数值微分的应用[J]. 机械传动, 41(11): 168-172.
周彦伟, 杨建军, 魏冰阳, 等. 2005. MATLAB 与 VC++混合编程在轮齿啮合分析中的应用[J]. 现代制造工程, (4): 23-25.
Kolivand M, Li S, Kahraman A. 2010. Prediction of mechanical gear mesh efficiency of hypoid gear pairs[J]. Mechanism and Machine Theory, 45(11): 1568-1582.
Litvin F L, Fuentes A. 2004. Gear Geometry and Applied Theory[M]. 2nd ed. Cambridge: Cambridge University Press.
Stadtfeld H J. 2001. What “ease-off” shows about bevel and hypoid gears[J]. Gear Technology, (18): 18-23.
Stadtfeld H J, Gaiser U. 2000. The ultimate motion graph[J]. Journal of Mechanical Design, 122(3): 317-322.